高等工科教育自动化类专业系列教材

微机原理及应用

主　编　胡　蔷
副主编　白　霞　许　玲
参　编　王海云　李　杨　陈　震　黄红霞
主　审　张先鹤

机 械 工 业 出 版 社

本书以 Intel 80x86 系列微处理器为背景，介绍微型计算机原理与接口技术，包括：计算机基础，8086/8088 微处理器，80x86 系列微处理器，80x86 微处理器的指令系统，汇编语言程序设计，存储器系统，基本输入/输出接口，中断系统，可编程接口芯片及应用。

本书内容全面、结构合理、条理清晰，重点突出实践性技术技能，强调理论与实际、硬件和软件相结合，适用于工科各专业本、专科“微机原理及应用”课程，同时可供相关工程技术人员参考。

为方便教学，本书配有免费电子教案，凡选用本书作为教材的学校，均可来电索取，咨询电话：010-88379375。

图书在版编目（CIP）数据

微机原理及应用/胡蔷主编. －北京：机械工业出版社，2007.1（2021.8 重印）

高等工科教育自动化类专业系列教材

ISBN 978－7－111－20689－7

Ⅰ. 微… Ⅱ. 胡… Ⅲ. 微型计算机－高等学校－教材 Ⅳ. TP36

中国版本图书馆 CIP 数据核字（2007）第 001352 号

机械工业出版社（北京市百万庄大街 22 号 邮政编码 100037）

策划编辑：于 宁 责任编辑：于 宁 版式设计：冉晓华

责任校对：刘志文 封面设计：鞠 杨 责任印制：郜 敏

北京富资园科技发展有限公司印刷

2021 年 8 月第 1 版 · 第 8 次印刷

184mm×260mm · 18 印张 · 445 千字

标准书号：ISBN 978－7－111－20689－7

定价：55.00 元

电话服务

客服电话：010-88361066

010-88379833

010-68326294

网络服务

机 工 官 网：www.cmpbook.com

机 工 官 博：weibo.com/cmp1952

金 书 网：www.golden-book.com

机工教育服务网：www.cmpedu.com

前　言

“微机原理及应用”是高等院校电气信息类专业本、专科学生必修的一门重要专业基础课。本课程的主要目的是使学生通过典型的80x86系列微处理器，了解微型计算机的基本工作原理、指令系统和汇编语言程序设计方法，了解半导体存储器、各种控制器和输入/输出接口芯片的体系结构，掌握组成微机系统的各种硬件、软件接口技术，学会分析和设计各种微机系统，为进一步的专业学习打下一个坚实的基础。

为了适应新形势的需要，本书作者参考现有教材，结合多年教学科研实践经验，充分考虑教与学的系统性和方法性，编写了本教材。全书共分9章，各章附有思考和练习题。本教材具有以下特点：①深入浅出，循序渐进。如第1章计算机基础，介绍了计算机的发展和组成等。第2章和第3章80x86系列微处理器，详细讲述了16位到32位微处理器的体系结构、寄存器组、存储管理、流水线操作、分支预测技术和高速缓存技术Cache等。它们构成了各种高性能软件的载体。②软硬件结合。第4、5章为汇编语言程序设计，阐述了80x86汇编语言及其程序设计的基本方法，并配合许多程序设计实例，使读者尽快建立基本概念，尽快掌握汇编语言程序设计，为学习后续各章节做好准备。③系统性。计算机是由硬件和软件组成的一个庞大系统，本教材在第6、7、8、9章分别详细介绍了半导体存储器的分类和存储器扩展及其与CPU的连接、基本的输入/输出接口电路及应用、中断的概念、8086中断系统和中断控制接口8259A以及几种常用的接口芯片和应用实例。④突出重点，详解难点。本教材从实际应用出发，重点讲述程序设计和接口技术，使学生了解计算机硬件组成、工作原理以及软件是如何依附于硬件的，从而达到对计算机系统（硬件、软件）基本知识的融会贯通。

本教材由白霞编写第1、2、3章，许玲、陈震编写第4、7章，王海云、李杨编写第5、6章，黄红霞、胡蔷编写第8、9章。全书由胡蔷主编并统稿。湖北师范学院电气系张先鹤教授担任主审，他提出了许多宝贵意见，在此表示衷心感谢。

由于微型计算机系统和接口技术所涉及的知识内容丰富、更新快，而编者水平有限，书中的缺点、错误和疏漏之处，敬请广大师生和专家学者批评指正，以便改进我们的教材、课程建设和教学工作。

编　者

目　录

前言

第 1 章　计算机基础 …… 1
1.1　计算机的发展与分类 …… 1
1.2　微型计算机的基本组成及常用术语 …… 2
1.3　计算机中的编码 …… 5
1.4　个人计算机简介 …… 9
本章小结 …… 13
习题与思考题 …… 13

第 2 章　8086/8088 微处理器 …… 14
2.1　8086/8088 微处理器的结构 …… 14
2.2　8086/8088 的引脚功能 …… 20
2.3　8086/8088 的总线结构 …… 24
2.4　8086 最小模式的工作时序 …… 28
本章小结 …… 31
习题与思考题 …… 31

第 3 章　80x86 系列微处理器简介 …… 32
3.1　80286 微处理器 …… 32
3.2　80386 微处理器 …… 36
3.3　80486 微处理器 …… 40
3.4　Pentium 微处理器 …… 43
本章小结 …… 50
习题与思考题 …… 51

第 4 章　80x86 微处理器的指令系统 …… 52
4.1　Intel 80x86 的寻址方式 …… 52
4.2　Intel 80x86 指令系统 …… 57
本章小结 …… 82
习题与思考题 …… 82

第 5 章　汇编语言程序设计基础 …… 85
5.1　汇编语言基础 …… 85
5.2　汇编语言程序结构 …… 89
5.3　汇编语言程序设计 …… 98
本章小结 …… 124
习题与思考题 …… 124

第 6 章　存储器系统 …… 126
6.1　半导体存储器概述 …… 126
6.2　半导体读/写存储器 …… 136
6.3　只读存储器 ROM …… 146
6.4　存储器扩展及其与 CPU 的连接 …… 150
6.5　高速缓冲存储器 Cache …… 155
6.6　虚拟存储器 …… 163
本章小结 …… 168
习题与思考题 …… 169

第 7 章　输入输出接口 …… 170
7.1　I/O 接口概述 …… 170
7.2　I/O 端口的编址方式 …… 173
7.3　I/O 指令 …… 175
7.4　输入/输出传送方式 …… 177
7.5　简单 I/O 接口设计 …… 184
7.6　简单 I/O 接口芯片 …… 189
7.7　接口电路举例 …… 192
本章小结 …… 197
习题与思考题 …… 197

第 8 章　中断 …… 198
8.1　中断的概念 …… 198
8.2　8086/8088 微处理器的中断系统 …… 203
8.3　可编程中断控制器 8259A …… 207
8.4　8259A 的工作过程 …… 214
8.5　8259A 的初始化编程 …… 215
8.6　8259A 的级联 …… 219
8.7　8259A 中断程序应用举例 …… 222
本章小结 …… 223
习题与思考题 …… 224

第 9 章　可编程接口与应用 …… 225

9.1 可编程并行输入/输出接口 8255A …… 225
9.2 可编程定时器/计数器 8253 ………… 238
9.3 DMA 控制器 8237A …………………… 248
9.4 串行通信和串行接口 ………………… 258
9.5 数/模、模/数转换 …………………… 267
本章小结 …………………………………… 279
习题与思考题 ……………………………… 280
参考文献 ………………………………… 282

第1章　计算机基础

内容提要：本章主要介绍了计算机的发展、计算机的基本结构、计算机的编码和个人计算机的组成四个部分的内容，着重介绍了计算机的数字编码在计算机中的表示形式及运算。

教学要求：了解计算机的发展、计算机的基本结构和计算机的常用术语。重点掌握计算机的数字编码在计算机中的表示形式及运算。

1.1　计算机的发展与分类

1.1.1　计算机的发展

自1946年第一台电子计算机问世以来，计算机科学和技术的发展突飞猛进，已深入到人类生活的各个方面。半个世纪以来，伴随着电子管、晶体管、集成电路和超大规模集成电路的发展，计算机的发展可分为四代。

第一代电子管计算机时代。从1946年第一台计算机研制成功到20世纪50年代后期，其主要特点是采用电子管作为基本器件，使用机器语言。在这一时期，计算机主要为军事与国防尖端技术的需要而研制。

第二代晶体管计算机时代。从20世纪50年代中期到60年代后期，这一时期计算机的主要器件逐步由电子管改为晶体管，因而缩小了体积，降低了功耗，提高了速度和可靠性，软件方面发展到汇编语言和高级语言，技术上的应用范围进一步扩大，在工程设计、气象、数据处理及其他科学领域得到广泛应用。

第三代集成电路计算机时代。从20世纪60年代中期到70年代初期，计算机采用集成电路作为基本器件，因此，功耗、体积、价格等进一步下降，而速度及可靠性相应地提高，并开始出现操作系统软件。由于集成电路成本的迅速下降，使计算机的成本较低，因此计算机应用范围更加扩大，占领了许多数据处理的应用领域。

第四代大规模集成电路计算机时代。从20世纪70年代至今，第四代计算机采用大规模或超大规模的集成电路。这种工艺可在硅半导体上集成几千、几万甚至几千万个电子器件。计算机的体积、功耗和价格迅速降低，已经广泛普及到教育、企事业、科研、军事和家庭等各个领域。

1.1.2　计算机的分类

计算机按性能、价格和体积可分为：巨型机、大型机、小型机和微型机。

1. 巨型机

现代科学技术，尤其是国防技术的发展，需要有很高的运算速度、很大的存储容量的计算机，一般的大型通用计算机不能满足它的要求。从20世纪60年代到70年代生产了一些巨型机，其中取得最高成绩的是Cray-1计算机，运算速度达每秒8000万次。相继问世的

CDC 公司的 CYBER 205 每秒可进行 4 亿次浮点运算。古德伊尔公司为美国宇航局研制了一台处理卫星图像的计算机系统 MPP，该机由 16 384 个微处理器组成 128 ×128 方阵。这种采用并行处理器的系统是巨型机发展的一个重要方面。

2. 大型机

大型机是反映各个时期先进计算技术的大型通用计算机，其中以 IBM 公司的大型机系列影响最大。从 20 世纪 60 年代到 80 年代，信息处理主要是以主机系统加终端为代表的集中式数据处理，60 年代的 IBM 360 系统，70 年代和 80 年代的 IBM 370 系统曾占领大型机的霸主地位。80 年代以后，随着网络技术的普及，客户机、服务器技术的发展，使大型机占据重要的地位。90 年代第 5 代大型机的速度达到每秒 10 亿次。

3. 小型机

小型机的特点是规模小、结构简单、成本低，同时可用软件简单、操作与维护容易，可以大量生产。DEC 公司的 PDP-11 系列是 16 位小型机的代表。小型机在控制领域得到了很好的应用。许多大型的分析仪器、测量仪器、医疗仪器均用小型机进行数据采集、整理、分析和计算。

4. 微型机

自从用 4 位微处理器 Intel 4004 组成的 MCS-4 微型机问世以来，微处理器的发展非常迅速。到目前为止，微处理器已从 4 位发展到了 64 位。微处理器的速度越来越快，而价格却越来越低，普及率越来越高。后续将介绍各种微处理器。

5. 嵌入式计算机

嵌入式计算机是计算机的一个重要发展方向，即将微型计算机安装在特定的应用系统中。一般把带有微处理器的专用微机系统称为嵌入式计算机（Embedded Computer）或嵌入式系统，如单片机。

1. 2　微型计算机的基本组成及常用术语

1. 2. 1　微型计算机的基本组成

微型计算机（Microcomputer）的基本结构由两大部分组成，即硬件和软件。硬件是组成计算机系统的实体，由中央处理器（Central Processor Unit，CPU），简称微处理器，存储器（Memory），接口（Interface），总线（Bus）和输入/输出（Int/Out）设备组成。软件是以硬件为载体，能进行运算处理、信息管理和测试维护所编制的各种程序。通常把软件分为系统软件和应用软件两大类。系统软件主要为用户提供操作运行环境，如 DOS 、WINDOWS 、UNIX、LINUX 等。应用软件是为用户提供各种开发工具的软件及用户为解决各种实际问题所编写的程序，如工资管理系统、电机专家系统等。微型计算机的结构如图 1-1 所示。

①中央处理器（CPU）：它由运算器、控制器和寄存器 3 大部分组成。运算器主要是进行算术、逻辑运算的，也叫算术逻辑单元（Arithmetic and Logic Unit）简称 ALU。控制器主要是进行指令译码和控制的，它是 CPU 的指挥中心，对 CPU 内部和外部发出相应的控制信息，使计算机各部件协调地工作。寄存器组主要是存放运算过程的，目的是提高运算速度。从中央处理器内部各部分功能看，CPU 是计算机的核心部件。随着大规模集成电路技术的迅速发

展，芯片集成密度越来越高，CPU可以集成在一个半导体芯片上，这种具有中央处理器功能的大规模集成电路器件，被统称为“微处理器”。

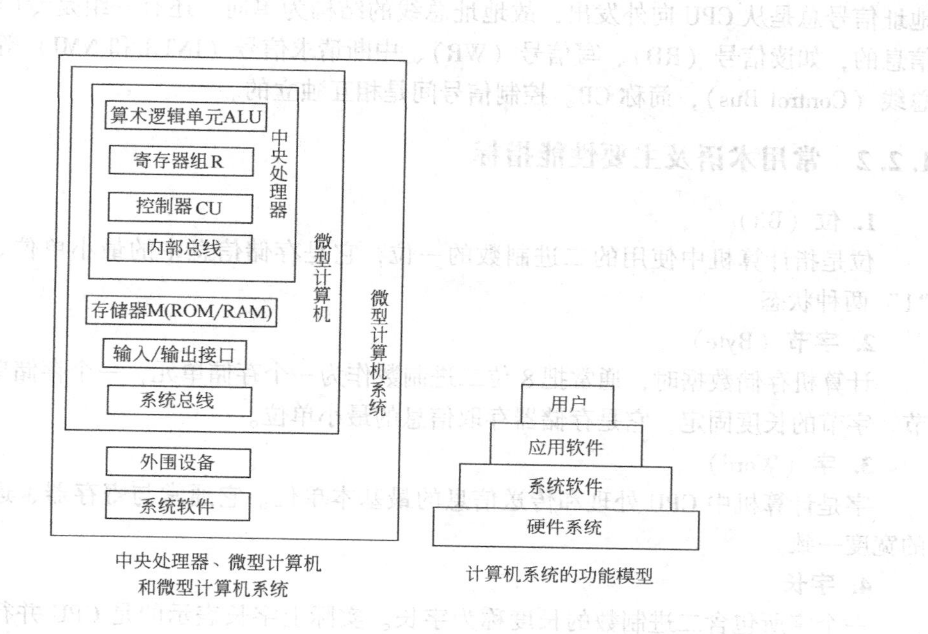

中央处理器、微型计算机和微型计算机系统　　计算机系统的功能模型

图1-1　微型计算机系统的示意图

②存储器：主要是存储代码和运算数据的。

③接口：是连接主机和外设的桥梁。一台主机经常要对很多外设进行数据传递，每个外设必须经过接口与主机相连，使主机与外设相匹配。

④输入/输出（I/O）设备：能把外部信息传送到计算机的设备叫输入设备，如键盘、扫描仪、数码相机等等。将计算机处理完的结果转换成人和设备都能识别和接收的信息的设备，叫输出设备，如打印机、显示器、绘图仪等等。

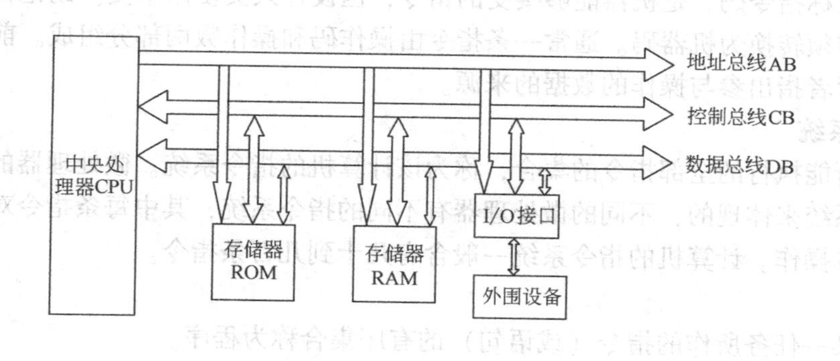

图1-2　计算机结构示意图

⑤总线：连接各硬件部分的线路，如图1-2所示。系统总线共分3组，一组是用来传递数据信息的，叫数据总线（Databus），简称DB。其宽度（DB的根数）通常与微处理器的字

长相同。从结构上看 DB 是双向的。第二组是用来传递地址信息的，描述存储单元、接口地址的叫地址总线（Address Bus），简称 AB。它的位数决定了 CPU 可以直接寻址的范围。因地址信号总是从 CPU 向外发出，故地址总线的结构为单向。还有一组是专门用来传递控制信息的，如读信号（RD）、写信号（WR）、中断请求信号（INTR 和 NMI）等，统称为控制总线（Control Bus），简称 CB。控制信号间是相互独立的。

1.2.2 常用术语及主要性能指标

1. 位（Bit）

位是指计算机中使用的二进制数的一位，它是存储信息中的最小单位。只有“0”和“1”两种状态。

2. 字节（Byte）

计算机存储数据时，通常把 8 位二进制数作为一个存储单元，一个存储单元也叫一个字节。字节的长度固定，它是存储器存取信息的最小单位。

3. 字（Word）

字是计算机中 CPU 处理和传送信息的最基本单位。它通常与寄存器、运算器、传输线的宽度一致。

4. 字长

一个字所包含二进制数的长度称为字长。实际上字长表示的是 CPU 并行处理的最大位数。如 16 位机字长为 16 位，占 2 个字节。32 位机的字长为 32 位，占 4 个字节。

5. 存储容量

存储单元以字节为单位。存储容量是指 CPU 构成的系统所能访问的存储单元数。通常由地址总线 AB 的宽度决定。如 AB = 16，所能寻访的地址码有 $2^{16}=65536$ 种，因此可区分 65536 个存储单元。计算机中 $2^{10}=1024$ 规定为 1K，则 $2^{16}=65536=64K$，$2^{20}=1024K\times1024K=1M$，$2^{30}=1024K\times1024K\times1024K=1G$。

6. 指令

计算机能够识别和执行的基本操作命令。计算机指令有两种表示方式：机器码和助记符。机器码又称指令码，是机器能够接受的指令，但设计人员使用不便。助记符便于编写程序，在运行前须转换为机器码。通常一条指令由操作码和操作数两部分组成。前者说明进行何种操作，后者指出参与操作的数据的来源。

7. 指令系统

计算机所能执行的全部指令的集合，称为该计算机的指令系统。微处理器的主要功能是由它的指令系统来体现的，不同的微处理器有不同的指令系统，其中每条指令对应着微处理器的一种基本操作。计算机的指令系统一般含有几十到几百条指令。

8. 程序

为完成某一任务所作的指令（或语句）的有序集合称为程序。

9. 运算速度

计算机完成一个具体任务所用的时间就是完成该任务的时间指标，计算机的速度越高，所用的时间越短。通常以每秒执行基本指令的条数来大致反映计算机的运算速度。另一个衡量指标是计算机的主频，即 CPU 的时钟频率，单位为兆赫（MHz）或吉赫（GHz）。

1.3 计算机中的编码

计算机在传递信息时是以编码的形式进行的。常用的编码有数字编码，字符编码，汉字编码等。

1.3.1 数字编码

1. 数字的进制

（1）计算机中常用的进制

二进制数（Binary）：二进制数的特点是有2个运算符号0和1，逢“二”进“一”。计算机中最常用的就是二进制数，记作“B”，如101011B。

十六进制数（Hexadcimal）：十六进制数的特点是有16个运算符号：0，1，2，3，4，5，6，7，8，9，A，B，C，D，E，F，逢“十六”进“一”，记作“H”，如1A9H。

十进制数（Decimal）：十进制数的特点是有10个运算符号：0，1，2，3，4，5，6，7，8，9，逢“十”进“一”，记作“D”，也可没有标记，如12D或12。

（2）各种进制之间的转换

二进制和十六进制的相互转换方法是：用4位二进制数表示1位十六进制数。例10110B＝16H，1A9H＝110101001B。

十六进制转换为十进制：将十六进制数按权展开后，用十进制加法原则相加即可。例如：$1BH = 1 \times 16^1 + 11 \times 16^0 = 27$。

二进制转换成十进制数：将二进制数按权展开后，用十进制加法的原则相加即可。例如：$1011B = 1 \times 2^3 + 0 \times 2^2 + 1 \times 2^1 + 1 \times 2^0 = 8 + 0 + 2 + 1 = 11$。

十进制转换成二进制或十六进制：用求基数2或16取余数法，直到商等于0为止。将后得的余数做高位，先得的余数做低位，即可得到转换后的数值。例如：把20D转换成二进制数和十六进制数。

解：

```
2 | 20
   2 | 10 ············ 0
      2 | 5 ··········· 0
         2 | 2 ·········· 1
            2 | 1 ········ 0
                0 ········ 1
20D=10100B

16 | 20
   16 | 1 ·········· 4
        0 ·········· 1
20D=14H
```

2. 二—十进制（BCD码）

用4位二进制数表示1位十进制数的形式叫二—十进制。也叫BCD码。BCD码有压缩式和非压缩式两种。压缩式BCD码是用8位二进制数表示2位十进制数。例如91＝10010001B。非压缩式的BCD码就是用8位二进制数表示1位十进制数。例如：91＝0000100100000001B。

3. 带符号数的表示法

（1）机器码与真值　前面提到的数都没有考虑符号的问题，是无符号数。但在计算机中处理的数通常是有符号数，符号在计算机中也用数码表示。规定用“0”表示正数符号“+”，用“1”表示负数符号“-”。符号位放在数的最高位。例如 -1001011B = 11001011B，+1001011B = 01001011B。我们把用这种方法表示的数叫做机器数，如上例中的11001011B和01001011B。把数本身具有的数值叫真值，如上例中的1001011B是真值。

（2）原码　用机器数表示数的形式又称为数的原码。

X = +75 的原码为 $[X]_{原}$ = 01001011B

X = -75 的原码为 $[X]_{原}$ = 11001011B

如果字长为16位二进制数时，则

X = +75 的原码为 $[X]_{原}$ = 0000000001001011B

X = -75 的原码为 $[X]_{原}$ = 1000000001001011B

（3）反码　负数的反码是原码的符号位不变，其它各位取反。

如：$[X]_{原}$ = 11001011B　　　　则：$[X]_{反}$ = 10110100B

正数的反码就是原码。

如：$[X]_{原}$ = 01001011B　　　　则：$[X]_{反}$ = 01001011B

（4）补码　负数的补码是原码的符号位不变，其它各位取反加1。

如：$[X]_{原}$ = 11001011B　　　　则：$[X]_{补}$ = 10110101B

正数的补码就是原码。

如：$[X]_{原}$ = 01001011B；　　　　则：$[X]_{补}$ = 01001011B

由补码求原码的方法与由原码求补码的方法一样。

（5）8位二进制数和16位二进制数的范围　数的表示分为无符号数和有符号数。有符号数又有原码、反码和补码三种形式，因此它们表示的范围是不同的。表1-1和表1-2分别为8位二进制和16位二进制的表示范围。

表1-1　8位二进制数的表示范围

	真值	原码	反码	补码
无符号数	0~255			
有符号数	-127~+127	11111111B~011111111B	100000000B~011111111B	100000000B~011111111B

表1-2　16位二进制数的表示范围

	真值	原码	反码	补码
无符号数	0~65535			
有符号数	-32768~+32767	1111111111111111B~0111111111111111B	1000000000000000B~0111111111111111B	10000000000000000B~0111111111111111B

（6）补码运算　在计算机中对带符号的数进行运算时，都采用补码形式运行，运行的结果也是补码。采用补码运算可把减法运算变成加法运算。

【例1-1】　已知 X = +11，Y = +18，求 X-Y 的值。

解：X-Y = X+(-Y)

$[X-Y]_{补} = [X+(-Y)]_{补} = [X]_{补} + [-Y]_{补}$

$[X]_{补}=00001011B$

$[-Y]_{原}=[-18]_{原}=10010010B$

$[-Y]_{补}=11101110B$

$$\begin{array}{r} [X]_{补}\ 00001011B \\ +[-Y]_{补}\ 11101110B \\ \hline [X]_{补}+[-Y]_{补}=11111001B \end{array}$$

$[X-Y]_{补}=11111001B$

$X-Y=10000111B$

运行结果完全正确。

【例 1-2】 求(－120)＋(－18)。

解： $[-120]_{原}=11111000B$，

$[-120]_{补}=10001000B$；

$[-18]_{原}=10010010B$；

$[-18]_{补}=11101110B$；

$$\begin{array}{r} [-120]_{补}\ 10001000B \\ +[-18]_{补}\ 11101110B \\ \hline [-120]_{补}+[-18]_{补}=101110110B \end{array}$$

$[-120]_{补}+[-18]_{补}=01110110B$。最高位丢失。

$(-120)+(-18)=01110110B$

两个负数相加结果却为正数，显然运算结果出错。(－120)＋(－18)应等于(－138)，但由于有符号数的8位二进制数最大表示范围是－127～＋127。(－138)超出有符号数的8位二进制数的范围，因此产生溢出。在计算过程中，溢出是可以判断出来的。判断溢出的方法可用次高位向高位的进位标志CS和最高位的进位标志位CF的异或来判断，即$CS\oplus CF$。如果异或的结果为1，运算结果就产生溢出；如果异或的结果为0，则运算结果没有溢出。计算机专门设计一个标志位来描述运算结果是否有溢出，这个标志位叫溢出标志位，用OF表示。(后续课将进行详细介绍)。上例中CS＝0，CF＝1，则$CS\oplus CF=1$，因此有溢出。

【例 1-3】 已知X＝＋120，Y＝＋20，求X＋Y的值。

解： $[X]_{补}=[X]_{原}=01111000B$　　　$[Y]_{补}=[Y]_{原}=00010100B$

$$\begin{array}{r} [X]_{补}\ 01111000B \\ +[Y]_{补}\ 00010100B \\ \hline [X]_{补}+[Y]_{补}=10001100B \end{array}$$

$[X+Y]_{补}=[X]_{补}+[Y]_{补}=10001100B$，$X+Y=11110100B$。$CS\oplus CF=1$，显然运算结果产生溢出。

1.3.2 字符编码

用键盘输入的各种字符，如数字、字母、标点符号等，都可用二进制编码表示。这种编码形式就叫字符编码。目前应用最广的字符编码是用7位二进制数表示1位字符的字符编码，叫美国信息交换标准码（Ameican Standard Code for Information Interchange），简称ASCII

码，如表 1-3 所示。ASCII 码共有 128 个字符，其中有 32 个通用控制字符，10 个十进制数码，52 个大小写英文和 34 个专用字符。‘A’的 ASCII 码为 41H，0～9 的 ASCII 码为 30H～39H。

表 1-3　ASCII 字符表

编码	字符	编码	字符	编码	字符	编码	字符
00	DUL	20	SPACE	40	@	60	`
01	SOH	21	!	41	A	61	a
02	STX	22	″	42	B	62	b
03	ETX	23	#	43	C	63	c
04	EOT	24	$	44	D	64	d
05	ENQ	25	%	45	E	65	e
06	ACK	26	&	46	F	66	f
07	BEL	27	′	47	G	67	g
08	BSB	28	(	48	H	68	h
09	TAB	29	)	49	I	69	i
0A	LF	2A	*	4A	J	6A	j
0B	VT	2B	+	4B	K	6B	k
0C	FF	2C	,	4C	L	6C	l
0D	CR	2D	-	4D	M	6D	m
0E	SO	2E	.	4E	N	6E	n
0F	SI	2F	/	4F	O	6F	o
10	DLE	30	0	50	P	70	p
11	DC1	31	1	51	Q	71	q
12	DC2	32	2	52	R	72	r
13	DC3	33	3	53	S	73	s
14	DC4	34	4	54	T	74	t
15	NAK	35	5	55	U	75	u
16	SYN	36	6	56	V	76	v
17	ETB	37	7	57	W	77	w
18	CAN	38	8	58	X	78	x
19	EM	39	9	59	Y	79	y
1A	SUB	3A	:	5A	Z	7A	z
1B	ESC	3B	;	5B	[	7B	{
1C	FS	3C	<	5C	\	7C	|
1D	GS	3D	=	5D	]	7D	}
1E	RS	3E	>	5E	^	7E	~
1F	US	3F	?	5F	_	7F	DEL

1.3.3　汉字编码

汉字输入必须有相应的汉字编码。用键盘输入的汉字是输入汉字的外部码，外部码还要转换成内部码，计算机才可以存储和处理。汉字系统不同，它的外部码的输入是不一样的。各种汉字系统之间交换信息时，采用的是交换码。还有汉字输出使用的代码叫汉字字形码或汉字发生器的编码。汉字编码是一个专门领域，在此不做详细介绍。

1.4 个人计算机简介

个人计算机一般由显示器、键盘、主机、鼠标及打印机等组成。

1.4.1 计算机键盘和显示器

所有的微型计算机都有一个键盘（Keyboard）和一个显示器（Monitor），如图 1-3 所示。键盘是用于输入指令或信息的。显示器可显示输入和输出的信息。

图 1-3 键盘和显示器

由于分辨率不同，从而有许多种不同类型的显示器。这些显示器的硬件和软件规格不同，当然价格也各不相同。按分辨率从低到高排列，显示器有彩色图形适配器（CGA）、增强图形适配器（EGA）、视频图形阵列（VGA）和超级视频图形阵列（SVGA）。在选择一个合适的显示器时，需要考虑许多技术上的问题。例如，如果你需要经常用到计算机图形，那么应该要一个具有高分辨率的显示器，如超级视频图形阵列。另外，一些专门化的应用程序需要使用触摸屏幕，即通过触摸屏幕的一个区域就能达到输入信息的目的。在任何情况下，都应该使用硬件和软件联合检测的方法来检验显示器的质量。

1.4.2 计算机鼠标器

鼠标器（Mouse）是用于给计算机输入指令的，如图 1-4 所示。很多微型计算机（但不是所有的）都连着一个鼠标器。鼠标器可用一根电缆连接到主机上，或连接到键盘上。如果不用电缆，可以用无线电信号。

图 1-4 鼠标

当鼠标器在键盘附近的平面上移动时，在屏幕上有一个指针相应地移动，这个指针通常是一个箭头。把指针指向显示在屏幕上的目标，轻击鼠标器，并牵动目标，这样就可发出指令，几乎不需要敲击键盘。没有鼠标器，通常很难操作图形程序。

1.4.3 主机

主机主要由主板、CPU、内存、硬盘、软盘、显卡、声卡、网卡和光驱等组成。

1. 系统主板

主板是主机中的一块集成电路板。它上面集成了 CPU 插座、内存插座、扩展插槽、输入输出系统、总线系统、电源接口等，如图 1-5 所示。

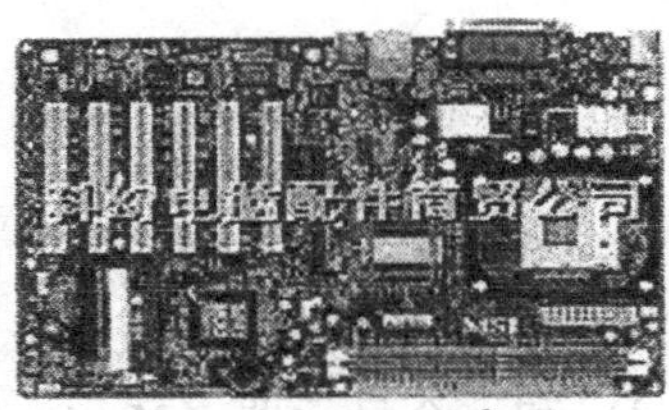

a)

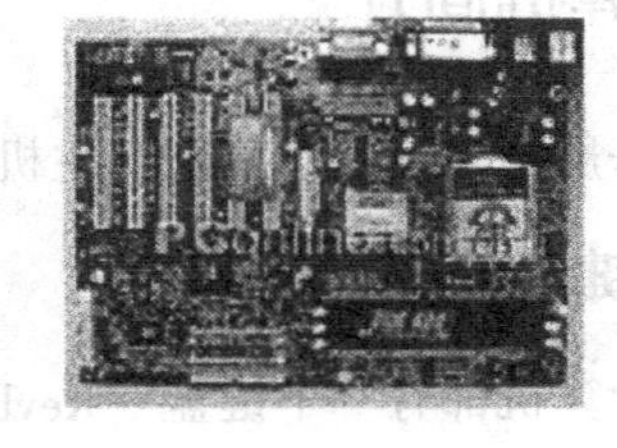
b)

图 1-5　主板外形图

通过主板把 CPU、内存、外设接口等连接成一台计算机主机。不同厂商制造的主板有所不同，主板的性能也有所不同。目前市场上的主流产品是 Intel 公司的 Pentium 系列。

2. CPU

CPU（Central Processor Unit）是计算机的核心部件。目前市场上的 CPU 外形如图 1-6 所示，比火柴盒大一些。它集成了成千上万的逻辑门阵电路，主要进行计算机的控制和信息处理。目前 CPU 的最大厂商是 Intel、AMD 和 Cyrix 等公司。

图 1-6　CPU 外形图

Pentium 4 是目前 PC 市场占有率最高的处理器。Pentium 4 分为采用 Willamette 及 Northwood 核心的两种产品。最新的 Pentium 4 已经采用了新的 Northwood 内核、512KB 的二级缓存及 Socket 478 接口，可支持 533MHz 的系统总线。由于 Pentium 4 采用了全新的 NetBurst 架构及 SSE－2 指令集，进一步提高了工作频率，在 3D 游戏及多媒体应用等方面有很好的优势。

赛扬是 Intel 公司专门针对低端市场推出的 CPU。目前的赛扬已经开始采用 Pentium 4 的 Willamette 核心及 Socket 478 接口。由于二级缓存减少等因素的制约，赛扬的性能与相近频率的 Pentium 4 相比有所降低（降低约 20%），但其具有很好的价格优势。特别是对于大家日常的网上冲浪、3D 游戏等应用来说，新的 Pentium 4 赛扬系列是非常合适的选择。目前市面上还有所谓的 Tualatin 赛扬，最吸引人的是它采用了 256KB 的全速二级缓存及 0.13μm 的制造工艺，不仅性能出色，而且在稳定性、功耗方面都十分理想。

AMD 与 Intel 的竞争已经持续了很长的时间，AMD 公司的产品也已经形成了以 Athlon XP 及 Duron 为核心的一系列产品。AMD 公司认为，由于在 CPU 核心架构方面的优势，同主频的 AMD 处理器具有更好的整体性能。但 AMD 处理器的发热量往往比较大，选用的朋友需要在装机之后在系统散热方面多加注意，在兼容性方面可能也需要多打些补丁。AMD 的 Duron 产品的特点是性能较高而且价格便宜。

VIA CyrixⅢ（C3）处理器是由威盛公司生产的，其最大的特点就是价格低廉，性能实用，对于经济比较紧张的用户具有很大的吸引力。

3. 内存

内存是由半导体材料组成，用内存条的形式提供的。如图 1-7 所示。把内存条插在主板的内存插槽中。目前内存条的容量有128MB、256MB、512MB等。主板上一般有4个插槽，可插1~4条内存条，来达到扩充内存容量的目的。

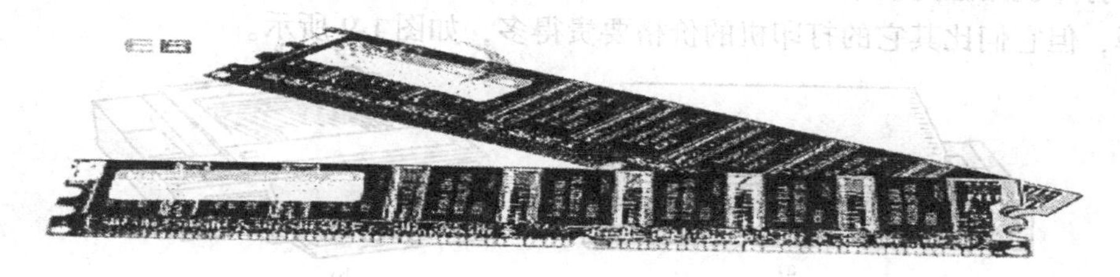

图1-7 内存条

4. 硬盘

大多数计算机有一个硬盘，如图1-8所示，也可以接多块硬盘。一般来说，硬盘的存储容量比较大，并且通常用来存储用户所有的程序和数据。在存储和检索数据或程序时，硬盘的工作速度比软盘快。

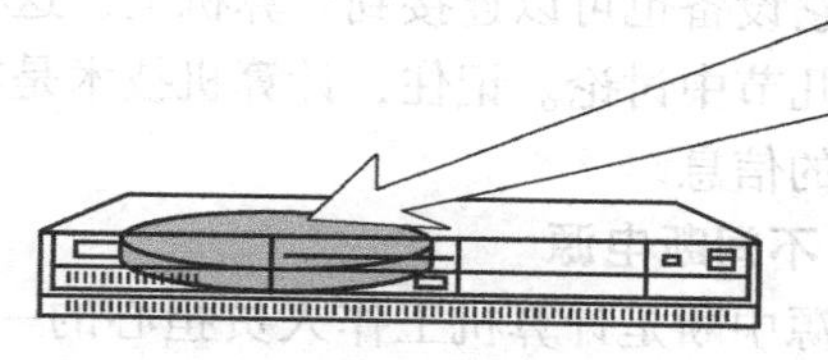

图1-8 硬盘外形

5. 软盘

以前常用的软盘为3.5in，容量为1.44MB，它的存储容量比硬盘要小得多，但便于携带。目前软盘已逐渐被U盘取代。

6. U盘

U盘是目前应用非常广泛的一种存储器。它是以半导体材料为介质，具有存储容量大，携带方便，工作速度快等优点。一般容量为256MB、512MB、1GB等。

7. 光盘只读存储器

光盘只读存储器(Compact Disk Read Only Memory，或简写为CD-ROM)。CD-ROM使用压缩方式来存储大量数据,使用户能阅读大的数据文件(通常是文献数据库、图像、图表及纯文本的作品)。目前CD-ROM技术的发展使得光盘数据的读写成为可能。这项技术的一个例子是称为写一次、读多次的光盘装置(Write Once，Read Many，简写为WORM),它允许你存储一次数据,但可以读你想要读的次数。这项最新技术还没有被广泛使用。在这项技术更通用之前,大多数光盘只允许你读存储的数据,而不允许修改已有的数据,也不允许加入新的数据。

1.4.4 计算机打印机

市场上有许多不同类型、不同型号的打印机。以下列出最常用的打印机类型：

1. 点阵打印机（Dot Matrix Printer）

这是一种基本的打印机，通过电动管理由小针组成的矩阵来形成所要的字符。由这些打印机输出的字符质量不高，但是它们相对来说价格便宜、速度快、比较通用。另外，这类打印机的噪声也比较大。

2. 喷墨打印机（Ink Jet Printer）

这是一种“非击打式”打印机，通过电子命令使墨点喷到纸上来形成字符。这种打印机输出的质量比点阵打印机要好得多，而且噪声也小得多，但是比较昂贵。

3. 激光打印机（Laser Printer）

这种打印机用激光技术为文本和图形产生高质量的图像。大多数激光打印机提供多种字体供选择，但它们比其它的打印机的价格要贵得多，如图 1-9 所示。

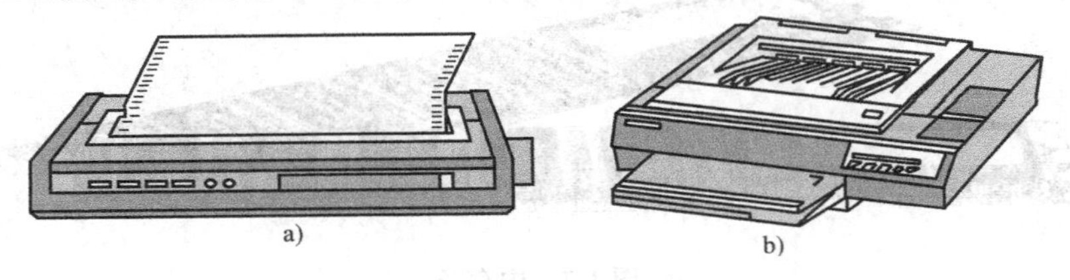

图 1-9　打印机

1.4.5 其它设备

其它设备也可以连接到计算机上，这样能够扩展计算机的操作能力和用途。有些设备将在下面几节中讨论。记住，计算机技术是在不断发展的，应该通过阅读计算机杂志和期刊来了解新的信息。

1. 不间断电源

电源中断是计算机工作人员担心的一个问题。因为当电源中断后，所做的工作就会丢失，文件和数据都会遭到破坏。使用一个不间断电源（Uninterruptable Power Supply，UPS）可以保护用户的系统免遭电源中断的影响。UPS 用作计算机和主电源之间的接口。当 UPS 探测到电源下降或电源损失时，它立刻着手从自备的电池中提供电源。

它虽然不能无限地提供电源，但足以让用户能够存储当前的工作文件并退出正在使用的应用软件。如果工作的地方电源时有中断，UPS 则是一个理想的选择。

2. 稳压器

稳压器（Voltage Regulator）用于保护系统免受电源的波动，如电源的突然上升或下降。这种波动可能产生各种破坏性的影响，从设备的不规律行为（导致数据丢失）到对系统大范围的、不可维修的损坏，尤其是当建筑物遭到电击时，使用稳压器就可以避免这些损失。目前通常可以买到 UPS 和稳压器合为一体的部件，请从计算机商那里询问更多有关信息。

3. 调制解调器

调制解调器（Modem）是利用调制解调技术来实现数字信号与模拟信号在通信过程中的相互转换。确切地说，调制解调器的主要工作是将数据设备送来的数字信号转换成能在模拟信道（如电话交换网）传送的模拟信号，反之，它也是能将来自模拟信道的模拟信号转换为数字信号的一种信号变换设备。如图 1-10 所示。

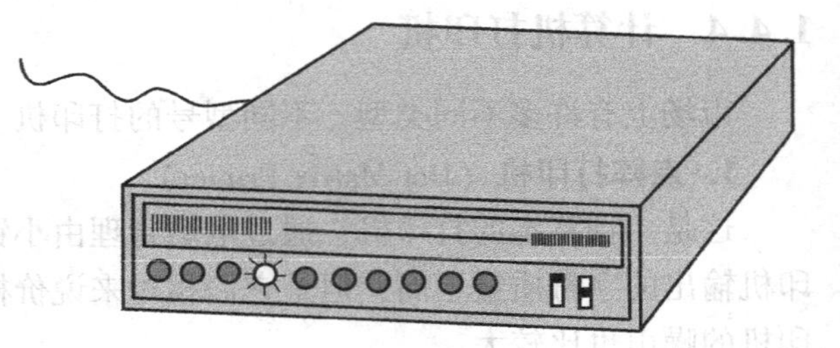

图 1-10　调制解调器

4. 扫描仪

与影印制作图像及印相的方式相同，扫描仪（Scanner）也能制作一页图像并把它作为一个计算机文件存储起来。在办公室，扫描仪结合专业化的软件，可以用来从一页版面上阅读文件并把它转换为数字化的文本，这样避免了重复的输入。

5. 笔输入设备

笔输入设备（Pen Input Device）是用手动的方式把数据或图像直接输入计算机。一个通用的方法是用图形输入板（Graphic Tablet），这是一个平板，将画有图像的纸放在这块板上；用一支特殊的笔，标记纸上的一系列位置，然后这些位置值直接被送入计算机，这个过程称为数字化（Digitisation）。

当处理地图数据时，它有很大的用途。

另一种广泛应用的笔输入设备是利用光笔（或叫条形码阅读器）从条形码中输入数据。

6. 辅助存储设备

你可以为你的计算机购买辅助的存储设备，目前较为流行的是移动硬盘和U盘。

本章小结

计算机的发展共分为四代：电子计算机时代、晶体管时代、集成电路时代和大规模集成电路时代。计算机按性能、价格和体积可分为：巨型机、大型机、小型机和微型机。

计算机由硬件和软件两部分组成。硬件由CPU、存储器、接口、总线和输入/输出设备组成。软件分为系统软件和应用软件两大类。

计算机常用的位、字节、字及字长基本术语是学习计算机必须掌握的知识。

计算机常用的编码有数字编码、字符编码和汉字编码等。数字编码是学习微机原理的基础。各种进制的相互转换及带符号数的运算是本章的重点。

了解个人计算机的结构是用好计算机的基础。

习题与思考题

1-1 计算机总线有哪些，分别是什么？

1-2 数据总线和地址总线在结构上有什么不同？

1-3 计算机由哪些部分组成？

1-4 CPU内部结构由哪些部分组成？CPU具备哪些主要功能？

1-5 已知 $X = -85$，$Y = +45$，求 $X + Y$。

1-6 16位二进制数所能表示的无符号数的范围是多大？

1-7 假设 X=01101010B，Y=10001100，试比较它们的大小。

（1）X、Y两个数均为带符号的补码。

（2）X、Y两个数均为无符号数。

第2章　8086/8088微处理器

内容提要：本章主要介绍了8086微处理器的结构、引脚功能、工作模式以及最大最小模式的工作时序。

教学要求：重点掌握8086微处理器的内部结构及引脚功能。掌握计算机的读写时序有助于理解计算机的工作原理。

微处理器是微型计算机的核心部件，自从1971年Intel公司发布了Intel 4004以来，微处理器的发展速度基本上遵循了摩尔定律（每18个月微处理器芯片上的晶体管数翻一番）。30多年来，微处理器从4位机发展到8位、16位、32位、64位。16位机的代表型号是8086，8086微处理器处理的目标程序在32位、64位机上仍能执行。32位和64位机的指令系统也是在16位机的基础上发展而来的。因此，本节重点介绍16位微处理器8086，简单介绍32位和64位的微处理器。

2.1　8086/8088微处理器的结构

2.1.1　8086/8088微处理器的结构

8086/8088微处理器的结构相似，都由算术逻辑运算单元ALU、专用和通用寄存器、指令寄存器、指令译码器和定时器控制电路等组成。按功能可把微处理器分成两大部分：执行单元（Execution Unit）和总线接口单元（Bus Interface Unit）。如图2-1所示，图中左半部分为执行单元，简称EU，右半部分为总线接口单元，简称BIU。BIU与外部总线相连，完成与外设（或存储器）的数据传送，包括取指令操作、存储器读/写数据操作、I/O接口的读/写操作。EU通过BIU得到信息，其功能就是负责指令的执行。BIU和EU两个单元可以并行工作，这样提高了微处理器的工作速度。

1. 执行单元EU

执行单元EU由8个通用寄存器、1个标志寄存器、算术逻辑运算单元ALU及EU控制单元组成；EU从BIU指令队列寄存器中获得指令和待处理数据进行操作。将指令代码译码后，发出相应的控制信息，将数据在ALU中进行运算，运算结果的特征保留在标志寄存器FLAG中。

2. 总线接口单元BIU

总线接口单元BIU包括4个段寄存器、1个指令指针寄存器、1个内部寄存器、1个先入先出的6个字节（8088是4个字节）的指令队列、总线控制逻辑电路及20条地址线。

当EU从指令队列中取走指令，指令队列出现空字节时，BIU即从内存中取出后续的指令代码放入队列中。当EU需要数据时，BIU根据EU给出的地址，从指定的内存单元或外设中取出数据提供给EU。运算结束后，将运算结果送入指定的内存单元或外设。如果指令

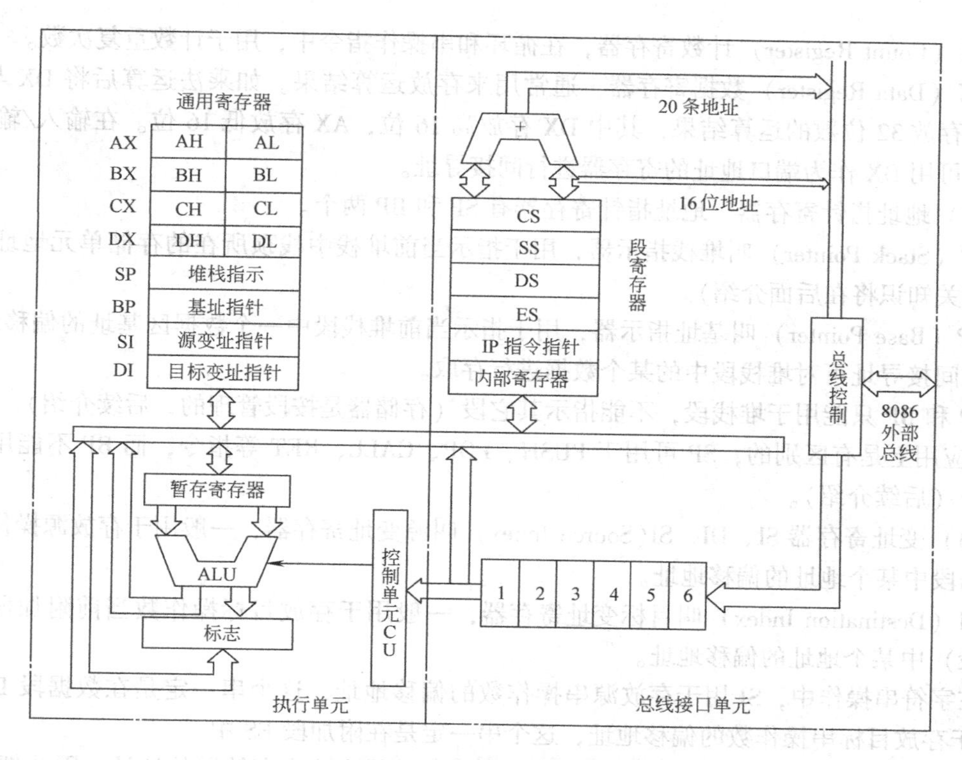

图 2-1　8086 微处理器内部结构示意图

队列的所有字节全空，EU 停止执行。直到指令队列中有指令，并把指令传到 EU 单元，EU 开始操作。

一般情况下，程序是顺序执行的。当遇到跳转指令时，BIU 就使指令队列复位，从新地址中取出指令，并立即送给 EU 去执行。

2.1.2　8086 内部寄存器

8086 内部寄存器按其功能可分为：通用寄存器（8 个）、段寄存器（4 个）和控制寄存器（2 个）。

1. 通用寄存器

通用寄存器包括数据寄存器、地址指针寄存器和变址寄存器。

（1）数据寄存器　数据寄存器有 AX、BX、CX、DX 4 个 16 位寄存器，每个寄存器可分为高 8 位和低 8 位两部分使用，也就是说也可作 8 位寄存器使用。高 8 位表示成：AH、BH、CH、DH，低 8 位表示成：AL、BL、CL、DL。参与运算的数是 16 位数时，可用 AX、BX、CX、DX 中的任意一个寄存器描述；参与运算的数据是 8 位数时，可用 AH、AL、BH、BL、CH、CL、DH、DL 中的任意一个寄存器描述。一般情况下，这 4 个数据寄存器就是用于存放参与运算的数据或运算结果的，但这 4 个寄存器又有自己特殊的用法。

AX（Accumulator）累加器，是指令系统中应用最多的寄存器，输入/输出只能用 AX 寄存器传递数据，它经常存放运算的中间结果，并参与下次运算，所以叫累加器。

BX（Base Register）基址寄存器，它通常用来存放内存的基地址，用于寄存器寻址。

CX（Count Register）计数寄存器，在循环和串操作指令中，用于计数重复次数。

DX（Data Register）数据寄存器，通常用来存放运算结果。如乘法运算后将 DX 与 AX 合起来存放 32 位数的运算结果，其中 DX 存放高 16 位，AX 存放低 16 位。在输入/输出操作中，可用 DX 作为端口地址的寄存器进行间接寻址。

（2）地址指针寄存器　地址指针寄存器有 SP 和 BP 两个。

SP（Stack Pointer）叫堆栈指示器，用于指示当前堆栈中栈顶所在的存储单元地址（堆栈的相关知识将在后面介绍）。

BP（Base Pointer）叫基址指示器，用于指示当前堆栈段中一个数据区基址的偏移地址，通过它间接寻址可对堆栈段中的某个数据进行存取。

SP 和 BP 只能用于堆栈段，不能指示其它段（存储器是按段管理的，后续介绍）。但 SP 和 BP 应用上是有区别的，SP 可用于 PUSH、POP、CALL、RET 等指令，而 BP 不能用于这些指令（后续介绍）。

（3）变址寄存器 SI、DI　SI(Source Index）叫源变址寄存器，一般用于存放源操作数当前数据段中某个地址的偏移地址。

DI（Destination Index）叫目标变址寄存器，一般用于存放目标操作数当前附加段（本数据段）中某个地址的偏移地址。

在字符串操作中，SI 用于存放源串操作数的偏移地址，这个串一定是在数据段 DS 中。DI 用于存放目标串操作数的偏移地址，这个串一定是在附加段 ES 中。

在寄存器间寻址时，经常用 DI、SI 加上一个位移量来改变存储器的地址，因此把 DI 和 SI 称为变址寄存器。

指针寄存器和变址寄存器与数据寄存器一样，可以参与算术和逻辑运算，但指针寄存器和变址寄存器只能用于 16 位数的计算，不能分成 8 位。

2. 段寄存器（Segment）

段寄存器包括 CS、SS、DS 和 ES，用于指示当前段的段基址。

CS（Code Segment）叫代码段寄存器，用于指示当前的代码段（程序段）的起始地址段基址。

DS（Date Segment）叫数据段寄存器，用于指示当前的数据段的段基址。

SS（Stack Segment）叫堆栈段寄存器，用于指示当前的堆栈段的段基址。

ES（Extra Segment）叫附加段寄存器，用于指示当前的附加段的段基址。

CS 段寄存器一般用于存放微处理器执行的程序代码。DS 段寄存器一般用于存放程序中的变量和数据。SS 段寄存器一般用于存放压栈的信息。ES 段寄存器一般用于存放参与运算的结果。

3. 控制寄存器

控制寄存器有 IP 和 FLAG。

（1）IP（Instruction Pointer）叫指令指针寄存器（程序指示器），用于存放欲取指令的偏移地址。微处理器从代码段中偏移地址为 IP 的内存单元中取出指令代码的一个字节后，IP 就自动加 1，指向指令代码的下一个字节。用户程序不能直接访问 IP。

（2）FLAG 叫标志寄存器，用于存放运算结果的标志。FLAG 是 16 位寄存器，用其中的 9 位来描述 9 个标志。通常这 9 个标志可分为状态标志位和控制标志位，如图 2-2 所示。

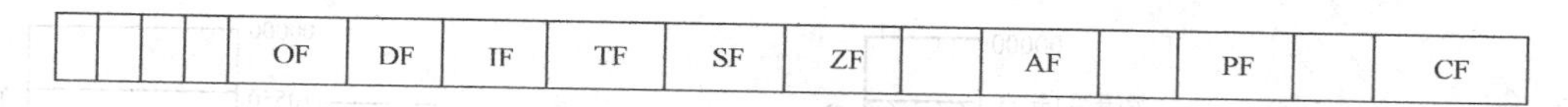

图2-2 8086标志寄存器FLAG

状态标志位有：

CF（Corry Flag）进位标志位（借位标志位）：当进行加法（或减法）运算时，若最高位发生进位或借位，则CF=1，否则CF=0。

PF（Parity Flag）奇偶标志位：当逻辑运算结果中"1"的个数为偶数时，PF=1；为奇数时，PF=0。

AF（Auxiliary Carry）半进位标志位：在8（16）位加减法运算中，当低4（8）位向高位有进位或借位时，则AF=1，否则AF=0。

ZF（Zero Flag）零标志位：当运算结果为0时，ZF=1，否则ZF=0。

SF（Sign Flag）符号标志位：当运算结果最高位是1（即负数）时，SF=1，否则SF=0。

OF（Over Flag）溢出标志位：当运算结果超出了带符号数的范围，即溢出时，OF=1，否则OF=0。8位带符号数的范围是-127~+127，16位带符号数的范围是-32768~+32767。这6个状态标志位状态是计算机运算后自动生成的，而不是人为赋予的。

控制标志位被设置后，可完成某些控制操作。

控制标志位有：

TF（Trap Flag）跟踪标志位：是为调试程序而设置的。若TF=1，则使8086微处理器处于单步工作方式。在这种工作方式下，微处理器每执行完一条指令，就自动产生一个内部中断，处理器转去执行一个中断服务程序，可借此检查程序中每条指令的执行情况。当TF=0时，CPU正常执行程序。

IF（Interrupt Flag）中断允许标志位（开中断标志位）：若将IF设置为1（IF=1）时，8086微处理器开中断，微处理器允许外部的可屏蔽中断源的中断请示；若将IF清零（IF=0），8086微处理器关中断，微处理器禁止外部可屏蔽中断的请求。

IF只对可屏蔽中断起作用，对非屏蔽中断和内部中断都不起作用。

DF（Direction Flag）方向标志位：方向标志位用于控制串操作指令中SI（或DI）的修改方向。当DF设置为1（DF=1）时，SI（或DI）减量；当DF清零（DF=0）时，SI（或DI）增量。因为SI（或DI）描述串操作的偏移地址，所以当SI（DI）减量时，串是由高地址向低地址方向遵序执行。后续指令中将详细介绍。

2.1.3 存储器中的逻辑地址和物理地址

8086有20条地址线，可以寻址1MB内存空间，地址范围为00000H~FFFFFH。但8086微处理器内部的地址寄存器都是16位的，最多只能寻址64KB。为了能寻址1MB，8086采用分段技术。分段技术是把存储器分成代码段CS、堆栈段SS、数据段DS和附加段ES 4种。每段为64KB，段与段可以重叠，可以交叉，也可以没有联系，如图2-3所示。存储器分段管理后，每个单元的地址都可以用两个形式的地址来表示，即实际地址（物理地址）和逻辑地址。

例：已知当前有效的代码段、堆栈段、数据段和附加段的段基址分别为1055H、EFF0H、250AH和8FFBH，它们在存储器中的分布情况如图2-4所示。

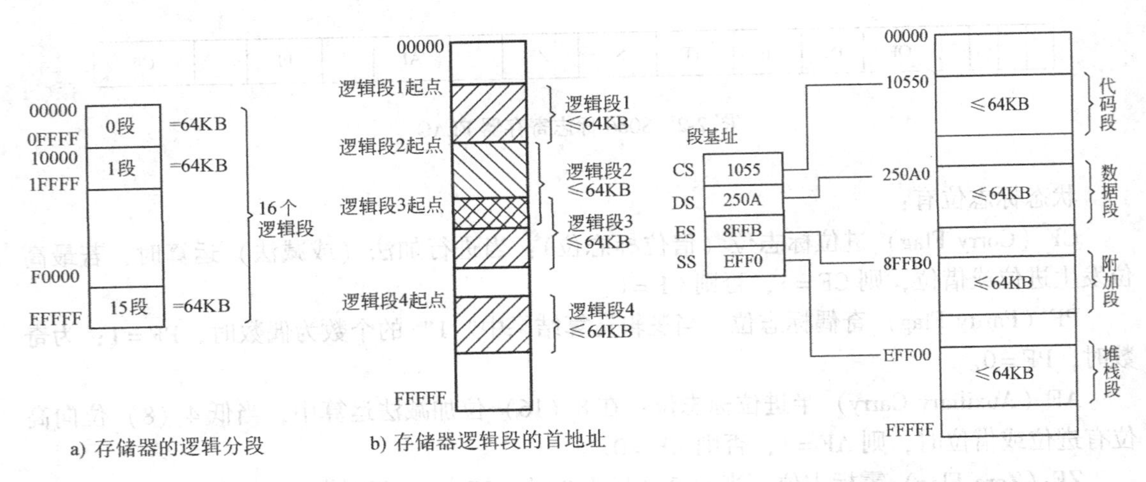

a) 存储器的逻辑分段　　b) 存储器逻辑段的首地址

图 2-3　存储器的逻辑分段结构　　图 2-4　存储器逻辑段分布举例

物理地址：是由 20 位地址或状态来表示的地址，用即 20 位二进制数来表示。CPU 与存储器交换信息时，使用的是物理地址。

逻辑地址：是把 20 位地址分成段基址和偏移地址两部分表示的地址。这两部分都是无符号的 16 位二进制数，例如“0001H：2000H”。程序是以逻辑地址来编址的。

物理地址的形成是通过 CPU 内部的 BIU 部件中的地址加法器运算出来的，如图 2-5 所示。从图中可看出物理地址可由下式计算：

物理地址 = 段基址 × 16 + 偏移地址

例如：CS = 2000H　IP = 200H，则物理地址为：2000H × 16 + 200H = 20200H。

4 个段寄存器可以分别描述当前使用的段的起始字节单元。偏移地址可由 16 位寄存器来描述。一般情况下 CS 段的偏移地址用 IP 描述，SS 段的偏移地址用 SP 或 BP 描述，DS 段的偏移地址用 BX 或 SI 加上位移量来描述，ES 段的偏移地址用 BX 或 DI 加上位移量来描述，如图 2-6 所示。

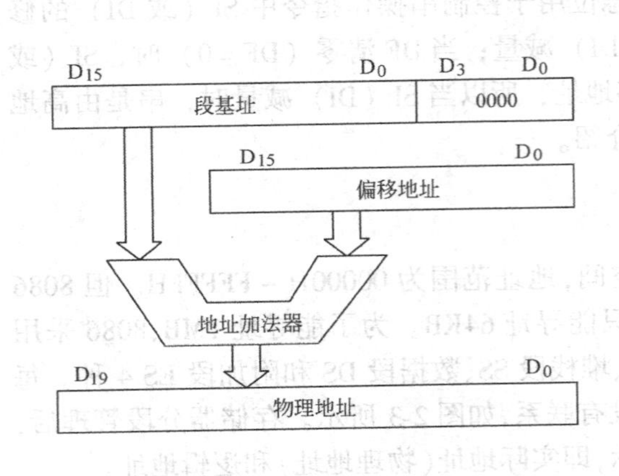

图 2-5　8086 物理地址的形成

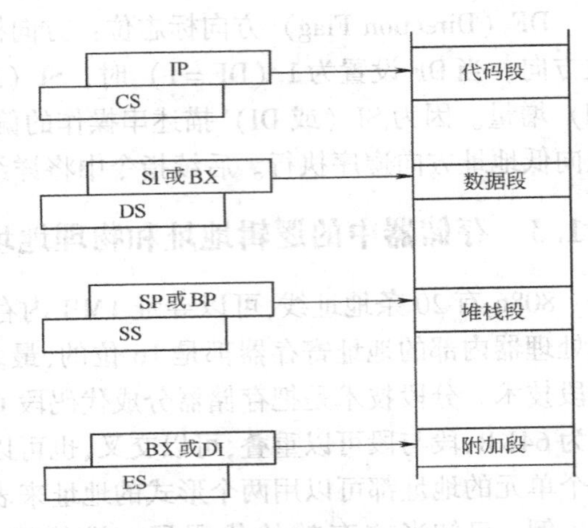

图 2-6　段寄存器和其他寄存器组合指向存储单元

特殊的内存区域：

8088/8086系统中，有些内存区域的作用是固定的，用户不能随便使用，如：

①中断矢量区：00000H～003FFH共1KB，用以存放256种中断类型的中断矢量，每个中断矢量占用4B，共256×4=1024=1K。

②显示缓冲区：B0000H～B0F9FH约4000(25×80×2)B，是单色显示器的显示缓冲区，存放文本方式下，显示字符的ASCII码及属性码；B8000H～BBF3FH约16KB，是彩色显示器的显示缓冲区，存放图形方式下，屏幕显示像素的代码。

③启动区：FFFF0H～FFFFFH共16个单元，用以存放一条无条件转移指令的代码，可以转移到系统的初始化部分。

2.1.4 堆栈

堆栈是在存储器中开辟的一个数据存储器，这个区域数据的存取遵循"先入后出"的原则。堆栈的位置一定在堆栈段。把堆栈存储器的一端固定，称为栈底。另一端可活动，称为栈顶。栈顶由SP堆栈指示器来描述。栈底为栈区的高地址，栈顶的地址小于等于栈底。如果栈顶等于栈底，则表明栈区中没有数据。8086/8088的堆栈操作只能是字操作。因此在进行入栈操作时，SP会自动减2，即SP=SP－2。出栈时SP会自动加2，即SP=SP+2。后续讲指令时会详细介绍。

2.1.5 8086的总线周期

1. 总线周期

计算机工作节拍是由时钟振荡器产生的，两个时钟脉冲上升沿之间的时间间隔称为时钟周期（Clock Cycle），也称为T状态。时钟周期是微处理器动作的最小时间单位。

一条指令从存储器中取出到执行所需的时间称为指令周期。8086中不同指令具有不等长的指令周期。指令的最短的执行时间是两个时钟周期，最长的16位乘法指令执行时间是200个时钟周期。

8086微处理器与外部电路（存储器或I/O接口）间进行一次数据传送操作（R或W）所需时间称为总线周期（机器周期）或总线操作周期，如存储器读/写或I/O接口读/写。一个总线周期至少由4个时钟周期组成。由于总线周期全部由BIU来完成，也可叫做BIU总线周期。典型的BIU总线周期如图2-7所示。

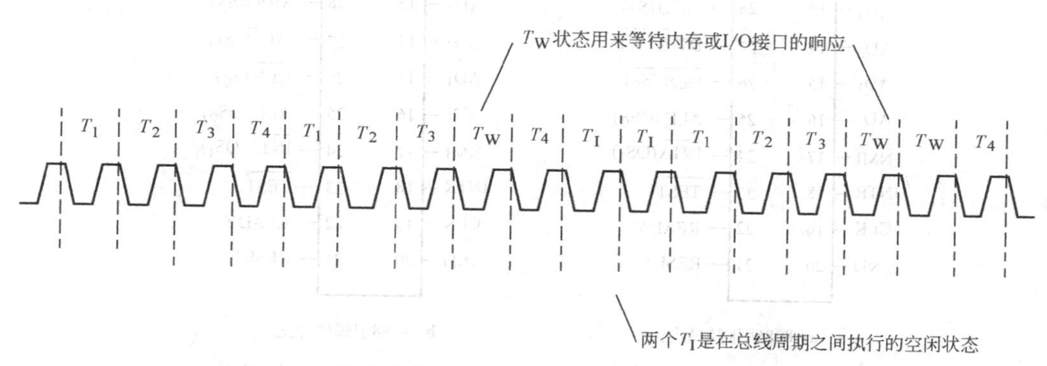

图2-7 典型的BIU总线周期序列

一个指令周期包含若干总线周期，一个总线周期包含若干时钟周期。

2. 空闲状态 T_I（Idle State）

在两个总线周期之间，存在着 BIU 不执行任何操作的时钟周期，这些不起作用的时钟周期称为空闲状态，用 T_I 表示。

3. 等待状态 T_w（Wait State）

当微处理器与存储器和外设进行信息交换时，有时外部设备和存储器工作速度较慢，这时微处理器在 T_3 和 T_4 之间插入几个 T_w 等待状态，用来等待微处理器与存储器和外部设备的信息交换，防止数据丢失。在等待状态期间，其它一些控制信号保持不变。

2.2 8086/8088 的引脚功能

8086 和 8088 的内部结构相似，并且都被封装在一个标准的 40 条引脚的双列直插式管壳内。图 2-8a 是 8086 微处理器引脚信号图，图 2-8b 是 8088 引脚信号图。

8086/8088 有两种工作模式，即最大模式和最小模式。40 个引脚中括号内的符号为最大模式下的引脚说明符，括号外的符号是最小模式下的引脚说明符，没有括号的引脚是最大和最小模式公用的引脚说明符。

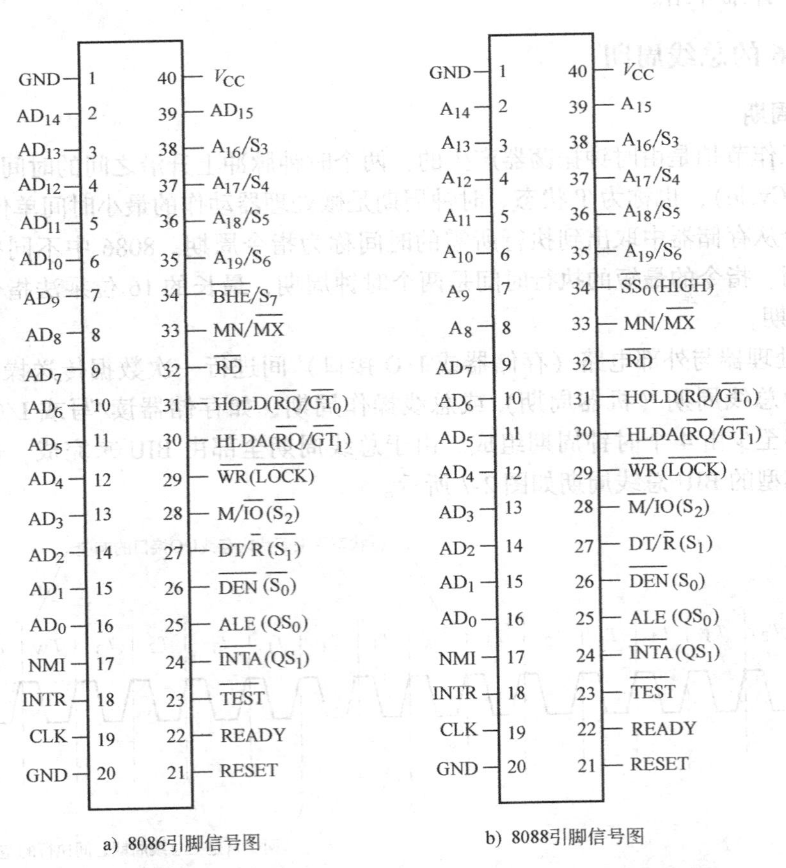

a) 8086引脚信号图　　b) 8088引脚信号图

图 2-8　8086/8088 引脚信号图（括号内为最大模式时的引脚）

1. $AD_0 \sim AD_{15}$（Address Data Bus）**地址数据复用引脚**（可输入/输出，双向工作）

这16条引脚是分时复用多路地址/数据线。在时钟周期 T_1 状态时，输出存储器（或输入/输出设备）的地址信号；T_2 到 T_4 状态时，则作为数据线传递数据。

2. $A_{19}/S_6 \sim A_{16}/S_3$（Address/Status）**地址状态复用引脚**（输出信号、三态工作）

在时钟周期 T_1 状态时，这4条引脚输出最高4位地址（对于I/O操作，它们都是低电平）。在 $T_2 \sim T_4$ 状态期间，它们输出状态信息。S_6 恒等于0，保持低电平。S_5 表明中断允许标志位的状态，$S_5=1$ 表示CPU可以响应可屏蔽中断的请求，$S_5=0$ 表示禁止可屏蔽中断。S_4 和 S_3 的编码及功能如表2-1所示。

表2-1 S_4、S_3 的代码组合和对应的含义

S_4	S_3	当前正在使用的段寄存器	S_4	S_3	当前正在使用的段寄存器
0	0	ES	1	0	CS或未使用任何寄存器
0	1	SS	1	1	DS

3. $\overline{BHE}/S_7$（Bus High Enable）**高位总线允许/状态复用引脚**（输出信号、三态工作）

在 T_1 期间，若 $\overline{BHE}$（低电平）有效，则可以用 $D_8 \sim D_{15}$ 数据总线传递数据。在 $T_2 \sim T_4$ 期间，这条引脚输出状态信息。S_7 在8066芯片中并未被赋予任何实际意义。

通常用 $\overline{BHE}/A_0$ 控制连接在总线上的存储器或接口传输数据的操作特性 $\overline{BHE}$ 和 A_0 的编码和对应用操作表2-2所示。

在8088中，第34脚不是 $\overline{BHE}/S_7$，而是被赋予另外的信号。在最大模式时，此引脚恒为高电平；在最小模式时，则为 SS_0，它和 $DT/\overline{R}$、$\overline{M}/IO$ 一起决定了8088芯片当前总线周期的读/写操作。

表2-2 $\overline{BHE}$ 和 A_0 的编码和对应的操作

$\overline{BHE}$	A_0	操作特性	所用的数据引脚
0	0	从偶地址单元开始读/写一个字	$AD_0 \sim AD_1$
0	1	从奇地址单元或端口读/写一个字节	$AD_0 \sim AD_1$
1	0	从偶地址单元或端口读/写一个字节	$AD_0 \sim AD_1$
1	1	无效	—

4. $\overline{RD}$（READ）**读**（输出信号、三态工作）

$\overline{RD}$ 有效表明可以执行一个对内存或I/O端口的读操作。是对存储器还是对I/O进行读操作，由引脚 $M/\overline{IO}$ 状态决定。从 T_2 状态开始，到 T_4 状态前，$\overline{RD}$ 低电平有效。当系统总线进入保持响应期间，$\overline{RD}$ 信号呈高阻状态。

5. READY（Ready）**准备就绪**（输入信号、高电平有效）

READY信号是由所访问的存储器或I/O设备发来的响应信号。当READY=1时，表示存储器或I/O设备准备就绪，可以进行一次数据传输。若存储器或I/O设备没有准备就绪，则READY降为低电平。于是微处理器在 T_3 状态之后插入等待状态 T_w，直到READY恢复为高电平，才进入 T_4 状态，完成数据传输。微处理器在每个总线周期的 T_3 状态对READY信号进行采样。

在完成数据传递以后，存储器或I/O设备发给8284时钟发生器一个RDY信号，RDY信号经8284同步后，形成8086需要的READY准备就绪信号。

6. INTR（Interrupt Request）**可屏蔽中断请示**（输入信号、高电平有效）

在微处理器执行每条指令的最后一个时钟周期时，要对 INTR 进行采样。如果 IF = 1，并且 INTR 有效，那么微处理器就会在结束当前指令后响应中断，进入一个中断处理程序。

7. $\overline{\text{TEST}}$（Test）**测试引脚**（输入信号、低电平有效）

$\overline{\text{TEST}}$由外部提供。当微处理器执行 WAIT 指令时，用 WAIT 指令来测试$\overline{\text{TEST}}$信号。当$\overline{\text{TEST}}$为低电平时，程序继续执行 WAIT 指令后的指令；当$\overline{\text{TEST}}$为高电平时，则微处理器处于空闲等待状态，重复执行 WAIT 指令。该输入信号在每个时钟周期内，由时钟脉冲的前沿来实现内部同步。

8. NMI（Non-Maskable Interrupt）**非屏蔽中断引脚**（输入信号）

非屏蔽中断信号是边缘触发的外部输入信号。这类中断不受 IF 的影响，也不能用软件进行屏蔽。当 NMI 引脚收到由低到高变化的信号（正沿触发）时，微处理器就会在当前指令结束后，马上进入非屏蔽中断处理程序。非屏蔽中断处理程序的入口地址在中断矢量表中 2 号中断源的存储器中存放。中断矢量表将在第 8 章详细介绍。

9. RESET（Reset）**复位**（输入信号）

8086/8088 要求 RESET 信号有效时间至少为 4 个时钟周期，这样它才能结束正在进行的操作，进入复位状态。复位就是使微处理器恢复到起始状态。复位后各寄存器的状态如表 2-3 所示。

表 2-3　8086 或 8088 复位后各寄存器的值

寄存器	值	寄存器	值
FLAGS	0000H	DS	0000H
IP	0000H	ES	0000H
指令队列	空	SS	0000H
CS	FFFFH	其余寄存器	0000H

接通电源或按 RESET 键都可以产生 RESET 信号。

当 RESET 回到低电平时，微处理器执行重新启动过程。

10. CLK（Clock）**时钟**（输入信号）

该引脚接至 8284 时钟发生器的输出端，由 8284 提供微处理器所需要的时钟频率（或时钟状态），8086 时钟频率在 5～10MHz 之间，一般取 8MHz。当它具有 33% 的占空时，可为微处理器提供一个最佳的内部工作定时。

11. V_{CC} 电源

+5V 电源引脚。

12. GND（Ground）**地**

接地引脚。

13. MN/$\overline{\text{MX}}$（Minimum/Maximum Mode）**最小/最大模式**（输入信号）

MN/$\overline{\text{MX}}$决定 8086/8088 的工作模式，当 MN/$\overline{\text{MX}}$接地时，8086/8088 工作在最大模式。

下面介绍适用于 8086/8088 最小模式的引脚功能：

14. M/$\overline{\text{IO}}$（Memory/In Out ）**存储器/输入输出引脚**（输出信号、三态）

M/$\overline{\text{IO}}$用来控制是对存储器进行访问，还是对 I/O 进行访问。M/$\overline{\text{IO}}$从前一个总线周期的 T_4 状态变为有效，一直保持到本总线周期的 T_4 状态结束。M/$\overline{\text{IO}}$为高电平时，是对存储器进行访问；$M/\overline{IO}$为低电平时，是对I/O设备进行访问。

15. $\overline{WR}$（Write）**写**（输出信号、三态工作）

$\overline{WR}$有效表明微处理器可以对存储器或I/O设备进行写操作。是存储器还是I/O设备，则由$M/\overline{IO}$决定。从T_2状态开始直到写操作结束$\overline{WR}$一直有效。

16. $\overline{INTA}$（Interrupt Acknowledge）**中断响应**（输出信号）

$\overline{INTA}$是中断响应信号，由8086微处理器在响应中断过程中发出，$\overline{INTA}$引脚在连续两个总线周期中，连续发出两个$\overline{INTA}$信号。在每个总线周期的T_2、T_3、T_w状态，$\overline{INTA}$低电平有效。第一个$\overline{INTA}$负脉冲是通知外设，微处理器已经开始响应可屏蔽中断请求；紧接着发出第二个$\overline{INTA}$负脉冲，微处理器读入中断类型号。

17. ALE（address latch enable）**地址锁存允许信号**（输出信号、高电平有效）

地址锁存允许信号ALE有效时，地址/数据复用总线上输出的是地址信号。在T_1状态时，ALE为高电平有效，T_2以后ALE为低电平无效。ALE与8282/8383锁存器相连，可作为锁存器的控制信号。

18. $\overline{DEN}$（Date Enable）**数据允许信号**（输出信号、三态、低电平有效）

$\overline{DEN}$有效时，微处理器可以进行数据的读/写操作。8086微处理器数据总线要连接一个数据收发器（如8286/8287），$\overline{DEN}$作为数据收发器的允许信号。在每个存储器I/O访问周期，以及$\overline{INTA}$周期，$\overline{DEN}$信号都有效。对于读周期，$\overline{DEN}$信号是从T_2状态的中间开始，到T_4状态的中间有效；而对于写周期，$\overline{DEN}$信号从T_2状态开始到T_4状态的中间有效。

在DMA方式时，$\overline{DEN}$呈高阻状态。

19. $DT/\overline{R}$（Data Transmit / Receive）**数据发送/接收**（输出信号、三态）

在采用8286/8287数据收发器时，用$DT/\overline{R}$信号来控制数据收发器的数据传递方向。$DT/\overline{R}$为高电平时，发送数据；为低电平时，接收数据。

20. HOLD（Hold Request）**总线保持请求信号**（输入信号）

当系统中微处理器之外的另一个主模块要求占用总线时，就在当前总线周期完成时，在T_4状态从HLDA引脚发出一个回答信号，来回应刚才的HOLD请求。在部件收到HLDA信号后，就获得了总线控制权，在此后一段时间，HOLD和HLDA都保持高电平。在总线占有部件用完总线之后，会把HOLD信号变为低电平。这样，微处理器又获得了地址/数据总线和控制状态线的占有权。

21. HLDA（Hold Acknowledge）**总线保持响应信号**（输出信号）

此信号为高电平有效。当HLDA有效时，表示微处理器对其它主部件的总线请求作出响应。与此同时，所有与三态门相接的微处理器的引脚呈现高阻抗，从而让出了总线。

下面介绍适用于8086/8088最大模式的引脚功能：

22. $\overline{S_2}$、$\overline{S_1}$、$\overline{S_0}$（Bus Cycle Status）**总线周期状态**（输出信号、三态）

$\overline{S_2}$、$\overline{S_1}$、$\overline{S_0}$是状态信号，表示微处理器在该总线周期的操作类型。从上一个总线周期T_4状态的时钟上升沿，到本总线周期的T_1、T_2状态，这些状态信号输出有效。在T_3或T_w状态期间，且当READY为高电平时，这些状态信号返回到无效状态（1、1、1）。这些信号被总线控制器8288用来产生存储器和I/O的控制信号。在T_4期间，$\overline{S_2}$、$\overline{S_1}$、$\overline{S_0}$状态的任何改变，都表示一个新的总线周期的开始；而在T_3或T_w期间，若返回到无效状态时，则表示一个总线周期的结束。这组信号的代码组合、微处理器对应的操作及8288产生的控制信号如表2-4所示。

表2-4 $\overline{S_2}$、$\overline{S_1}$、$\overline{S_0}$的组合、对应操作及8288产生的控制信号

S_2、S_1、S_0	对应的操作	8288产生的控制信号	相关的指令举例
000	发中断响应信号	$\overline{INTA}$	无
001	读I/O端口	$\overline{IORC}$	IN AL, DX
010	写I/O端口	$\overline{IOWC}$和$\overline{AIOWC}$	OUT DX, AL
011	暂停	无	NOP
100	取指令	$\overline{MRDC}$	无
101	读内存	$\overline{MRDC}$	MOV AX, [1234H]
110	写内存	$\overline{MWTC}$和$\overline{AMWC}$	MOV [DL], AX
111	无效	无	无

23. $\overline{RQ}/\overline{GT_0}$, $\overline{RQ}/\overline{GT_1}$（Request/Grant）**请求/同意**（输入/输出信号、双向）

这两条引脚可供微处理器以外的两个协处理器用来发出使用总线请求和接收微处理器对总线请求信号的应答信号。

24. $\overline{LOCK}$（Lock）**总线封锁信号**（输出信号、三态）

当$\overline{LOCK}$为低电平时，其它总线主控部件都不能占用总线。$\overline{LOCK}$信号是由前缀指令LOCK产生的，而且一直保持到下一条指令结束。

25. QS_1、QS_0（Instruction Queue Status）**指令队列状态输出信号**

QS_1和QS_0这两个信号的不同组合描述了微处理器内部指令队列的状态，如表2-5所示。

表2-5 QS_1、QS_0信号与指令队列状态

QS_1、QS_0	指令队列状态	QS_1、QS_0	指令队列状态
00	无操作	10	清空指令队列
01	从队列中取指令的第一个字节	11	从队列中取指令的后续字节

2.3 8086/8088的总线结构

微处理器与计算机内部及接口各部件的信息交换是通过总线来完成的。总线分为数据总线、地址总线和控制总线。在8086微处理器控制的总线中有些引脚是复用的，下面将介绍它们是如何形成数据总线、地址总线和控制总线的。

2.3.1 地址的锁存

1. 为什么要锁存地址

由于微处理器的$AD_0 \sim AD_{15}$是地址数据复用引脚，在应用时必须分时复用。在T_1状态时将指定的存储单元的地址发送到地址总线上，而在T_2状态时$AD_0 \sim AD_{15}$开始传递数据。在传递数据时，地址信号消失，这将造成数据传递不到预想的存储单元中去。一般系统的存储器和I/O设备进行数据传送时，要求地址总线上的地址是稳定的。因此必须加地址锁存器，将T_1状态传送的地址锁存起来。在T_2状态以后，$AD_0 \sim AD_{15}$开始传送数据时，地址锁存器内仍保留着地址信号。这样就可把地址信号从地址/数据复用引脚上分离出来，分离出来的地址信号称为地址总线。这时的地址锁存器由 ALE 引脚控制锁存，如图 2-9 所示。

2. 常用的地址锁存芯片

8282/8383 和 74LS373 都是三态输出锁存器，都可作为地址锁存器。8282 是正相输出，8283 是反相输出。这里只介绍 74LS373 的引脚及功能，如图 2-10 所示。

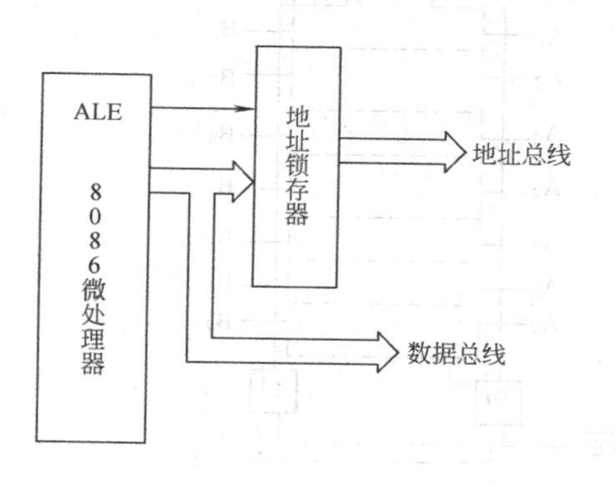

图 2-9　锁存器分离出地址总线

引脚名	引脚	引脚	引脚名
$\overline{OE}$	1	20	V_{CC}
1Q	2	19	8Q
1D	3	18	8D
2D	4	17	7D
2Q	5	16	7Q
3Q	6	15	6Q
3D	7	14	6D
4D	8	13	5D
4Q	9	12	5Q
GND	10	11	G

图 2-10　74LS373 的引脚

G 为选通脉冲输入端，当 G 上的脉冲信号由高变低时，1D～8D 的信号被锁存。$\overline{OE}$是允许输出控制端，当$\overline{OE}$为高时，输出端 1Q～8Q 呈高阻抗状态。表 2-6 介绍了 74LS373 的引脚功能。

表 2-6　74LS373 引脚功能

引脚	1D～8D	1Q～8Q	OE	G
功能	数据输入	数据输出	允许输出	选通

ALE 接在 G 上，当 ALE 信号由高变低时，地址锁存器锁存地址信号。在 8086 系统中，OE 端总是接地，因此 1Q～8Q 一直保持地址信号的输出，直到重新输入信号为止。

2.3.2　数据总线

1. 数据功率放大

微处理器的地址/数据复用引脚在 T_2 状态之后开始用作传递数据信息，它可以直接作为系统的数据总线。但由于微处理器所控制的外部设备及存储芯片很多，故微处理器的数据引脚只能驱动一个 TTL 电路，如果接多个存储器和接口，微处理器的功率是不够的，这样就必须接数据功率放大器。数据功率放大器把从微处理器传递来的数据经过放大后，再传递给需要该数据的部件，但要求这种放大器是双向传送数据的。能进行数据双向传递的放大器，叫数据收发器。

2. 8286/8287 双向数据收发器

8286/8287 双向数据收发器除 8286 是正向，8287 是反向外，其它性能完全相同，如图 2-11 所示。

T（transmit）引脚是控制数据的传送方向的。T 为高时 B_0～B_7 为输出，A_0～A_7 为输入。T 为低时 B_0～B_7 为输入，A_0～A_7 为输出。$\overline{OE}$为允许数据输出控制端，$\overline{OE}$为低电平时，允许数据输出；$\overline{OE}$为高电平时，8286/8287 所有输出呈高阻状态。

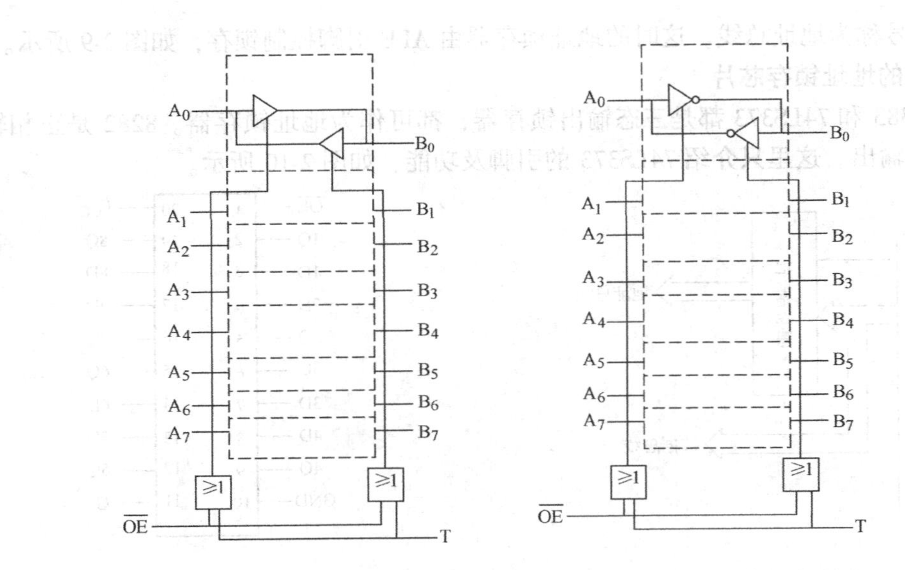

图 2-11　8286/8287 内部结构及引脚功能

2.3.3　8086/8088 最小模式和最大模式

8086/8088 可以组成在各种环境下使用的微型计算机系统。当 MN/$\overline{MX}$固定在 +5V 时，只由一片 8086/8088 组成的系统环境是最小模式。当 MN/$\overline{MX}$接地时，由多片处理器组成的系统环境是最大模式。因此，两种模式是由硬件设定的。8086/8088 组成系统相似，本节只介绍 8086 系统。

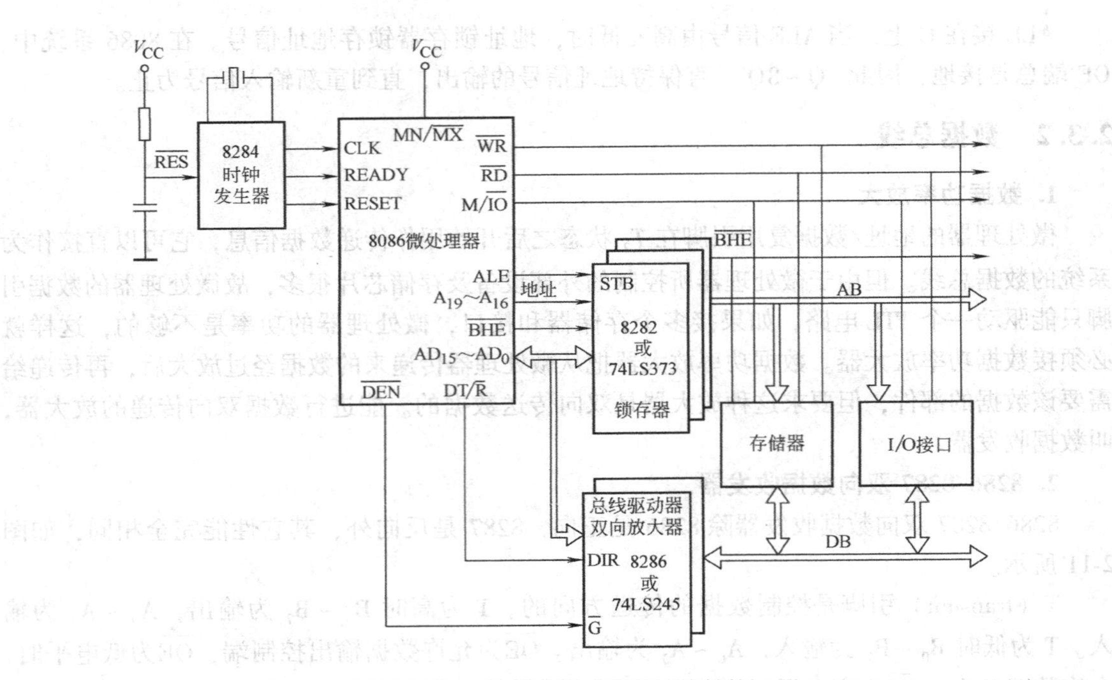

图 2-12　8086 最小模式典型系统结构

1. 8086 的最小模式

8086 最小模式典型系统结构如图 2-12 所示。在 8086 最小模式典型配置中，除 8282（锁存器）及 8286（总线驱动器或称数据放大器）外，还有一个时钟发生器 8284，外接晶体的基本振荡频率为 15MHz。

8284 有 3 个功能：产生恒定的时钟信号，对准备就绪信号（READY）及复位信号（RESET）进行同步。

8086 系统有 20 位地址总线。在组成最小模式系统时，其存储空间为 1MB，寻址范围是 00000H ~ FFFFFH。

8086 最小模式系统中，信号 $M/\overline{IO}$、$\overline{RD}$和$\overline{WR}$组合起来决定了系统中数据的传输方式，其组合方式和对应功能如表 2-7 所示。

表 2-7 最小模式系统数据传输方式和对应功能

数据传输方式	$M/\overline{IO}$	$\overline{RD}$	$\overline{WR}$
I/O 读	0	0	1
I/O 写	0	1	0
存储器读	1	0	1
存储器写	1	1	0

2. 8086 的最大模式

图 2-13 是 8086 最大模式典型系统结构。在最大模式中，增加了总线控制器 8288。8086 通过总线控制器 8288 形成各种总线周期，控制信号由 8288 提供，使总线控制能力更加完善。最大模式系统中，通常包含两个以上总线控制设备，一个是 8086（8088）微处理器，其它一般是协处理器，协助 CPU 工作。

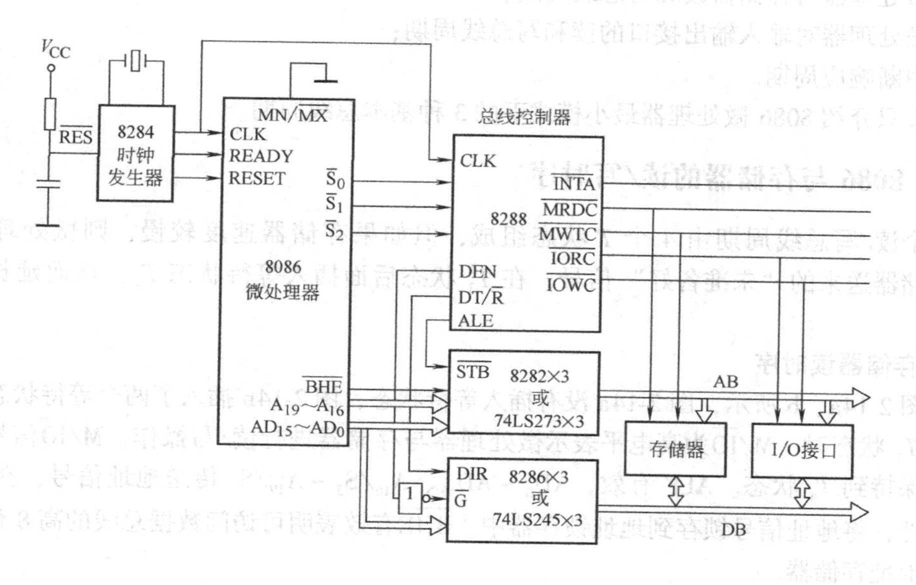

图 2-13 8086 最大模式典型系统结构

由图中可看出，许多总线控制信号通过总线控制器 8288 产生，而不是由微处理器直接给出。所以微处理器中原先产生这些控制信号的引脚，就可以重新定义。重新定义后的引脚功能如表 2-8 所示。这些引脚大多用来支持多微处理器系统。

表 2-8　最大/最小模式引脚定义

最小模式	HOLD	HLDA	$\overline{WR}$	M/$\overline{IO}$	DT/$\overline{R}$	$\overline{DEN}$	ALE	$\overline{INTA}$
最大模式	$\overline{RQ}/\overline{GT_0}$	$\overline{RQ}/\overline{GT_1}$	$\overline{LOCK}$	$\overline{S_2}$	$\overline{S_1}$	$\overline{S_0}$	QS_0	QS_1

8288 总线控制器利用微处理器送给它的状态信号$\overline{S_2}$、$\overline{S_1}$、$\overline{S_0}$产生总线周期中所需要的全部控制信号，$\overline{S_2}$、$\overline{S_1}$、$\overline{S_0}$的编码与 8288 命令的对应关系如表 2-9 所示。

表 2-9　$\overline{S_2}$、$\overline{S_1}$、$\overline{S_0}$的编码与 8288 命令的对应关系

CPU 总线周期	$\overline{INTA}$	读 I/O 端口	写 I_{10} 端口	暂停	访问代码	读存储器	写存储器	无效
8288 命令	$\overline{INTA}$	$\overline{IORC}$	$\overline{IOWC}$，$\overline{AIOWC}$	无	$\overline{MRDC}$	$\overline{MRDC}$	$\overline{MWTC}$　$\overline{AMWC}$	无 S

2.4　8086 最小模式的工作时序

8086 微处理器与存储器及外设端口进行数据交换时，需要执行一个总线周期。按照数据传送的方向，可分为微处理器读操作和写操作两种。分析微处理器的工作时序，能清楚了解微处理器读和写的工作过程。

在 2.1.5 节中介绍过每条指令的指令周期是不等长的，但每个指令都是由以下一些基本的总线周期组成的：

①微处理器对存储器读和写总线周期；

②微处理器对输入输出接口的读和写总线周期；

③中断响应周期。

本节只介绍 8086 微处理器最小模式下的 3 种基本总线周期。

2.4.1　8086 与存储器的读/写时序

一个读/写总线周期由 4 个 T 状态组成，但如果存储器速度较慢，则微处理器就要根据存储器送来的“未准备好”信号，在 T_3 状态后面插入等待状态 T_w，从而延长总线周期。

1. 存储器读时序

如图 2-14a、b 所示，图 2-14a 没有插入等待状态，图 2-14b 插入了两个等待状态。

在 T_1 状态时，M/$\overline{IO}$为高电平表示微处理器与存储器进行读/写操作，M/$\overline{IO}$信号有效电平一直保持到 T_4 状态。ALE 有效，AD_0 ~ AD_{15}、A_{16}/S_3 ~ A_{19}/S_7 传送地址信号，在 ALE 的下降沿处，将地址信号锁存到地址锁存器中。$\overline{BHE}$有效表明可访问数据总线的高 8 位，即可访问奇地址存储器。

在 T_2 状态时，微处理器发出读信号，$\overline{RD}$信号为低电平有效，并一直保持到 T_4 状态。A_{16}/S_3 ~ A_{19}/S_7 出现 S_3 ~ S_6 状态信号，描述当前正在使用哪一个段寄存器，指示可屏蔽中断允许标志的状态。AD_0 ~ AD_{15} 变为高阻状态，为读入数据做准备。$\overline{DEN}$有效，启动 8286 收发器，与在 T_1 状态就为低电平有效的 DT/$\overline{R}$信号一起，准备接收读入的数据。

在 T_3 状态时，采样 READY 信号若为低电平（如图 2-14b 所示），则在 T_3 周期结束后，插入一个 T_W 状态，在 T_W 周期的前沿再采样 READY 信号，若仍为低电平，则继续插入等待状态，直到 READY 为高电平。这时数据将放到数据总线上，在 T_3 结束时，微处理器将数据读入。若采样 READY 信号为高电平，则不插入等待周期，如图 2-14a 所示。

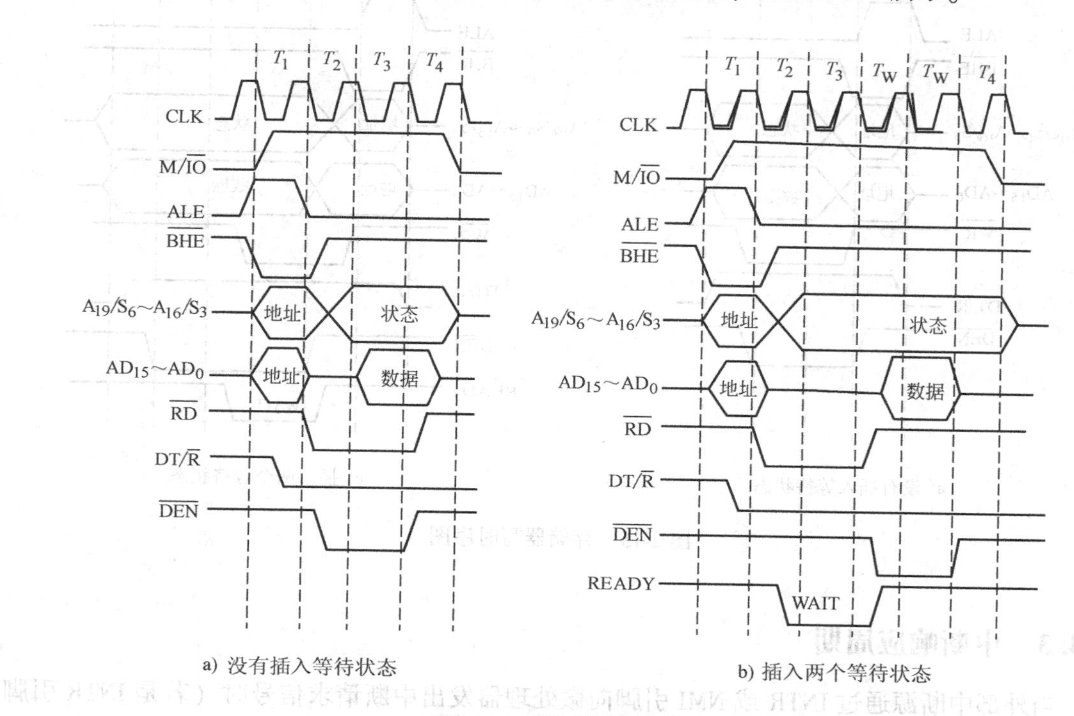

a) 没有插入等待状态　　　　b) 插入两个等待状态

图 2-14　存储器读时序

在 T_4 状态时，微处理器使RD回到高电平，存储器上的总线驱动器处于高阻状态，从而让出系统总线。

2. 存储器写时序

如图 2-15a、b 所示，图 2-15a 没有插入等待状态，图 2-15b 插入了两个等待状态。

在 T_1 状态时，各信号与读周期基本一致。只有 DT/R不同，是高电平。

在 T_2 状态时，$\overline{WR}$为低电平，写信号有效，并一直保持到 T_4 状态。$AD_0 \sim AD_{15}$发出将要写到存储器的 16 位数据信号。其它信号与读周期基本一致。

在 T_3 状态时，采样 READY 信号若为高电平，则进行写操作；若为低电平则插入等待状态（如图 2-15b），直到为高电平，再进行写操作。

在 T_4 状态时，$\overline{WR}$信号回到高电平，存储器上的总线驱动器处于高阻状态，从而让出系统总线。

2.4.2　8086 与输入输出设备的读/写周期

8086 从外设输入输出数据的时序，与从存储器读/写时序基本相同，只是 M/$\overline{IO}$信号为低电平。

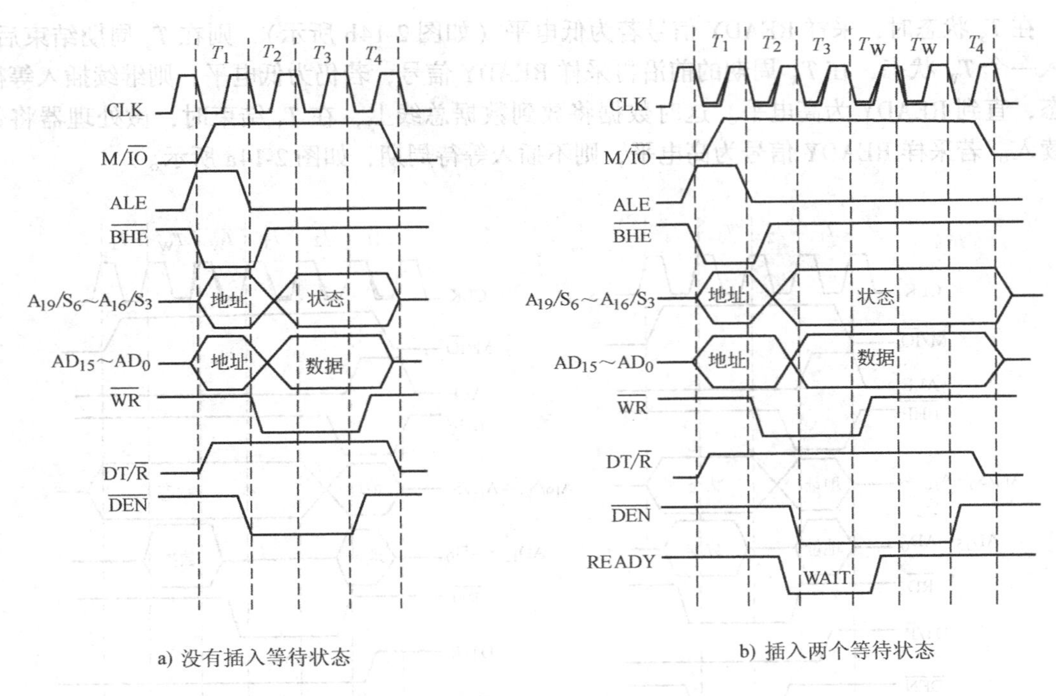

图 2-15　存储器写时序图

2.4.3　中断响应周期

当外部中断源通过 INTR 或 NMI 引脚向微处理器发出中断请求信号时（若是 INTR 引脚上的信号，则微处理器此时处于开中断，即 IF = 1），则微处理器在完成当前指令操作之后进入中断响应周期。在响应中断过程中，微处理器执行两个连续的中断周期，如图 2-16 所示。在每个响应周期的 T_1 状态 ALE 输出一个高电平，每个中断响应周期微处理器都输出中断响应信号$\overline{INTA}$。在第一个中断响应周期，使 AD_0 ~ AD_{15}浮空。在第二个响应周期，被响应的外设向数据总线输送一个字节的中断矢量号。微处理器读入中断矢量号后，就可以从中断矢量表上找到该设备服务程序的入口地址，转入中断服务。

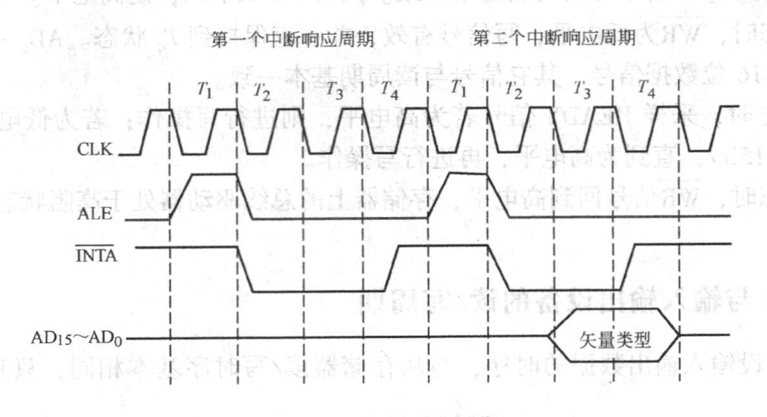

图 2-16　中断响应周期

本章小结

计算机最重要的硬件是微处理器，掌握微处理器是学习微机原理的基础。8086微处理器内部主要由执行单元（Excution Unit）和总线接口单元（Bus Interface Unit）两大部分组成。BIU与外部总线相连，完成与外设（或存储器）的信号交换。EU执行通过BIU得到的信息。

8086微处理器与存储器及外设端口进行数据交换时，需要执行一个总线周期。按照数据传递的方向，可分为微处理器读操作和写操作两种。一个读/写总线周期由4个T状态组成，但如果存储器速度较慢，微处理器就要根据存储器送来的“未准备好”信号，在T_3状态后面插入等待状态T_w，从而延长总线周期。

习题与思考题

2-1 8086微处理器由哪几部分构成？各部分的功能如何？每部分的结构又是怎样的？

2-2 8086微处理器的通用寄存器有哪些？段寄存器有哪些？

2-3 在8086中，段寄存器CS=1200H，指令指针寄存器IP=0FF00H，则此时指令的物理地址为多少？

2-4 写出下列存储器地址的段地址、偏移地址和物理地址。

（1）2314：0035H （2）1FD0：000AH

2-5 描述标志寄存器各标志状态的含义。

2-6 如果一个堆栈从地址1250：0000H开始，它的最后一个字的偏移地址为0100H，SP的内容为0052H，问：

（1）栈顶地址是什么？

（2）栈底地址是什么？

（3）在SS中的段地址是什么？

（4）存入数据3445H后，SP的内容是多少？

2-7 假设堆栈段寄存器SS的内容为2250H，堆栈指示器SP的内容为0140H，如果在堆栈中存入5个数据，则SS和SP的内容各是什么？如果又从堆栈中取出2个数据，则SS和SP的内容又各是什么？

2-8 在8086系统中，设CS=0914H，共有243B长的代码段，该代码段末地址的逻辑地址和物理地址各是多少？

2-9 若DS=095FH时，物理地址是11820H，则当DS=2F5FH时，物理地址为多少？

2-10 总线周期的含义是什么？8086微处理器的基本总线周期由几个时钟周期组成？若微处理器的时钟频率为8MHz，那么它的一个时钟周期是多少？一个基本总线周期是多少？

2-11 8086微处理器是怎样解决地址线和数据线的复用问题的？ALE信号何时有效？

2-12 画出存储器写周期时序图。

第 3 章　80x86 系列微处理器简介

内容提要： 计算机发展到今天，微处理器可分为 7 代。本章着重介绍各时代的微处理器内部结构以及微处理器的工作原理及技术。

教学要求： 重点掌握不同时代微处理器的结构和存储器的管理以及不同时代微处理器的处理技术。

3.1　80286 微处理器

80286、80386、80486、pentium 系列的微处理器统称为 80x86 系列。一般将微处理器产品分为 7 代，Intel 公司系列微处理器如表 3-1 所示。

表 3-1　Intel 公司系列微处理器分代

分　代	代　码	主 要 产 品	工 作 频 率
第一代		8086	4. 77 ~ 8MHz
第二代		80286	8 ~ 16MHz
第三代		80386	16 ~ 50MHz
第四代		80486	33 ~ 100MHz
第五代	P5	Pentium	60 ~ 200MHz
		Pentium MMX	166 ~ 233MHz
第六代	P6	Pentium Pro	150 ~ 200MHz
		Pentium Ⅱ	233 ~ 450MHz
		Pentium Ⅲ	450 ~ 1300MHz
		Pentium 4	1. 4 ~ 3. 06GMz
第七代	P7	Itanium	800MHz ~ 1.4GMz

3.1.1　80286 的内部结构

图 3-1 是 80286 的内部结构图，它主要由地址单元 AU（Address Unit）、总线单元 BU（Bus Unit）、指令单元 IU（Instruction Unit）和执行单元 EU（Excution Unit）4 部分组成。80286 将 8086 中的总线接口单元 BIU 分成了地址单元 AU、总线单元 BU 和指令单元 IU 三部分。80286 的这 4 部分是并行操作的，这样大大提高了微处理器的工作速度，其系统的整体性能比 8086 提高了 6 倍。

总线接口单元（BU）：由地址锁存和驱动部件、扩展接口、总线控制器、数据收发器和指令预取队列等部件组成。

指令单元（IU）：由指令译码器、译码指令队列等部件组成。

执行单元（EU）：由控制器、算术逻辑运算部件、寄存器组等部件组成。

地址单元（AU）：由偏移地址部件、段地址界限检查部件、段基址部件、物理地址生成部件等组成。

指令在微处理器内部形成两个队列，其中一个是6B的预取队列，另一个是指令队列。预取队列包含在总线部件中，只要队列中空出2个字节，BU就会去访问存储器读出后续指令来填充指令队列。

80286的地址部件中设置了两个地址加法器，一个用来计算偏移地址（16位），另一个用来计算24位的物理地址。

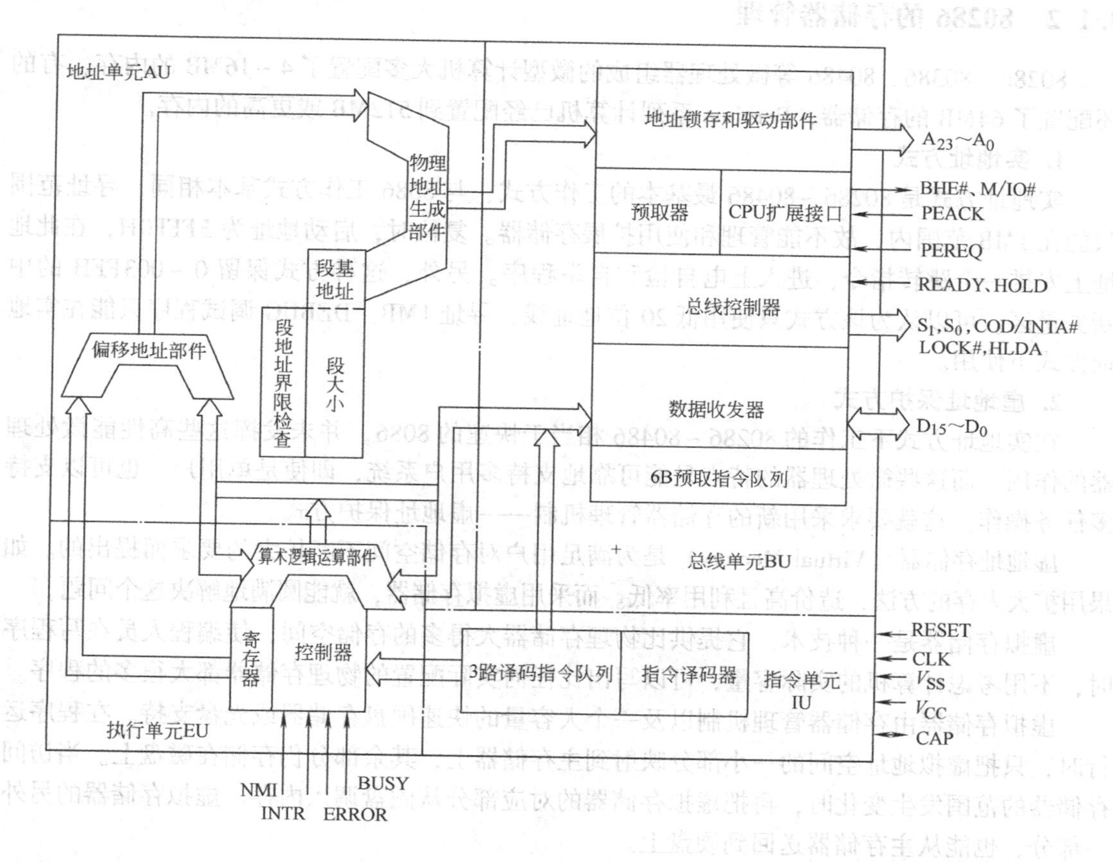

图3-1 80286内部结构

80286微处理器有14个寄存器，它们是AX、BX、CX、DX、SP、BP、SI、DI、IP、FLAG、CS、DS、SS和ES。这些寄存器的功能在实地址方式下与8086的寄存器完全一样。80286还有一个16位的机器状态字MSW（Machine Status Word）寄存器，它只定义了低4位PE、MP、EM和TS。其中最低位是保护方式允许位PE，当该位被置1时，微处理器将转移到保护方式，允许给段实施保护；若PE被清0，则微处理器返回到实地址方式工作。MP是监视协处理器控制位，当MP为1时，表示有协处理器；否则，表示没有协处理器。EM是仿真协处理器控制位。当EM为1时，表示用软件仿真协处理器，而这时微处理器遇到浮点指令，则产生故障中断7；如EM为0，则将执行浮点指令。TS是任务转换控制位。每当进行任务转换时，由微处理器自动将TS置1；在微处理器复位时，MSW被置为FFF0H。

80286 中的寄存器组与 8086 基本相同，所不同的是标志寄存器增设了两个标志位，其格式如图 3-2 所示。

IOPL 为特权标志位，用来定义当前任务的特权层。

NT 为任务嵌套标志位，NT 为 1 时，表示当前执行的任务嵌套于另一个任务中；否则，NT 为 0。

15	14	13 12	11	10	9	8	7	6	5	4	3	2	1	0
	NT	IOPL	OF	DF	IF	TF	SF	ZF		AF		PF		CF

图 3-2　80286 标志寄存器格式

3.1.2　80286 的存储器管理

80286、80386、80486 等微处理器组成的微型计算机大多配置了 4～16MB 的内存，有的还配置了 64MB 的存储器，Pentium 系列计算机已经配置到 512MB 或更高的内存。

1. 实地址方式

实地址方式是 80286～80486 最基本的工作方式，与 8086 工作方式基本相同，寻址范围只能在 1MB 范围内，故不能管理和使用扩展存储器。复位时，启动地址为 FFFF0H，在此地址上安排一个跳转指令，进入上电自检和自举程序。另外，这种方式保留 0～003FFH 的中断矢量区。可以认为该方式只使用低 20 位地址线，寻址 1MB。DEBUG 调试程序只能在实地址方式下使用。

2. 虚地址保护方式

在实地址方式下工作的 80286～80486 相当于快速的 8086，并未发挥这些高性能微处理器的作用。而这些微处理器的特点是能可靠地支持多用户系统，即使是单用户，也可以支持多任务操作，这就要求采用新的存储器管理机制——虚地址保护方式。

虚地址存储器（Virtual Memory）是为满足用户对存储空间不断扩大的要求而提出的。如果用扩大内存的方法，造价高且利用率低。而采用虚拟存储器，就能圆满地解决这个问题。

虚拟存储器是一种技术，它提供比物理存储器大得多的存储空间，使编程人员在写程序时，不用考虑计算机的实际容量，可以写出比任何实际配置的物理存储器都大很多的程序。

虚拟存储器由存储器管理机制以及一个大容量的快速硬盘存储器或光盘支持。在程序运行时，只把虚拟地址空间的一小部分映射到主存储器上，其余部分仍存储在磁盘上。当访问存储器的范围发生变化时，再把虚拟存储器的对应部分从磁盘调入内存。虚拟存储器的另外一部分，也能从主存储器送回到硬盘上。

虚拟存储器地址是一种概念性的逻辑地址，并非实际物理地址。虚拟存储系统是在存储体系层次结构（辅存—内存—高速缓存）基础上，通过存储器管理部件 MMU，进行虚拟地址和实地址自动变换而实现的。这对每个编程者都是透明的，编址空间很大。

3. 80286 存储器管理

80286 可在实地址及保护虚拟地址两种方式下访问存储器。

在实地址方式下，用 A_{19}～A_0 位直接寻址 1MB 存储器空间，20 位地址的形成方式与 8086 完全相同。这时 A_{23}～A_{20} 无效。

在保护地址方式下，采用虚拟存储器系统可直接寻址存储器地址达 16MB。这时 A_{23}～A_{20} 位地址线有效。而虚拟存储器地址可达 1000MB（2^{30}）。

80286 在保护虚拟地址方式时，采用 32 位虚地址指示器寻址，包含 16 位段选择字和 16 位偏移地址。其中，偏移地址的功能与实地址方式相同，而 16 位段选择字为进入存储器中一个描述符表的参数。从这个描述符表中可得到24位段基地址，将它与16位偏移地址相加，形成访问存储器的24位物理地址，其实现过程如图3-3所示。

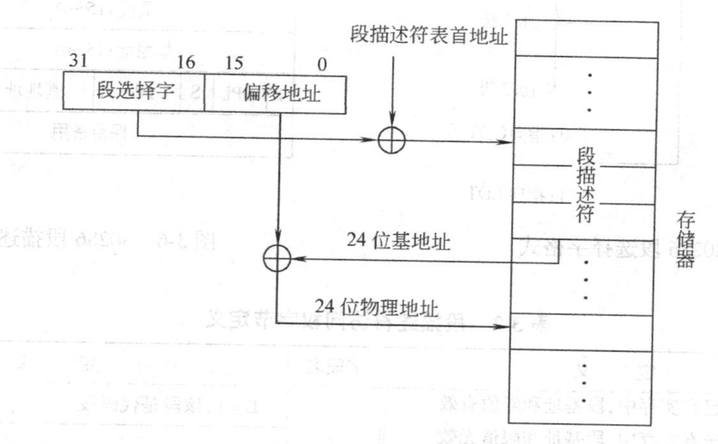

图3-3 保护虚拟地址方式下的寻址过程

80286的描述符表由描述符组成，每个描述符指向存储器中的一个逻辑段。MMU是以描述符为基础进行管理的。80386设置了3个描述符表：全局描述符表GDT、局部描述符表LDT及中断描述符表IDT。对应这3个描述符表，在微处理器中设置3对寄存器，每一对寄存器存放一个描述符表的基地址和极限值。基地址寄存器用来存放该描述符表的首地址，而限值寄存器用来存放它的最大字节数。全局描述符表和局部描述符表最多可存放8K个描述符，而对于中断描述符表来说，由于系统中只允许定义256种类型的中断，所以只需要存放256个描述符。这3个描述符表在内存中的分配如图3-4所示。

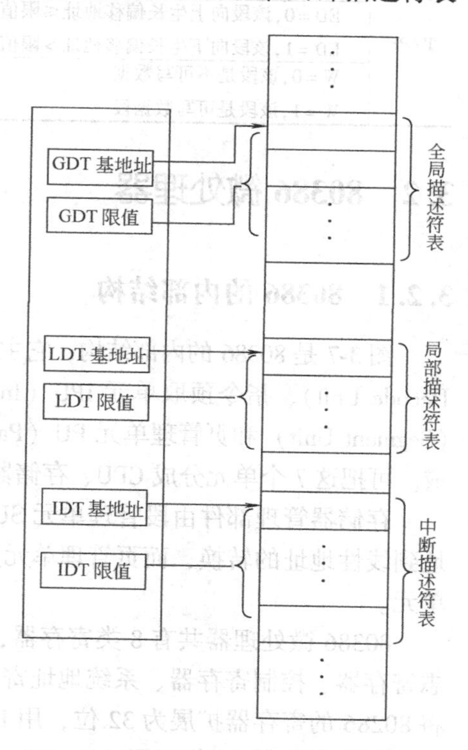

图3-4 80286描述符表的内存分配

段选择字是由虚拟地址指示器直接提供的，其格式如图3-5所示。其中，描述符表选择TI字段用来定义当前使用哪一个描述符。描述符偏移地址字段的13位用来确定当前使用的描述符在描述符表中的位置，可寻址8K个描述符。GDT和LDT共包含16K描述符，每个描述符又可定义64KB的逻辑段。因此，80286的最大虚拟存储空间为1024KB。

描述符用来存放执行存储管理和保护的有关信息，如图3-6所示。每个描述符占用8个字节，由4部分组成：16位段限值用来限制各逻辑段的长度不超过64KB，24位段基地址用来指向该段的首地址，8位访问权字节用来定义该段的有关特性，还有两个字节备用。段描述符访问权字节定义如表3-2所示。

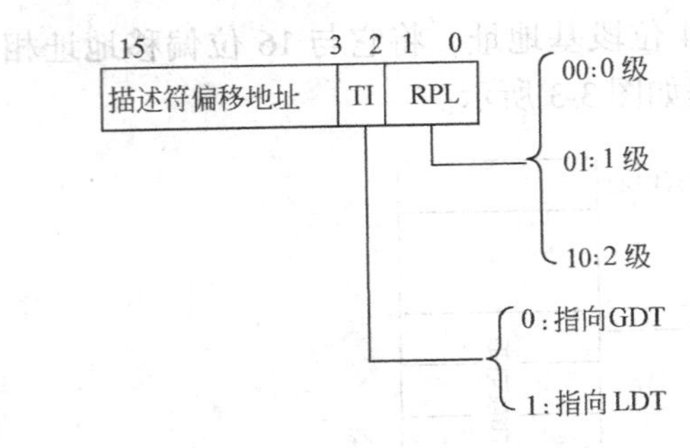

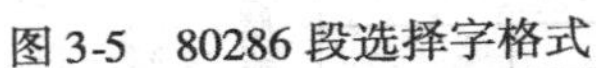
图 3-5 80286 段选择字格式

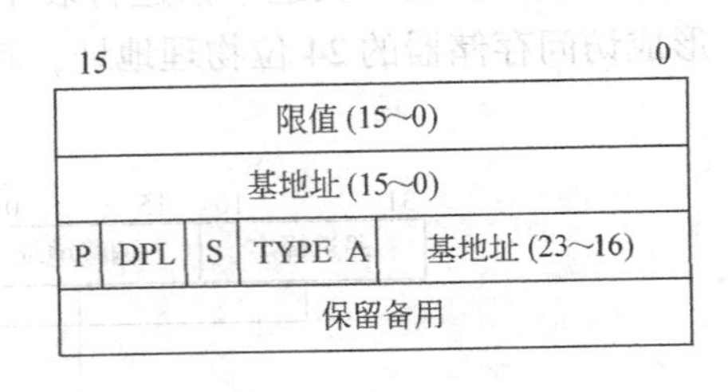

图 3-6 80286 段描述符

表 3-2 段描述符访问权字节定义

字段名	定 义	字段名	定 义
P	P=1,该段已在实存中,段基址和限值有效	TYPE	E=1,该段是代码段
	P=0,该段未在实存中,段基址和限值无效		C=0,当 CPL≥DPL 时,该代码段只能执行
DPL	该段所具有的特权级(0~3)		C=1,无此要求
S	S=1,该段为代码段或数据段		R=0,该段是不可读代码(只可执行)
	S=0,该段为非代码段或数据段		R=1,该段是可读代码段
TYPE	E=0,该段为数据段	A	A=0,该段未被访问过
	ED=0,该段向上生长偏移地址≤限值		A=1,该段已被访问过
	ED=1,该段向下生长偏移地址>限值		
	W=0,该段是不可写数据		
	W=1,该段是可写数据段		

3.2 80386 微处理器

3.2.1 80386 的内部结构

图 3-7 是 80386 的内部结构，它主要由总线接口单元 BIU、指令译码单元 IDU（Instruction Decode Unit）、指令预取单元 IPU（Instruction Prefetch Unit）、执行单元 EU、段管理单元 SU（Segment Unit）和页管理单元 PU（Paging Unit）、控制单元 CU（Control Unit）等 7 个单元组成。可把这 7 个单元分成 CPU、存储器管理部件（MMU）和总线接口部件（BIU）3 部分。

存储器管理部件由段管理单元 SU 和页管理单元 PU 构成。段管理单元负责完成逻辑地址到线性地址的转换，而页管理单元负责将线性地址转换成物理地址，并将其送到总线接口单元。

80386 微处理器共有 8 类寄存器，它们分别是通用寄存器、段寄存器、指令寄存器、标志寄存器、控制寄存器、系统地址寄存器、调试寄存器和测试寄存器。80386 通用寄存器是将 80286 的寄存器扩展为 32 位，用 EAX、EBX、ECX、EDX、ESI、EDI、EBP 和 ESP 表示。这些寄存器的低 16 位可用 AX、BX、CX、DX、SI、DI、BP 和 SP 表示，而且 AX、BX、CX 和 DX 都可分成两个 8 位寄存器使用。指令寄存器和标志寄存器也扩展成 32 位，用 EIP 和 EFLAG 表示，它们的低 16 位就是 80286 的 IP 和 FLAG，并可独立使用。80386 的 EFLAG 在 80286 的基础上又增加了 2 个标志：虚拟 8086 方式 VM 和恢复标志 RF。在 80386 处于虚地址保护方式时，使 VM = 1，80386 就进入虚拟方式。RF 标志用于断点和单步操作。80386 还新增加了 2 个段寄存器 FS、GS 和 4 个调试寄存器与测试寄存器。

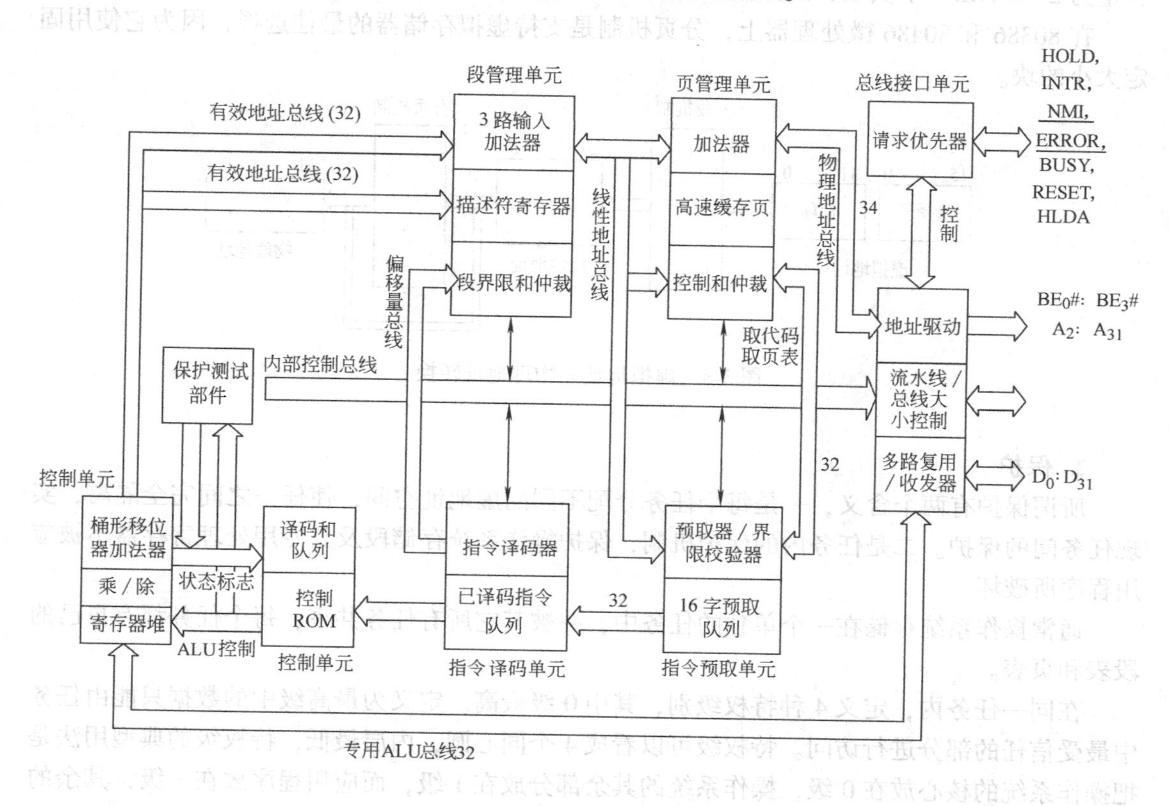

图 3-7　80386 的内部结构

3.2.2　80386 的存储器管理

80386/80486 的存储器管理部件 MMU 的组成和功能大致相同，都支持下列功能：

- 虚拟存储：用它支持分段分页的虚拟存储。
- 保护功能：实现任务间和特权级的数据和代码保护。

由于 80386/80486 的虚拟存储空间最大可到 64000GB（2^{46}），几乎可谓无限大存储容量，这就给使用大容量的辅助存储器（例如光盘）创造了条件。

1. 存储器管理机制

80386 使用的是分段和分页管理，它们都是使用驻留在存储器中的各种表格，规定各自的转换函数。这些表格只允许操作系统进行访问，而应用程序不能对其修改。这样，操作系统为每个任务维护一套各自不同的转换表格，其结果是每个任务有不同的虚拟地址空间，并将各任务彼此隔离开来，以便完成多任务分时操作。

80386 先使用分段机制，把包含两个部分的虚拟地址空间转换为一个地址空间的地址，这一中间地址空间称为线性地址空间，其地址称为线性地址。然后 80386 再用分页机制把线性地址转换为物理地址，如图 3-8 所示。

虚拟地址空间是二维的，它所包含的段数最大可到 16K 个，每个段最大可达到 4GB，从而构成64000GB容量的庞大虚拟地址空间。线性地址空间和物理地址空间都是一维的，其容量为$2^{32}=4GB$。事实上，当分页机制被禁止使用时，线性地址就是物理地址。

在80386和80486微处理器上，分页机制是支持虚拟存储器的最佳选择，因为它使用固定大小的块。

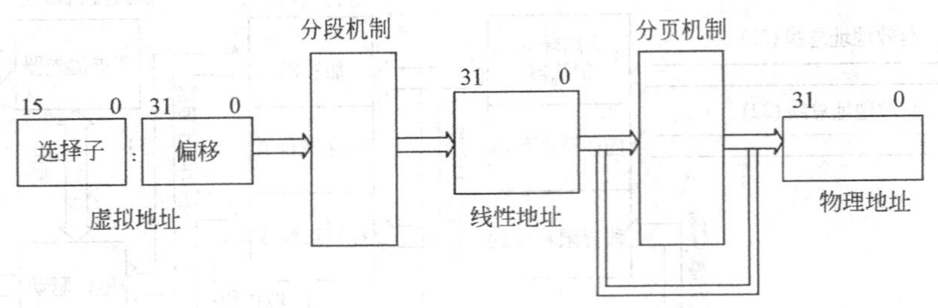

图3-8 虚拟地址—物理地址转换

2. 保护

所谓保护有两个含义，一是每个任务分配不同的虚地址空间，使任务之间完全隔离，实现任务间的保护。二是任务内的保护机制，保护操作系统存储段及其专用处理寄存器不被应用程序所破坏。

通常操作系统存储在一个单独的任务中，并被其它所有任务共享，每个任务都有自己的段表和页表。

在同一任务内，定义4种特权级别，其中0级最高。定义为最高级中的数据只能由任务中最受信任的部分进行访问。特权级可以看成4个同心圆，内层最低，特权级的典型用法是把操作系统的核心放在0级，操作系统的其余部分放在1级，而应用程序放在3级，其余的部分供中间软件使用。

3. 分段分页机制

80386的分段模式是使用具有两个部分的虚拟地址，即段部分及偏移量。段部分指CS、DS、ES、GS、SS、FS共6个段。80386为地址偏移部分提供了灵活的机制，使用存储器操作数的每条指令规定了计算偏移量的方法，这种规定叫做指令的须知方法。8个通用寄存器EAX ~ EDI的任一个都可用作基址寄存器。除了堆栈指针外的7个寄存器EAX ~ EDI又可用作变址寄存器，再把这个变址寄存器的值乘以1、2、4、8中的任一个因子，然后再加上一个32位的偏移量作为地址的偏移部分，例如DS：EDX + [ESI] ×8 + 位移量。于是，32位的偏移量为：基地址 + [变址寄存器的内容] × 比例因子 + 位移量。这种寻址方式提供强有力而又灵活的寻址机制，这种机制非常适用于高级语言。

段是形成虚拟—线性地址转换机制的基础。每个段由3个参数定义：

(1) 段的基地址 线性空间中段的开始地址，即基地址是线性地址空间对应于段内偏移量为0的虚拟地址。

(2) 段的界限 指段内可以使用的最大偏移量，它指明该段的容量的大小。

(3) 段属性 如可读出或写入段的特权级等。

以上3个参数都存储在段的描述符中，而描述符又存储于段描述符表中，即描述符是描述符表的一个数组，而虚拟—线性地址转换时要访问描述符表。

段选择子是虚拟地址两个部分中的其中一部分，标识一个段，段寄存器为16位。段选择子在程序执行时装载到相应的段寄存器中，段选择子规定如下：

15 ~ 3	2	1 ~ 0
INDEX	TI	RPL

其中，位0、位1这两位表示请求特权级RPL，RPL=1~3。而位2中的TI用于指定包含段描述符的描述符表，TI=0表示段描述符在GDT中，TI=1表示段描述符在LDT中，而GDT和LDT分别代表全局描述符表和局部描述符表。INDEX表示该描述符在描述符表中的索引值。

例如，INDEX=10F0H，TI=1，RPL=3，则表示该选择子特权级为3，选择子要访问的描述符在LDT局部描述符表中，INDEX=10F0H=4336，即选择子要访问的描述符在描述符表中的4336表项中。

段描述符格式比较复杂，例如段描述符共占8个字节，其中段基址（Base）占4个字节，段界限（Limit）占20位。存储段描述符格式如下：

15 ~ 0		
段界限（15~0）		
段基址（15~0）		
访问权字节	段基址（23~16）	
段基址（31~24）	语义控制	段界限（19~16）

访问权字节

P	DPL	S	TYPE	A

语义控制字段

G	D	0	0

G=1，表示该段的段长以页面为单位；

G=0，表示该段的段长以字节为单位；

D=1，表示本次寻址的操作数是32位；

D=0，表示本次寻址的操作数是16位。

由于80386的存储器采用段、页式结构，用户和系统程序在分段的基础上再分页，页的大小由系统固定设置为4KB，因此系统需要增设1个页目录表和1个页表。页目录表中包含若干个页目录描述符，而页表中包含若干个页描述符。其具体格式如下：

	31 ~ 12	11 ~ 9	8 ~ 7	6	5	4 ~ 3	2	1	0
页目录描述符	页表地址指针（20位）	AVL	0 0	D	A	0 0	U	W	P
页描述符	页地址指针（20位）	AVL	0 0	D	A	0 0	U	W	P

页目录描述符和页描述符各占4个字节，其基本格式相同，区别仅在于前20位给定的是页表地址指针还是页地址指针，其它特征定义如下：

P为存在位。P=1表示该页/页表存在；否则表示该页/页表不存在。

W为写允许位。W=1表示该页/页表可写；否则表示该页/页表不可写。

V为用户位。V=1表示用户使用；否则表示系统使用。

A为访问位。A=1表示该页/页表已访问过；否则表示该页/页表未访问过。

D为出错位。D=1表示出错；否则表示未出错。

AVL为可使用位。系统中页目录表和页表容量可根据需要设置，页目录表的首地址在存储器中的位置由页目录基址寄存器给出。寻址页目录表可指向页目录描述符，从页目录描述符中可得到页表首地址在存储器中的位置，再寻址页表可得到页描述符，由页描述符的页地址指针给定页首地址在存储器中的位置，从而可寻址到某个页实体。

在这种段页式存储结构中，通过段描述符可获得32位段基址，它与虚地址指示器中的32位偏移地址相加，可得到32位中间地址。该中间地址分成3个部分，前10位指向页目录表的位移量，中间10位指向页表的位移量，后12位是所寻址的操作数在页内的偏移地址，因此80386系统中的页目录表和页表最大容量为1KB，分别可用来存放256个页目录描述符或页描述符，任何一页的容量固定为KB，上述寻址过程可用图3-9来描述。

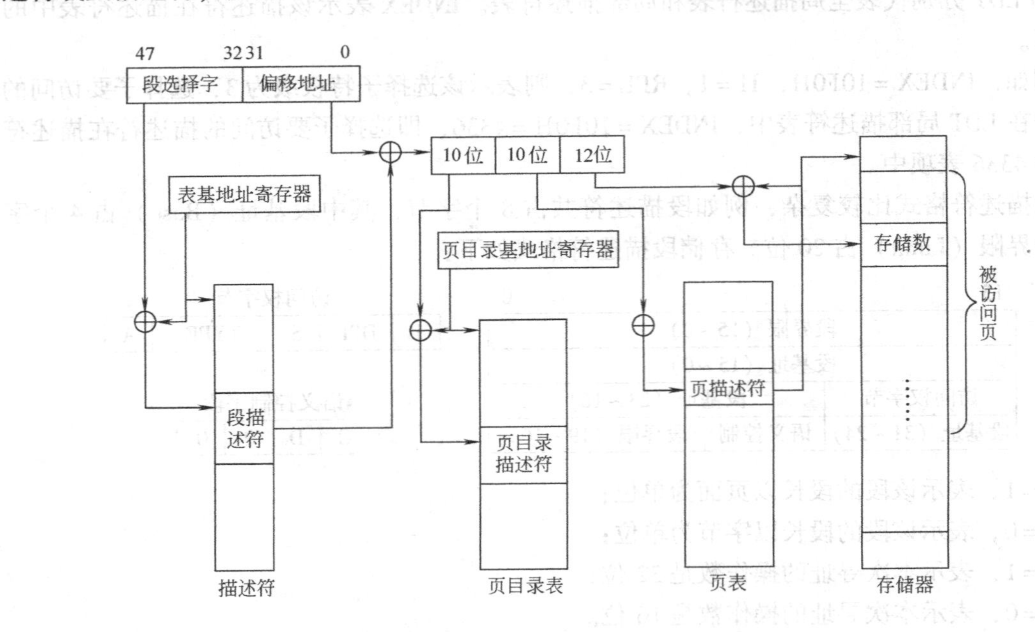

图3-9　80386段页式结构的寻址过程

3.3　80486微处理器

3.3.1　80486的内部结构

图3-10是80486的内部结构，它主要由总线接口单元BIU、指令译码单元IDU、指令预取单元IPU、执行单元EU、段管理单元SU、页管理单元PU、控制单元CU、浮点处理单元FPU和1个8位高速缓存Cache 9大部分组成。

80486的寄存器除了FPU部件外，和80386的寄存器基本相同。不同之处是80486对标志寄存器的标志位和寄存器的控制位进行了扩充。

80486有4个32位控制寄存器CR0 ~ CR3，它们的作用是保存全局性的机器状态和设置控制位，如图3-11所示。

在80286一节中已介绍了PE、MP、EM和TS的含义，其它各位的含义如下：

NE是数字异常中断控制位。当NE为1时，若执行浮点指令时发生故障，则进入异常中断16处理；否则，不进行对准检查。

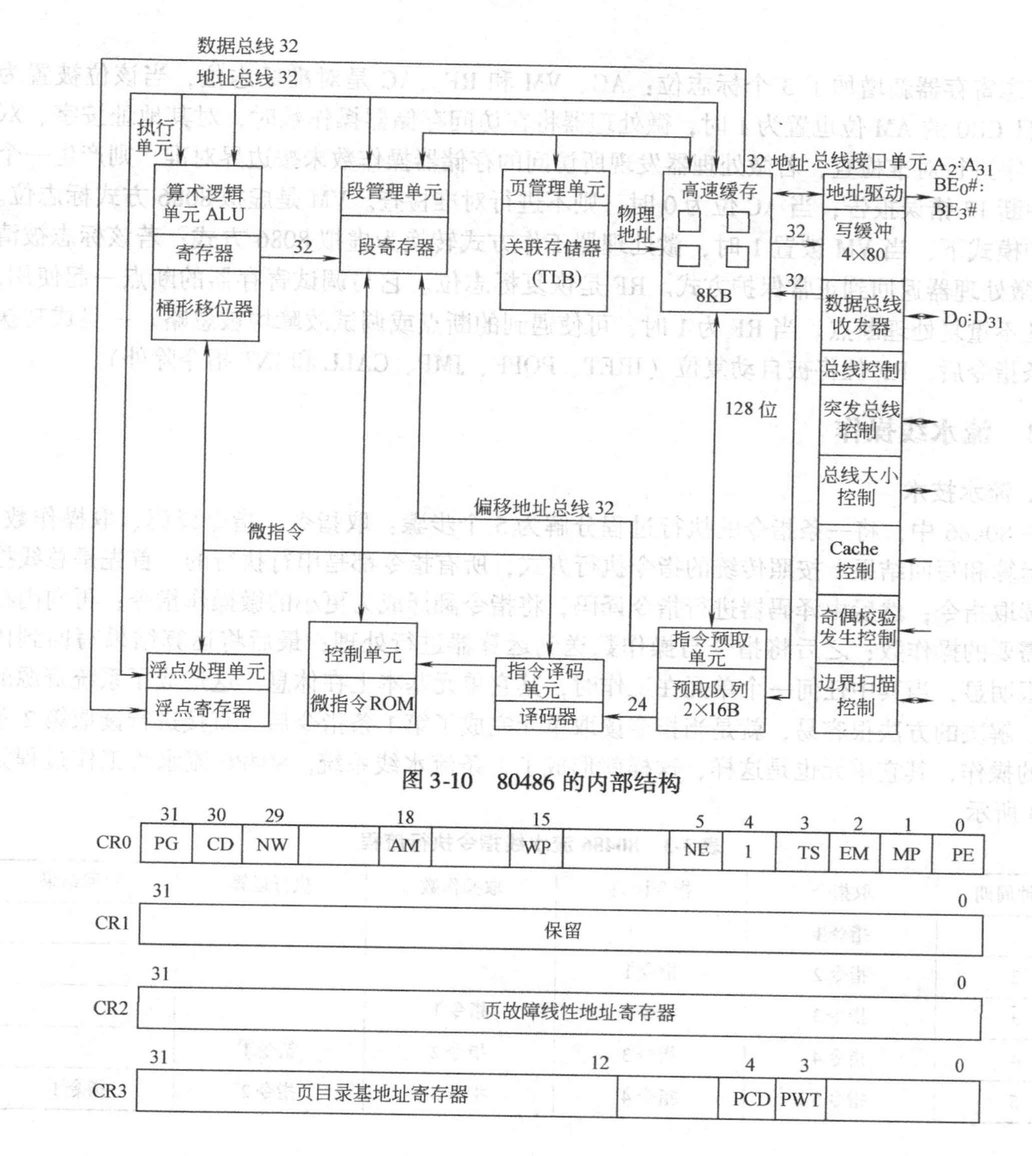

图 3-10　80486 的内部结构

图 3-11　80486 控制寄存器

WP 是写保护控制位。当 WP 为 1 时，将对系统程序读取的专用页进行写保护。

AM 是对准屏蔽控制位。当 AM 为 1 并且 EFLAG 的 AC 位有效时，将对存储器操作进行对准检查；否则，不进行对准检查。

NW 是通写控制位。当该位被清 0 时，表示允许 Cache 通写，即所有命中 Cache 的写操作不仅要写入 Cache，同时也要写入主存储器；否则，禁止 Cache 通写。

CD 是高速缓存允许控制位。当该位被置 1，高速缓存未命中时，不允许填充高速缓存；否则，当高速缓存命中时，允许填充高速缓存。

PG 是允许分页控制位。当 PG 为 1 时，允许分页；否则，禁止分页。

PWT 和 PCD 是与高速缓存有关的控制位，它们用来确定以页为单位进行高速缓存的有效性。

标志寄存器新增加了 3 个标志位：AC、VM 和 RF。AC 是对准标志位，当该位被置为 1，并且 CR0 的 AM 位也置为 1 时，微处理器将在访问存储器操作数时，对其地址按字、双字或 4 字进行对准检查，若微处理器发现所访问的存储器操作数未按边界对准，则产生一个异常中断 17 错误报告；当 AC 位为 0 时，则不进行对准检查。VM 是虚拟 8086 方式标志位。在保护模式下，当 VM 被置 1 时，微处理器工作方式转换为虚拟 8086 方式；若该标志被清 0，则微处理器返回到正常保护方式。RF 是恢复标志位。它与调试寄存器的断点一起使用，以保证不重复处理断点。当 RF 为 1 时，可使遇到的断点或调试故障均被忽略。一旦成功执行一条指令后，RF 位将被自动复位（IRET、POPF、JMP、CALL 和 INT 指令除外）。

3.3.2 流水线操作

1. 流水技术

在 80486 中，将一条指令的执行过程分解为 5 个步骤：取指令、指令译码、取操作数、执行运算和写回结果。按照传统的指令执行方式，所有指令都是串行执行的。首先是总线控制器读取指令；然后由译码器进行指令译码，将指令翻译成为更小的微操作指令；再向内存读取需要的操作数；之后将指令与操作数送到运算器进行处理；最后将运算结果写回到内存。很明显，当其中任何一个单元在工作时，其它单元基本上在休息，这造成了系统资源的浪费。解决的方法很容易，就是当指令读取单元完成了第 1 条指令后，直接进行读取第 2 条指令的操作，其它单元也是这样，这样就形成了 1 条流水线系统。80486 流水线工作过程如表 3-3 所示。

表 3-3　80486 流水线指令执行流程

时钟周期	取指令	指令译码	取操作数	执行运算	写回结果
1	指令 1				
2	指令 2	指令 1			
3	指令 3	指令 2	指令 1		
4	指令 4	指令 3	指令 2	指令 1	
5	指令 5	指令 4	指令 3	指令 2	指令 1

80486 在最佳状态下，1 个时钟周期内可完成 5 个操作。也就是说，在第 5 个周期后，微处理器可以在 1 个时钟周期内完成 1 条指令的完整执行过程。

流水线结构是现代微处理器设计的一项重要技术，它极大地提高了微处理器的性能。它使微处理器从串行工作变为并行工作，这在微处理器设计技术上是一个质的飞跃。80486 是首款采用流水线技术的 X86 微处理器，虽然流水线结构使指令的执行周期延长了，但却能使微处理器在每个时钟周期都有指令输出。在 80486 芯片中，1 条指令的执行被划分为 5 个标准部分，Pentium 系列微处理器的设计也是如此。

2. 流水线处理的优点

流水线技术使 80486 执行 1 条指令的速度比串行执行指令的每个步骤快大约 1 倍。由于 80486 的并行特性，无操作数的某些指令会显示“零”执行时间。

80486 上许多指令的执行时间都是单个时钟周期，并且操作数的读周期仅为 2 个时钟周期。此外，80486有1个8KB的片内Cache，该缓存中保存了最常用的数据。如果操作数地址读取Cache中的1个数据，那么操作数读周期是0，这意味着整个指令的执行时间仅为1个时钟周期。

3.4 Pentium微处理器

3.4.1 Pentium微处理器的结构

图3-12是Pentium微处理器的内部结构，它主要由总线接口部件、代码Cache、数据Cache、分支目标缓存器、控制ROM部件、控制部件、预取缓冲存储器、指令译码部件、整数运算部件、整数和浮点数寄存器组及浮点运算部件等11个功能部件组成。其核心执行部件由2个整数流水线执行部件和1个带有专用加法器、专用乘法器和专用除法器的浮点流水线部件组成。

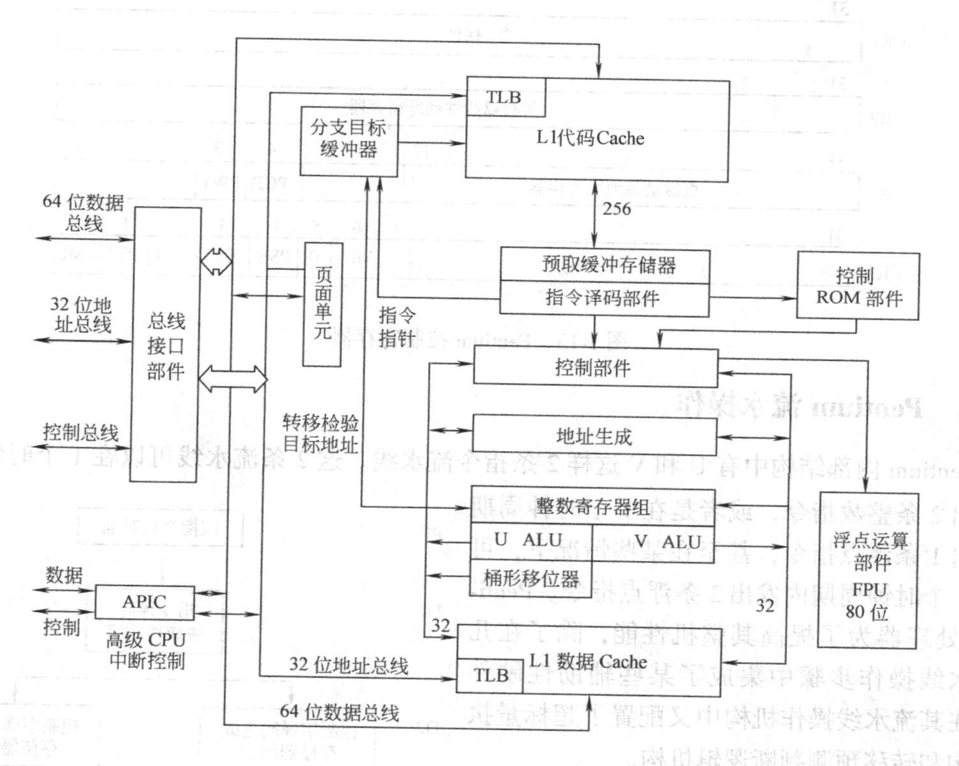

图3-12 Pentium微处理器的内部结构

Pentium微处理器采用了超标量系统结构、独立的指令高速缓存和数据高速缓存、分支指令预测技术、高性能浮点运算单元、增强的64位数据总线、支持多CPU结构、页面存储器大小任选、错误检测及功能冗余校验和性能监视技术。

Pentium微处理器的寄存器可分为基本寄存器、系统级寄存器、调试和测试寄存器以及浮点寄存器。

基本寄存器内包括 8 个 32 位的通用寄存器（与 80486 基本一致），6 个 16 位段寄存器（与 80486 一样），指令指针寄存器 EIP（与 80486 相同）和标志寄存器。标志寄存器在 80486 的基础上，新增加了 3 个标志，即 VIF 虚拟中断位、VIP 虚拟中断挂起位和 ID 标识位。当允许虚拟 8086 模式扩展和允许保护模式虚拟中断的时候 VIF 为 1，否则 VIF 为 0。当 VIF 为 0 时，VIP 强制为 1，中断挂起。ID 标识微处理器是否支持标识指令 CPUID，这个指令可标识 Intel 系列机型号及软件在微处理器上执行的步骤等。

系统级寄存器包括地址寄存器和控制寄存器。控制寄存器在 80486 的基础上增加了 1 个 32 位的控制寄存器 CR4，如图 3-13 所示。

VME 是虚拟 8086 扩展模式。PVI 是保护模式虚拟中断标志。TSD 是禁止定时标志。DE 是调试扩充位。PSE 是页大小扩展位。MCE 是允许机器检查位。

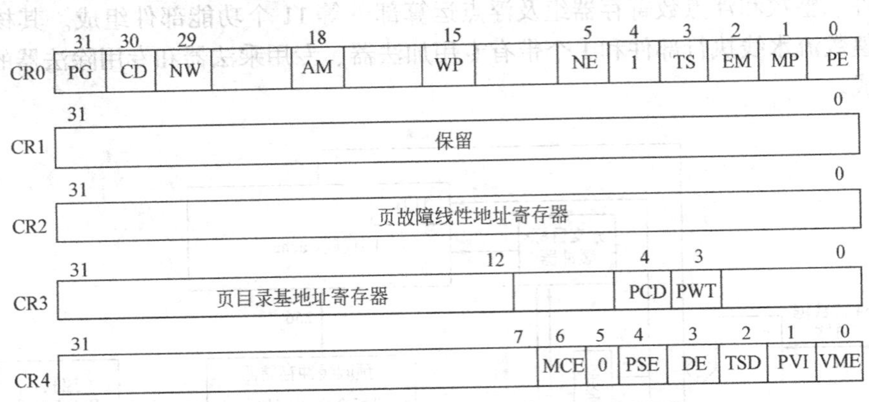

图 3-13　Pentium 控制寄存器

3.4.2　Pentium 流水操作

Pentium 内部结构中有 U 和 V 这样 2 条指令流水线。这 2 条流水线可以在 1 个时钟周期内发出 2 条整数指令，或者是在 1 个时钟周期内发出 1 条浮点指令，甚至在某些情况下，可以在 1 个时钟周期内发出 2 条浮点指令。Pentium 微处理器为了提高其整机性能，除了在几条流水线操作步骤中集成了某些辅助性硬件外，在其流水线操作机构中又配置了超标量执行机构和转移预测判断逻辑机构。

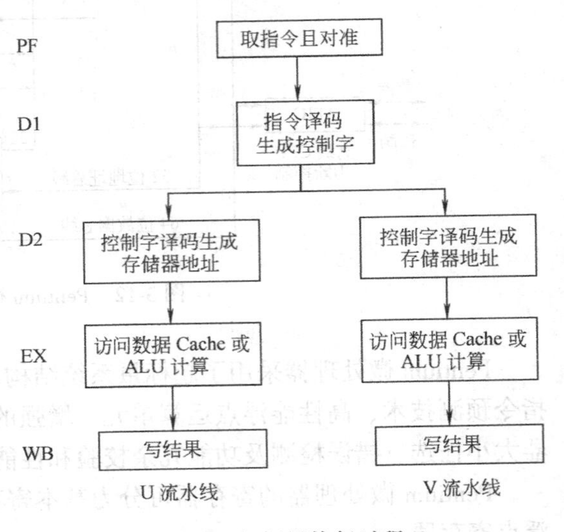

图 3-14　超标量执行过程

1. 超标量执行

1 个处理器中有多条指令执行单元时，称为超标量机构。Pentium 微处理器有 2 个执行单元，这些执行单元也称为流水线，用于执行微机程序指令。每个执行单元都有其自己的 ALU、地址生成电路以及数据高速缓存接口。Pentium 微处理器整数指令的执行要经过流水线中的5个操作步骤，执行过程如图3-14所示。

2. 转移预测判断

在Pentium芯片内有2个预取缓冲存储器，其中一个是以线性方式来预取代码，另一个是称为转移目标缓冲器（BTB）的小Cache来动态地预测程序的分支操作。设置这两个预取缓冲器的目的是支持转移预测新技术。当某条指令导致程序分支时，BTB记忆下条指令和分支目标的地址，并用这些信息预测该条指令再次产生分支时的路径，预先从该处预取，保证流水线的指令预取步骤不会空置。这一机构的设置可以减少在循环操作时对循环条件的判断所占用微处理器的时间。这样就可以保证在执行之前将所需要的指令从存储器中预取出来。

当首次出现转移指令时，微处理器就在转移目标缓冲器中指定一个登记项与转移指令的地址建立缔结关系，并对在转移预测判断算法中使用的档案进行初始化处理。当指令被译码后，微处理器就对转移目标缓冲器中的内容进行检索，以确定其中是否保存着一个与一条转移指令相对应的登记项。若有，再由微处理器确定是否应该进行转移处理。若要进行转移处理，微处理器就用目标地址取指令并译码。由于是在写回步骤之前就对转移作出的判断，若转移预测判断不正确，微处理器就会立即对流水线作刷新处理，且沿着正确的通路重新取指令。在转移目标缓冲器内可保存256个预测的转移登记项，微处理器在写回步骤期间对登记项进行修改。

3. 指令配对规则

在Pentium处理器中的2条流水线上，并行发生2条指令的过程称为“配对过程”。U流水线可以执行Intel体系结构中的任何指令，而V流水线则只能执行“指令配对规则”所规定的简单指令。在指令配对时发送给V流水线的指令总是发送给U流水指令之后的下一条指令。

Pentium微处理器每个时钟可以发出一条或两条指令。要同时发出两条指令，必须满足下列配对规则：

① 配对的2条指令必须是下面所定义的那种“简单”指令

② 2条指令之间不得存在“写后读”或“写后写”这样的寄存器相关性。

③ 指令不能同时既包含立即数又包含位移量。

④ 带前缀（JCC指令的OF除外）的指令只能出现在U流水线中。

4. 流水线技术

Pentium微处理器的整数流水线由PF、D1、D2、EX和WB这5个操作步骤组成。

PF操作步骤是从片内的指令Cache或内存储器中预取指令。在PF操作步骤期间，由于Pentium微处理器配备有2个各自独立的指令Cache和数据Cache，因此到指令Cache内去预取指令时，不会出现预取数据的冲突问题。如果所需要的Cache行不在指令Cache内，就会到主存储器内去取所需的指令。在指令的PF操作阶段，两个各自独立的大小为32B的预取缓冲器和分支转移目标缓冲器（BTB）一起操作，这样就允许一个预取缓冲存储器顺序地预取指令，而另一个按照分支转移目标缓冲器的预测结果预取指令。预存储器交替地变换预取路径。

D1操作步骤是由2个并行译码器进行译码，并发出紧挨着的2条指令。译码器根据“指令配对规则”所规定的原则，决定是发送出1条指令还是2条指令。Pentium微处理器需要一个额外的D1时钟来对指令前缀进行译码。在这种情况下，Pentium微处理器以每个时钟发出一个前缀的速率将前缀发送到U流水线，且不需要配对。在所有指令前缀都发出之后，再发送基本指令，并且还要根据配对原则进行配对。

D2操作步骤是对操作数在内存储器中地址的计算。

EX操作步骤可进行ALU的操作和对数据Cache的存取操作。所以在EX操作步骤期间，由指令所规定的ALU操作和对数据Cache进行的存取操作，大都需要一个以上的时钟周期。在EX期间除了条件分支转移指令之外，其它所有的U流水线指令和V流水线指令都要验证分支预测的正确性。

WB操作步骤是写回操作。在此操作步骤期间，指令不仅能修改处理器的状态还要完成指令规定的操作。在此操作步骤中，V流水线上的条件分支转移也要验证分支预测的正确性。

在Pentium微处理器流水线操作期间，流水线中的某些指令可能由于某些原因执行过程受阻。每当遇到这种情况，不论是U流水线中的指令还是V流水线中的指令，经协调后进入和退出D1操作步骤和D2操作步骤。当一条流水线中的一条指令受阻且另一条流水线上的另一条指令也在同一操作步骤受阻时，U流水线中的指令和V流水线中的指令经协调后一同进入步骤EX。在EX期间，一旦U流水线中的那条指令受阻，则V流水线中的那条指令也会被阻。但若V流水线中的那条指令被阻，则允许U流水线上的那条与其配对的指令继续进行。在两条流水线中的所有指令还没有执行到WB之前，是绝不允许后续的指令进入到这两条流水线中的任何一条流水线的EX步骤。

3.4.3 存储器管理

Pentium微处理器也有两种工作模式，一种是实地址模式，另一种是保护虚拟地址模式。实地址模式与8086兼容，与8086的体系结构一样。Pentium微处理器在保护虚拟地址模式时，可实现多用户操作。在保护模式下，Pentium微处理器也允许运行80286和80486的软件。在保护模式下，逻辑地址由选择符（或称段选择符）和偏移地址两部分组成。选择符存放在段寄存器中，但它不能直接表示段基地址，而是由操作系统通过一定的方法取得段基地址，再和偏移地址相加，从而求得所选存储单元的物理地址，寻址过程如图3-15所示。它和实地址模式寻址的另一个区别是：偏移地址为32位长，最大段长可以从64KB扩展到4GB。Pentium微处理器有多种保护方式，其中最突出的是环保护方式。环保护是在用户程序与用户程序之间以及用户程序与操作程序之间实行隔离。Pentium微处理器的环保护功能是通过设立特权级实现的，特权级分为4级（0~3），数值最低的特权级最高。0级被分配给操作系统的核心部件，如果

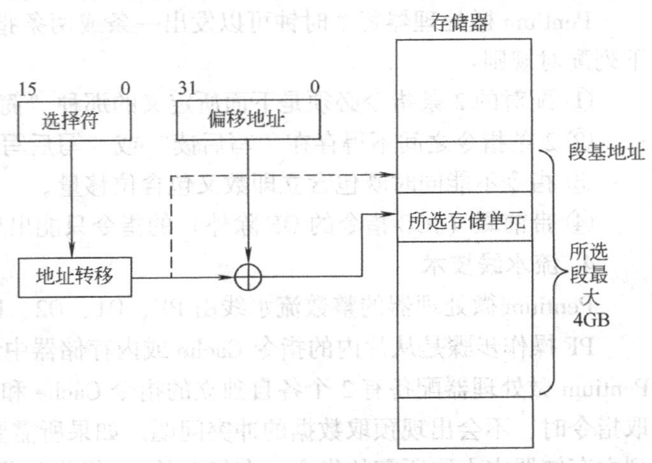

图3-15　保护模式存储器寻址示意图

操作系统被破坏了，则整个计算机系统都会瘫痪，因此它所得到的保护级最高。1级和2级被分配给系统服务及接口，3级被分配给应用程序。

3.4.4 高速缓存技术 Cache

目前微处理器工作频率较高，但低价的DRAM内存存取速度较低，会造成微处理器等待数据的情况，这就降低了系统整体性能，浪费了微处理器的处理能力。Cache是一种存储空间比主存储器小而存取速度却比主存储器快得多的一种存储器。它位于微处理器和主存储器之间，并使系统接近DRAM的价格，提供接近大量SRAM的性能。高速缓存技术是将正在执行的指令地址附近的一部分指令或数据从内存复制到Cache，供微处理器在一段时间内使用。

1. Cache的基本结构

Cache由存储体、地址映像变换单元和替换单元等组成。

1）Cache存储体：为了加快Cache与内存之间的数据交换，它们之间以块为单位进行数据交换。Cache也由若干个块构成，每个块有32个字，内存块和Cache块大小一致。如果需要读取内存中的某个字，则整个内存块将被复制到Cache的一块中。Cache中的每个块都有一个标记字段，用来记录当前存储的是哪一个内存块，标记的内容通常是内存地址的一部分。当CPU访问Cache时，将访问地址与每一个标记进行比较，然后对标记相同的存储块进行访问。Cache存储体通常由相联存储器实现。

2）地址映像变换单元：由于Cache块比内存块要少得多，因此需要一种算法将内存块映射到Cache块中，而且还需要确定内存块存放在Cache的哪一个块中。地址映像变换单元的主要工作就是将CPU送来的内存地址转换为Cache地址，即对内存的块号（高位地址）与Cache的块号进行转换。

3）替换单元：如果微处理器在将内存块数据调入Cache存储体的过程中，Cache存储体已经被装满，无法接收内存块数据时，Cache就需要采用相应的策略。Cache替换机构采用“最近最少使用算法”或“先进先出算法”，移出Cache存储体中的部分信息，将新的内存块调入Cache中。

2. Cache的工作过程

Cache的工作过程是：当微处理器对内存进行数据请求时，通常先访问Cache，如果在Cache中找到数据，则送到微处理器进行处理；如果在Cache中没有找到数据，则微处理器再到内存中去访问数据。

当存储过程开始时，Cache中是空的。当微处理器发出一个读周期，从内存中读取数据时，Cache控制器就对这个周期进行解释。内存控制器从内存取出数据后，同时送给微处理器寄存器和微处理器内部的Cache。

3.4.5 Pentium Ⅱ微处理器的结构

图3-16是Pentium Ⅱ微处理器的内部结构，它主要由总线接口单元、指令预取单元、分支目标缓冲器、指令译码器、微指令序列器、寄存器别名表、保留站、指令重排缓冲器、存储器排序缓冲器以及若干个处理执行单元组成。

Pentium Ⅱ微处理器为超标量结构，具有高性能的RISC核心，12工步超流水线。

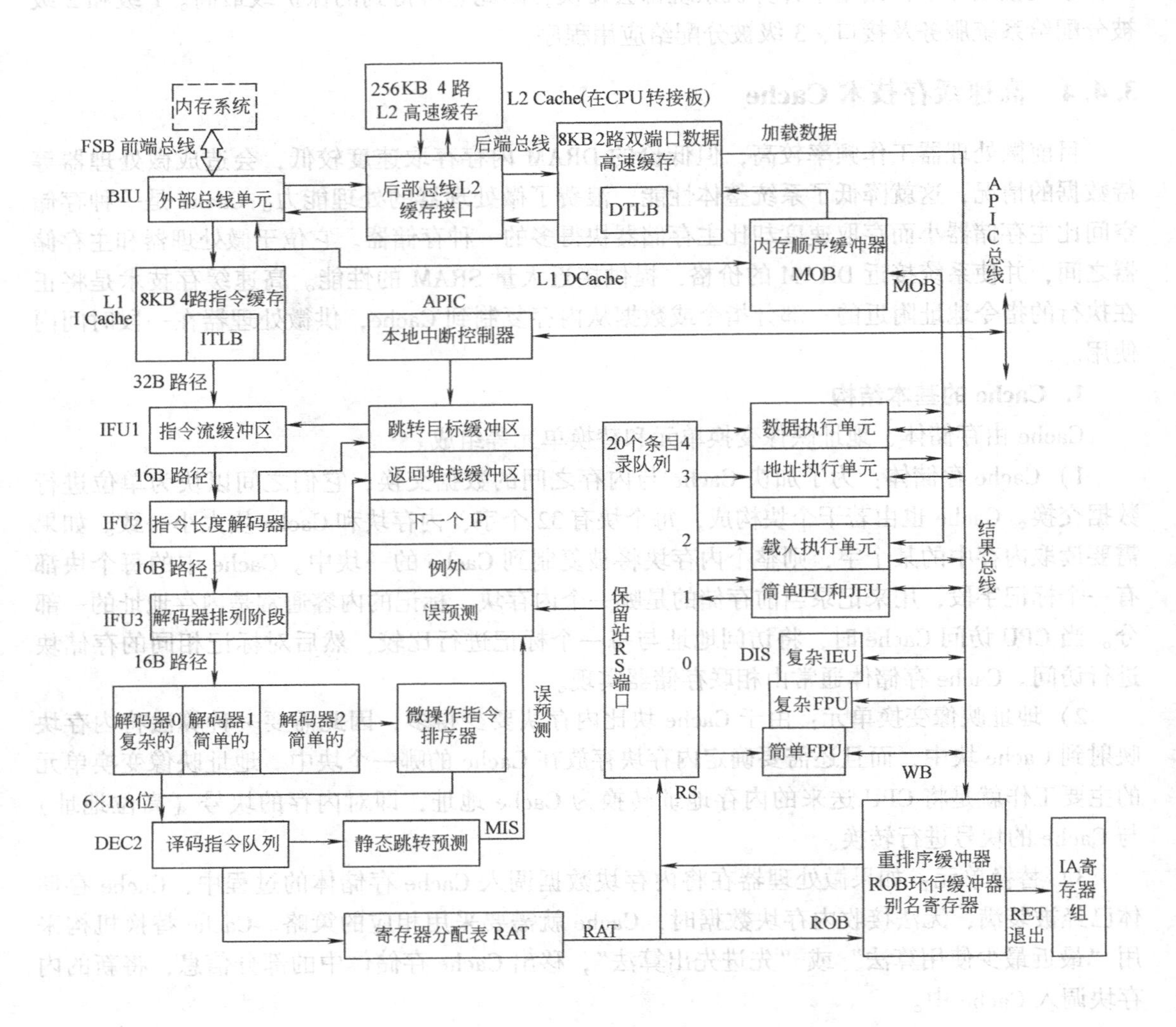

图 3-16　PentiumⅡ微处理器的内部结构

3.4.6　Pentium Ⅲ微处理器的结构

图 3-17 是 Pentium Ⅲ微处理器的内部结构。它集成了 950 ~ 2800 万个晶体管，采用高级传输缓存技术 ATC、高级系统缓存技术 ASB，增加了 70 条 SSE 指令和 8 个 128 位的 SSE 寄存器。

Pentium Ⅲ微处理器工作频率为 450 ~ 1300MHz，有引脚 242 ~ 370 条，地址线 33 条，数据线 64 条。高速缓存数据带宽度为 288 位，高速缓存数据带宽为 32B，是 PentiumⅡ微处理器的 4 倍。前端总线频率从 100MHz 提升到了 133MHz。

Pentium Ⅲ微处理器将二级高级缓存设计在微处理器内部核心上，可使 L2 Cache 与微处理器核心以相同的速度运行，而不像 PentiumⅡ那样，Cache 只能以微处理器一半的速度运行。

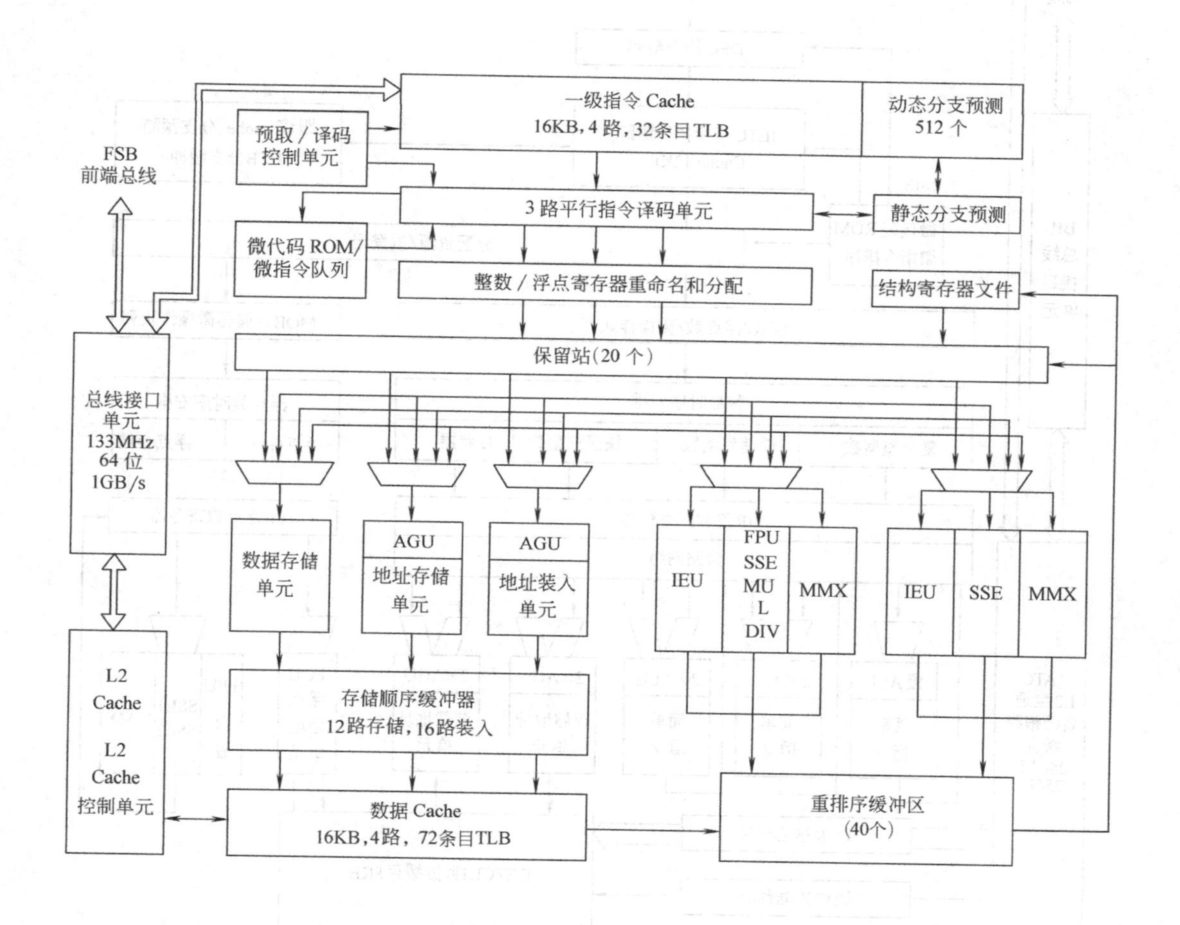

图3-17 Pentium Ⅲ微处理器的内部结构

Intel将L2 Cache设计在微处理器的核心后，将256KB Cache取了个新名，叫做高级传输缓存ATC。

3.4.7 Pentium 4微处理器的结构

Pentium 4微处理器的结构包括两极缓存系统、3条超标量流水线和乱序执行单元等，如图3-18所示。

Pentium 4微处理器增加了跟踪缓存TCache，它能把已经用过并解码后的微指令存储下来，当下次再执行到相同指令时，就不必重复解码，只要取相关数据直接执行即可。Pentium 4的流水线拥有20个工步，是目前微处理器中最长的。

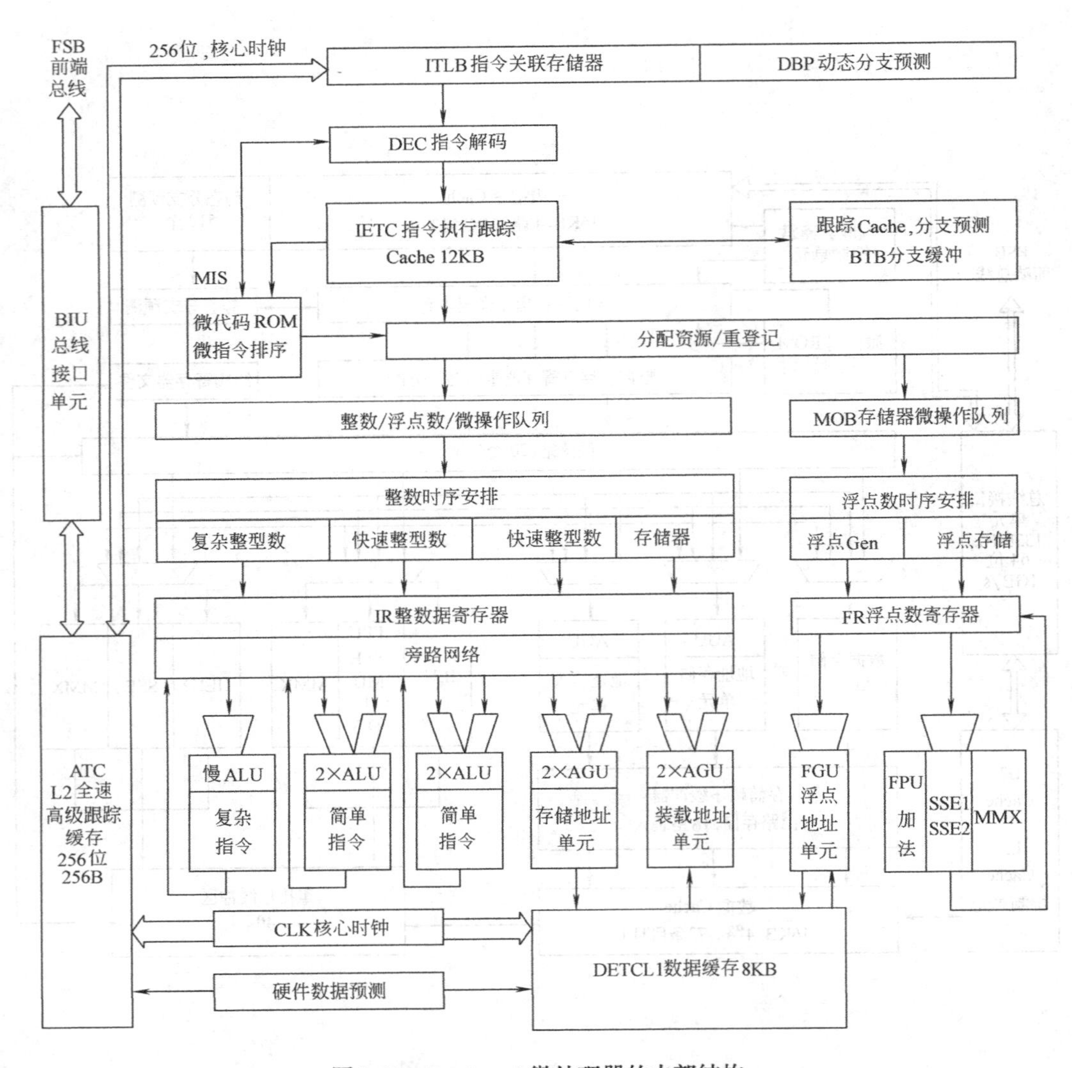

图 3-18　Pentium 4 微处理器的内部结构

本章小结

80286 的内部结构主要由地址单元 AU、总线单元 BU、指令单元 IU 和执行单元 EU 4 部分组成。

80386 的内部结构主要由总线接口单元 BIU、指令译码单元 IDU、指令预取单元 IPU、执行单元 EU、段管理单元 SU、页管理单元 PU 和控制单元 CU 这 7 个单元组成。可把这 7 个单元分成 CPU、存储器管理部件（MMU）和总线接口部件（BIU）3 部分。

80486 的内部结构主要由总线接口单元 BIU、指令译码单元 IDU、指令预取单元 IPU、执行单元 EU、段管理单元 SU、页管理单元 PU、控制单元 CU 以及浮点处理单元 FPU 和一个 8 位高速缓存 Cache 这 9 大部分组成。

Pentium 微处理器的内部结构主要由总线接口部件、代码 Cache、数据 Cache、分支目标缓存器、控制ROM部件、控制部件、预取缓冲存储器、指令译码部件、整数运算部件、整数和浮点数寄存器组及浮点运算部件等11个功能部件组成。其核心执行部件是由两个整数流水线执行部件以及一个带有专用加法器、专用乘法器和专用除法器的浮点流水线部件组成。

微处理器有两种工作模式，一种是实地址模式，另一种是保护虚拟地址模式。

Cache是一种存储空间比主存储器小而存取速度却比主存储器快得多的一种存储器。

习题与思考题

3-1 80286微处理器内部有哪些寄存器？

3-2 80486微处理器内部有哪些寄存器？

3-3 Pentium微处理器的标志寄存器在80486的基础上增加了哪几个标志位？

3-4 简述Pentium系列微处理器内部结构的区别。

第4章　80x86微处理器的指令系统

内容提要：本章以8086/8088为例，介绍微型计算机的指令系统、指令格式和基本的寻址方式及有效地址的计算。指令系统包括数据传送指令、算术运算指令、位操作指令、串操作指令、控制转移指令和处理器控制指令。之所以采用8086/8088微处理器的指令系统，是因为8086/8088指令系统是所有80x86系列微处理器指令系统的基础，80286、80386、80486乃至Pentium等新型微处理器的指令系统仅是在这个基础上做了一些补充。用8086/8088指令系统编写的程序可以毫无改动地在80286、80386、80486和Pentium等微处理器上运行。

教学要求：熟练掌握8086/8088微处理器的指令系统，6种基本寻址方式和各种常用指令。

4.1　Intel 80x86的寻址方式

指令的一般格式为：

操作码	操作数

计算机中的指令由操作码字段和操作数字段组成。

操作码：指计算机所要执行的操作，是一种助记符。

操作数：指在指令执行操作的过程中所需要的操作数，分为目标操作数和源操作数。该字段除可以是操作数本身外，也可以是操作数地址或者地址的一部分，还可以是指向操作数地址的指针或其它有关操作数的信息。

指令举例：　　　　ADD　CL，BH　　　　　；CL←CL+BH

寻址方式就是指令中用于说明操作数所在地址的方法，或者说是寻找操作数有效地址的方法。寻址方式一般是针对源操作数而言的。在8086/8088系统中，一般将寻址方式分为两种不同的类型，一类是寻找操作数的地址，另一类是寻找要执行的下一条指令的地址，即程序的地址。

8086/8088的基本寻址方式有6种，下面我们来讨论这6种寻址方式。

4.1.1　立即寻址

立即寻址是指所提供的操作数直接包含在指令中的寻址方式，其中这个操作数叫立即数。所谓立即数是指具有固定数值的操作数，即常数。它紧跟在操作码的后面，与操作码一起放在代码段区域中。立即寻址方式如图4-1所示。

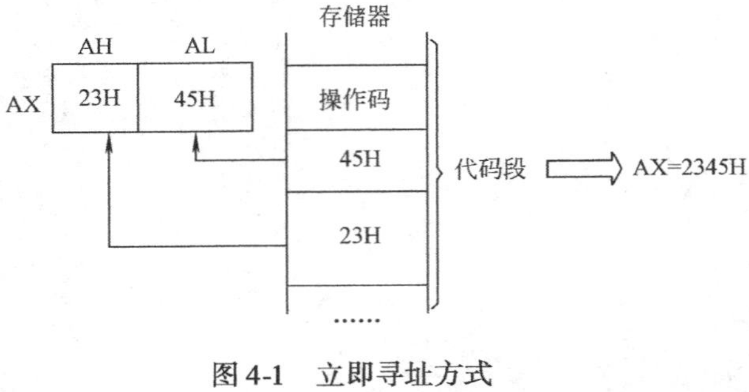

图4-1　立即寻址方式

例如：MOV　AX，2345H　　　　　　；AX←2345H

立即数若是 8 位的，则可以是无符号数，取值范围是 00H ~ 0FFH，也可以是带符号数，取值范围是 80H ~ 7FH。立即数若是 16 位的，则可以是无符号数，取值范围是 0000H ~ 0FFFFH，也可以是带符号数，取值范围是 8000H ~ 7FFFH。若是 16 位的，则存储时低位在前，高位在后。在指令中，立即数操作数只能作源操作数，而不能作目标操作数。

立即寻址主要用来给寄存器或存储单元赋初值。

4.1.2　直接寻址

直接寻址是指操作数地址的 16 位偏移量直接包含在指令中的寻址方式。16 位偏移量与操作码一起存放在代码段区域中，操作数一般存放在数据段区域中，它的地址为数据段寄存器 DS 加上这 16 位地址偏移量。

例如：MOV　AX，DS：[3000H]　　；AX←(DS:3000H)

设 DS = 1000H。直接寻址方式如图 4-2 所示。

（对 DS 来讲可以省略成 MOV　AX，[3000H]，系统默认为数据段）

这种寻址方式是以数据段的地址为基础，可在多达 64KB 的范围内寻找操作数。

这种寻址方式允许段超越，即还允许操作数在以代码段、堆栈段或附加段为基准的区域中。此时只要在指令中指明是段超越的，16 位地址偏移量就可以与 CS 或 SS 或 ES 相加，作为操作数的地址。

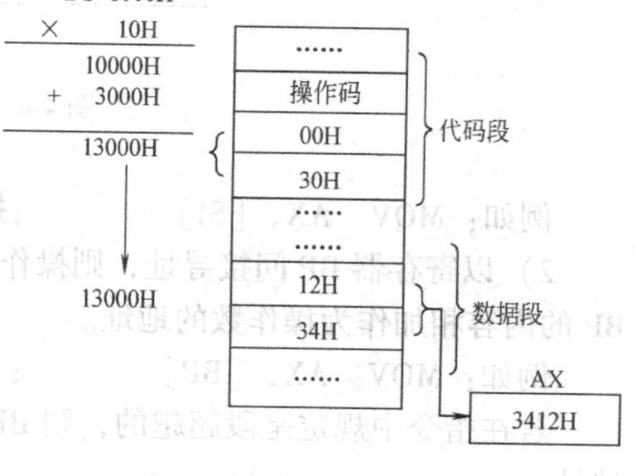

图 4-2　直接寻址方式

MOV　AX，[2000H]　　　　；数据段

MOV　BX，ES：[3000H]　　；段超越，操作数在附加段中

　　　　　　　　　　　　　　即绝对地址 = (ES) × 10H + 3000H

4.1.3　寄存器寻址

寄存器寻址是指操作数包含在微处理器的内部寄存器中的寻址方式。其中寄存器可以是数据寄存器（8 位或 16 位），也可以是地址指针寄存器、变址寄存器或段寄存器，如寄存器 AX、BX、CX、DX 和 SI 等。寄存器寻址方式如图 4-3 所示。

例如：MOV　BX，AX　　　；BX←AX

MOV　AL，BH　　　　　；AL←BH

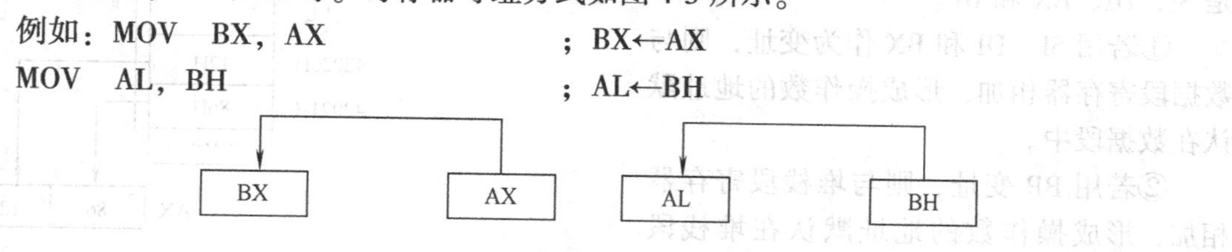

图 4-3　寄存器寻址方式

4.1.4　寄存器间接寻址

操作数在存储器中，但是操作数地址的 16 位偏移量包含在以下 4 个寄存器 SI、DI、BP

或 BX 之一中，这种寻址方式叫寄存器间接寻址。可以分成两种情况：

1）以 SI、DI 或 BX 间接寻址，则通常操作数在现行数据段区域中，即数据段寄存器(DS)×16(或 10H)加上 SI、DI、BX 中的 16 位偏移量作为操作数的地址，如图 4-4 所示。

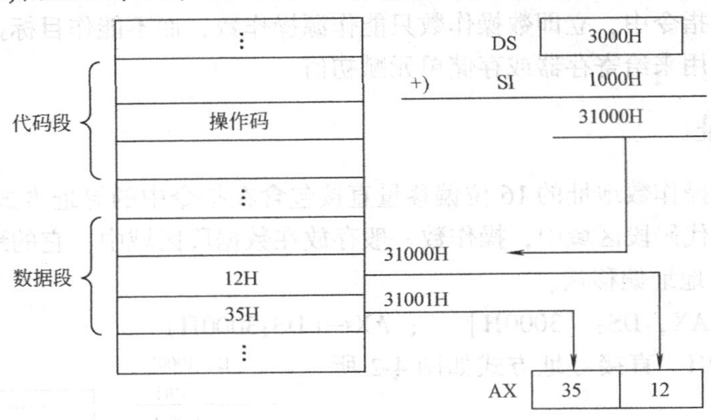

图 4-4　寄存器间接寻址方式

例如：MOV　AX，[SI]　　　　;操作数地址是：(DS)×10H+(SI)

2）以寄存器 BP 间接寻址，则操作数在堆栈段区域中，即堆栈段寄存器(SS)×10H 与 BP 的内容相加作为操作数的地址。

例如：MOV　AX，[BP]　　　　；操作数地址是：(SS)×10H+(BP)

若在指令中规定是段超越的，则 BP 的内容也可以与其它的段寄存器相加，形成操作数地址。

例如：MOV　AX，DS：[BP]　　；操作数地址是：(DS)×10H+(BP)

4.1.5　变址寻址（又称为寄存器相对寻址）

由指定的寄存器内容，加上指令中给出 8 位或 16 位的偏移量（当然要由一个段寄存器作为基地址）作为操作数的偏移地址，这种寻址方式称为变址寻址（操作数在存储器中）。

可以作为变址寻址的 4 个寄存器分别是 SI、DI、BX 和 BP。

①若用 SI、DI 和 BX 作为变址，则与数据段寄存器相加，形成操作数的地址默认在数据段中。

②若用 BP 变址，则与堆栈段寄存器相加，形成操作数的地址默认在堆栈段中。

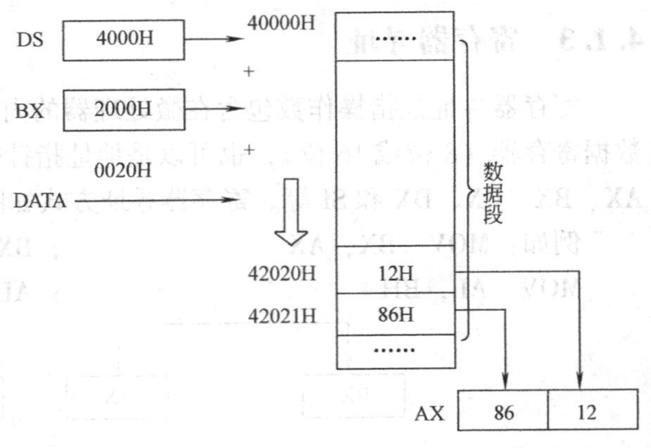

图 4-5　变址寻址方式

例如：MOV　AX，DATA[BX]

操作数地址是：(DS)×10H+(BX)+DATA

假设(DS)=4000H，(BX)=2000H，DATA=0020H

则物理地址 = 4000H × 10H + 2000H + 0020H = 42020H

指令的执行过程如图 4-5 所示。

但是，只要在指令中指定是段超越的，则可以用其它段寄存器作为基地址。

在汇编语言中，变址寻址指令的书写格式允许有几种不同的形式。以下几种写法实质上是完全等价的：

```
MOV   AH , DATA[BX]
MOV   AH , [BX]DATA
MOV   AH , DATA+[BX]
MOV   AH , [BX]+DATA
MOV   AH , [DATA+BX]
MOV   AH , [BX+DATA]
```

4.1.6　基址加变址寻址

若将 BX（数据段）和 BP（堆栈段）看成是基址寄存器，将 SI、DI 看成是变址寄存器，把一个基址寄存器（BX 或 BP）的内容加上一个变址寄存器（SI 或 DI）的内容，再加上指令中指定的 8 位或 16 位偏移量（当然要以一个段寄存器作为地址基准）作为操作数的偏移地址，则将这种寻址方式称为基址加变址寻址。

操作数在存储器中，其偏移地址由（基址寄存器）+（变址寄存器）+相对偏移量形成。

例如：MOV　AX,[BX][SI]DATA 或 MOV　AX,[BX+SI]DATA

操作数地址是：(DS) × 10H + (BX) + (SI) + DATA

假设(DS) = 4000H,(BX) = 2000H,(SI) = 2000H,DATA = 0100H

则物理地址 = 4000H × 10H + 2000H + 2000H + 0100H = 44100H

指令的执行过程如图 4-6 所示。

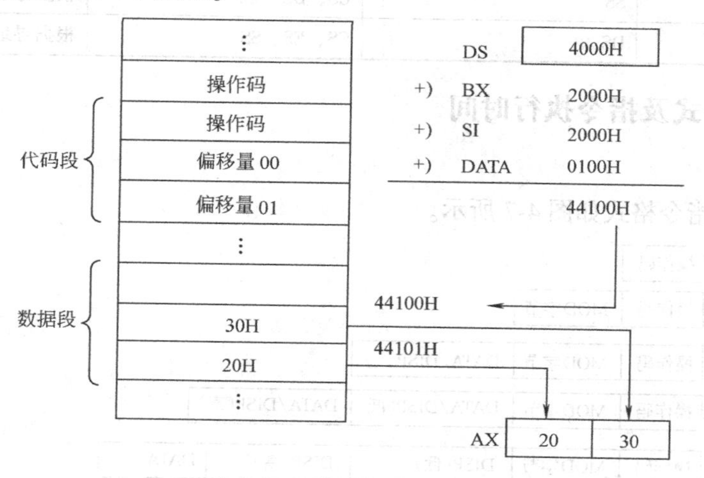

图 4-6　基址加变址寻址方式

与变址寻址方式类似，基址加变址寻址指令同样也可以表示成多种形式，例如以下几种写法实质上是完全等价的：

MOV　AX，DATA[BX][SI]

MOV　AX，[BX+DATA][SI]

MOV　AX，[DATA+BX+SI]

MOV　AX，[BX] DATA[SI]

MOV　AX，DATA[SI+BX]

MOV　AX，[BX][SI+DATA]

使用基址加变址寻址时要注意，指令中不允许同时出现两个基址寄存器或两个变址寄存器，例如，以下指令是非法的：

MOV　AX，DATA[SI][DI]

MOV　AX，[BX+DATA][BP]

另外，在有的教科书中，若 DATA 为 0，则称为基址变址寻址方式；若 DATA 不为 0，则称为基址变址相对寻址方式。基址变址相对寻址方式实际上是基址变址寻址方式的扩充。

若用 BX 作为基地址，则操作数在数据段区域。

若用 BP 作为基地址，则操作数在堆栈段区域。

但若在指令中规定是段超越的，则可用其它段寄存器作为基地址。表 4-1 是段寄存器使用的基本约定。

表 4-1　段寄存器使用的基本约定

访问存储器类型	默认段寄存器	可指定段寄存器	段内偏移地址来源
取指令码	CS	无	IP
堆栈操作	SS	无	SP
串操作源地址	DS	CS、ES、SS	SI
串操作目的地址	ES	无	DI
BP 用作基址寄存器	SS	CS、DS、ES	根据寻址方式求得有效地址
一般数据存取	DS	CS、ES、SS	根据寻址方式求得有效地址

4.1.7　指令格式及指令执行时间

1. 指令格式

不同字长的指令格式如图 4-7 所示。

操作码					
操作码	MOD字节				
操作码	MOD字节	DATA/DISP			
操作码	MOD字节	DATA/DISP(低)	DATA/DISP(高)		
操作码	MOD字节	DISP(低)	DISP(高)	DATA	
操作码	MOD字节	DISP(低)	DISP(高)	DATA(低)	DATA(高)

图 4-7　不同字长的指令格式

2. 指令执行时间

指令执行时间是指取指令、取操作数、执行指令及传送结果所需时间的总和。

4.2　Intel 80x86 指令系统

控制计算机完成指定操作的命令称为指令。不同的计算机具有各自不同的指令，其所有指令的集合，就称为该计算机的指令系统。指令系统不仅定义了计算机所能执行的指令的集合，还定义了使用这些指令的规则。因此在使用汇编语言编写程序时，必须要对计算机的指令系统非常了解。

对指令系统来说，8086 和 8088 是完全相同的，因此，本章将这两种微处理器统称为 8086。

在介绍各种指令之前，先介绍一下本节中要用到的一些符号。

OPRD　　指各种类型的操作数
DATA　　8 位或 16 位操作数
PROC　　过程或子程序的符号地址
LABLE　　符号地址
n　　输入/输出端口地址
mem　　存储器操作数
( )　　表示寄存器的内容
[ ]　　表示存储单元的内容

8086/8088 微处理器的指令系统共包含 92 种基本指令，按照功能可以分为以下 6 个功能组。

1）数据传送指令（Data Transter）
2）算术运算指令（Arithmetic）
3）逻辑运算指令（Logic）
4）串操作指令（String Menipulation）
5）程序控制指令（Program Control）
6）处理器控制指令（Processor Control）

4.2.1　数据传送指令

传送类指令的最大特点是：绝大多数指令执行后不影响标志寄存器 FLAG（标志寄存器传送指令除外）。传送类指令按功能分为 4 小类：通用数据传送指令、目标地址传送指令、标志寄存器传送指令和输入输出指令。

1. 通用数据传送指令

（1）一般传送指令 MOV

一般格式：MOV　OPRD1，OPRD2

其中 MOV 是操作码，OPRD1 和 OPRD2 分别是目标操作数和源操作数。

功能：完成数据传送，即将一个操作数从源地址传送到目标地址，而源地址中的操作数不变。传送的操作数可以是 8 位也可以是 16 位。

使用 MOV 指令应注意以下几个问题：

1）一般 CS 和 IP 的内容不通过 MOV 指令进行修改，它们只能作为源操作数。

2）两个存储器操作数之间不允许直接进行信息传送，但可以用 CPU 内部寄存器作为桥梁来完成这样的传送。

```
如：MOV  AX，[SI]
    MOV  [BX]，AX          ；借助 AX 完成传送
```

3）两个段寄存器之间不能直接传送信息。

```
如：MOV  AX，DS
    MOV  ES，AX            ；借助 AX 完成传送
```

4）目标操作数，不能用立即寻址方式。

5）不允许用立即寻址方式为段寄存器赋初值。

```
如：MOV  AX，DATA
    MOV  DS，AX            ；借助 AX 完成传送
```

具体来说，MOV 传送指令可以实现以下各种传送：

1）寄存器之间的传送。

```
MOV  BL，AL                ；字节传送
MOV  AX，BX                ；字传送
MOV  DS，BX                ；字传送
MOV  AX，CS                ；字传送
```

2）寄存器与存储器之间的传送。

```
MOV  AL，BUF
MOV  AX，[SI]
MOV  SI，DATA [BP]
MOV  DS，DATA [SI+BX]
MOV  [DI]，CX
MOV  DATA [BP+DI]，ES
```

3）立即数到寄存器的传送。

```
MOV  CL，0FFH              ；将立即数 0FFH 送 CL
MOV  AX，0345H             ；将立即数 0345H 送 AX，即(AH) = 03H，(AL) = 45H
```

4）立即数到存储器的传送。

```
MOV  [2000H]，1122H        ；将立即数 1122H 送偏移地址为 2000H 和 2001H 两个存
                           储单元，低 8 位送低地址单元，高 8 位送高地址单元
MOV  [SI]，33H             ；将立即数 33H 送偏移地址为（SI）的存储单元
```

（2）堆栈指令　堆栈是人为定义的一块连续的存储空间，用来暂存数据，这些数据是按“先进后出，后进先出”的原则存取的。堆栈指针 SP 存放栈顶的有效地址。8086 的堆栈是栈顶为低地址，栈底为高地址。

堆栈指令包括进栈（PUSH）和出栈（POP）指令两类，且仅能进行字运算（操作数不能是立即数）。

1）进栈指令 PUSH

一般格式：PUSH OPRD

源操作数可以是 CPU 内部的16位通用寄存器、段寄存器（CS 除外）和内存操作数（所有寻址方式）。进栈的操作对象必须是16位数。

功能：将数据压入堆栈。

执行过程为：操作数高8位→[(SP)-1]；

操作数低8位→[(SP)-2]；

(SP)-2→(SP)；

例如：PUSH AX；设(AX)=2233H。

执行过程为：(SP)-1→(SP)，(AH)→[SP]，(SP)-1→(SP)，(AL)→[SP]，PUSH AX 指令执行前后堆栈区的情况如图4-8所示。

2）出栈指令 POP

一般格式：POP OPRD

功能：将数据弹出堆栈。

执行过程为：[SP]→操作数低8位；

[(SP)+1]→操作数高8位；

(SP)+2→(SP)；

例如：POP BX；设(BX)=2211H，则 POP BX 指令执行前后堆栈区的情况如图4-9所示。

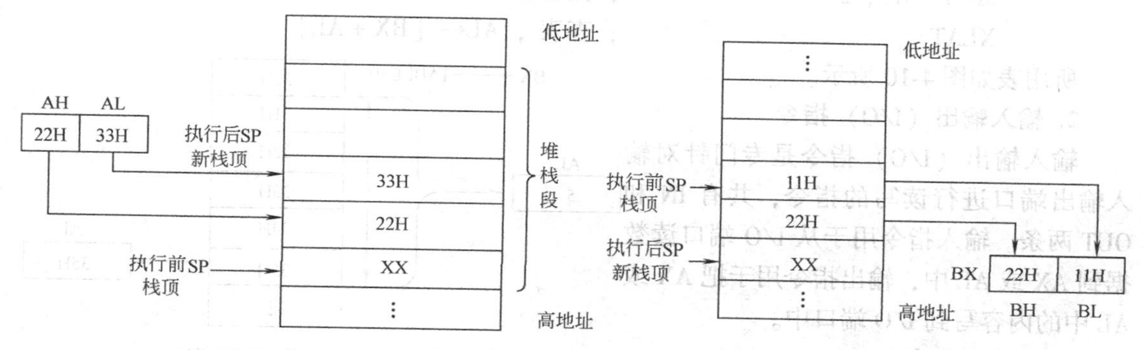

图4-8 PUSH AX 指令执行示意图

图4-9 POP BX 指令执行示意图

在程序中，PUSH 和 POP 指令一般是成对出现，且执行顺序相反。

一般堆栈是在响应中断或子程序调用时保护断点地址和现场的，还可以在需要时保存一些寄存器的内容。

例如：PUSH AX；保护寄存器的内容

PUSH DX；保护寄存器的内容

…

POP DX；恢复寄存器的内容

POP AX；恢复寄存器的内容

（3）交换指令 XCHG

一般格式：XCHG OPRD1，OPRD2

功能：完成数据交换，把一个字节或一个字的源操作数与目标操作数相交换。

交换指令对操作数有如下要求：

源操作数和目标操作数可以是寄存器或存储器，但不能同时为存储器。可以在寄存器之间、寄存器与存储器之间进行交换，但段寄存器和立即数不能作为操作数，不能在累加器之间进行交换。两个操作数的字长必须相同。

```
例如：XCHG   AL,CL          ;(AL)←→(CL),字节交换
      XCHG   AX,BX          ;(AX)←→(BX),字交换
      XCHG   AX,[SI]        ;(AX)←→[SI],字交换
```

(4) 查表指令

```
一般格式：XLAT TABLE        ; TABLE是要查找的表的首地址
      或 XLAT              ;(AL)←((DS)×10H+(BX)+(AL))
```

功能：完成一个字节的查表转换，指令中隐含操作数。

说明：该指令只查找字节表，表的首地址的偏移地址送 BX，要查找的字节相对于表首地址的位移量送寄存器 AL（AL 内容即为要查找的字节在表中的序号，因此表的长度为256），指令执行后的结果存放在 AL 中。

本指令可用在数制转换、函数表查表和代码转换等场合。

```
例如：MOV  BX, OFFSET  TABLE  ; 取表首地址
      MOV   AL, 5             ; 偏移量
      XLAT                    ; 查表 ，AL← [BX+AL]
```

所用表如图 4-10 所示。

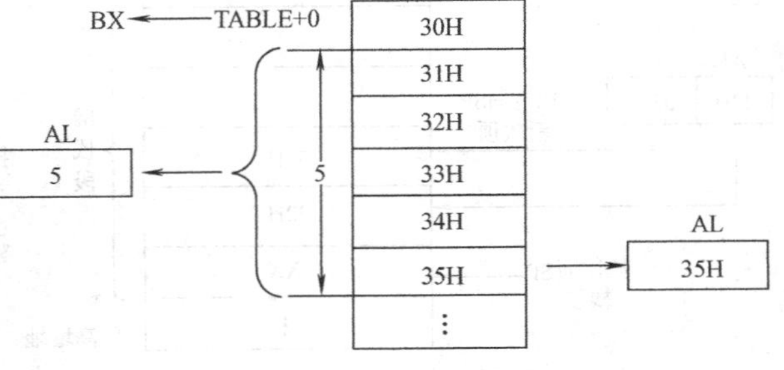

图 4-10 0—9 的 ASCII 表

2. 输入输出（I/O）指令

输入输出（I/O）指令是专门针对输入输出端口进行读写的指令，共有 IN 和 OUT 两条。输入指令用于从 I/O 端口读数据到 AX 或 AL 中，输出指令用于把 AX 或 AL 中的内容写到 I/O 端口中。

(1) 输入指令 IN

```
一般格式：IN   AL, port     ; 输入一个字节，port 为 8 位端口地址
          IN   AX, port     ; 输入一个字，port 为 8 位端口地址
          IN   AL, DX       ; 输入一个字节，DX 的内容为 16 位端口地址
          IN   AX, DX       ; 输入一个字，DX 的内容为 16 位端口地址
```

功能：从 I/O 端口输入数据至 AL 或 AX。

输入指令允许把一个字节或一个字由一个输入端口传送到 AL 或 AX 中。端口地址不超过 255 时，为直接寻址方式；若端口地址超过 255 时，则必须用 DX 保存端口地址，为间接寻址方式，这样用 DX 作端口寻址最多可寻找 64K 个端口。

```
例如：MOV   DX , 0A40H ; 将 16 位端口地址送 DX
      IN   AL, DX      ; 从地址 0A40H 的端口输入一个字节到 AL
```

(2) 输出指令 OUT

```
一般格式：OUT   port, AL ; 输出一个字节，port 为 8 位端口地址
```

```
OUT   port, AX        ; 输出一个字，port为8位端口地址
OUT   DX, AL          ; 输出一个字节，DX的内容为16位端口地址
OUT   DX, AX          ; 输出一个字，DX的内容为16位端口地址
```

功能：将AL或AX的内容输出至I/O端口。

该指令将AL或AX中的内容传送到一个输出端口。端口寻址方式与IN指令相同。

例如：MOV DX，0A40H；将16位端口地址送DX

OUT DX，AX ；把AX的内容从地址0A40H的端口输出

3. 地址传送指令

8086/8088提供了3条把地址指针写入寄存器或寄存器对的指令。

（1）取偏移地址指令LEA

一般格式：LEA OPRD1，OPRD2

功能：把源操作数OPRD2的地址偏移量传送至目标操作数OPRD1。

源操作数必须是一个存储器操作数，目标操作数必须是一个16位的寄存器。这条指令通常用来建立串操作指令所需的地址指针。

例：LEA BX，BUFFER ；把BUFFER的偏移地址送BX

MOV BX，BUFFER ；把存储器BUFFER的内容送BX

下面两条指令完全等价：

LEA BX，BUFFER

MOV BX，OFFSET BUFFER；

其中OFFSET BUFFER表示存储器BUFFER的偏移地址。

（2）地址指针装入指令LDS

一般格式：LDS OPRD1，OPRD2

功能：完成一个32位地址的传送。地址指针包括段基址部分和偏移地址部分。指令将段基址送入DS，偏移地址部分送入一个16位的指针寄存器或变址寄存器。

源操作数是一个存储器操作数，目标操作数是一个指针寄存器或变址寄存器。

例如：LDS SI，[100H]；将把偏移地址[100H]到[103H]所指向的4个存储单元中的前两个单元的内容送SI，后两个单元的内容送DS。

设(DS) = 0B000H,(0B0100H) = 10H,(0B0101H) = 20H,(0B0102H) = 30H,(0B0103H) =40H,则执行上述指令后(SI) = 2010H,(DS) = 4030H。

（3）LES指令

一般格式：LES OPRD1，OPRD2

这条指令除将地址指针的段基址部分送入ES外，其它与LDS类似。

例如：LES DI，[BX + DATA]

4. 标志传送指令

标志传送指令共有4条，指令的操作数以隐含形式规定（隐含的操作数是AH）。

（1）取标志指令LAHF

一般格式：LAHF

功能：将标志寄存器中的SF、ZF、AF、PF和CF（即低8位）分别传送至AH寄存器的指定位中，LAHF指令对状态标志位无影响。指令操作过程如图4-11所示。

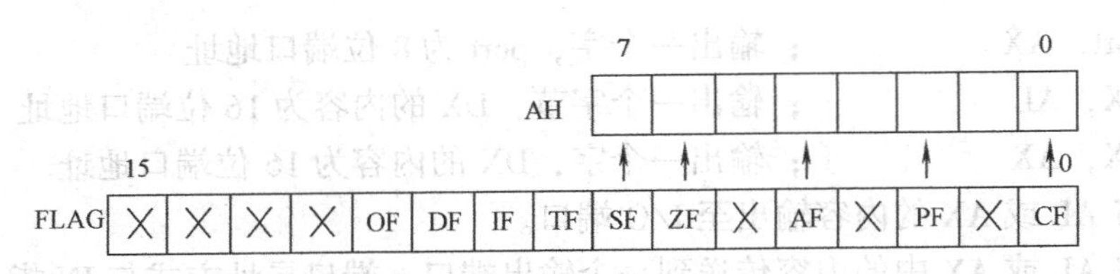

图 4-11　LAHF 指令操作示意图

(2) 置标志指令 SAHF

一般格式：SAHF

功能：将寄存器 AH 的指定位，分别送至标志寄存器的 SF、ZF、AF、PF 和 CF 位（即低 8 位）中。根据 AH 的内容，影响上述标志位，对 OF、DF、IF 和 TF 无影响。

(3) 标志压入堆栈指令

一般格式：PUSHF

功能：先将堆栈指针减 2，然后将标志寄存器 FLAG 的内容（16 位）压入堆栈，该指令不影响标志位。

(4) 标志弹出堆栈指令

一般格式：POPF

功能：将堆栈顶部的一个字，传送到标志寄存器 FLAG，然后堆栈指针加 2，该指令将影响标志位。

表 4-2 列出了数据传送类指令的功能与格式。

表 4-2　数据传送类指令

指令类型	指令功能	指令书写格式
通用数据传送	字节或字传送 字压入堆栈 字弹出堆栈 字节或字交换 换码指令	MOV 目标，源 PUSH 源 POP 目标 XCHG 目标，源 XLAT
输入输出	输入字节或字 输出字节或字	IN 累加器，端口地址 OUT 端口地址，累加器
目标地址传送	装入有效地址 装入 DS 寄存器 装入 ES 寄存器	LEA 目标，源 LDS 目标，源 LES 目标，源
标志位传送	将 FR 低字节装入 AH 寄存器 将 AH 内容装入 FR 低字节 将 FR 内容压栈 从堆栈中弹出一个字给 FR	LAHF SAHF PUSHF POPF

4.2.2　算术运算指令

8088 提供了二进制数的加、减、乘、除 4 种基本算术运算指令。这些操作都可用于字节或字的运算，也可以用于带符号数（带符号数用补码表示）与无符号数的运算。同时8088还提供了与之对应的4类十进制调整指令，故可以进行十进制数的算术运算。

说明：算术运算指令有单操作数和双操作数两种，其中单操作数不能是立即数，而双操作数指令中，立即数只能作为源操作数。另外，源操作数和目标操作数不能同时为存储器。

算术运算指令大多会对标志位产生影响。下面分别介绍这4种指令。

1. 加法运算指令

（1）不带进位的加法指令ADD

一般形式：ADD　OPRD1，OPRD2

功能：OPRD1←OPRD1 + OPRD2

完成两个字节或字操作数的相加，结果送至目标操作数OPRD1。

源操作数和目标操作数可以是寄存器或存储器操作数，源操作数还可以是立即数；可以是无符号数，也可以是带符号数。但源操作数和目标操作数不能同时为存储器操作数，也不能对段寄存器进行运算。

这条指令对标志位SF、ZF、AF、PF、CF和OF有影响。

例如：
```
ADD   AL, 20                ; 累加器AL与立即数相加
ADD   BX, [3000H]           ; 寄存器与存储单元内容相加
ADD   AX, SI                ; 寄存器之间相加
ADD   DATA [BX + SI], DX    ; 16位存储器操作数与寄存器内容相加
ADD   DATA [SI], AL         ; 8位存储器操作数与寄存器相加
```

（2）带进位的加法指令ADC

一般形式：ADC　OPRD1，OPRD2　　；带进位的加法

功能：OPRD1←OPRD1 + OPRD2 + CF

这条指令与上一条指令类似，只是在两个操作数相加时，要把进位标志CF的现行值加上去，结果送至目标操作数。

ADC指令主要用于多字节运算中。若有两个四字节的数，已分别放在自FIRST和SECOND开始的存储区中，每个数占四个存储单元。存放时，最低字节在低地址单元，则可用以下程序段实现相加。

```
MOV   AX, FIRST
ADD   AX, SECOND            ; 进行字运算
MOV   THIRD, AX
MOV   AX, FIRST + 2
ADC   AX, SECOND + 2
MOV   THIRD + 2, AX
```

这条指令对标志位SF、ZF、AF、PF、CF和OF有影响。

（3）加1指令INC

一般形式：INC　OPRD

功能：OPRD←OPRD + 1

完成对指定的操作数OPRD加1，然后返回此操作数。

操作数OPRD可以是寄存器或存储器操作数；可以是8位数，也可以是16位数；但不能是立

即数，也不能是段寄存器。此指令主要用于在循环程序中修改地址指针和循环次数等。

这条指令执行的结果影响标志位 AF、OF、PF、SF 和 ZF，而对进位标志 CF 没有影响。

如：INC AL ；字节加 1

INC CX ；字加 1

INC BYTE PTR [BX] ；字节加 1

INC WORD PTR [SI] ；字加 1

2. 减法指令

（1）不带借位的减法指令 SUB

一般形式：SUB OPRD1，OPRD2

功能：OPRD1←OPRD1－OPRD2

完成两个操作数相减，即从 OPRD1 中减去 OPRD2，结果放在 OPRD1 中。

源操作数和目标操作数可以是寄存器或存储器操作数，源操作数还可以是立即数；可以是无符号数，也可以是带符号数。但源操作数和目标操作数不能同时为存储器操作数，也不能对段寄存器进行运算。

这条指令对标志位 SF、ZF、AF、PF、CF 和 OF 有影响。

例如：SUB AL，20H

SUB AX，BX

SUB [BP]，CL

（2）带借位的减法指令 SBB

一般形式：SBB OPRD1，OPRD2

功能：OPRD1←OPRD1－OPRD2－CF

这条指令与 SUB 类似，只是在两个操作数相减时，还要减去借位标志 CF 的现行值。同 ADC 指令一样，本指令主要用于多字节操作数相减。

（3）减 1 指令 DEC

一般形式：DEC OPRD

功能：OPRD←OPRD－1

对指令的操作数减 1，然后送回此操作数。

在相减时，把操作数作为一个无符号二进制数来对待。对操作数的要求和对标志位的影响与 INC 指令一样。

例如：DEC CX

DEC BYTE PTR [BX] ；字节减 1

DEC WORD PTR [SI] ；字减 1

（4）求补指令 NEG

一般形式：NEG OPRD

功能：OPRD←0－OPRD

对操作数取补，即用零减去操作数，再把结果送回操作数。

操作数可以是寄存器或存储器操作数。指令把操作数视为补码表示的带符号数。之所以把 NEG 指令称为求补指令，是因为一个操作数取补码就相当于用零减去此操作数。

例如：NEG AL

设(AL)=00111010B则取补后为11000110B

若操作数为80H（-128）或为8000H（-32768）取补，则操作数不变，但标志OF置1，其它情况OF置0。

此指令影响标志AF、CF、OF、PF、SF和ZF。指令的结果一般总是使标志CF=1。除非在操作数为零时，才使CF=0。

（5）比较指令CMP

一般形式：CMP　OPRD1，OPRD2

功能：OPRD1-OPRD2

比较指令完成两个操作数相减，使结果反映在标志位上，但并不送回结果（即不带回送的减法）。

指令对操作数的要求及对标志位的影响与SUB指令完全相同。

例如：
```
CMP   AL, 100
CMP   DX, DI
CMP   CX, DATA [BP]
CMP   DATA [SI], AX
```

比较指令主要用于比较两个数的大小关系。在比较指令之后，根据标志位的状态来判断两个操作数谁大谁小，或是否相等。

1）若两者相等，相减以后结果为零，则ZF标志为1，否则ZF标志为0。

2）如果是两个无符号数（如CMP　OPRD1，OPRD2）进行比较，则可以根据CF标志的状态判断两数的大小。若结果没有产生借位（CF=0），显然OPRD1≥OPRD2；若产生了借位（即CF=1），则OPRD1 < OPRD2。

如果是两个带符号数进行比较，则

当OF⊕SF=0时，被减数大于减数；

当OF⊕SF=1时，被减数小于减数；

一般在比较指令之后都紧跟一个条件转移指令，可根据比较结果决定程序的走向。

3. 乘法指令

乘法指令分为无符号乘法指令和带符号乘法指令两种，隐含的目标操作数为AX与DX，而源操作数由指令给出。指令可完成字节与字节相乘，结果为16位数，存放在AX中；还可以完成字与字相乘，结果为32位数，高16位存放在DX中，低16位存放在AX中。

（1）无符号乘法指令MUL

一般格式：MUL　OPRD

功能：完成字节与字节相乘、字与字相乘，且默认的操作数放在AL或AX中。

字节相乘，(AX)←(OPRD)×(AL)

字相乘，(DX:AX)←(OPRD)×(AX)

乘法指令要求两个操作数的字长相同，源操作数可以是寄存器或存储器操作数，但不能为立即数。

当乘积的高8位或16位不为0时，则CF=OF=1，代表AH或DX中包含乘积的有效数字；否则CF=OF=0。对其它标志位无影响。

例如：MOV　AL,FIRST　　　　;字节相乘

```
    MUL   SECOND            ;结果为(AX)←(FIRST)×(SECOND)
    MOV   AX,THIRD          ;字相乘
    MUL   AX                ;结果(DX:AX)←(THIRD)×(THIRD)
    MOV   AL,90H
    CBW                     ;字扩展 AX=30H
    MOV   CX,1000H
    MUL   CX
```

(2) 带符号数乘法指令 IMUL

一般格式：IMUL OPRD

这是一条带符号数的乘法指令，在功能上和 MUL 类似。两者的区别为当结果的高半部分不是低半部分的符号位扩展时，则 CF = OF = 1，否则 CF = OF = 0。

4. 除法指令

除法指令分为无符号除法指令和带符号除法指令两种，隐含了被除数 AX 与 DX，而除数由指令给出。在除法指令中，字节运算时被除数在 AX 中，运算结果商在 AL 中，余数在 AH 中。字运算时被除数为 DX：AX 构成的 32 位数，运算结果商在 AX 中，余数在 DX 中。

(1) 无符号数除法 DIV 指令

一般格式：DIV　　OPRD

功能：字节除法，(AL)←(AX)/(OPRD)，(AH)←(AX)%(OPRD)，即商在 AL，余数在 AH 中。

字除法：(AX)←(DX:AX)/(OPRD)，(DX)←(DX:AX)%(OPRD)，即商在 AX，余数在 DX 中。

被除数的字长必须是除数的两倍，若字长不够可用字位扩展指令扩展。指令中的操作数可以是寄存器或存储器，但不能为立即数。

若除法运算的结果大于寄存器可保存的范围，则会在 CPU 内部产生一个类型 0 的中断。除法运算中，源操作数可为除立即寻址方式外的任何一种寻址方式，且指令的执行对所有的标志位均无影响。

```
例如：DIV   BX                   ; 字除法
      DIV   BYTE PTR [DI]        ; 字节除法
```

(2) 带符号数除法 IDIV 指令

一般格式：IDIV　OPRD

该指令执行过程同 DIV 指令一样，但 IDIV 指令认为操作数的最高位为符号位，除法运算的结果中商的最高位也为符号位。

(3) 字位扩展指令

加法、减法和乘法指令都要求两个操作数的字节必须一样，而除法指令则要求被除数的字节数是除数的 2 倍。因此，有时需要将一个字扩展成双字，或将一个字节扩展成字。

操作数扩展的规则是在高位添加符号位，即将符号位扩展到整个高 8 位或 16 位。

1) CBW 指令

一般格式：CBW

功能：将一个字节操作数转换成一个字长。指令中隐含了操作数 AH 和 AL。

当(AL) < 80H 时,(AH) =00H,当(AL) ≥80H 时,(AH) =0FFH 。

例如：MOV　AL，0A4H

　　　CBW　　　　　　　　　　；结果(AX) = 0FFA4H

2）CWD 指令

一般格式：CWD

功能：将一个字操作数转换成一个双字。指令中隐含了操作数 DX 和 AX。

当(AX) <8000H 时,(DX) =0000H,当(AX)≥8000H 时,(DX) =0FFFFH 。

例如：MOV　AX，1122H

　　　CWD　　　　　　　　　　；结果（DX：AX）= 00001122H

5. 十进制（或 BCD 码）**运算调整指令**

计算机中的算术运算都是针对二进制数的运算，而人们在日常生活中习惯使用十进制。为此在 8086/8088 系统中，针对十进制算术运算有一类十进制调整指令。

在计算机中人们用 BCD 码（就是用二进制数形式表示的十进制数）表示十进制数，对 BCD 码计算机中有两种表示方法：一类为非压缩型 BCD 码，即用一个字节表示一位 BCD 码数，该字节的高四位用 0 填充；另一类称压缩型 BCD 码，即规定每个字节表示两位 BCD 码数。因此，调整指令也分为压缩型和非压缩型两种。

例如，十进制数 56，表示为压缩型 BCD 码数时为 56；表示为非压缩型 BCD 码数时为：0506，即用两字节表示。

（1）加法的十进制调整指令

1）压缩型 BCD 码加法的十进制调整指令 DAA

一般格式：DAA

功能：DAA 用于对两个压缩型 BCD 码相加之后的和（和必须放在 AL 中）进行调整，从而产生正确的压缩型 BCD 码。调整的步骤是：

①若(AL)低 4 位 >9 或 AF =1,则(AL) +06H→(AL),并使 AF =1;

②若(AL)高 4 位 >9 或 CF =1,则(AL) +60H→(AL),并使 CF =1。

DAA 指令影响除 OF 外的其余 5 个状态标志位。

例如：编程用 BCD 数实现 35 +28 = ?

```
MOV  AL, 35H
ADD  AL, 28H          ;(AL) =5DH
DAA                   ;(AL) =63H
```

2）非压缩 BCD 码加法的十进制调整指令 AAA

一般格式：AAA

功能：AAA 用于对两个非压缩型 BCD 码相加之后的和（和必须放在 AL 中）进行调整，从而产生正确的非压缩型 BCD 码，调整后的结果其高位在 AH 中，低位在 AL 中。调整的步骤是：

①若(AL)低 4 位 >9 或 AF =1,则(AL) +06H→(AL),(AH) +1,并使 AF =1;

②屏蔽掉(AL)高 4 位,即(AL)←(AL) ∧0FH;

③ CF←AF。

例如：用 BCD 数计算 5 +8 = ?

MOV　AL，05H

ADD　AL，08H　　　　　　　;(AL) =0DH

AAA　　　　　　　　　　　;(AL) =03H,(AH) =1,(CF) =1

AAA 指令只影响 AF 和 CF 两个状态标志位。

DAA 指令和 AAA 指令都必须紧跟在 ADD 或 ADC 指令后使用。

(2) 减法的十进制调整指令

1) 压缩型 BCD 码减法的十进制调整指令 DAS

一般格式：DAS

功能：DAS 用于对两个压缩 BCD 码相减之后的结果（必须放在 AL 中）进行调整，从而产生正确的压缩型 BCD 码。调整的步骤是：

①若(AL)低 4 位 >9 或 AF =1,则(AL) - 06H→(AL),并使 AF =1;

②若(AL)高 4 位 >9 或 CF =1,则(AL) - 60H→(AL),并使 CF =1。

DAS 指令影响除 OF 外的其余 5 个状态标志位。

2) 非压缩型 BCD 减法的十进制调整指令 AAS

一般格式：AAS

功能：AAS 用于对两个非压缩型 BCD 码相加之后的结果（必须放在 AL 中）进行调整，从而产生正确的非压缩型 BCD 码，调整后的结果其高位在 AH 中，低位在 AL 中。调整的步骤是：

①若(AL)低 4 位 >9 或 AF =1,则(AL) -06H→(AL),(AH) -1,并使 AF =1;

②屏蔽掉(AL)高 4 位,即(AL)←(AL) ∧0FH;

③ CF←AF。

例如：用 BCD 码数计算 6 -7 = ?

MOV　AL，06H

SUB　AL，07H　　　　　　　;(AL) =0FFH

AAS　　　　　　　　　　　;(AL) =09H,(CF) =1

AAS 指令只影响 AF 和 CF 两个状态标志位。

DAS 指令和 AAS 指令都必须紧跟在 SUB 或 SBB 指令后使用。

(3) 乘法的十进制调整指令 AAM

一般格式：AAM

功能：AAM 是对两个非压缩型 BCD 码相乘的结果（必须放在 AX 中）进行调整，从而产生正确的非压缩型 BCD 码。调整的步骤是：

(AH)←(AL)/0AH;(AL)←(AL)% 0AH。

例如：计算 5 ×8 = ?

MOV　AL，05H

MOV　BL，08H

MUL　BL　　　　　　　　　;(AX) =0028H

AAM　　　　　　　　　　　;(AX) =0400H

AAM 指令只影响 PF、ZF 和 SF 三个状态标志位。

AAM 指令必须紧跟在 MUL 指令后使用。

(4) 除法的十进制调整指令 AAD

一般格式：AAD

功能：在两个非压缩型BCD码相除之前，先用一条AAD指令进行调整，然后再用DIV指令。调整的步骤是：

(AL)←(AH)×0AH +(AL);(AH)←00H。

例如：计算54 / 8 = ?

```
MOV   AX, 0504H
MOV   BL, 08H
AAD              ;(AX)=0036H
DIV   BL         ;(AH)=06H,;(AL)=06H
```

AAM指令只影响PF、ZF和SF三个状态标志位。

表4-3列出了算术运算指令的格式及对状态标志位的影响。

表4-3　算术运算指令

类别	指令名称	指令书写格式（助记符）	状态标志					
			OF	SF	ZF	AF	PF	CF
加法	加法（字节/字）	ADD 目标，源	☆	☆	☆	☆	☆	☆
	带进位加法（字节/字）	ADC 目标，源	☆	☆	☆	☆	☆	☆
	加1（字节/字）	INC 目标	☆	☆	☆	☆	☆	—
减法	减法（字节/字）	SUB 目标，源	☆	☆	☆	☆	☆	☆
	带借位减法（字节/字）	SBB 目标，源	☆	☆	☆	☆	☆	☆
	减1	DEC 目标	☆	☆	☆	☆	☆	—
	取补	NEG 目标	☆	☆	☆	☆	☆	☆
	比较	CMP 目标，源	☆	☆	☆	☆	☆	☆
乘法	无符号数乘法（字节/字）	MUL 源	☆	*	*	*	*	☆
	带符号数乘法（字节/字）	IMUL 源	☆	*	*	*	*	☆
除法	无符号数除法（字节/字）	DIV 源	*	*	*	*	*	*
	带符号数除法（字节/字）	IDIV 源	*	*	*	*	*	*
	字节扩展	CBW	—	—	—	—	—	—
	字扩展	CWD	—	—	—	—	—	—
十进制调整	非压缩型BCD码的加法调整	AAA	*	*	*	☆	*	☆
	压缩型BCD码的加法调整	DAA	*	☆	☆	☆	☆	☆
	非压缩型BCD码的减法调整	AAS	*	*	*	☆	*	☆
	压缩型BCD码的减法调整	DAS	*	☆	☆	☆	☆	☆
	非压缩型BCD码的乘法调整	AAM	*	☆	☆	*	☆	*
	非压缩型BCD码的除法调整	AAD	*	☆	☆	—	☆	*

注：表中“☆”表示运算结果影响标志位；“—”表示运算结果不影响标志位；“*”表示标志位为任意值。

4.2.3　逻辑运算和移位指令

1. 逻辑运算指令

逻辑运算指令共有5条，包括AND、TEST、OR、NOT和XOR指令。这些指令可对8位或

16位的寄存器或存储器单元的内容进行按位操作。除指令NOT外，其它4条指令对标志位的影响相同。它们执行后都会使CF = OF = 0，AF的值不定，而SF、ZF和PF则根据运算结果而定。NOT指令对所有状态标志位均无影响。

(1) 逻辑“与”指令AND

一般格式：AND OPRD1，OPRD2

功能：对两个操作数进行按位逻辑“与”运算，结果送回目标操作数。

目标操作数OPRD1可以是寄存器或存储器，源操作数OPRD2可以是立即数、寄存器或存储器。AND指令可以进行字节操作，也可以进行字操作。

例如：
```
AND   AL，0FH          ；可屏蔽AL的高4位，0FH是屏蔽字
AND   SI，SI           ；SI不变，将CF和OF清0
```

AND指令可以使目标操作数的某些位保持不变（保持不变位“与”上1），而把某些位清零（清零位“与”上0）。

(2) 测试指令TEST

一般格式：TEST OPRD1，OPRD2

功能：完成与AND指令相同的操作，结果反映在标志位上，但并不送回。通常使用它进行测试。

例如：若要检测AL中的最高位是否为1，为1则转移。可用以下指令：
```
    TEST  AL，80H
    JNZ   THERE            ；为1则转移到THERE
    ......
THERE：
```

(3) 逻辑“或”指令OR

一般格式：OR OPRD1，OPRD2

功能：对指定的两个操作数进行逻辑“或”运算，结果送回目标操作数。

对操作数的要求同AND指令一样。

例如：
```
AND   AL，0FH          ；屏蔽AL的低4位
AND   AH，0F0H         ；屏蔽AH的高4位
OR    AL，AH           ；完成拼字的操作
OR    AX，0FFFH        ；将AX低12位置1
```

OR指令可以把目标操作数的某些位置1（置1的位“或”上1）。

(4) 逻辑“非”指令NOT

一般格式：NOT OPRD

功能：对操作数按位求反，结果送回目标操作数。

操作数可以是寄存器或存储器内容。此指令对标志位无影响。

例如：NOT AL

若(AL) = 10010001B，则指令执行后边(AL) = 01101110B。

(5) 逻辑“异或”指令XOR

一般格式：XOR OPRD1，OPRD2

功能：对两个操作数按位进行“异或”运算，结果送回目标操作数。

对操作数的要求同AND指令一样。

例如：XOR　AX，AX　　　　；使AX清0

XOR　SI，SI　　　　；使SI清0

XOR　CL，0FH　　　　；使低4位取反，高4位不变

逻辑“异或”指令可以把目标操作数的某些位取反（取反位“异或”上1），而使某些位不变（不变位“异或”上0）。若操作数和自身相“异或”，则结果为零。在程序中常用此指令把某一寄存器清零。

2. 移位指令

（1）非循环移位指令

1）算术左移或逻辑左移指令

算术左移指令SAL和逻辑左移指令SHL执行相同的操作。如图4-12a所示。

一般格式：SAL/SHL　OPRD，1

或SAL/SHL　OPRD，CL

功能：使操作数左移1次或（CL）次。

操作数OPRD可以是寄存器或存储器，可对8位或16位的寄存器或存储器单元的内容进行操作。移动次数若大于1必须把移动次数送到CL中。

如果移动一次，操作数的最高位与CF的值不相等，则OF=1，否则OF=0。因此，OF的值表示移位前后符号位是否有所变化。另外这条指令还影响标志位SF、ZF和PF。

两条指令的区别是：算术左移指令SAL将操作数视为带符号数，而逻辑左移指令SHL将操作数视为无符号数。OF=1对指令SHL不表示左移后溢出，而对指令SAL表示左移后溢出（即超出带符号数的范围）。

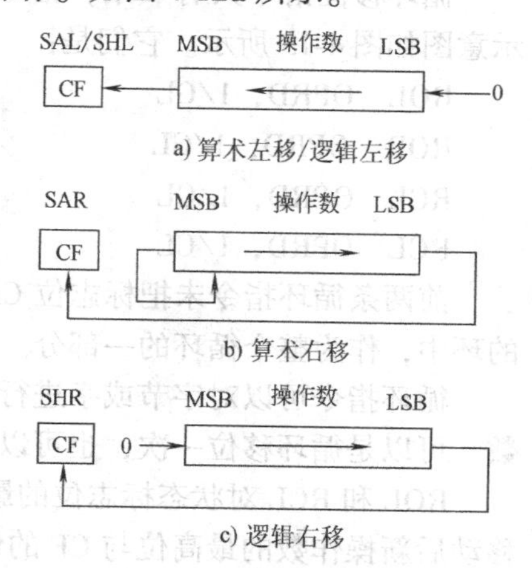

图4-12　非循环移位指令操作示意图

例如：MOV　AH，20H

SHL　AH，1　　　　；(AH)=40H

将一个无符号数左移一次相当于将该数乘2，程序中常用此指令实现一个无符号数乘2。

2）算术右移指令

一般格式：SAR　OPRD，1

或SAR OPRD，CL

功能：使操作数右移1次或（CL）次，操作数最低位移入标志位CF，而最高位保持不变。指令的操作示意图如图4-12b所示。

对操作数的要求同SAL指令。

这条指令对标志位SF、ZF、PF、CF和OF有影响，但对AF无影响。将一个带符号数右移一次相当于将该数除2，程序中常用此指令实现一个带符号数除2。

3）逻辑右移指令

一般格式：SHR　OPRD，1

或SHR　OPRD，CL

功能：使操作数右移1次或（CL）次，操作数最低位移入标志位CF，而最高位保持补0。指令的操作示意图如上页图4-12c所示。

对操作数的要求同SHL指令。

如果移动一次，移动后操作数的最高位与次高位不相等，则OF=1，否则OF=0。若移动次数不为1，则OF状态不定。

同样，将一个无符号数右移一次相当于将该数除2，程序中常用此指令实现一个无符号数除2。

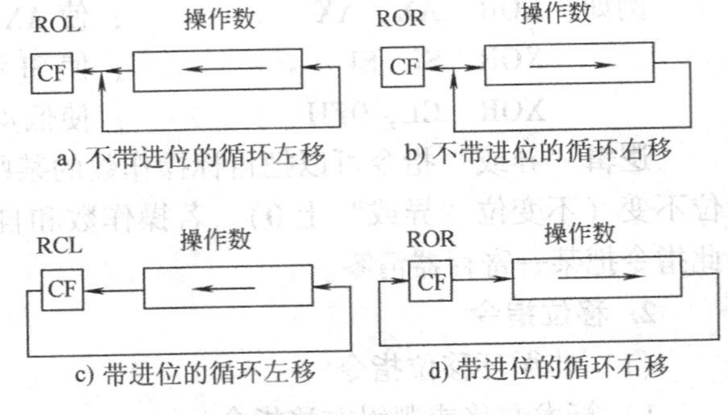

a) 不带进位的循环左移　b) 不带进位的循环右移
c) 带进位的循环左移　d) 带进位的循环右移

图4-13　循环移位指令操作示意图

（2）循环移位指令

循环移位指令共有4条，指令的操作示意图如图4-13所示。它们是：

```
ROL   OPRD，1/CL          ；不带进位的循环左移指令
ROR   OPRD，1/CL          ；不带进位的循环右移指令
RCL   OPRD，1/CL          ；带进位的循环左移指令
RCL   OPRD，1/CL          ；带进位的循环右移指令
```

前两条循环指令未把标志位CF包含在循环的环中，而后两条把标志位CF包含在循环的环中，作为整个循环的一部分。

循环指令可以对字节或字进行操作。操作数可以是寄存器操作数，也可以是存储器操作数。可以是循环移位一次，也可以是由CL的内容所决定的次数。

ROL和RCL对状态标志位的影响一样，将影响CF和OF两个标志位。如果移动一次，移动后新操作数的最高位与CF的值不相等，则OF=1，否则OF=0。因此，OF的值表示循环移位前后符号位是否有所变化。如果移动次数不为1，则OF状态不定。

ROR和RCR对状态标志位的影响也一样，将影响CF和OF两个标志位。如果移动一次，移动后新操作数的最高位与次高位不相等，则OF=1，否则OF=0。如果移动次数不为1，则OF状态不定。

左移一位，只要左移以后的数未超出一个字节或一个字的表达范围，则原数的每一位的权增加了一倍，相当于原数乘2。右移一位相当于原数除以2。

在数的输入输出过程中乘10的操作是经常要进行的。而Y10=Y×2+Y×8，也可以采用移位和相加的办法来实现×10。为保证结果完整，先将AL中的字节扩展为字。

```
MOV   AH，0
SAL   AX，1               ；Y×2
MOV   BX，AX              ；移至BX中暂存
SAL   AX，1               ；Y×4
SAL   AX，1               ；Y×8
ADD   AX，BX              ；Y×10
```

【例4-1】　压缩型BCD码转换为ASCII码

若在内存某一缓冲区中存放着10个单元的用压缩型BCD码表示的十进制数，要求把它们分别转换为ASCII码。高位的BCD码转换完后放在地址较高的单元。

分析：转换公式：ASCII = BCD + 30H

算法：源串和目标串的表首分别设两个指针。取 BCD 码转换成 ASCII 码后存入（先低位，后高位）

```
    MOV  SI，OFFSET BCDBUFF        ；设置源地址指针
    MOV  CX，10                    ；设计数初值
    MOV  DI，OFFSET ASCBUFF        ；设置目标地址指针
LP：MOV  AL，[SI]
    MOV  BL，AL
    AND  AL，0FH                   ；取低位 BCD 码
    OR   AL，30H                   ；转换成 ASCII 码
    MOV  [DI]，AL                  ；存入
    INC  DI                        ；修改指针
    MOV  AL，BL
    PUSH CX
    MOV  CL，4
    SHR  AL，CL
    OR   AL，30H                   ；高位转换成 ASCII 码
    MOV  [DI]，AL                  ；存入
    POP  CX
    INC  DI
    INC  SI                        ；修改指针
    LOOP LP                        ；循环
```

表 4-4 列出了逻辑运算和移位指令的格式及对状态标志位的影响。

表 4-4 逻辑运算和移位指令

类别	指令名称	指令书写格式（助记符）	状态标志					
			OF	SF	ZF	AF	PF	CF
逻辑运算	“非”（字节/字）	NOT 目标	—	—	—	—	—	—
	“与”（字节/字）	AND 目标，源	0	☆	☆	*	☆	0
	“或”（字节/字）	OR 目标	0	☆	☆	*	☆	0
	“异或”（字节/字）	XOR 目标，源	0	☆	☆	*	☆	0
	“测试”（字节/字）	TEST 目标，源	0	☆	☆	*	☆	0
一般移位	逻辑左移（字节/字）	SHL 目标，计数值	☆	☆	☆	*	☆	☆
	算术左移（字节/字）	SAL 目标，计数值	☆	☆	☆	*	☆	☆
	逻辑右移（字节/字）	SHR 目标，计数值	☆	☆	☆	*	☆	☆
	算术右移（字节/字）	SAR 目标，计数值	☆	☆	☆	*	☆	☆
循环移位	循环左移（字节/字）	ROL 目标，计数值	☆	—	—	*	—	☆
	循环右移（字节/字）	ROR 目标，计数值	☆	—	—	*	—	☆
	带进位循环左移（字节/字）	RCL 目标，计数值	☆	—	—	*	—	☆
	带进位循环右移（字节/字）	RCR 目标，计数值	☆	—	—	*	—	☆

注：表中“☆”表示运算结果影响标志位；“—”表示运算结果不影响标志位；“*”表示标志位为任意值。

4.2.4 串操作类指令

串操作类指令可以用来实现内存区域的数据串操作。这些数据串可以是字节串，也可以是

字串。一条串操作指令可以对一串字符进行操作，比使用循环程序完成同样的操作快的多，这是串操作指令的特色。

1. 串操作类指令的特点

5 条串操作指令（串传送、串比较、串扫描、串装入和串存储）虽然功能不同，但有许多共同点：

1）源串要放在数据段，允许段超越，CPU 自动用 SI 间址访问，即源串指针为 DS：SI；目标串要放在附加数据段，不允许段超越，CPU 自动用 DI 间址访问，即目标串指针为 ES：DI。

2）当对串中的元素（一个字节或一个字）进行一次操作后，CPU 会自动修改 SI 或 DI，使其指向下一个元素。

3）方向标志与地址指针的修改。DF =1 时，则修改地址指针时用减法，若为字节串，地址指针减 1，若为字串，地址指针减 2；DF =0 时，则修改地址指针时用加法，同样，若为字节串，地址指针加 1，若为字串，地址指针加 2。

4）使用重复前缀时，要将操作串的长度放在 CX 中。并且 CPU 除完成（2）的自动操作外，还要自动完成(CX) -1→(CX)，如果(CX)不等于零，则重复操作，直到(CX)等于零指令结束。

2. 重复前缀

可在任一个串操作指令前加重复前缀，加重复前缀可简化程序的编写，提高程序的运行速度。用于串操作指令的重复操作前缀有 5 条，如表 4-5 所示。

表 4-5 重 复 前 缀

汇编格式	执行过程	影响指令
REP 无条件	重复执行指令的操作，直到(CX) =0	MOVS，STOS
REPE 相等时重复	ZF =1 且(CX) ≠0 时重复	CMPS，SCAS
REPZ 结果为零时重复	ZF =1 且(CX) ≠0 时重复	CMPS，SCAS
REPNE 不相等时重复	ZF =0 且(CX) ≠0 时重复	CMPS，SCAS
REPNZ 结果不为零时重复	ZF =0 且(CX) ≠0 时重复	CMPS，SCAS

3. 串操作指令

（1）串传送指令

一般格式：

［REP］MOVS OPRD1，PRD2；［REP］表示可加或不加重复前缀

［REP］MOVSB

［REP］MOVSW

功能：把数据段中由 SI 间接寻址的一个字节（或一个字）传送到附加段中由 DI 间接寻址的一个字节单元（或一个字单元）中去，然后，根据方向标志 DF 及所传送数据的类型（字节或字）对 SI 及 DI 进行修改。在指令重复前缀 REP 的控制下，可将数据段中的整串数据传送到附加段中。第一条指令由操作数说明是字或字节操作，并且允许段超越，其余同 MOVSB 或 MOVSW。执行的操作为：

1）[(ES:DI)]←[(DS:SI)]

2）(SI) =(SI) ±1，(DI) =(DI) ±1(字节操作)

(SI) =(SI) ±2，(DI) =(DI) ±2(字操作)

3）REP 控制重复前两步

串传送指令可以完成存储器到存储器单元的数据传送。

MOVS 指令不影响标志位。

例如：在数据段中有一字符串，其长度为 20，要求把它们传送到附加段中的一个缓冲区中，其中源串存放在数据段中从符号地址 YUANS 开始的存储区域内，每个字符占一个字节；附加段的首地址为 MUDIS。

实现上述功能的程序段如下：

```
LEA   SI，YUANS                    ；置源串偏移地址
LEA   DI，MUDIS                    ；置目标串偏移地址
MOV   CX，20                       ；置串长度
CLD                                ；设置方向标志
REP   MOVSB                        ；字符串传送
```

（2）串比较指令 CMPS

一般格式：CMPS OPRD1，PRD2
　　　　　CMPSB
　　　　　CMPSW

功能：把数据段中由 SI 间接寻址的一个字节（或一个字）与附加段中由 DI 间接寻址的一个字节（或一个字）进行比较操作，使比较的结果影响标志位，然后根据方向标志 DF 及所进行比较的操作数类型（字节或字）对 SI 及 DI 进行修改。在指令重复前缀 REPE/REPZ 或者 REPNE/REPNZ 的控制下，可在两个数据串中寻找第一个不相等的字节（或字），或者第一个相等的字节（或字）。第一条指令由操作数说明是字或字节操作，并且允许段超越，其余同 MOVSB 或 MOVSW。执行的操作为：

1）[(ES:DI)]—[(DS:SI)]

2）(SI)=(SI)±1，(DI)=(DI)±1(字节操作)

　 (SI)=(SI)±2，(DI)=(DI)±2(字操作)

【例 4-2】　在数据段中有一字符串，其长度为 20，存放在数据段中从符号地址 YUANS 开始的区域中；同样在附加段中有一长度相等的字符串，存放在附加段中从符号地址 MUDIS 开始的区域中，现要求找出它们之间不相匹配的位置。

实现上述功能的程序段如下：

```
LEA   SI，YUANS                    ；置源串偏移地址
LEA   DI，MUDIS                    ；置目标串偏移地址
      MOV   CX，20                 ；置字符串长度
      CLD                          ；方向标志复位
REPE  CMPSB
```

上述程序段执行之后，SI 或 DI 的内容即为两字符串中第一个不匹配字符的下一个字符的位置。若两字符串中没有不匹配的字符，则当比较完毕后，CX=0，退出重复操作状态。

（3）扫描指令 SCAS

一般格式：SCAS OPRD　　　　　　；OPRD 为目标串
　　　　　SCASB

SCASW

功能：用由指令指定的关键字节或关键字（分别存放在 AL 或 AX 寄存器中），与附加段中由 DI 间接寻址的字节串（或字串）中的一个字节（或字）进行比较操作，使比较的结果影响标志位，然后根据方向标志 DF 及所进行操作的数据类型（字节或字）对 DI 进行修改。在指令重复前缀 REPE/REPZ 或 REPNE/REPNZ 的控制下，可在指定的数据串中搜索第一个与关键字节（或字）匹配的字节（或字），或者搜索第一个与关键字节（或字）不匹配的字节（或字）。执行的操作为：

1）[(ES:DI)]—AL/AX

2）(AL) = (SI) ±1,(DI) = (DI) ±1(字节操作)

(AX) = (SI) ±2,(DI) = (DI) ±2(字操作)

【例 4-3】 在附加段中有一个字符串，存放在以符号地址 DATA2 开始的区域中，长度为 10，要求在该字符串中搜索字符 'A'（ASCII 码为 41H）。

实现上述功能的程序段如下：

```
LEA   DI, DATA2                    ; 置目标串偏移地址
MOV   AL, 41H                      ; 置关键字节
MOV   CX, 10                       ; 置字符串长度
REPNE   SCASB
```

上述程序段执行之后，DI 的内容即为相匹配字符的下一个字符的地址，CX 中是还未比较的字符个数。若字符串中没有所要搜索的关键字节（或字），则当查完之后(CX) = 0 退出重复操作状态。

(4) 串装入指令 LODS

一般格式：LODS　OPRD　　　　　　　; OPRD 为源串

　　　　　LODSB

　　　　　LODSW

功能：把由 DS：SI 指向的源串中的字节（或字）取到 AL 或 AX 中，然后，根据方向标志 DF 及所进行操作的数据类型（字节或字）对 SI 进行修改操作。

LODS 指令不影响标志位。

(5) 串存储指令 STOS

一般格式：STOS OPRD　　　　　　　; OPRD 为目标串

　　　　　STOSB

　　　　　STOSW

功能：把指令中指定的一个字节或字（分别存放在 AL 或 AX 寄存器中）传送到附加段中由 DI 间接寻址的字节内存单元（或字内存单元）中去。然后，根据方向标志 DF 及所进行操作的数据类型（字节或字）对 DI 进行修改操作。在指令重复前缀 REP 的控制下，可连续将 AL（或 AX）的内容存入到附加段中的一段内存区域中去。STOS 指令不影响标志位。

【例 4-4】 要对附加段中从 BUFF 开始的 100 个连续的内存字节单元进行清 0 操作，可用下列程序段实现：

```
LEA   DI, BUFF                     ; 置目标区偏移地址
MOV   AL, 00H                      ; 清零
```

```
MOV  CX, 100                    ;置区域长度
REP  STOSB
```

【例 4-5】 比较 FIRST 和 SECOND 中的 100 个字节，找出第一个不相同的字节，如果找到，则将 SECOND 中的这个数送到 AL 中，否则，将 -1 送到 AH。

```
       LEA   DI, SECOND
       LEA   SI, FIRST
       XOR   AX, AX
       CLD
       MOV   CX, 100
       REPE  CMPSB
       JCXZ  NEXT1
       DEC   SI
       MOV   AL, BYTE PTR [SI]
       JMP   NEXT2
NEXT1: MOV   AH, 0FFH
NEXT2: HLT
```

表 4-6 列出了字符串操作指令的格式及对状态标志位的影响。

表 4-6 字符串操作指令

类别	指令名称	指令书写格式（助记符）	状态标志					
			OF	SF	ZF	AF	PF	CF
基本字符串指令	字节串/字串传送	MOVS 目标串，源串	—	—	—	—	—	—
		MOVSB/MOVSW	—	—	—	—	—	—
	字节串/字串比较	CMPS 目标串，源串	☆	☆	☆	☆	☆	☆
		CMPSB/CMPSW	☆	☆	☆	☆	☆	☆
	字节串/字串扫描	SCAS 目标串，源串	☆	☆	☆	☆	☆	☆
		SCASB/SCASW	☆	☆	☆	☆	☆	☆
	装入字节串/字串	LODS 目标串，源串	—	—	—	—	—	—
		LODSB/LODSW	—	—	—	—	—	—
	存储字节串/字串	STOS 目标串，源串	—	—	—	—	—	—
		STOSB/STOSW	—	—	—	—	—	—

注：表中“☆”表示运算结果影响标志位；“—”表示运算结果不影响标志位。

4.2.5 程序控制指令

这类指令包括无条件转移指令、条件转移指令、循环控制指令、过程调用和返回指令以及中断调用和返回指令。下面分别介绍这些指令。

1. 无条件转移指令

（1）段内直接转移指令

一般格式：JMP　SHORT　LABLE　　；短程转移，IP = IP + 8 位位移量

JMP　NEAR　LABLE　　；近程转移，IP = IP + 16 位位移量

JMP　LABLE　　　　　；LABLE 是转移的目标地址，NEAR 可省略

LABLE 是一个标号或叫符号地址，它表示转移的目标地址。指令在汇编时，汇编程序会计算出 JMP 指令的下一条指令到 LABEL 这个目标地址的位移量（也就是相距多少个字节单元），该位移量可正可负。若转移范围为 - 128 ~ + 127，则为短程转移；若转移范围为 - 32768 ~ + 32767，则为近程转移；标号前运算符 NEAR 可缺省。

功能：将当前的 IP 值加上计算出的地址位移量，形成新的 IP 地址，并使 CS 保持不变，从而实现程序的转移。

（2）段内间接转移指令

一般格式：JMP　OPRD；

OPRD 是 16 位的寄存器或存储器，可以采用各种寻址方式。

功能：将指定的 16 位的寄存器内容或存储器两单元的内容送给 IP，并使 CS 保持不变，从而实现程序的转移。

例如：JMP　BX　　　　　；（BX）→（IP）

JMP　WORD PTR［BX］

第二条指令是把［BX］和［BX + 1］两个单元的内容送入 IP。

（3）段间直接转移指令

一般格式：JMP　FAR　LABLE

这里的 FAR 表明后面的 LABLE 是一个远标号，即它在另一个代码段内。

功能：将指令操作码后连续的两个字作为地址，低字送入 IP，高字送入 CS，从而实现程序转移到另一个代码段（CS：IP）继续执行。

例如：JMP　FAR　PTR　NEXT　　　；远转移到 NEXT

（4）段间间接转移指令

一般格式：JMP　OPRD

OPRD 是 32 位的存储器，可以采用各种寻址方式。

功能：将指定的 32 位存储器连续的两个字作为地址，低字送入 IP，高字送入 CS，从而实现程序转移到另一个代码段（CS：IP）继续执行。

例如：JMP　DWORD　PTR［BX + SI］

设(DS) = 0B000H,(BX) = 2000H,(SI) = 1000H,[0B3000H] = 00H,[0B3001H] = 20H,[0B3002H] = 00H,[0B3003H] = 80H,则执行上述指令后(IP) = 2000H,(CS) = 8000H。

2. 条件转移指令

8086/8088 有 19 条不同的条件转移指令，它们根据两个数的比较结果或某些标志位的状态来决定转移。条件转移指令的目标地址必须在现行的代码段（CS）内，并且以当前指针寄存器 IP 的内容为基准，其位移必须在 - 128 ~ + 127 的范围之内。条件转移指令如表 4-7 所示。

表4-7　条件转移指令表

指令格式	执行操作
标志位转移指令	
JZ/JE　OPRD	结果为零转移
JNZ/JNE　OPRD	结果不为零转移
JS　OPRD	结果为负数转移
JNS　OPRD	结果为正数转移
JP/JPE　OPRD	结果奇偶校验为偶转移
JNP/JPO　OPRD	结果奇偶校验为奇转移
JO/JNO　OPRD	结果溢出/结果不溢出转移
JC/JNC　OPRD	结果有进位（借位）/结果无进位（借位）转移
无符号数比较转移指令	
JA/JNBE　OPRD	大于或不小于等于转移
JAE/JNB　OPRD	大于等于或不小于转移
JB/JNAE　OPRD	小于或不大于等于转移
JBE/JNA　OPRD	小于等于或不大于转移
带符号数比较转移指令	
JG/JNLE　OPRD	大于或不小于等于转移
JGE/JNL　OPRD	大于等于或不小于转移
JL/JNGE　OPRD	小于或不大于等于转移
JLE/JNG　OPRD	小于等于或不大于转移
测试转移指令	
JCXZ　OPRD	CX=0时转移

3. 循环控制指令

8086/8088系统为了简化程序设计，设置了3条循环控制指令，这组指令主要对CX或标志位ZF进行测试，确定是否循环，如表4-8所示。

表4-8　循环指令表

指令格式	执行操作
LOOP　OPRD	(CX)←(CX)-1;若(CX)≠0,则循环
LOOPNZ　OPRD 或 LOOPNE　OPRD	(CX)←(CX)-1;若(CX)≠0且ZF=0,则循环
LOOPZ　OPRD 或 LOOPE　OPRD	(CX)←(CX)-1;若(CX)≠0且ZF=1,则循环

OPRD一般为要转移的目标地址的符号地址。

循环控制指令对状态标志位无影响。

【例4-6】　有一首地址为BUFF1的10个字数组，试编写一程序段，求出该数组的内容之和（不考虑溢出），并把结果存入BUFF2中，程序段如下：

```
        MOV   CX, 10                  ; 设计数器初值
```

```
      MOV   AX, 0                 ; 累加器初值为0
      MOV   SI, 0                 ; 地址指针初值为0
LP:   ADD   AX, BUFF1 [SI]
      ADD   SI, 2                 ; 修改指针值（字操作加2）
      LOOP  LP                    ; 重复
      MOV   BUFF2, AX             ; 存结果
```

【例4-7】 有一字符串，存放在BUFF的内存区域中，字符串的长度为100。要求在字符串中查找字符‘A’（ASCII码为41H），找到则继续运行，否则转到DONE去执行。完成此功能的程序段如下：

```
      MOV   CX, 100               ; 设计数器初值
      MOV   SI, -1                ; 设地址指针初值
      MOV   AL, 41H               ; 字符‘A’的ASCII码送AL
LP:   INC   SI
      CMP   AL, BUFF [SI]         ; 比较是否空格？
      LOOPNZ  LP
      JNZ   DONE...
      ...
DONE:
      ......
```

4. 过程调用和返回指令

CALL指令用来调用一个过程或子程序。由于过程或子程序有段内（即近程NEAR）和段间（即远程FAR）调用之分，所以CALL也有FAR和NEAR之分。因此返回指令RET也分段间返回与段内返回两种。

（1）过程调用指令

1）段内直接调用指令CALL

一般格式为：CALL　NEAR　PROC

指令在汇编时，汇编程序会计算出CALL的下一条指令与被调用过程的入口地址之间的16位位移量。

功能：指令首先将当前IP中的内容压入堆栈，然后将16位位移量加到IP上，从而实现子程序或过程的调用。执行的步骤为：

(SP)←(SP)-2

((SP)+1):(SP))←(IP)

(IP)←(IP)+16位位移量

2）段内间接调用指令CALL

一般格式为：CALL　OPRD

功能：指令首先将当前IP中的内容压入堆栈，然后将16位寄存器或存储器两个单元的内容送到IP，从而实现子程序或过程的调用。执行的步骤为：

(SP)←(SP)-2

((SP)+1):(SP))←(IP)

$(IP)\leftarrow(OPRD)_{16}$

3）段间直接接调用指令 CALL

一般格式为：CALL　FAR PROC

功能：指令首先将 CS 中的段基值压入堆栈，并将所调用过程的段基值送 CS；再将 IP 中的偏移地址压入堆栈，然后将所调用过程的偏移地址送入 IP，从而实现子程序或过程的调用。执行的步骤为：

(SP)←(SP) -2,((SP) +1):(SP))←(CS),(CS)←SEG FAR PROC

(SP)←(SP) -2,((SP) +1):(SP))←(IP),(IP)←OFFSET FAR PROC

4）段间间接接调用指令 CALL

一般格式为：CALL　OPRD

功能：指令首先将当前 IP 中的内容压入堆栈，然后将指定的 32 位存储器连续 4 个单元的内容送给 IP（前两个单元）和 CS（后两个单元），从而实现子程序或过程的调用。执行的步骤为：

(SP)←(SP) -2,((SP) +1):(SP))←(CS),(CS)←(OPRD 高地址单元)

(SP)←(SP) -2,((SP) +1):(SP))←(IP),(IP)←(OPRD 低地址单元)

(2) 过程返回指令 RET

一般格式：RET

　　或 RET　n

功能：将堆栈中的断点弹出，控制程序返回到原来调用过程的地方。

通常 RET 指令自动与过程定义时的类型相匹配。如为近过程，返回时则将栈顶的字弹出到 IP；如为远过程，返回时先将栈顶的字弹出到 IP，再弹出一个字到 CS。

RET　n 指令要求 n 为偶数，当 RET 正常返回后，再做（SP）←（SP）+n 操作。n 为返回时从堆栈中舍弃的字节数，这些字节一般是调用前通过堆栈向过程传送的参数。

5. 中断调用和返回指令

(1) 中断调用指令 INT

一般格式：INT　n；n=0~255

功能：将 FLAG 中的内容以及 INT　n 指令的断点地址（中断指令的下一条指令的地址 DS：IP）压入堆栈，然后转入系统 n 型中断服务程序中。

该指令为软中断指令。

(2) 中断返回指令

一般格式：IRET

功能：将 INT 指令压入堆栈的内容恢复，从而返回中断调用程序断点继续执行。

关于中断的内容将在后续章节中讲解。

4.2.6　处理器控制指令

处理器控制指令用来对微处理器进行控制，主要涉及 CF、DF 和 IF 三个状态标志位。处理器控制指令用于控制处理器的工作状态，均不影响标志位，我们仅列出了一些常用指令，具体如表 4-9 所示。

表 4-9　标志处理和 CPU 控制类指令

	指令格式	操　作
标志位操作指令	CLC	清进位标志，CF = 0
	STC	置进位标志，CF = 1
	CMC	进位标志取反
	CLD	清方向标志，DF = 0
	STD	置方向标志，DF = 1
	CLI	关中断标志，IF = 0，即关中断
	STI	开中断标志，IF = 1，即开中断
外部同步指令	HLT	使处理器处于停止状态，不执行指令
	WAIT	使处理器处于等待状态，TEST 线为低时，退出等待
	ESC	使协处理器从系统指令流中取得指令
	LOCK	封锁总线指令，可放在任一条指令前作为前缀
	NOP	空操作指令，常用于程序的延时和调试

本 章 小 结

指令的基本格式：

操作码	操作数	……	操作数

操作数的 6 种寻址方式：

数据寻址方式、立即寻址、直接寻址、寄存器寻址、寄存器间接寻址变址寻址（又称为寄存器相对寻址）和基址加变址寻址。

指令的不同格式及指令执行时间。

8086/8088 指令系统的 6 种类型操作指令：

1. 数据传送（Data Transter）　2. 算术运算（Arithmetic）
3. 逻辑运算（Logic）　4. 串操作（String menipulation）
5. 程序控制（Program Control）　6. 处理器控制（Processor Control）

习题与思考题

4-1　假设 DS = 3000H，ES = 2000H，SS = 2500H，SI = 0900H，BX = 0100H，BP = 0008H，数据变量 DATA 的偏移地址为 0050H，请指出下列指令源操作数是什么寻址方式？其物理地址是多少？

(1) MOV　AX,0ABH　(2) MOV　AX,[100H]
(3) MOV　AX,DATA　(4) MOV　BX,[SI]
(5) MOV　AL,DATA[BX]　(6) MOV　CL,[BX][SI]
(7) MOV　DATA[SI],BX　(8) MOV　[BP][SI],100

4-2　已知 SS = 4000H，SP = 0010H，先执行把 1122H 和 3344H 分别压入堆栈的操作，再执行一条 POP 指令，试画出堆栈区变化示意图和 SP 中的内容（标出存储单元的地址）。

4-3　设有关寄存器及存储单元的内容如下：

(DS) = 4000H,(BX) = 0200H,(AX) = 1200H,(SI) = 0002H,[40200H] = 12H,[40201H] = 34H,[40202H] = 56H,

[40203] = 78H, [41200] = 2AH, [41201H] = 4CH, [41202H] = 0B7H, [41203H] = 65H。

试说明单独执行下列各条指令后相关寄存器或存储单元的内容。

(1) MOV　AX,1800H　　(2) MOV　DX,BX

(3) MOV　BX,[1200H]　　(4) MOV　AX,1000H[BX]

(5) MOV　[BX][SI],AL　　(6) MOV　CL,1000H[BX][SI]

4-4　写出实现下列计算的指令序列(假定 X、Y、Z、W、R 都为字变量)。

(1) $Z = W + (Z + X)$　　(2) $Z = W - (X + 6) - (R + 9)$

(3) $Z = (W \times X)/(R + 6)$　　(4) $Z = ((W - X)/5 \times Y) \times 2$

4-5　若在数据段中从字节变量 TABLE 相应的单元开始存放了 0～15 的平方值，试写出包含 XLAT 指令的指令序列查找 N（0～15）中的某个数的平方（设 N 的值存放在 DL 中）。

4-6　假定 AX = 1100100110010101B，CL = 4，CF = 1，试确定单独执行下列各条指令后 DX 的值。

(1) SHR　AX, 1　　(2) SHL　AL, 1

(3) SAL　AH, 1　　(4) SAR　AX, CL

(5) ROR　AX, CL　　(6) ROL　AL, CL

(7) RCR　AL, 1　　(8) RCL　AX, CL

4-7　试分析下列程序完成什么功能？

```
MOV   CL, 4
SHL   DX, CL
MOV   BL, AH
SHL   BL, CL
SHR   BL, CL
OR    DL, BL
```

4-8　试分析下列程序段：

```
ADD   AX, BX
JNC   L2
SUB   AX, BX
JNC   L3
JMP   SHORTL5
```

如果 AX、BX 的内容给定如下：

	AX	BX
(1)	1213H	2345H
(2)	3456H	1234H

请问该程序在上述情况下执行后，程序转向何处？

4-9　指出下面指令的操作结果：JMP　2000H

```
JMP   2000H: 1000H
CALL  2000H: 1000H
CALL  SHORT  LOP1
JMP   DWORD  PTR [BX]
RET
```

4-10　从 2000H 单元开始的 10 个单元，存放 10 个数，找出最大的数，存入 2000H 单元，请编写相应程序。

4-11　将上题改成求 10 个数中的最小数。

4-12　将上题改成同时求 10 个数中的最小数和最大数，最小数放 2001H 单元。

4-13 将上题用LOOP指令编写。

4-14 从2000H单元开始的区域，存放100个字节的字符串，其中有几个$符号（ASCII码为24），找出第一个$符号，送AL中，地址送DI。请编写相应程序。

4-15 将存放在100H单元和102H单元的两个无符号数相乘，结果存放在地址为104H开始的单元中。请编写相应程序。

4-16 将AX中的数，最高位保持不变，其余全部左移4位。请编写相应程序。

4-17 将0400H单元中的数，高4位清零，低4位保持不变。请编写相应程序。

4-18 将AX中的数，对高8位变反，低8位保持不变。请编写相应程序。

4-19 试编程检测BX中的第13位（D13），为0时，把AL置0，为1时，把AL置1。

4-20 利用字串操作指令，将1000H～10FFH单元全部清零。

4-21 从2000H开始，存放有100个字节，要查出字符‘A’（ASCII码为41H），把存放第一个‘A’的单元地址送入DX中，试编程序。

第5章　汇编语言程序设计基础

内容提要：本章介绍了汇编语言基本语法，汇编语言程序的实现，汇编语言程序设计方法及应用，并通过程序设计举例说明了顺序结构程序设计、分支结构程序设计、循环结构程序设计、子程序设计以及宏的定义和调用。

教学要求：熟练掌握8086/8088微处理器汇编语言程序设计的方法及应用

通过前面的学习我们知道，计算机之所以能够自动地工作，是因为计算机能按照程序的安排执行相应的指令，编写这些程序的语言就称为计算机语言。计算机语言按照人类的语言习惯通常分为高级语言、中级语言和低级语言，与人类自然语言相差较大。接近于机器描述的计算机语言称为低级语言，低级语言包括机器语言和汇编语言。本章主要介绍和计算机硬件系统紧密相关的汇编语言程序设计。

5.1　汇编语言基础

5.1.1　汇编语言概述

在计算机内部，控制计算机工作的指令都以二进制代码的形式出现，这样的指令称为机器指令，用机器指令编写的程序称为机器语言程序。可见，机器语言是二进制编码表示的命令和数据的总称，是面向机器的、能够被计算机直接识别和执行的语言。然而，二进制表述的机器语言既不直观，又不便于记忆、阅读和书写，为了程序设计的方便就产生了汇编语言。汇编语言是一种符号语言，用与操作功能含义相应的缩写英文字符组成的助记符号作为编程使用的语言，来表示二进制格式的指令代码和变量地址。计算机在运行汇编语言程序之前要先将其转换成机器代码，才能被计算机识别执行，转换的过程是由编译程序来完成的。

在汇编语言中，符号指令和机器指令通常是一一对应的，汇编语言与机器语言相比编程简单、便于交流，并且保留了机器语言与硬件系统联系密切的特点。所以，汇编语言仍然是面向机器的语言，在使用汇编语言时必须对相应的计算机硬件有一定了解，CPU不同的计算机，汇编语言也不同。由于机器不能直接执行汇编语言源程序，所以必须先将源程序转换成二进制代码表示的机器指令，完成这一功能的软件就是汇编程序，在IBM-PC微型计算机系统中，目前广泛使用的汇编程序是由Microsoft公司开发的宏汇编程序——MASM。

用汇编语言设计的程序能够充分利用硬件系统的功能和结构特性，有效地加快程序的执行速度；可以直接对寄存器、存储器和I/O端口进行操作，减少程序占用的存储空间。但是，由于汇编语言对于数学模型中的关系表示得不够直观，使得在一些复杂的计算程序设计中，设计汇编语言程序要花费较多的时间，编程上有一定难度。另外，由于汇编语言是面向机器的语言，所以要求程序设计人员必须具备一定的计算机硬件知识。

5.1.2 汇编语言语句格式

同其它语言一样，汇编语言的基本组成单位是语句，在汇编语言源程序中每个语句都由四项组成，其格式如下：

[标号:]　　操作项　　[操作数]　　[;注释]

其中，操作项是必不可少的。

1. 标号字段

标号是一个可选字段，由字母（A ～ Z、a ～ z）、数字（0 ～ 9）及专用字符（?、.、1@、-、$）组成的字符串，最长不超过31个字符，要求必须以字母开头，用冒号与操作项分开。标号实质上是指令的符号地址，但并不是所有指令语句都有标号。如果指令语句前有标号，则程序的其它部分可以引用这个标号，如程序中的JMP指令和CALL指令的转移目标由标号指定，即JMP指令和CALL指令是根据标号来确定它们之后要执行的语句的。可见标号其实是指定了具体的指令地址，所以相同的标号定义在同一程序中只允许出现一次。

标号有三种属性：段、偏移量和类型。标号的段属性是定义标号的程序段的段基值；标号的偏移量属性是表示该标号在段内的偏移地址，偏移量是一个16位的无符号数；标号的类型属性有NEAR和FAR两种，NEAR只能提供同一段内的指令调用，FAR可以被其它段指令调用。

2. 操作项字段

操作项是汇编语言程序中不可省略的主要部分，是用指令助记符或定义符表示的机器指令操作码，如：MOV、ADD等，它告诉CPU要完成什么具体操作。有的操作项带有前缀，指令系统中允许与指令助记符一起出现的前缀是前缀指令和段超越前缀。

3. 操作数字段

操作数紧跟在操作项之后，具体指明操作项的指令对哪些变量或常数进行操作，它可以包含两个操作数、一个操作数或无操作数。如：MOV、ADD等指令要求有两个操作数，它们之间用逗号隔开；NEG、INC等指令只需要一个操作数；而CLC等指令就不需要操作数，因为操作数已经隐含在指令助记符中了。操作数可以是数据，也可以是存放数据的地址，所以可以作为操作数的有：常量、变量、表达式、寄存器和标号。

(1) 常量　常量是指令中的固定值，它们在程序运行期间不发生变化，可以分为数值常量和字符串常量。例如：立即数寻址时的立即数、直接寻址时的地址和ASCII码字符串等都属于常量。在汇编语言源程序中，数值常量可以用二进制数、八进制数、十进制数和十六进制数来表示，但要用不同的后缀加以区别。要注意的是，汇编语言要求数值常量的第一位必须是数字，如：FFFFH应写成0FFFFH，否则汇编时会被误作为标号处理。

(2) 变量　变量是指存放在存储器或寄存器中的数据，这些数据随着程序运行随时可能会发生变化。寄存器有固定的名字，如AL、AX等；存储器常以其地址或地址表达式的形式出现。应该指出，变量也有段、偏移量和类型三个属性。

(3) 表达式　表达式是操作数最常见的形式，其值由常数、变量和标号通过运算符连接，在汇编时计算确定。汇编语言中运算符分为：算术运算符、逻辑运算符、关系运算符、分析运算符和属性修改运算符等。

1) 算术运算符：常用的算术运算符有：加（+）、减（-）、乘（×）、除（/）和模

（MOD）等，算术运算的结果是一个数值，对表示存储器地址的地址表达式进行运算才有意义。例如：

MOV　AX，VARX +2

表示将 VARX 表示的地址加 2 后所对应的存储单元内的数据送入 AX。

2）逻辑运算符：逻辑运算符包括：AND（逻辑“与”）、OR（逻辑“或”）、XOR（逻辑“异或”）和 NOT（逻辑“非”），用于数值表达式中对数值进行按位逻辑运算，结果也是一个数值。例如：

MOV　AL，0FH AND 35H

表示将 0FH 与 35H 按位逻辑“与”后得到的数值（05H）送入 AL。

注意：逻辑运算符 AND、OR、XOR 和 NOT 同时也是指令助记符，作为运算符时在程序汇编时用作计算；作为指令助记符时是在程序执行时用作计算的。例如：

AND　AX，VARTB AND 8000H

表示将 VARTB 表示的地址与 8000H 按位逻辑“与”后，对应的存储单元内的数据再与 AX 内的数据进行逻辑“与”。可见，在汇编时计算 VARTB AND 8000H，得到的数值是程序的一个操作数；执行程序时计算第一个 AND，将前面得到的操作数与 AX 内的数据进行“与”运算，结果送入 AX。

3）关系运算符：关系运算符有 EQ（等于）、NE（不等于）、LT（小于）、GT（大于）、LE（小于等于）和 GE（大于等于）。关系运算符必须有两个操作数，而且必须是两个数值或是同一段内的存储单元地址。关系运算符只能有“0”或“1”两种结果，关系成立时运算结果为 0FFFFH，关系不成立时运算结果为 0。要注意的是，关系运算符一般不单独使用，常与其它运算符结合起来使用。例如：

MOV　AX，4 NE 3

表示将 4 和 3 进行是否不相等的判断，结果送入 AX。这里由于 4 不等于 3，所以该关系运算结果应为 0FFFFH，并送入寄存器 AX。

4）分析操作符：分析操作符包括 OFFSET、SEG、TYPE、SIZE 和 LENGTH，它们的作用是把一个存储单元地址分解为段地址和偏移地址。

①OFFSET 表示取标号或变量地址的偏移量，例如：

MOV　DX，OFFSET STRING

表示将 STRING 的偏移地址送入 DX 寄存器，属于立即数寻址方式。

②SEG 表示取标号或变量的段地址，例如：

MOV　BX，SEG TABLE1

表示将 TABLE1 的段地址送入 BX 寄存器。

③TYPE 的运算结果是一个数值，表示存储单元操作数的类型。运算结果与操作数类型的对应关系见表 5-1。

表 5-1　TYPE 运算结果与操作数类型的对应关系

TYPE 运算结果	操作数类型	TYPE 运算结果	操作数类型
1	BYTE（DB）	-1	NEAR
2	WORD（DW）	-2	FAR
4	DWORD（DD）		

例如：VAR DW 1234H

ARRAY DB 56H

……

MOV AX，TYPE VAR

MOV BX，TYPE ARRAY

上例中前两句伪指令定义了变量 VAR 的类型为字，变量 ARRAY 的类型为字节，后两句将 VAR、ARRAY 的类型对应数值送入寄存器 AX、BX，即执行 TYPE 后 AX 的值应为 2，BX 的值应为 1。

④LENGTH 一般加在数组变量的前面，作用是计算数组变量所占存储单元的个数。若使用 DUP，则执行结果是外层 DUP 的给定值；若没有使用 DUP，则执行结果为 1。例如：

D1 DB 10 DUP（0FH）

D2 DB ‘ABCDEFGHIJK’

……

MOV BH，LENGTH D1

MOV BL，LENGTH D2

前两句伪指令定义变量 D1、D2 的类型为字节，重复操作符 DUP 表示从 D1 开始连续设定 10 个字节的空间，且将内容设定为 0FH。后两句执行了 LENGTH 运算后，结果分别为 10 和 1，即执行 LENGTH 后将 10 送入 BH，将 1 送入 BL。

5）属性修改运算符：属性修改运算符有 PTR、THIS 和 STORT 三种，用于指定或修改变量、标号和存储器操作数的类型属性，也称为综合运算符。

①PTR 用于指定或修改存储单元操作数的类型。例如：

MOV WORD PTR［5000H］，8

执行 PTR 后指定存储单元 5000H 为一个字单元，上面的语句是将数值 8 送入地址为 5000H 的存储单元，存储单元类型为字，因此执行语句后，［5000H］存储单元的内容为 08H，［5001H］存储单元的内容为 00H。注意，PTR 的修改是临时性的，仅在本语句中有效。

②THIS 也是用来指定或修改存储单元的类型的。与 PTR 不同的是，该运算建立指定类型的地址操作数，其段地址和偏移量与下一个存储单元地址相同，因此 THIS 运算符更具有灵活性。例如：

BEGIN EQU THIS FAR

PUSH AX

上述语句是使 PUSH AX 指令有一个具备 FAR 属性的地址 BEGIN，使得标号 BEGIN 可以被其它段的 JMP 指令直接调用。

③SHORT 用于指定某个标号的类型为“短标号”，即使当前指令位置到指定标号的距离在 －128 ~ ＋127 字节的范围内。

6）其它运算符：

①冒号一般跟在段寄存器名之后，用于给存储单元操作数指定段属性，不必考虑存储单元原来的隐含属性。例如：

MOV AX，ES：［DI］

冒号跟在段寄存器 ES 之后，表示段寄存器的偏移地址由 DI 指定。

②字节分离运算符 LOW 和 HIGH 用于获得一个数值或表达式的低位或高位字节。例如：

```
DATAX   EQU   1234H
MOV   AL, LOW DATAX
MOV   AH, HIGH DATAX
```

上述程序中，第一句定义 DATAX 等于 1234H；第二句执行 LOW 表示取 DATAX 的低位，即将 34H 送入 AL；第三句执行 HIGH 表示取 DATAX 的高位，即将 12H 送入 AH。

需要注意的是：在表达式中可能出现各种运算的运算符，汇编时都将运算出它们的具体的结果，汇编程序的这个运算过程将按照它们的优先级别进行运算，运算规则是：

- 先执行优先级别高的运算；
- 优先级别相同的运算，按从左到右的顺序进行；
- 可以使用各种括号改变运算顺序。

各种运算符的优先级别见表 5-2，为 1 的优先级别最高，为 11 的优先级别最低。

表 5-2　运算符的优先级别

优先级别	运算符	优先级别	运算符
1	LENGTH，SIZE，( )，[ ]	7	EQ，NE，LT，LE，GT，GE
2	:	8	NOT
3	PTR，OFFSET，SEG，TYPE，THIS	9	AND
4	HIGH，LOW	10	OR，XOR
5	×，/，MOD，SHL，SHR	11	SHORT
6	+，-		

4. 注释

注释也是一个任选项，跟在汇编语句之后，以分号“；”开始，注释内容并不出现在汇编后的机器代码中，也不影响汇编程序的功能。一段完整的程序中，注释是很重要的部分，它用于说明一条指令或一段程序的功能，阐述程序的思路，使程序容易阅读，特别在模块化程序设计中可通过注释将各模块的功能描述出来，大大加强了程序的可读性。

5.2 汇编语言程序结构

5.2.1 源程序

汇编语言源程序采用分段式结构，一个汇编语言源程序由若干个逻辑段组成，每个逻辑段以 SEGMENT 语句开始，以 ENDS 语句结束，整个源程序以 END 语句结束。其中逻辑段包括数据段、堆栈段、代码段及附加段，要注意任何一个源程序必须至少有一个代码段和一条作为源程序文件结束的伪指令 END，END 后面的标号 START 表示该程序执行时的启动地址。下面给出一个简单的汇编语言源程序，以便同学对汇编语言源程序的格式结构有一个大概的了解。

```
DATA   SEGMENT                      ；定义一个名字为 DATA 的段
```

```
        HELLO DB 'HELLO WORLD1 $'  ; 在DATA段内定义一个字符串变量，并赋值
DATA    ENDS                       ; DATA段结束
CODE    SEGMENT                    ; 定义一个名字为CODE的程序代码段
        ASSUME CS：CODE，DS：DATA
START:  MOV AX，DATA
        MOV DS，AX                 ; 给DS赋初值
        MOV DX，OFFSET HELLO       ; 取字符串变量的偏移量
        MOV AH，9                  ; 置字符串显示功能号
        INT 21H                    ; DOS功能调用
        MOV DL，ODH                ; 送回车符
        MOV AH，2                  ; 置ASCII码显示功能号
        INT 21H
        MOV DL，OAH                ; 送换行符
        MOV AH，2
        INT 21H
        MOV AH，4CH
        INT 21H                    ; 返回操作系统
CODE    ENDS                       ; 代码段结束
        END START                  ; 源程序结束
```

从上面的汇编语言源程序可以看出，一个汇编语言源程序一般由若干段组成，这里第一段为数据段DATA，它在存储器中存放用于显示输出的数据；第二段为代码段CODE，它包括了许多以符号表示的指令，用于实现数据的输出。

5.2.2 伪指令

程序运行时，在汇编语言源程序中除了执行上一章中介绍的指令外，还要执行伪指令和宏指令。伪指令又称为伪操作，汇编程序对源程序汇编时，伪指令本身不会产生可执行的机器指令代码，它仅仅是告诉汇编程序有关源程序的某些信息，或者用来说明内存单元的用途。也就是说伪指令在汇编过程中是由汇编程序执行的指令，它可以用来进行数据定义、符号定义、段定义、过程定义及程序命名及结束等主要操作。

1. 数据定义伪指令

数据定义伪指令用于定义变量的类型、给存储器赋初值或给变量分配存储单元。常用的数据定义伪指令有DB、DW和DD等。一般格式为：

[标号]　伪指令助记符　数据表达式

方括号中的标号为任选项，通常使用符号地址表示。数据表达式可以包含多个数据，它们之间用逗号分隔开。数据定义伪指令助记符有以下三种：

DB　定义变量类型为字节（BYTE），DB后面的每个操作数占一个字节单元。

DW　定义变量类型为字（WORD），DW后面的每个操作数占一个字单元，即两个字节单元。在内存中，低字节在前，高字节在后。

DD　定义变量类型为双字（DWORD），DD后面的每个操作数占两个字单元，即四个字

节单元。在内存中，低位字在前，高位字在后。

这些数据定义伪操作可以把数据项存入指定的存储单元，或分配存储单元空间。例如：

```
R1   DB 0DH             ；定义R1单元的数值为0DH
R2   DB ?               ；定义R2单元预留一个字节的存储空间
R3   DB 1，2，3         ；定义R3开始的三个单元的数值为01H，02H，03H
R4   DW 5 DUP（?）      ；定义R4预留五个字的存储空间
R5   DB 'GOOD!'         ；定义R5为字符串，其存储单元数值为47H，4FH，4FH，44H，
                        ；21H
```

上例说明，数据表达式除了可以是二进制、十进制或十六进制的常数，也可以是表达式及字符串，还可以是问号"?"。问号仅给变量保留相应的存储单元，而不给变量赋初值。当相同的操作数重复出现或要保留多个存储单元时，可用重复操作符号DUP表示，重复次数由DUP之前定义的数字决定。经过汇编伪指令，数据在存储单元中的分配如图5-1所示。

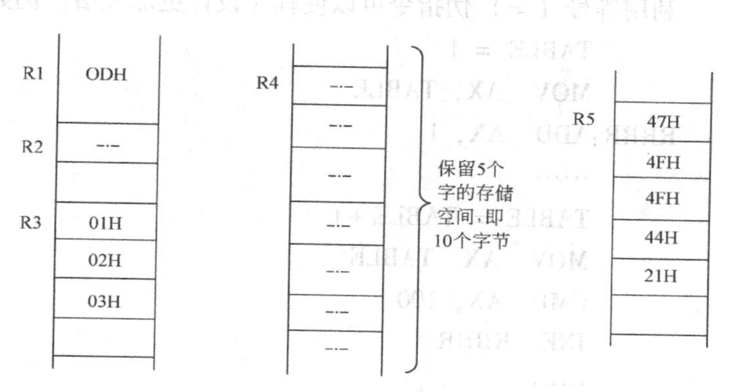

图5-1　伪指令执行后数据区的分配情况

由图5-1可见，存储单元中的数据均由补码表示；对于多字节的数据分配，高字节存放在高地址单元，低字节存放在低地址单元；对于字符串存储单元存放的是相应的ASCII码；对于变量或标号存储单元存放的是相应的地址偏移量。

另外，在伪指令中还可以对重复子句进行嵌套，例如：

BUFFER　DB 2，2 DUP（1，2 DUP（2，3））

该伪指令汇编后的数据分配情况如图5-2所示。

2. 符号定义伪指令

这里的符号是指变量名、标号名、过程名、指令助记符和寄存器名，符号定义伪指令用于给一个符号重新命名或定义新的类型属性。

（1）EQU伪指令　EQU伪指令将表达式的值赋予一个名字，这是一个等值语句。定义以后可以用这个名字来代替对应的表达式。表达式可以是常数、符号、数值、表达式或地址表达式，EQU伪指令的格式如下：

名字　EQU　表达式

EQU伪指令可以使程序更加简练。如果源程序中需要多次引用某个表达式，可以用一个比较简短的名字通过EQU伪指令来代表这个表达式。如果将来需要修改表达式，只需修改EQU语句中的表达式，而不必修改多处，便于程序的维护。需要注意的是，EQU伪指令不允许对同一符号重复定义，即在同一源程序中，用EQU定义过的变量，不能再定义其它值。例如：

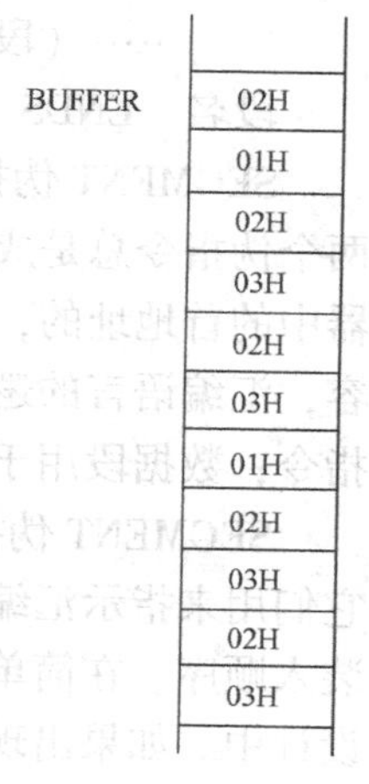

图5-2　伪指令执行后数据区的分配情况

```
FIVE   EQU  5              ; FIVE 赋值为 5
NINE   EQU  FIVE +4        ; NINE 定义为数值表达式，其值为 9
REGS   EQU  SI             ; 指定寄存器 SI 的名字为 REGS
ADDR   EQU  TABLE          ; 将标号 TABLE 赋值到 ADDR
```

(2) 等号（=）伪指令　等号（=）伪指令的功能与 EQU 伪指令相仿，区别在于它可以重复定义同一个名字。其伪指令格式如下：

名字　=　表达式

利用等号（=）伪指令可以使程序设计更加灵活。例如：

```
        TABLE  = 1
        MOV    AX, TABLE
RRRR:ADD    AX, 1
        ……
        TABLE  = TABLE +1
        MOV    AX, TABLE
        CMP    AX, 100
        JNE    RRRR
        ……
```

上例中，标号 TABLE 被定义了不止一次，每循环一次它的数值都会发生变化。

3. 段定义伪指令

段定义伪指令在汇编语言源程序中定义逻辑段，并提供了构造程序的手段。常用的段定义伪指令有 ASSUME、SEGMENT 和 ENDS 等。

(1) SEGMENT 和 ENDS　用 SEGMENT 和 ENDS 伪指令可以将程序分成多个段，用于定义一个逻辑段，给逻辑段赋予一个段名，并在后面的任选项中给出这个逻辑段的其它特性，如定位类型、组合类型和类别。其伪指令格式如下：

```
段名  SEGMENT   [定位类型]    [组合类型]    [‘类别’]
    ……（段定义体）
段名  ENDS
```

SEGMENT 伪指令定义一个逻辑段的开始，ENDS 伪指令则表示一个逻辑段的结束，这两个伪指令总是成对出现的。前面的段名是该逻辑段的标识符，是用来确定该逻辑段在存储器中的首地址的，不可缺省，而且必须前后一致。两个伪指令语句之间的部分是逻辑段的内容，汇编语言的逻辑段包括代码段、数据段和堆栈段等，代码段主要包含程序指令和某些伪指令；数据段用于定义数据和存储单元；堆栈段主要为堆栈操作预留出存储空间。

SEGMENT 伪指令后面可以有三个任选项——“定位类型”、“组合类型”和“类别”，它们用来指示汇编程序和连接程序，如何确定段的边界，如何进行段的组合，以及控制段的装入顺序。在简单汇编语言源程序中一般选用缺省方式，这三个任选项常用于多模块的程序设计中。如果出现，三者的顺序必须符合格式中的规定，不能颠倒。

1）定位类型：定位类型任选项是告诉汇编程序如何确定逻辑段的边界在存储器中的开始位置，定位类型有四种：

BYTE：表示逻辑段边界可以从任意一个字节开始，段与段之间无空隙。这样，该逻辑段可以紧接在前一个逻辑段的后面。

WORD：表示逻辑段边界从字地址开始，段与段之间的空隙最多只有一个字节。这样该逻辑段的起始地址必须是偶数。

PARA：表示逻辑段边界从节地址开始，其中16个字节称为一个节。段地址为16的倍数，即XXX0H，这样段与段之间空隙最多为15个字节。如果省略定位类型选项，汇编语言程序默认该逻辑段为PARA。

PAGE：表示逻辑段边界地址从页边界开始。其中256个字节称为一个页，则段地址为256的倍数，即XX00H，这样段与段之间空隙最多为255个字节。

2）组合类型：SEGMENT伪指令的第二个任选项是组合类型。在满足定位类型的前提下，组合类型将告诉连接程序，装入存储器时各个逻辑段如何进行组合。组合类型有六种。

NONE：此项为不组合，是组合类型的缺省选择。此时连接程序认为这个逻辑段是不组合的，即使两个段有相同的类别名，也作为不同的逻辑段分别装入内存。

PUBLIC：汇编程序连接时，对于不同程序模块中的逻辑段，只要有相同的类别名，就把这些段顺序连接成一个逻辑段装入内存，共用一个寄存器，所有段的偏移地址都要变为相应组合段的偏移量。

STACK：表示该段为堆栈段的一部分，此时编译程序把所有同名段连接成一个连续的堆栈段，装入SS段寄存器，用段内的最大偏移地址初始化SP。

COMMON：该组合类型产生一个覆盖段。模块连接时，如果有相同的类别名，则都从同一个地址开始装入，因此连接的逻辑段将发生覆盖。连接以后段的长度等于原来最长的逻辑段的长度，覆盖部分的内容是最后一个逻辑段的内容。

MEMORY：表示该段在存储器中应定位在最高地址处。如果有多个段使用MEMORY，则只把第一个遇到的段当作MEMORY处理，其余的段均按PUBLIC处理。

AT：表示该段定位在表达式所指示的位置上。

3）类别名：类别名必须用单引号括起来，用于控制段的装入顺序。类别名可由程序设计人员自己选定任何字符串组成，但它不能再作为程序的标号、变量名或其它定义的符号。在连接处理时，LINK程序把所有类别名相同的段存放在连续的存储区内。

例如，下面就是一个分段结构的源程序框架：

```
STACK1  SEGMENT PARA STACK 'STACK1'         ；定义堆栈段1
        ……
STACK1  ENDS
DATA1   SEGMENT PARA 'DATA1'                ；定义数据段1
        ……
DATA1   ENDS
STACK2  SEGMENT PARA 'STACK2'               ；定义堆栈段2
        ……
STACK2  ENDS
DATA2   SEGMENT PARA 'DATA2'                ；定义数据段2
        ……
DATA2   ENDS
```

```
CODE    SEGMENT PARA MEMORY                      ；定义代码段
        ASSUME CS：CODE，DS：DATA1，SS：STACK1 ；指定段寄存器
BEGIN：  …
        ……
CODE    ENDS
        END   START
```

（2）ASSUME　指示汇编程序指定段所使用的寄存器，即将段寄存器与某个逻辑段建立起对应关系，该伪指令不产生任何目标代码，其格式如下：

ASSUNE　段寄存器名：段名［，段寄存器名：段名］

其中段寄存器名是指四个段寄存器CS、SS、DS或ES中的一个，但要注意，程序代码段只能用CS作段寄存器，堆栈段只能用SS作段寄存器。段名是指逻辑段的名称。在一个源程序中，如果没有另外的ASSUME伪指令重新设置，原有的ASSUME语句的设置一直有效。

需要注意的是，ASSUME伪指令只是告诉汇编程序段寄存器与逻辑段的关系，并没有给段寄存器赋予实际的初值。若要给段寄存器赋值，可参考下面程序：

```
CODE  SEGMENT                                   ；定义代码段
      ASSUME CS：CODE，DS：DATA1，SS：STACK1；指定段寄存器
      MOV   AX，DATA1
      MOV   DS，AX                              ；初始化段寄存器DS
      MOV   AX，STACK1
      MOV   SS，AX                              ；初始化堆栈段寄存器SS
      ……
CODE  ENDS
```

4. 过程定义伪指令

过程又称子程序，它是程序的一部分，可以被程序调用，当过程中的指令执行完后，返回程序调用点，调用过程的指令是CALL，从过程返回的指令为RET。程序设计中，我们常常把具有一定功能的程序段设计成一个子程序，汇编程序用“过程”来构造子程序。过程定义伪指令的格式如下：

```
过程名  PROC［NEAR/FAR］                 ；NEAR与FAR只选一个，或缺省
        ……          （过程体）
过程名  ENDP
```

其中，过程名不能省略，过程名也就是子程序的程序名，可以通过CALL指令调用，它类似于标号的作用，具有三个属性：段、偏移量和类型。类型可以选择NEAR或FAR，如果没有选择距离类型，则默认为NEAR。用PROC表示过程的开始，ENDP表示过程的结束，它们应成对出现，并使用同一个过程名。一个过程应该写在某一个逻辑段内。例如：

```
CODE   SEGMENT
       ASSUME   CS：CODE
DISCH  PROC   NEAR                      ；定义一个过程（段内调用属性）
       MOV   AH，2
       INT   21H
```

```
DISCH  ENDP                      ；过程结束
START: MOV   DL, 30H
       CALL  DISCH               ；调用过程（属段内调用）
       MOV   DL, 'A'
       CALL  DISCH               ；调用过程（属段内调用）
       MOV   AH, 4CH
       INT   21H                 ；返回到DOS
CODE   ENDS
       END   START
```

注意，若过程调用为段间调用时，则在调用过程时要将返回地址的段地址和偏移量都压入堆栈。

5. 定位伪指令ORG和当前位置计数器$

在汇编程序内，为了指定下一个数据或指令在相应段中的偏移量，汇编程序使用了一个定位伪指令。其格式为：

ORG　表达式

它表示把表达式的值赋给当前位置计数器$。例如：

```
DATA   SEGMENT
       ORG   20H                 ；设置位置计数器$为20H
D1     DB    12H, 13H            ；12H，13H从偏移量为20H处开始存放
       ORG   $+01H               ；设置位置计数器$为$+01H
D2     DB    61H, 62H, 63H       ；61H，62H，63H从偏移量为21H处开始存放
DATA   ENDS
CODE   SEGMENT
       ASSUME  CS: CODE, …
       ORG   100H                ；设置位置计数器$为100H
START: MOV   AX, DATA            ；BEGIN从偏移量为100H处开始存放
       ……
CODE   ENDS
       END   START
```

6. 标题伪指令TITLE

标题伪指令TITLE用于给程序设置一个标题，列表文件中每一页的第一行都会显示这个标题，它是用户任意选定的字符串，但是字符的个数不能超过60，用END标识源程序模块的结束，其后可跟程序启动标号或过程名，用于指明程序的启动地址，系统会根据这个地址初始化CS。其格式为：

TITLE　字符串

END　［启动标号］

7. 源程序结束伪指令

该指令将告诉汇编程序任务到此结束，其后可跟程序启动标号或过程名，用于指明程序执行时第一条指令的地址。其格式为：

END　表达式

5.2.3　宏指令

汇编语言中，如果源程序中需要多次重复使用同一组指令，为了简化汇编语言源程序的书写，缩短主程序的长度，可以将这组指令定义为一个“宏指令”。以后需要时，可以按宏指令名来引用，这比子程序更灵活、更简便。

宏汇编程序 MASM 提供了丰富的宏操作伪指令语句，下面介绍几种常用的宏指令语句。

1. 宏定义与宏调用

宏定义的一般格式为：

```
宏指令名　MACRO　[形式参数 1，形式参数 2，…]
          ……      (宏定义体)
          ENDM
```

其中，宏定义符 MACRO 和宏结束符 ENDM 必须成对出现，其间的宏定义体就是用宏指令名来代替的指令组。形式参数用于向宏定义体传送参数，在宏调用时代入实际参数，使宏指令具有更强的通用性。

宏调用格式为：

宏指令名 [实际参数 1，实际参数 2，…]

注意，这里的实际参数可以是常数、寄存器、存储单元名或地址表达式等。实际参数的数目可以和形式参数的数目不一致，当实际参数多于形式参数时，多余的实际参数将被忽略；当实际参数少于形式参数时，多余的形式参数为空。

汇编时，MASM 将对每个宏调用进行展开，即将宏指令名用相应的宏定义体中的指令组代替，用实际参数代替形式参数，并在指令组前加一个“+”号。例如：

```
SHIFT  MACRO                 ; 宏定义
       MOV   CL, 4
       SAL   AL, CL          ; 宏定义体
       ENDM
       ……
       MOV   AL, [DX]
       ADD   AL, [SI]
       SHIFT                 ; 宏调用
       MOV [BX] . AL
```

汇编后，产生如下的代码：

```
       ……
       MOV   AL, [DX]
 +     ADD   AL, [SI]
 +     MOV   CL, 4
       SAL   AL, CL
       MOV   [BX] . AL
       ……
```

上例中，若既要使左移次数可改变，又要能使用不同的寄存器进行移位，就要引入形式参数，其中用X来代替左移次数，用Y来代替移位的寄存器。宏定义如下：

```
SHIFT  MACRO  X, Y
       MOV   CL, X
       SAL   Y, CL
       ENDM
```

如宏调用为

```
SHIFT  4, AL
SHIFT  8, BX
```

则在汇编时，会产生如下代码：

```
+  MOV  CL, 4
+  SAL  AL, CL
+  MOV  CL, 8
+  SAL  BX, CL
```

另外，形式参数还可以是操作码，这样就可以使用不同的运算了。例如：

宏定义为：

```
SHIFT  MACRO  X, Y, Z
       MOV  CL, X
       Z   Y, CL
       ENDM
```

若宏调用为：

```
SHIFT  5, DX, SHL
```

汇编后得

```
+   MOV   CL, 5
+   SHL   DX, CL
```

2. 宏取消伪指令PURGE

PURGE的用途是取消已有的宏定义。汇编程序允许所定义的宏指令名与机器指令的助记符或伪指令的名字相同，汇编程序优先考虑宏指令的定义。也就是说，与宏指令同名的指令助记符或伪指令原来的含义失效。用伪指令PURGE取消宏指令定义后，可恢复这些机器指令或伪指令的含义。对一个宏指令重新定义时，也必须用伪指令PURGE取消原来的宏定义。其格式如下：

PURGE　宏指令名，宏指令名，…

3. 重复宏指令REPT

重复宏体所包含的语句，重复次数由表达式的值决定。该语句与宏定义不同，宏定义可在程序不同地方多次引用，而重复宏指令只能在程序某个地方重复语句块。其格式如下：

```
REPT  表达式
    宏体
ENDM
```

5.3 汇编语言程序设计

程序设计是指为计算机编写能够接受并执行、且具有实际意义的语句序列。汇编语言程序设计需要经过几个阶段，但由于问题的复杂程度不同，编程者的经验不同，使得程序设计的具体过程也会有所不同。一般来说，在实际的程序设计中常常要经过以下几个阶段：

（1）分析题目　对给出的题目进行全面细致的了解和分析。需要了解程序应完成的任务、应用的场合、硬件环境、人机接口要求、输入输出信息等，这是编程的准备阶段。

（2）建立数学模型　在分析问题和明确要求的基础上，建立数学模型。所谓数学模型是将物理过程或某种工作状态用数学表达式写出。

（3）确定算法和处理方案　数学模型建立后，要研究具体的算法，也就是适合于计算机使用的计算方法，并对算法进行优化。一个大的程序往往需要多人协同工作，必须采用模块化的设计方法，根据任务的要求，把总任务分成若干个独立的模块，再对各个模块进行程序设计。模块划分的好坏与编程者的经验及对任务的理解程度有关，应力求做到模块划分合理。

（4）画出流程图　流程图是对算法和整个程序结构的描述，它以图形的方式把解决问题的先后次序形象地描述出来，也可以准确地描述各种程序结构之间的关系，这有利于程序的编写和调试。对于复杂的程序，一定要先画出流程图，才能从全局的角度来规划程序结构。流程图的基本元素如图 5-3 所示。

开始、结束框：用于表示一个程序段的开始与结束，如图 5-3a 所示。

执行框：用矩形框表示，用于描述一个具体的执行动作，如一个算式、一个操作等。一般用几个框来描述执行动作，但在不致于引起混淆的情况下，用一个框也可描述多个执行动作，如图 5-3b 所示。

判断框：根据某一个或几个条件，实现分支转移，如图 5-3c 所示。

远接框：用于表示流程图中较远处的连接，简单程序中一般不会出现，如图 5-3d 所示。

指向线：用带箭头的引线指示程序的走向。

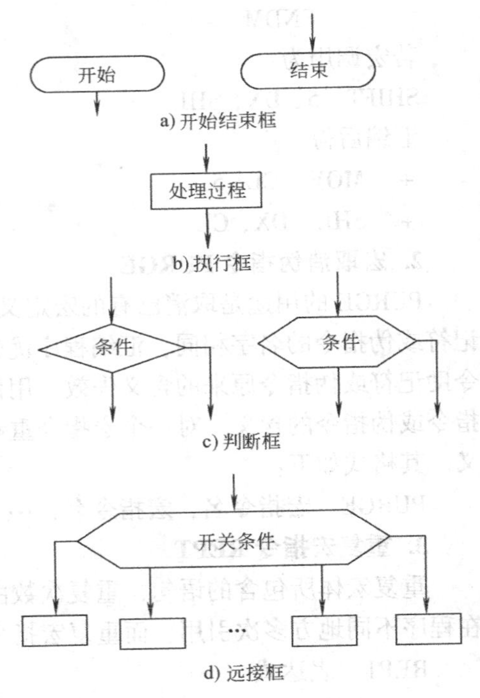

图 5-3　程序流程图的基本元素

（5）编制程序　编制程序时，应先分配好存储空间及所使用的寄存器，根据流程图及算法编写程序。应注意的是，编写程序要简洁，并注意提高程序的可读性。

（6）上机调试　程序编写完成之后，要进行上机调试。在调试过程中往往会碰到语法错误，连接错误等问题，这时需要及时修改源程序，再反复调试。对于复杂的程序一般分块解决，也就是先对独立的模块进行单独调试，最后再将整个程序连接在一起调试。

（7）试运行　程序调试成功后，并不代表整个程序设计过程完成，试运行程序及分析程序各模块运行结果是检验程序是否达到要求的最后环节。有时程序调试通过了，但在执行过程中，却不能达到原设计要求，这时还要动态地分析程序，从分析问题开始，对源程序进行修改，再对程序进行调试，从而最终满足设计要求。注意，程序的使用环境与操作界面，要能满足用户的要求。

5.3.1 顺序结构

顺序结构是解决简单问题的一种程序设计方法，它按指令存放的先后次序执行一系列操作。程序中没有分支、不循环、不转移，一直执行到最后一条指令，这种程序也称为直线程序。顺序结构程序在设计上比较简单，而实际应用中，完全由顺序结构构成的程序很少，但它作为一个程序的局部却广泛存在于每个复杂程序中，它是设计复杂程序的基础。

【例 5-1】 求表达式 Z =（10X +4Y）/2 的值（其中 X、Y 为字节型变量，Z 为字型变量）。

解：本题为典型的顺序结构。在数据段设定 X、Y 的数据是 66H、35H，先采用左移的方法完成 10X、4Y，再用右移的方法完成除 2 的计算。

程序如下：

```
DATA   SEGMENT                          ；定义数据段
       X  DB  66H
       Y  DB  35H                       ；定义 X、Y 为字节变量
       Z  DW  ?                         ；定义 Z 为字变量
DATA   END
CODE   SEGMENT                          ；定义代码段
       ASSUME  CS：CODE，DS：DATA
START：MOV  AX，DATA
       MOV  DS，AX                      ；对 DS 赋值
       MOV  AL，X
       SHL  AX，1                       ；AX =2X
       MOV  BX，AX
       SHL  BX，1                       ；BX =4X
       SHL  BX，1                       ；BX =8X
       ADD  BX，AX                      ；BX =2X +8X
       MOV  AH，0
       MOV  AL，Y
       SHL  AX，1                       ；AX =2Y
       SHL  AX，1                       ；AX =4Y
       ADD  BX，AX                      ；AX =10X +4Y
       SHR  BX，1                       ；AX =（10X +4Y）/2
       MOV  Z，BX                       ；将结果存入 Z
       MOV  AH，4CH                     ；结束进程，返回操作系统
```

```
         INT   21H
CODE     ENDS
         END   START
```

注意：上例没有使用堆栈段，所以程序中没有给 SS、SP 赋值，若使用了堆栈段，则必须给堆栈段赋值。该程序中没有结果显示的程序段，程序运行后屏幕上没有输出显示，可以通过执行 DEBUG 程序观察其运行结果。

【例 5-2】 用查表的方法将 0 ~ 9 转换成 ASCII 码，并显示。

解：在数据定义段中定义数据转换表，把表的首地址送入作为间接寻址的寄存器中，把要查找的表内单元的位移量送入另一寄存器，预留出存放结果的存储单元。'$' 为字符串结束标志，通过 INT 21H 的 09H 号功能调用，可以显示字符串结果。

程序如下：

```
DATA1   SEGMENT
NUM     DB   6                              ；定义被转换的数为 6
ASCI    DB   0，'$'                         ；定义转换后的 ASCII 码存放在 ASCI
TABLE   DB   30H，31H，32H，33H，34H
        DB   35H，36H，37H，38H，39H         ；0 ~ 9 的 ASCII 码表
DATA1   ENDS
STACK1  SEGMENT   PARA   STACK              ；定义堆栈段
        DW   20 DUP（0）
STACK1  ENDS
CODE    SEGMENT
        ASSUME   CS：CODE，DS：DATA1，SS：STACK1
START： MOV   AX，DATA1
        MOV   DS，AX
        MOV   BX，OFFSET TABLE               ；ASCII 码表的首地址送 BX
        MOV   AH，00H
        MOV   AL，NUM                        ；AL = 被转换的数
        ADD   BX，AX                         ；被转换的数在 ASCII 码表内的地址
        MOV   AL，[BX]                       ；AL = ASCII 码
        MOV   ASCI，AL                       ；将 ASCII 码存放在 ASCI 中
        LEA   DX，ASCI                       ；DX = 字符串首地址
        MOV   AH，09H                        ；09H 号 DOS 功能调用，显示字符串
        INT   21H
        MOV   AH，4CH
        INT   21H
CODE    ENDS
        END   START
```

本程序中进行转换的数值是 6，由于设计了显示程序段，可以将执行结果 36H 在屏幕上显示出来。

在实际编程中，有时顺序结构用循环结构或子程序来实现更简洁，我们只是以此为例说明顺序结构的程序设计思路，也可以初步体验汇编语言程序设计的困难。

5.3.2 分支结构

分支结构是对问题的处理方法有两种以上不同选择时，根据不同条件转向不同程序段执行的程序设计方法。分支结构要求程序先进行不同条件的判断，然后依据判断结果用控制转移指令，将程序的执行流程转移到相应的分支上去，判断一次只可能选择一路分支。分支程序结构有两路分支与多路分支两种形式。两路分支完成对两种情况的选择处理，每次对条件的判断都会有两种可能的结果：T（真或条件满足）和 F（假或条件不满足），此时可以根据不同的判断结果决定执行不同的程序段，如图 5-4a 所示，也可以根据判断结果决定是否执行某段程序段，如图 5-4b 所示。多路分支则完成对多种情况的选择处理，相当于两路分支的嵌套结构，如图 5-4c 所示。

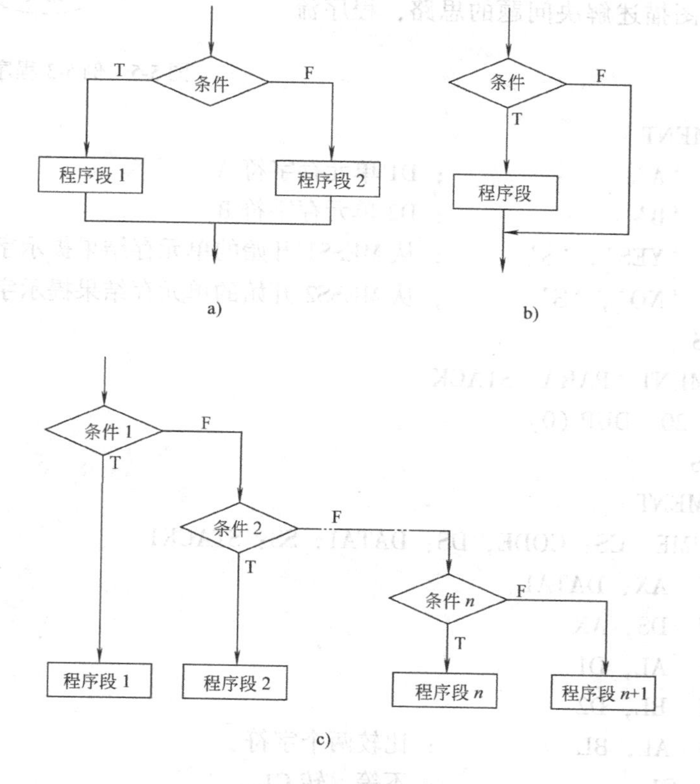

图 5-4 分支程序结构图

在分支结构程序设计中，主要解决转移指令的选择、选择条件的设计和分支处理程序的设计 3 个问题，其中特别要注意以下几点：

- 选择合适的转移指令，否则可能不能转移到相应的程序分支；
- 为每个分支安排好出口，否则将引起程序执行的混乱；
- 把各分支中的公共部分尽量集中设计到分支前后的程序段中，以简化程序；

● 分支的出现顺序尽量与问题中的一致，以免出现混乱；

● 调试程序时，要对每一个分支程序进行测试；

● 无条件转移指令的转移范围不受限制，但条件转移指令只能在 -128 ~ +127 字节的范围内转移。

【例 5-3】 设计单个字符比较程序。当两个字符相同时，显示 YES；不同时，则显示 NO。

解：根据题目要求，在数据段设定两个字节 D1、D2，用于存放要进行比较的字符，设定从 MESS1、MESS2 开始的单元存放比较结果的字符串 YES 和 NO。程序代码段主要是从 D1、D2 中取出两个字符进行比较，若 A 等于 B，则从 MESS1 中取出 YES 字符串显示，否则，从 MESS2 中取出 NO 字符串显示。一般先用程序流程图描述解决问题的思路，程序流程图如图 5-5 所示。

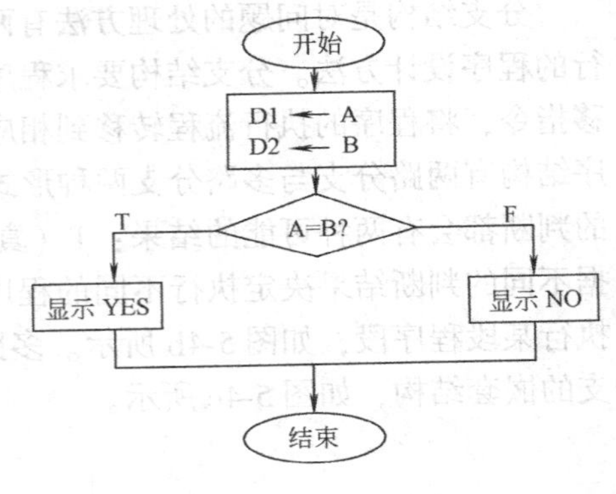

图 5-5　例 5-3 程序流程图

程序如下：

```
DATA1   SEGMENT
D1      DB    'A'                ; D1 单元存字符 A
D2      DB    'B'                ; D2 单元存字符 B
MESS1   DB    'YES', '$'         ; 从 MESS1 开始的单元存结果提示字符串 YES
MESS2   DB    'NO', '$'          ; 从 MESS2 开始的单元存结果提示字符串 NO
DATA1   ENDS
STACK1  SEGMENT  PARA  STACK
        DW   20   DUP (0)
STACK1  ENDS
CODE    SEGMENT
        ASSUME  CS: CODE, DS: DATA1, SS: STACK1
START:  MOV   AX, DATA1
        MOV   DS, AX
        MOV   AL, D1
        MOV   BL, D2
        CMP   AL, BL             ; 比较两个字符
        JNE   C1                 ; 不等，转 C1
        LEA   DX, MESS1          ; 相等，调字符串 'YES'
        JMP   C2                 ; 转移到 C2
C1:     LEA   DX, MESS2          ; 调字符串 'NO'
C2:     MOV   AH, 09H
        INT   21H
        MOV   AH, 4CH
        INT   21H
```

```
CODE    ENDS
        END   START
```

本例中，进行比较的A、B两个字符不同，所以运行程序后应显示NO。

【例5-4】 编写程序计算0～9中某数的立方，若数值不在0～9的范围内，显示出错信息。

解：采用查表求立方，在数据定义段中定义X存放要计算的数值，XXX存放计算结果（立方值），定义MESS区域存放输入数值提示信息‘X（0～9）：’，定义ERR区域存放出错信息提示字符ERROR，定义数据表TAB存放0～9的立方数。数值在范围内时，查表TAB求立方值；否则显示出错提示字符ERROR。程序流程图如图5-6所示。

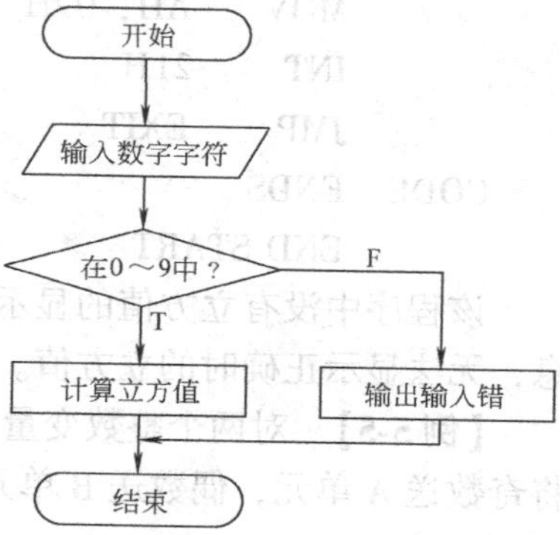

开始
输入数字字符
在0～9中？
T
F
计算立方值
输出输入错
结束

图5-6　例5-4程序流程图

程序如下：

```
DATA   SEGMENT
       MESS    DB‘X（0～9）：’，‘$’
       TAB     DW 0，1，8，27，64，125，216，343，512，729
       X       DB ？
       XXX     DB ？
       ERR     DB‘ERROR!’，‘$’
DATA   ENDS
CODE   SEGMENT
       ASSUME CS：CODE，DS：DATA
START：MOV     AX，DATA
       MOV     DS，OFFSET MESS          ；显示输入提示信息
       MOV     AH，09H
       INT     21H
       MOV     AH，1                    ；输入数值
       INT     21H
       CMP     AL，00H
       JB      LERR                     ；数值小于0时转移到 LERR
       CMP     AL，09H
       JA      LERR                     ；数值大于9时转移到 LERR
       AND     AL，0FH                  ；将ASCII码转换成真值
       MOV     X，AL
       ADD     AL，AL                   ；计算表中的16位位移
       MOV     BL，AL
       MOV     BH，0
       MOV     AX，TAB［BX］            ；［TAB+BX］为所求立方值的表内地址
       MOV     XXX，AX
```

```
EXIT：MOV    AH，4CH
      INT    21H                        ；返回操作系统
LERR：MOV    DX，OFFSET ERR
      MOV    AH，09H
      INT    21H
      JMP    EXIT                       ；显示出错提示信息
CODE  ENDS
      END START
```

该程序中没有立方值的显示程序段，所以只能显示数值不在0 ~ 9 范围时的出错提示信息，无法显示正确时的立方值。

【例 5-5】 对两个整数变量 A 和 B，进行下列操作：(1) 若两个数中有一个是奇数，则将奇数送 A 单元，偶数送 B 单元；(2) 若两数均为奇数，则显示 ODD，若两数均为偶数，则显示 EVEN。

解：先用异或和位测试的方法判断两个数是否是同类数，若异或后测试最低位是0，则判断两数是同类数，即同为奇数或同为偶数，否则两数不是同类数，再采用位测试的方法判断其中一个数是奇数还是偶数，即测试这数的最低位是 1 还是 0，若为 1，则为奇数，否则为偶数，同时也可得出另一个数的类型。程序流程图如图 5-7 所示。

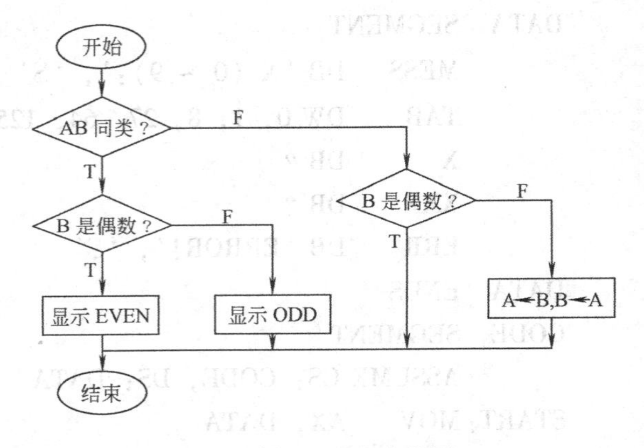

图5-7 例 5-5 程序流程图

在程序设计中的数据段定义 A、B 来存放两个被判断的数，SAME1 区域存放两数同为偶数时显示的信息 EVEN，SAME2 区域存放两数同为奇数时显示的信息 ODD。

程序如下：

```
DATA   SEGMENT
       A        DB  ?
       B        DB  ?                   ；A、B 数值可以从键盘输入
       SAME1  DB  'EVEN'，'$'
       SAME2  DB  'ODD'，'$'
DATA   ENDS
CODE   SEGMENT
       ASSUME CS：CODE，DS：DATA
START：MOV  AX，DATA
       MOV  DS，AX
       MOV  AL，A
       MOV  BL，B
       XOR  AL，BL
```

```
         TEST  AL, 01H              ；判断A和B是否是同类数
         JZ    LSAME                ；是同类数据转移到LSAME
         TEST  BL, 01H              ；判断B是否是偶数
         JZ    DONE                 ；是偶数转移到DONE
         XCHG  BL, AL
         MOV   A, AL
         MOV   B, BL                ；偶数存入B，奇数存入A
         JMP   DONE
LSAME：  TEST  BL, 01H              ；判断两数是否同为偶数
         JZ    LEVEN                ；两数同为偶数转移到LEVEN
         MOV   DX, OFFSET SAME2     ；显示奇数提示信息ODD
         JMP   DONE1
LEVEN：  MOV   DX, OFFSET SAME1     ；显示偶数提示信息EVEN
DONE1：  MOV   AH, 09H
         INT   21H                  ；显示功能调用
DONE：   MOV   AH, 4CH
         INT   21H                  ；返回操作系统
CODE     ENDS
         END   START
```

5.3.3　循环结构

循环结构按给定的条件重复做一系列的操作，直到满足条件为止。循环结构可以在解决复杂问题时，缩短程序代码，提高编程效率。例如求内存中连续1000个数的累加和，若采用顺序结构程序设计，仅加法指令就必须用999条，若采用循环结构程序设计，只要设定循环的次数为999次，用有限的几条指令就能完成，极大地缩短了程序，提高了编程效率。循环程序一般由循环初始状态设置、循环体和循环控制三个部分组成。

循环初始状态：是循环的准备部分，主要工作是给地址指针寄存器设置初始值、设置循环计数器初值、给累加器和进位标志清零等。

循环体：包括循环的工作部分和修改部分，工作部分就是根据具体要求设计的程序段，修改部分是对各种计数器、累加器和进位标志的增量或减量修改，以配合工作部分的程序执行。

循环控制：是循环的核心部分，通过测试循环的条件，控制循环程序的运行和结束。循环控制部分分计数

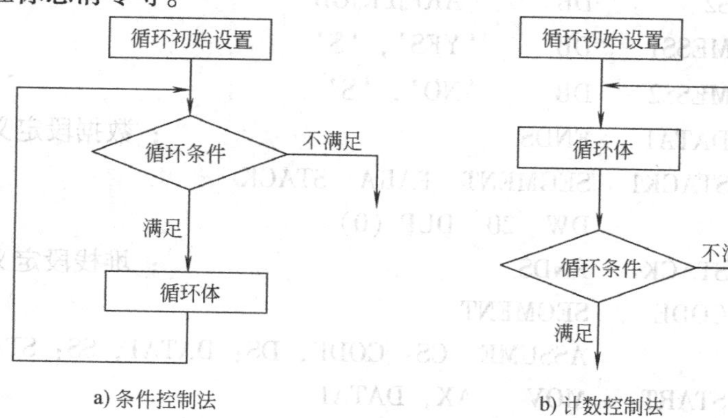

图5-8　循环程序结构图

控制法和条件控制法两种。计数控制法适用于循环次数可以预先确定的情况，先执行循环体操作，再根据循环次数判断循环是否结束，即“先执行，后判断”。如果循环的条件一开始就达到循环结束的条件，循环体至少也要执行一次操作，结构图如图 5-8b 所示。计数控制法的循环结构又分正计数控制法和倒计数控制法。正计数控制法是将计数器的初值设定为 0，每执行一次循环，计数器加 1，然后与规定的循环次数进行比较，若未达到循环次数则继续循环执行程序，否则循环结束。倒计数控制法是将计数器的初值设定为循环次数，每执行一次循环，计数器减 1，直至计数器为 0 时循环结束。注意这种结构一般以循环次数作为判断条件，循环次数在循环初始状态时已进行了设置，是一个固定的数值。条件控制法循环的次数无法预先确定，先判断是否满足循环的条件，若满足条件则执行循环，即“先判断，后执行”。如果循环的条件一开始就不成立，循环体就不会被执行，结构图如图 5-8a 所示。

【例 5-6】 设计字符串比较程序，当字符串相同时，显示 YES；当字符串不同时，显示 NO。设两组字符串的长度相同。

解：本例同前面的例 5-3 类似，只是这里是字符串的比较，需要进行多次单个字符比较，为提高编程效率，因此采用循环结构的程序设计。从字符串的第一个字符开始进行比较，若相等，则继续下一个字符的比较，直至全部字符比较完成，若两字符串完全相等，则显示相同提示信息 YES。若不相等，则显示不同提示信息 NO，并退出。程序结构流程图如图 5-9 所示。

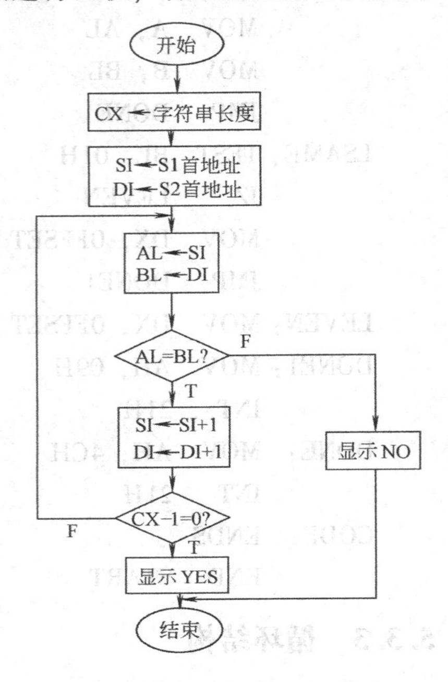

图 5-9　例 5-6 程序流程框图

程序如下：

```
DATA1    SEGMENT
S1       DB     'ARFJJFGFN'
S2       DB     'ARFJLKJGB'
MESS1    DB     'YES','$'
MESS2    DB     'NO','$'
DATA1    ENDS                              ；数据段定义
STACK1   SEGMENT  PARA  STACK
         DW  20  DUP (0)
STACK1   ENDS                              ；堆栈段定义
CODE     SEGMENT
         ASSUME  CS：CODE，DS：DATA1，SS：STACK1
START：  MOV    AX，DATA1
         MOV    DS，AX
         MOV    CX，S2 - S1                ；设定循环计数器数值
```

```
          LEA     SI, S1
          LEA     DI, S2            ；取两个字符串的首地址
NEXT:     MOV     AL, [SI]
          MOV     BL, [DI]          ；取字符串的第一个字符
          CMP     AL, BL            ；字符比较
          JNE     P1                ；两字符不同转移到P1
          INC     SI
          INC     DI                ；字符串首地址加1，准备取第二个字符
          DEC     CX                ；循环计数器减1
          JNZ     NEXT              ；CX不为0时继续循环执行程序
          LEA     DX, MESS1         ；比较完成，显示相同提示信息
          JMP     P2
P1:       LEA     DX, MESS2
P2:       MOV     AH, 09H
          INT     21H               ；显示功能调用
          MOV     AH, 4CH
          INT     21H               ；返回操作系统
CODE      ENDS
END       START
```

【例5-7】 编制一个程序，统计单元NUB中“1”的个数，将其存放在COUNT单元中。

解： 由于NUB中的内容可能为0，采用条件控制法可以提前结束循环，缩短程序执行时间。本程序中循环结束的条件是NUB中的内容为0，将要统计的数据与01H进行测试，若为0表示数据最低位为0，不进行计数；若为1表示最低位为1，则进行计数。然后将数据右移一位，又与01H进行测试，如此反复进行，直至NUB中的内容为0，则结束循环。程序结构流程图如图5-10所示。

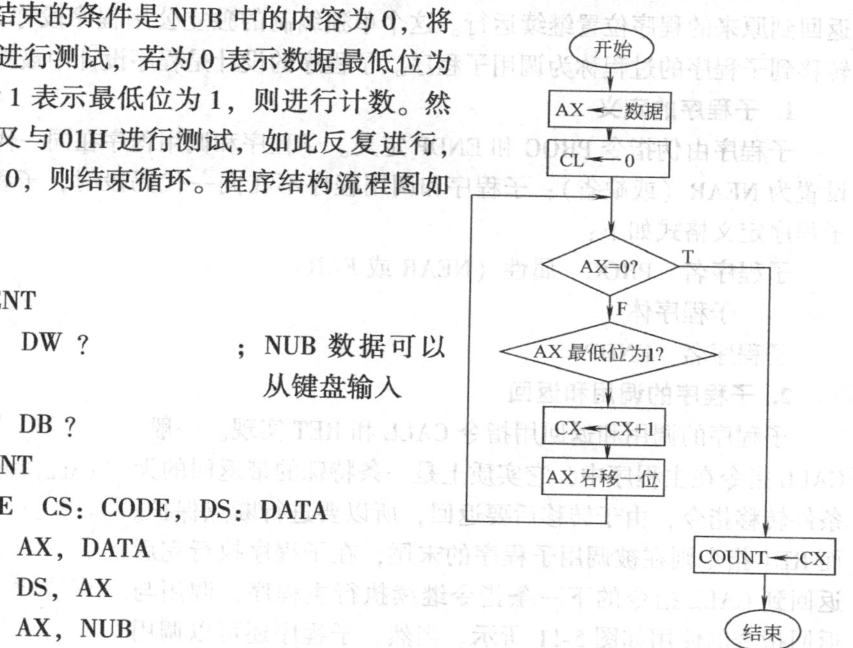

图5-10 例5-7程序流程框图

程序如下：

```
DATA      SEGMENT
          NUB     DW  ?          ；NUB数据可以
                                   从键盘输入
          COUNT   DB  ?
CODE      SEGMENT
          ASSUME  CS: CODE, DS: DATA
START:    MOV     AX, DATA
          MOV     DS, AX
          MOV     AX, NUB
          MOV     CL, 0          ；计数器清0
NEXT:     TEST    AX, 0FFFFH     ；判断被统计的
```

```
数                                          据是否为0
            JZ      DONE           ；为0转移到DONE
            TEST    AX，0001H      ；判断被统计的数据最低位是否为0
            JZ      KKK            ；为0转移到KKK
            INC     CL             ；不为0，计数器加1
KKK：       SHR     AX，1          ；被统计数据右移一位
            JMP     NEXT           ；返回NEXT，执行循环体
DONE：      MOV     COUNT，CL      ；将统计的“1”的个数送入COUNT
            MOV     AH，4CH
            INT     21H
CODE        ENDS
            END     START
```

上例也可以用计数控制法的循环结构程序来实现，此时循环体必须被执行15次，使执行程序的时间延长。

5.3.4 子程序

在一个程序设计中，常常会出现不同的地方需要多次使用相同的某段程序代码的情况，如果在每个需要的地方都编写这一段程序代码，当程序装入内存时会占用很多的存储空间，造成不必要的资源浪费，另外重复编写程序也增加了程序设计人员的工作量，并使程序复杂化，不便于阅读和检查。因此常将这一段公用的程序代码单独编制成一段程序代码，作为一个独立的程序模块处理，使用时就转移到这个公用程序段上执行，该程序段执行完毕后，又返回到原来的程序位置继续运行。这个单独编制的独立公用程序段称为子程序，也称过程，转移到子程序的过程称为调用子程序。子程序的设计是程序设计中最重要的步骤之一。

1. 子程序的定义

子程序由伪指令PROC和ENDP定义。子程序和调用程序在同一代码段时，子程序属性设置为NEAR（或缺省）；子程序和调用程序不在同一代码段时，子程序属性设置为FAR。子程序定义格式如下：

```
子程序名  PROC  属性（NEAR或FAR）
    子程序体
子程序名  ENDP
```

2. 子程序的调用和返回

子程序的调用和返回用指令CALL和RET实现。一般CALL指令在主程序中，它实质上是一条特殊的带返回的无条件转移指令，由于转移后要返回，所以要进行断点保护。而RET指令则在被调用子程序的末尾，在子程序执行完后返回到CALL指令的下一条指令继续执行主程序，调用与返回指令的使用如图5-11所示。当然，子程序还可以调用其它子程序或自身。

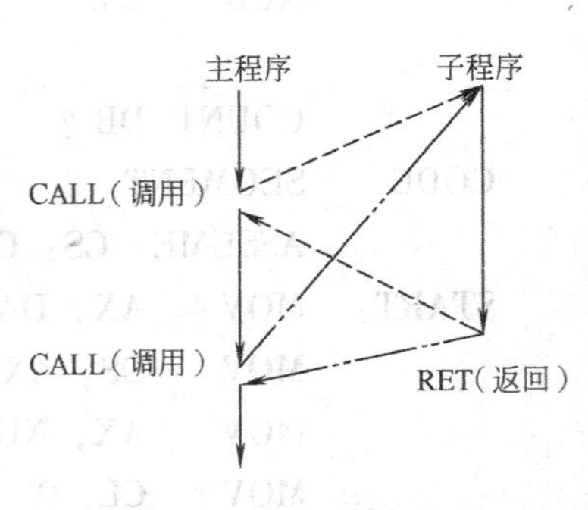

图5-11 子程序的调用和返回

3. 现场信息的保护和恢复

由于子程序执行时可能要使用某些寄存器，而主程序在调用子程序的前后也可能正在使用这些寄存器，此时主程序和子程序使用的寄存器就可能发生冲突，所以必须考虑现场信息的保护和恢复问题。这个过程可以在主程序中完成。例如，主程序中正在使用AX、BX和CX寄存器，子程序需要使用BX和CX寄存器，这时就要将BX和CX的内容压入堆栈，待子程序返回后，再从堆栈中恢复BX和CX的内容。在主程序中调用子程序的格式为：

```
……
PUSH   BX
PUSH   CX
CALL   SUBR
POP    CX
POP    BX
       ……
```

现场信息的保护和恢复也可在子程序中进行，这种情况下可以根据子程序要使用的寄存器来确定保护哪些寄存器。如子程序要用到BX和CX，这时就要在进入子程序后马上把BX和CX压栈，在结束子程序前，将BX和CX恢复。子程序中信息保护的格式为：

```
SUBR   PROC
       PUSH    BX
       PUSH    CX
       ……                         ；子程序功能段
       POP     CX
       POP     BX
       RET
SUBR   ENDP
```

注意，出栈与压栈应采用相反的顺序，即“先进后出”。

4. 参数传递

子程序的设计要求有一定的通用性，调用子程序时，经常要求主程序将参数传递给子程序，从子程序返回时，子程序往往要将处理结果传递回主程序。这就是主程序和子程序之间参数的传送问题，参数传递的主要方法有以下四种：

（1）利用存储器传递参数　这种参数传递方式要求主程序与子程序在同一模块中，子程序和主程序都可以直接访问模块中的参数。

（2）利用寄存器传递参数　这种参数传递方式适用于传递参数较少的情况，通常是主程序将参数直接置入某寄存器中，而子程序则直接使用该寄存器中的参数；或子程序将处理结果存入某寄存器，返回给主程序后使用。

（3）利用堆栈传递参数　这是一种通过堆栈这一公共存储区进行参数传递的方法，传递参数较多时可以使传递数据的结构比较清晰。主程序将参数依次压入堆栈，而子程序则按相反的顺序从堆栈中取出参数进行处理；或由子程序向主程序回传参数。

（4）利用公用数据区传递参数　这种方式是在内存中开辟一个地址表，主程序和子程序将要传递的参数存放在地址表里，并将地址表的首地址经 BX 寄存器传送给子程序，子程序按首地址访问地址表。

另外，当使用堆栈较多时，最好设立自己的堆栈区，并且给 SS 和 SP 赋值。同时要注意入栈与出栈的顺序，先入栈的信息最后出栈。

【例 5-8】 编写程序，调用子程序计算一数组代入公式 Z =（（X + Y）×2 – X）×4 的结果。

解： 选择 SI、DI 和 BX 作为数组 X、Y、Z 的地址指针，选择 CX 作为计数器。在子程序中用堆栈对 BX、CX 寄存器的内容进行保护与恢复。程序框图如图 5-12 所示。

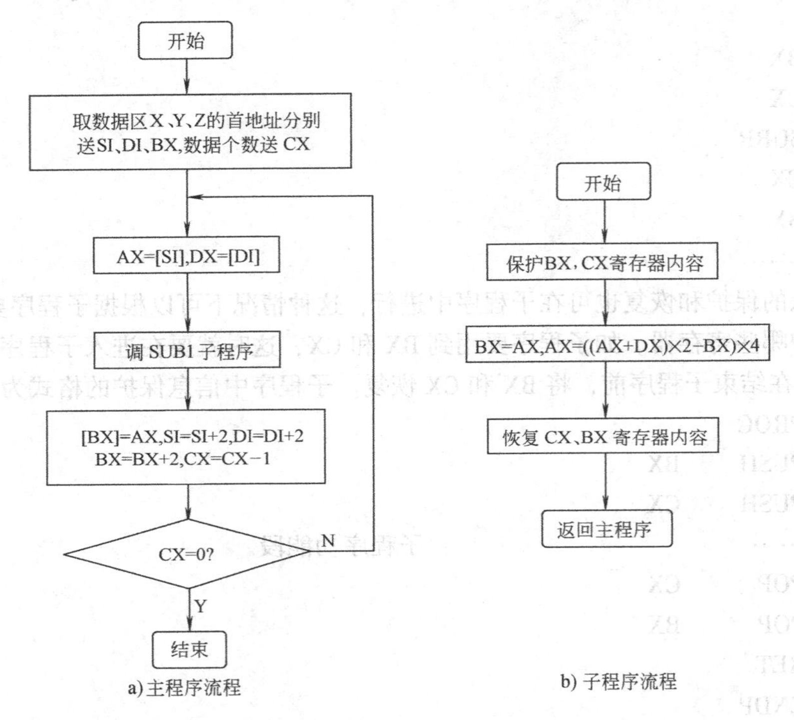

图 5-12　例 5-8 程序流程图

程序设计如下：

```
DATA    SEGMENT
X       DW  5, 3, 6, 4, 2, 0, 7, 9, 8, 1
Y       DW  2, 4, 3, 8, 9, 1, 5, 0, 6, 7
Z       DW  10 DUP (?)
DATA    ENDS
STACK   SEGMENT  PARA  STACK
        DW  40 DUP (0)
TOP     LABEL  WORD
STACK   ENDS
CODE    SEGMENT
        ASSUME  CS: CODE, DS: DATA, SS: STACK
```

```
START: MOV  AX, STACK
       MOV  SS, AX
       MOV  SP, OFFSET TOP      ；对SS、SP赋值
       MOV  AX, DATA
       MOV  DS, AX
       LEA  SI, X
       LEA  DI, Y
       LEA  BX, Z               ；取数组区的首地址
       MOV  CX, Y-X             ；数组X所占字节数送计数器CX
       SHR  CX, 1               ；数组元素的个数作为计数器的内容
REAPT: MOV  AX, [SI]            ；取数组X的一个元素
       MOV  DX, [DI]            ；取数组Y的一个元素
       CALL SUBR                ；调用子程序
       MOV  [BX], AX
       MOV  SI, SI+2
       MOV  DI, DI+2
       MOV  BX, BX+2            ；数组区地址加2
       LOOP REAPT               ；CX-1不为零，返回REAPT重复执行
EXIT:  MOV  AH, 4CH
       INT  21H                 ；返回操作系统
SUBR   PROC NEAR                ；子程序定义
       PUSH BX
       PUSH CX                  ；相关寄存器的内容入栈
       MOV  BX, AX
       ADD  AX, DX
       SAL  AX, 1
       SUB  AX, BX
       MOV  CL, 2
       SAL  AX, CL              ；公式计算
       POP  CX
       POP  BX                  ；恢复寄存器内容
       RET                      ；返回
SUBR   ENDP
CODE   ENDS
       END  START
```

注意：主程序调用子程序，子程序还可能调用另外的子程序，这样将构成子程序的嵌套调用，有时子程序还可能调用其自身，这样将构成子程序的递归调用。无论是嵌套调用还是递归调用，都包含多次调用子程序和多次子程序返回的操作，就存在多个断点，因此这类子程序调用必须借助堆栈才能完成。

5.3.5　系统功能调用

DOS系统设置了DOS和BIOS两组中断程序供调用，可以完成键盘输入、信息显示、存储管理和文件操作等服务。BIOS为系统中的输入输出设备提供软件接口，使用户在不了解硬件特性的情况下，也能通过调用其程序使用这些设备，它们驻留在系统ROM内存区中，入口安排在中断向量表中，系统调用的中断类型号为05H～1FH（关于中断的详细内容将在第8章介绍）。DOS提供了更容易使用且方便移植的中断程序，一般都尽量使用DOS功能调用。

DOS系统为程序设计人员提供了许多功能调用，即功能子程序，供用户调用。调用时使用中断指令：

```
INT   n
```

其中，n为中断调用类型号，其范围是10H～0FFH。INT指令的执行过程为：

（1）保护现场。

SP←SP－2，SS：SP←FLAGS

SP←SP－2，SS：SP←INT n下一条指令的CS

SP←SP－2，SS：SP←INT n下一条指令的IP

IP←［0000：n×4］，CS←［0000：n×4＋2］

（2）查中断矢量表，获得中断程序的入口地址，并执行中断服务程序。

中断服务程序执行完后，用中断返回指令IRET，恢复被中断程序的断点地址和CPU状态，返回被中断程序继续执行。此时若有出口参数，应将其放在指定的寄存器或存储单元中，让用户可以取出使用。

DOS系统功能调用通常是指对类型号是21H的软中断子功能的调用，INT21H中断保护多个子程序，每个子程序对应一个功能号。下面对部分功能调用举例说明。

（1）带显示的键盘输入　01号功能调用。该功能调用是扫描键盘，等待键盘输入，若按下一个字符键，则将字符的ASCII码送入寄存器AL，并在屏幕上显示该输入字符。若按下CTRL＋BREAK组合键，则将中断程序运行，返回DOS。此功能调用没有入口参数，出口参数放在寄存器AL中，是输入字符的ASCII码。调用方式为：

```
MOV   AH，01H
INT   21H
```

（2）字符显示　02号功能调用。该功能调用是在屏幕上显示单个字符，先将要显示的字符的ASCII码存入DL中，调用时将DL寄存器中的字符送到标准输出设备（如显示器）输出。注意，若DL中的内容为CTRL＋BREAK的ASCII码时，则退出功能调用。调用方式为：

```
MOV   AH，02H
INT   21H
```

在屏幕上显示字符‘Y’的调用示例如下：

```
MOV  DL，‘Y’
MOV  AH，02H
INT  21H
```

（3）字符打印　05号功能调用。该功能调用是把DL寄存器的内容（ASCII码）送到标准打印设备打印输出。该功能调用与02号功能调用类似，也需要先将要打印的字符的ASCII码送DL寄存器，但两者的输出设备不同。调用方式为：

```
MOV   AH, 05H
INT   21H
```

例如要在打印机上打印字符‘A’时，可以使用如下调用：

```
MOV   DL, 'A'
MOV   AH, 05H
INT   21H
```

（4）不带显示的键盘输入　07号功能调用。该功能调用与01H号功能调用类似，也是从键盘输入字符，将其ASCII码送入AL寄存器中，差别是07H功能调用不在屏幕上显示，也不响应CTRL+BREAK组合键。这一特点可以禁止由CTRL+BREAK引起的程序中断。调用方式为：

```
MOV   AH, 07H
INT   21H
```

（5）不带显示的键盘输入　08号功能调用。该功能调用与07H号功能基本相同，差别是会对CTRL+BREAK组合键进行响应。调用方式为：

```
MOV   AH, 08H
INT   21H
```

（6）字符串显示　09号功能调用。该功能调用是在显示器上显示以‘$’为结束标志的字符串。调用前先把要显示的字符串存入缓冲区，注意在字符串的结尾存入‘$’结束标志，并将缓冲区的首地址送DX寄存器，段基地址送DS寄存器。调用方式为：

```
MOV   AH, 09H
INT   21H
```

例如，在屏幕上显示‘ABCDEFG’时，可以进行如下调用：

```
DATA    SEGMENT
STRING  DB    'ABCDEFG', '$'
        ……
DATA    ENDS
        ……
        MOV   DS, SEG STRING
        MOV   DX, OFFSET STRING
        MOV   AH, 09H
        INT   21H
```

（7）字符串输入　10号功能调用。该功能调用是将键盘上输入的一行字符写入内存缓冲区中。使用前，应先在内存中定义一个输入缓冲区，存放键盘输入的数据。缓冲区的第一个字节存放1～255之间的数，定义该缓冲区能存放的字符个数；第二个字节存放用户本次调用时实际输入的字符个数（不含回车键），该值在中断返回时，由程序自动填入；输入的字符串从第三个字节开始存放。键盘输入时，由回车键结束字符串，并将回车代码（0DH）放在字符串的末尾，即缓冲区的最后的一个单元为回车符。如果输入字符个数超过缓冲区的最大容量，后面的字符将被略去，并以铃声提示。注意，缓冲区一定要定义在当前数据段中，调用前缓冲区的段地址和偏移量应分别送 DS 和 DX。

10 号功能调用示例如下：

```
DATA SEGMENT
BUF   DB  20                 ; 定义缓冲区的大小
      DB  ?                  ; 预留，存放输入字符个数
      DB  20  DUP (?)        ; 存放输入字符
      ……
DATA ENGS
      ……
      MOV DS, SEG BUF
      MOV  DX, OFFSET BUF
      MOV  AH, 0AH
      INT  21H
```

(8) 返回操作系统 4CH 号功能调用。该功能调用表示结束当前正在执行的程序，并将控制权返回到启动该程序的上一级。一般用于返回 DOS 操作系统。调用方式为：

```
MOV  AH, 4CH
INT  21H
```

【例 5-9】 从键盘上输入字符串，以回车作为结束，将字符串存入 BUFFER+2 开始的单元中。

程序设计如下：

```
DATA    SEGMENT
STR     DB   'PRESS RETURN KEY TU EXIT', 0DH, 0AH, '$'
BUFFER  DB  80
        DB  81  DUP (0)
        DB   '$'
DATA    ENDS
STACK   SEGMENT  PARA  STACK
        DW  20  DUP (0)
STACK   ENDS
CODE    SEGMENT
        ASSUME  CS: CODE, DS: DATA, SS: STACK
START:  MOV  AX, DATA
        MOV  DS, AX
        MOV  DX, OFFSET STR          ; 调显示字符串的首地址
        MOV  AH, 09H
        INT  21H                     ; 字符串显示
        MOV  DX, OFFSET BUFFER       ; 调字符串存放单元的首地址
        MOV  AH, 0AH
```

```
        INT   21H                          ；字符串输入
        MOV   AH，4CH
        INT   21H                          ；返回操作系统
CODE    ENDS
        END   START
```

5.3.6 典型例题分析

【例5-10】 用乘法指令实现32位二进制数的相乘。

解：32位二进制数就是双字数，双字数相乘的积为64位，即4个字长。乘法指令只能完成单字长度（16位）数的相乘，要完成双字长数的相乘，可以分步完成。先计算被乘数高16位和低16位分别和乘数低16位的乘积，将两者相加得部分和；然后再计算被乘数低16位和乘数高16位的乘积，并与部分和相加；最后计算被乘数高16位和乘数高16位的乘积，同样与部分和相加，得到最后的乘积。32位二进制数的乘法过程如图5-13所示。

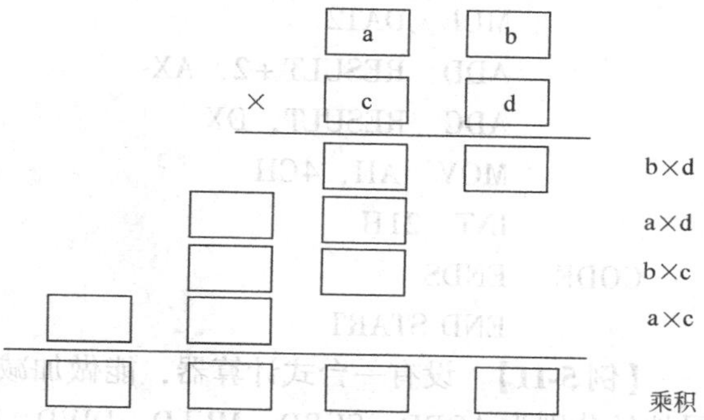

图5-13 32位数乘法示意图

程序设计如下：

```
DATA    SEGMENT
DAT1    DW   1234H，2345H
DAT2    DW   5678H，6789H
RESULT  DW   4  DUP（?）
DATA    ENDS
STACK   SEGMENT  PARA  STACK
        DW  20  DUP（0）
STACK   ENDS
CODE    SEGMENT
        ASSUME  CS：CODE，DS：DATA，SS：STACK
START：MOV  AX，DATA
        MOV  DS，AX
        MOV  AX，DAT1+2
        MUL  DAT2+2
        MOV  RESULT+6，AX
        MOV  RESULT+4，DX
        MOV  AX，DAT1
        MUL  DAT2+2
        ADD  RESULT+4，AX
```

```
        ADC   RESULT+2, DX
        ADC   RESULT, 0
        MOV   AX, DAT1+2
        MUL   DAT2
        ADD   RESULT+4, AX
        ADC   RESULT+2, DX
        ADC   RESULT, 0
        MOV   AX, DAT1
        MUL   DAT2
        ADD   RESULT+2, AX
        ADC   RESULT, DX
        MOV   AH, 4CH
        INT   21H
CODE    ENDS
        END START
```

【例5-11】 设有一台式计算器，能做加减乘除运算。每个功能对应的分支程序入口符号地址分别为ADDD、SUBD、MULD、DIVD，根据显示的菜单，用户可以通过选择0、1、2等功能号，实现不同的处理。

解：本程序必须采用多分支程序结构进行设计，在数据定义段为用户提供一个"菜单"STRING，用户可根据需要选择0、1、2、3、4，分别进入加、减、乘、除、退出的分支程序处理段。而本程序只是起一个示范作用，加、减、乘、除对应的分支程序都设计为同样的处理段，用宏定义，因此程序一开始就设计了一组宏指令组供各分支程序调用。

程序设计如下：

```
CALF    MACRO
        MOV   AH, 2
        MOV   DL, ODH
        INT   21H
        MOV   AH, 2
        MOV   DL, 0AH
        INT   21H
        ENDM                          ；宏定义
DATA    SEGMENT
BASE    DW    ADDD
        DW    SUBD
        DW    MULD
        DW    DIVD
STRING  DB    0DH, 0AH, '0：加法，1：减法，2：乘法，', 0DH, 0AH
        DB    0DH, 0AH, '3：除法，4：退出，', 0DH, 0AH, '$'
ERROR   DB    '请输入功能号（0，1，2，3，4）', 0DH, 0AH, '$'
```

```
JADD    DB      '正在进行加法运算', 0DH, 0AH, '$'
JSUB    DB      '正在进行减法运算', 0DH, 0AH, '$'
JMUL    DB      '正在进行乘法运算', 0DH, 0AH, '$'
JDIV    DB      '正在进行除法运算', 0DH, 0AH, '$'
DATA    ENDS
CODE    SEGMENT
        ASSUME  CS: CODE, DS: DATA
START:  MOV     AX, DATA
        MOV     DS, AX
NEXT:   MOV     AH, 09H
        LEA     DX, STRING
        INT     21H                     ; 显示提示字符串
        MOV     CX, 3                   ; 定义计数器的次数
PPP:    MOV     AH, 01H
        INT     21H                     ; 显示键盘输入
        CMP     AL, 30H
        JZ      LLL
        CMP     AL, 31H
        JZ      LLL
        CMP AL, 32H
        JZ      LLL
        CMP AL, 333H
        JZ      LLL
        CMP AL, 34H
        JZ      DONE
        MOV     AH, 9
        LEA     DX, ERROR               ; 显示出错提示字符串
        INT     21H
        LOOP    PPP
        JMP     DONE                    ; 连续3次输入出错转退出程序段
LLL:    MOV     AH, 0
        AND     AL, 0FH
        ADD     AL, AL
        LEA     BX, BASE
        ADD     BX, AX
        JMP     BX                      ; 转相应数据段
ADDD:   CRLF
        CRLF                            ; 宏调用
        LEA     DX, JADD
```

```
        MOV     AH, 9
        INT     21H                       ; 显示运算提示
        JMP     NEXT
SUBD:   CRLF
        CRLF
        LEA     DX, JSUB
        MOV     AH, 9
        INT     21H                       ; 显示运算提示
        JMP     NEXT
MULD:   CRLF
        CRLF
        LEA     DX, JMUL
        MOV     AH, 9
        INT     21H                       ; 显示运算提示
        JMP     NEXT
DIVD:   CRLF
        CRLF
        LEA     DX, JDIV
        MOV     AH, 9
        INT     21H                       ; 显示运算提示
        JMP     NEXT
DONE:   MOV     AX, 4CH
        INT     21H
CODE    ENDS
        END     START
```

【例 5-12】 统计数据区 DAT 中 0、正数、负数的个数，将结果分别存放在 S0、S1、S2 中。

解：在数据段设置数据区 DAT 存放一组带符号的数，定义 S0、S1、S2 单元存放统计结果；采用循环程序结构，逐个读取 DAT 中的数据和 0 比较，根据比较结果修改临时计数寄存器 BL、BH、DH 的数值，最后将计数寄存器中的数值存入 S0、S1、S2 中，程序框图如图 5－14 所示。

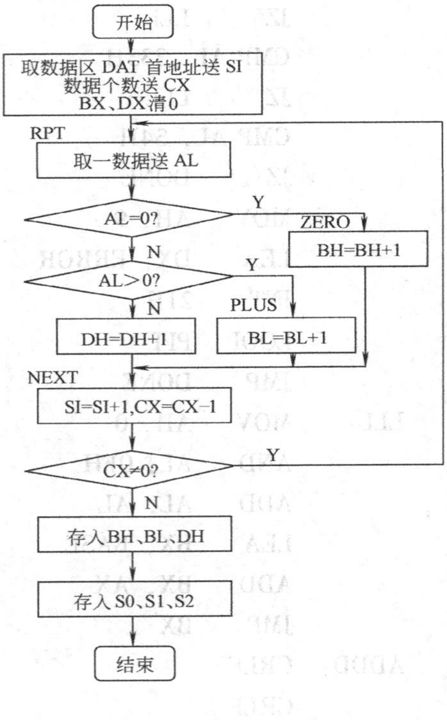

程序设计如下：

```
DATA    SEGMENT
DAT     DB      -9, 0, 9, 3, -4, -5, 4,
7, 0, -8
S0      DB      0
S1      DB      0
```

开始
取数据区 DAT 首地址送 SI
数据个数送 CX
BX、DX清0
RPT
取一数据送 AL
AL=0?
Y
ZERO
BH=BH+1
N
AL>0?
Y
PLUS
N
DH=DH+1
BL=BL+1
NEXT
SI=SI+1,CX=CX-1
CX≠0?
Y
N
存入BH、BL、DH
存入 S0、S1、S2
结束

图 5-14　例 5-12 程序流程图

```
S2       DB    0
ASCII    DB    30H, ',', 30H, ',', 30H, '$'
DATA     ENDS
STACK    SEGMENT
         DB    20 DUP (?)
STACK    ENDS
CODE     SEGMENT
         ASSUME  CS: CODE, DS: DATA, SS: STACK
START:   MOV   AX, DATA
         MOV   DS, AX
         MOV   BX, 0
         MOV   DX, 0                ; 设置计数寄存器初始值为0
         LEA   SI, DAT              ; 取数据区DAT的首地址
         MOV   CX, D0-DAT           ; 取数据区数据个数，作为循环次数
COMP:    MOV   AL, [SI]             ; 取数据
         CMP   AL, 0                ; 和0进行比较
         JE    ZERO
         JNS   PLUS
         INC   DH                   ; 为负数，DH计数寄存器加1
         JMP   NEXT                 ; 转移到NEXT，统计下一个数据
ZERO:    INC   BH
         JMP   NEXT
PLUS:    INC   BL
         JMP   NEXT
NEXT:    INC   SI
         LOOP  COMP
         MOV   S0, BH
         MOV   S1, BL
         MOV   S2, DH               ; 计数寄存器数值送S0、S1、S2单元
         ADD   ASCII, BH
         ADD   ASCII+1, BL
         ADD   ASCII+2, DH          ; 数值转换成ASCII码
         LEA   DX, ASCII
         MOV   AH, 09H
         INT   21H
         MOV   AH, 4CH
         INT   21H
CODE     ENDS
         END   START
```

程序执行完成后，屏幕上显示“2，4，4”，分别表示数据区 DAT 中 0、正数、负数的个数。

【例 5-13】 计算两个矩阵每行元素之和。

解： 由于每个矩阵各行元素之和的计算方法都是一样的，因此可以采用子程序调用的程序设计方法，将计算部分独立编写成子程序，供主程序调用；编写子程序时应注意对占用到的寄存器 AX、BX、CX、DX、BP、FLAGS 的现场保护和恢复，本程序采用堆栈进行处理。

程序如下：

```
DATA     SEGMENT
ARRAY1   DW    1, 2, 3, 4
         DW    5, 6, 7, 8
         DW    9, 10, 11, 12              ; 定义矩阵 1 数据区
ARRAY2   DW    13, 14, 15, 16, 17
         DW    18, 19, 20, 20, 22         ; 定义矩阵 2 数据区
I1       DW    3
I2       DW    2
J1       DW    4
J2       DW    5                          ; 定义矩阵的行数和列数
LINE     DW    5  DUP (0)                 ; 存放计算结果
DATA     ENDS
STACK    SEGMENT  PARA  STACK
         DB  100H  DUP (?)
STACK    ENDS
CODE     SEGMENT
         ASSUME  CS: CODE, DS: DATA, SS: STACK
MAIN     PROC  FAR                        ; 主程序
START:   PUSH  DS
         MOV   AX, 0
         PUSH  AX
         MOV   AX, DATA
         MOV   DS, AX
         LEA   DI, LINE
         LEA   AX, ARRAY1                 ; 取矩阵 1 的首地址
         PUSH  AX
         MOV   AX, I1
         PUSH  AX
         MOV   AX, J1
         PUSH  AX
         CALL  SUMLINE                    ; 调用子程序，计算矩阵 1 每行元素的和
         LEA   AX, ARRAY2                 ; 取矩阵 2 的首地址
```

```
        PUSH  AX
        MOV   AX, I2
        PUSH  AX
        MOV   AX, J2
        PUSH  AX
        CALL  SUMLINE             ；调用子程序，计算矩阵2每行元素的和
        MOV   AX, 4CH
        INT   21H
MAIN    ENDP
SUMLINE PROC  NEAR                ；定义子程序
        PUSH  AX
        PUSH  BX
        PUSH  CX
        PUSH  DX
        PUSH  BP                  ；保护现场
        MOV   BP, SP
        PUSHF
        MOV   BX, [BP+16]
        MOV   CX, [BP+14]         ；取参数
LOP:    MOV   DX, [BP+12]         ；取参数
        MOV   AX, 0
NEXT:   ADD   AX, [BX]
        ADD   BX, 2               ；计算每行元素的和
        DEC   DX
        CMP   DX,0
        JNZ   NEXT
        MOV   [DI], AX            ；计算结果送LINE
        MOV   DI, 2
        LOOP  LOP
        POPF
        POP   BP
        POP   DX
        POP   CX
        POP   BX
        POP   AX                  ；恢复现场
        RET                       ；子程序结束，返回主程序
SUMLINE ENDP
CODE    ENDS
        END   START
```

【例 5-14】 将十六位二进制数转换为 ASCII 码，并以十进制数形式在屏幕上输出。

解：十六位二进制数表示的范围是 -32768 ~ +32767 之间。因此程序应先检查被转换数的符号位，以决定输出“+”还是“-”，若为负数应先求补再进行转换；转换时先减 10000，其中包含的 10000 的个数就是其十进制数的万位数字，再用余下的数减 1000，其中包含的 1000 的个数就是其十进制数的千位数字，依此类推计算出其十进制数百位、十位的数字，注意个位数字可以直接得出；为了转换成 ASCII 码，还要在其数值上加 30H；由于二进制转换成十进制、转化成 ASCII 码、在屏幕上显示都是相同的方法，所以本程序设计了 3 段子程序 CONV、CHANGE 和 DISPLAY 分别完成。

程序如下：

```
DATA    SEGMENT
DBIN    DW  0110110000001100B ；定义要转换的十六位二进制
DDEC    DW  9  DUP（?）
DATA    ENDS
STACK   SEGMENT  PARA  STACK
        DB  100H  DUP（?）
STACK   ENDS
CODE    SEGMENT
        ASSUME  CS：CODE，DS：DATA，SS：STACK
MAIN    PROC  FAR                    ；主程序
START   PUSH  DS
        MOV   AX，0
        PUSH  AX
        MOV   AX，DATA
        MOV   DS，AX
        MOV   CX，DBIN               ；取要转换的二进制数
        CALL  CONV
        CALL  DISPLAY
MAIN    ENDP
CONV    PROC  NEAR                   ；定义子程序 CONV
        PUSH  AX
        PUSH  BX
        PUSH  DX
        PUSH  SI                     ；现场保护
        LEA   BX，DDEC
        MOV   AL，0DH
        MOV   [BX]，AL
        INC   BX
        MOV   AL，0AH
        MOV   [BX]，AL
```

```
        OR      AL, AL              ；判定是正数还是负数
        JNS     PLUS
        NEG     CX
        MOV     AL, '-'
        MOV     [BX], AL
        JMP     GOON
PLUS:   MOV     AL, '+'
        MOV     [BX], AL
GOON:   INC     BX
        MOV     SI, 10000
        CALL    CHANGE              ；调用二进制转换十进制子程序
        MOV     SI , 1000
        CALL    CHANGE
        MOV     SI, 100
        CALL    CHANGE
        MOV     SI , 10
        CALL    CHANGE
        MOV     AL, CL
        ADD     AL, 30H
        MOV     [BX], AL
        INC     BX
        MOV     AL, '$'
        MOV     [BX], AL
        POP     SI
        POP     DX
        POP     BX
        POP     AX                  ；恢复现场
        RET
CONV    ENDP
CHANGE  PROC    NEAR                ；定义二进制转换十进制子程序
        MOV     DL, 0
AGAIN1: SUB     CX, SI
        JC      NEXT
        INC     DL
        JMP     AGAIN
NEXT:   ADD     CX, SI
        MOV     AL, 30H
        ADD     AL, DL
        MOV     [BX], AL
```

```
        INC     BX
        RET
CHANGE  ENDP
DISPLAY PROC    NEAR                        ；定义显示子程序
        PUSH    AX
        MOV     DX，OFFSET DDEC
        MOV     AH，09H
        INT     21H
        POP     AX
        RET
DISPLAY ENDP
CODE    ENDS
        END     START
```

本章小结

本章详细介绍了汇编语言程序设计方法及应用。汇编语言的基本组成单位是语句，每个语句由四项组成，格式如下：

[标号:]　　操作项　　[操作数]　　[；注释]

其中，操作项必不可少。

一个汇编语言源程序由若干个逻辑段组成。在汇编语言源程序中还有伪指令和宏指令。伪指令又称伪操作，源程序汇编时，伪指令不产生可执行的机器指令代码，它是在汇编过程中由汇编程序执行的指令，可以用来进行数据定义、符号定义、段定义、过程定义及程序命名及结束等主要操作。为了简化汇编语言源程序的书写，缩短主程序的长度，可以将源程序中需要多次重复使用的同一组指令定义为一个“宏指令”，以后需要时，可以按宏指令名来引用，这比使用子程序更灵活、更简便。

汇编语言程序设计的步骤：

①分析题目；　②建立数学模型；

③确定算法和处理方案；　④画出流程图；

⑤编制程序；　⑥上机调试；

⑦试运行。

汇编语言程序结构可分为：

顺序结构程序设计；分支程序设计；循环程序设计；子程序设计；宏；系统功能调用等。

习题与思考题

5-1　什么是标号、变量、伪指令、宏指令？汇编语言的表达式中有哪些运算符？

5-2　根据下列数据定义，写出各条指令执行后相关寄存器的内容。

TABLE　DW　100　DUP（?）

```
ARRAY  DB   'ABCD'
RES  DB  ?
(1) MOV  AX, TYPE  TABLE
(2) MOV  CX, LENGTH  ARRAY
(3) MOC  SI, SIZE  RES
```

5-3 对下面程序进行注释，并说明其功能。

```
DSEG     SEGMENT
NUMBER DB  X1, X2
MAX      DB  ?
DSEG     ENDS
CSEG     SEGMENT
         ASSUME  CS: CSEG, DS: DSEG
         MOV  AX, DSEG
         MOV  DS, AX
         MOV  AL, NUMBER
         CMP  AL, NUMBER+1
         JNC  BRANCH
         MOV  AL, NUMBER+1
BRANCH:  MOV  MAX, AL
         MOV  AH, 4CH
         INT  21H
CSEG:    ENDS
         END
```

5-4 从TABLE开始的单元中有10个16位无符号数，编写一个程序找出其中最小数并存入MIN单元。

5-5 从键盘输入N个学生的成绩，编写一个程序来统计60～69分，70～79分，80～89分，90～99分及100分的人数，分别存放在S6，S7，S8，S9和S10单元中。

5-6 已知内存中从STA单元开始存放有一串字符，以'$'为结束标志，长度不超过100个字节，编程统计该字符串长度，并存放在LEN单元。

5-7 编写一个程序，将键盘输入的小写字母用大写字母显示出来。

第 6 章　存储器系统

内容提要： 本章主要介绍内存和外存的基本概念，半导体存储器的分类，随机存储器 RAM，只读存储器 ROM，存储器扩展及其与 CPU 的连接，半导体读/写存储器，高速缓冲存储器 Cache 和虚拟存储器的相关知识。

教学要求： 通过本章的学习，要求掌握存储器芯片的类型和各主要存储器芯片的工作原理；掌握扩展存储器容量的技术，能够用给定的存储器芯片按要求设计主存，从而深刻理解存储器的构成原理；掌握 Cache 和虚拟存储器的构成原理，能够分析 Cache 和虚拟存储器的命中情况。通过对命中情况的分析，对 Cache 和虚拟存储器的工作原理有深入的理解。本章的难点是存储器芯片的原理和工作时序、主存的容量扩展技术、Cache 和虚拟存储器的分析。

6.1　半导体存储器概述

存储器是组成计算机的 5 大部件之一，计算机的工作依赖于存储器中的程序和数据。在计算机中，采用什么样的存储介质、怎样组织存储器系统以及怎样控制存储器的操作是计算机存储器设计的基本问题。在计算机系统中，存储器的容量和性能对于整个系统的性能至关重要。计算机要对数据和信息自动快速地进行运算和处理，就必须把指令、数据和计算的中间结果存放在计算机内部。存储器就是计算机内部这种具有记忆功能的部件。存储器中存放的程序与数据要不断地传送到运算器与控制器中去，处理的结果又要不断存回到存储器中。因此，存储器的性能会对整个计算机系统的性能产生影响。

对存储器的要求是容量大、速度快、成本低，但是一个存储器往往很难同时兼顾到这 3 点。为了解决这个矛盾，目前计算机中常采用 3 级存储器结构，即高速缓冲存储器、主存储器和外存储器，从而构成统一的存储系统。从整体看，这种存储系统的速度接近于高速缓冲存储器的速度；容量接近于辅存的容量；每位平均价格接近于慢速辅存的价格。

6.1.1　存储器概述

所谓存储器是用以存储二进制信息的器件，它是计算机系统中的记忆部件，用来存放数据和程序。存储器中最基本的存储电路可以存储一位二进制信息，称为位或 bit（比特），用 b 表示，它有 0 和 1 两种状态。基本存储电路由具有两种稳定状态的元件组成，比如一个磁心或一个半导体触发器。通常把 8 个 bit 组合起来使用，称为字节（Byte），用 B 表示。字节是存储器的基本存取单位。

为了便于 CPU 存储信息，每个字节用一组二进制代码进行编号，这一组二进制代码称为地址。地址的位数越多，可以表示的不同字节数越多，可寻址的地址空间就越大。16 位地址可表示 64KB(0 ~ FFFFH) 的地址空间，20 位地址可表示 1MB(0 ~ FFFFFH) 的地址空间。由于 8086 是 16 位微处理器，它每次访问存储器可以读写 1 个字节，也可以同时读写 2 个字节，这连续的两个字节称为字（Word）。存储单元的地址和它的内容之间没有直接关系，即地址和内容是两件事，不要混淆。地址规定了存储单元的位置，在这个位置内部的信息是数据，它可能是指令操作码，可能是CPU要处理的数据，也可能是指令要寻找的数据的地址等。

计算机中的存储器常分为内存储器和外存储器，计算机信息按高速缓存—主存储器—外存储器的三级存储系统来存放。具体分类如图6-1所示。

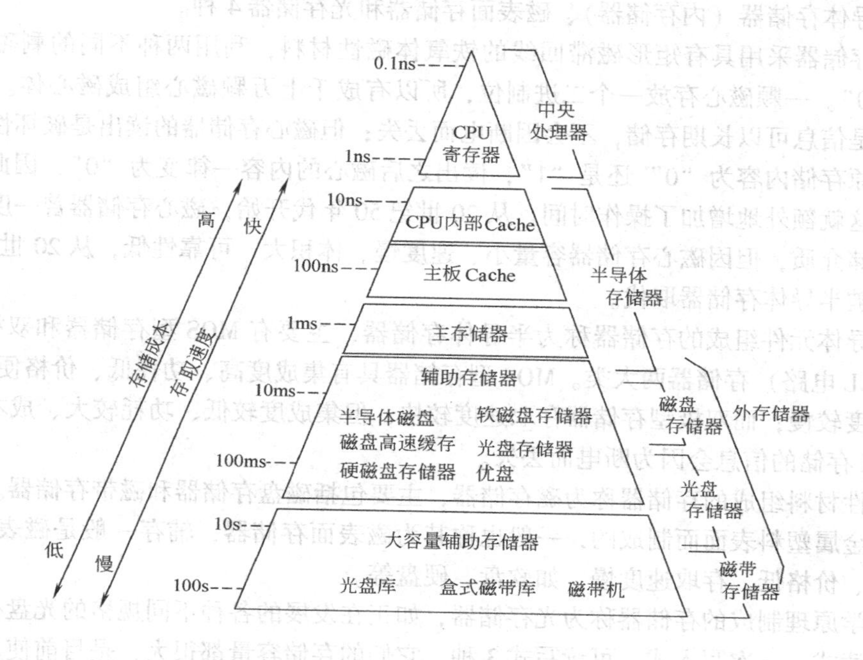

图6-1 分级存储示意图

1. 内存储器

用于存放CPU当时正要处理的程序和数据，要求其存取速度应和CPU的处理速度相匹配，但存储容量可相对小一些。目前微机中通常采用半导体存储器。

（1）CPU寄存器　片内存储单元，特点是速度快、容量小。

（2）高速缓冲存储器（Cache）通常位于主存和CPU之间，存放当前要执行的程序和数据，以便高速向CPU提供马上要执行和使用的指令和数据。

（3）主板Cache　为解决主存与CPU的速度匹配而增设的。

（4）主存储器 主存储器用来存放计算机运行期间正在执行的程序和数据。CPU的指令系统能直接读写主存中的存储单元，主存是主机内部的存储器，故又称之为内存。

2. 外存储器

外存储器也称辅助存储器或后缓存储器。它用来存放程序、数据文件等大量信息。外存设在主机外部，容量极大而速度较低。CPU不能直接访问它，必须通过专门的程序把所需的信息与主存储器进行成批的交换，调入主存储器后，才能使用。磁带、磁盘（软盘、硬盘）和光盘等都是常用的外存储器，属于外部设备的范畴。

本章着重介绍半导体存储器。

6.1.2 半导体存储器的分类

根据存储介质及使用方法的不同，存储器有不同的分类方法。

1. 按存储介质分类

用来存储信息的物质称为存储介质。根据目前常用的存储介质可以把存储器分为磁心存储器、半导体存储器（内存储器）、磁表面存储器和光存储器4种。

磁心存储器采用具有矩形磁滞回线的铁氧体磁性材料，利用两种不同的剩磁状态表示“1”或“0”。一颗磁心存放一个二进制位，所以有成千上万颗磁心组成磁心体。磁心存储器的特点是信息可以长期存储，不会因断电而丢失；但磁心存储器的读出是破坏性读出，即不论磁心原存储内容为“0”还是“1”，读出之后磁心的内容一律变为“0”，因此需要再重写一次，这就额外地增加了操作时间。从20世纪50年代开始，磁心存储器曾一度成为主存的主要存储介质，但因磁心存储器容量小、速度慢、体积大、可靠性低，从20世纪70年代开始，已被半导体存储器取代。

用半导体元件组成的存储器称为半导体存储器，主要有MOS型存储器和双极型（TTL电路或ECL电路）存储器两大类。MOS型存储器具有集成度高、功耗低、价格便宜等特点，但存取速度较慢；而双极型存储器存取速度较快，但集成度较低、功耗较大、成本较高。半导体RAM存储的信息会因为断电而丢失。

用磁性材料组成的存储器称为磁存储器，主要包括磁盘存储器和磁带存储器。由于是将材料涂在金属塑料表面而制成的，一般也称其为磁表面存储器，辅存一般是磁表面存储器，它容量大、价格低，存取速度慢，如软盘、硬盘等。

用光学原理制成的存储器称为光存储器，如正在发展的各种不同规格的光盘存储器，一般分为只读式、一次写入式、可读写式3种，它们的存储容量都很大，是目前使用非常广泛的辅助存储器。

2. 按存取方法分类

按存储器不同的工作方式可以将存储器分为随机存取存储器（Random Access Memory，RAM）、只读存储器（Read Only Memory，ROM）、顺序存取存储器（Sequential Access Memory，SAM）和直接存取存储器（Direct Access Memory，DAM）。

若存储器中任何存储单元的内容都能被随机存入或读取，且CPU对任何一个存储单元的写入和读出时间是一样的，即存取时间相同，而与其所处的物理位置无关，则称为随机存取存储器（RAM），如半导体存储器。RAM的特点是存取速度快，读写方便，容易与CPU的速度相匹配，一般用于计算机的内存。RAM又可进一步分为静态RAM（SRAM）和动态RAM（DRAM）。静态存储器的内容，在不停电的情况下能长时间保留不变；动态存储器的内容在间隔一定时间后（如若干ms）会自动消失，在消失前要根据原内容重新写入一遍，称为再生或刷新，所以使用静态存储器比较方便、简单，而且速度比较快，但静态存储器的容量小、价格高，因此大容量的RAM常常是DRAM。

ROM可以看做RAM的一种特殊形式，其特点是：存储器的内容只能随机读出而不能写入。这类存储器常用来存放那些不需要改变的信息。由于信息一旦写入存储器就固定不变了，即使断电，写入的内容也不会丢失，所以又称为固定存储器。ROM除了存放某些系统程序（如BIOS程序）外，还用来存放专用的子程序，或用作函数发生器、字符发生器及微程序控制器中的控制存储器。只读存储器中又有掩模 ROM（MROM）、可编程 ROM（Programmable Read-Only Memory，简称 PROM）和可擦除可编程 ROM（Erasable Programmable Read-Only Memory，简称 EPROM）和 Flash ROM 几种不同类型。掩模 ROM 中的数据在制作时已经确定，无法更改。PROM 中的数据可以由用户根据自己的需要写入，但一经写入就不能再修改了。EPROM 里的数据则不但可以由用户根据自己的需要写入，而且还能擦除重写，所以具有更大的使用灵活性。

ROM 的种类：

（1）掩膜 ROM；

（2）可编程的只读存储器 PROM；

（3）可擦除的 EPROM；

（4）电擦除的 E^2PROM；

（5）快速擦写存储器 Flash Memory，又称为快闪存储器。

若存储器只能按某种顺序存取，即存取时间与存储单元的物理位置有关，则称为顺序存储器 SAM。SAM 的存取方式与前两种完全不同。SAM 的内容只能按某种顺序存取，存取时间的长短与信息在存储体上的物理位置有关，所以 SAM 只能用平均存取时间作为衡量存取速度的指标。磁带存储器及只读光盘存储器 CD-ROM 都是典型的顺序存储器。其特点是存储容量大，存取速度慢，但每字节成本较低，一般用作计算机的外存。

DAM 即不像 RAM 那样能随机地访问任一个存储单元，也不像 SAM 那样完全按顺序存取，而是介于两者之间。当 RAM 要存取所需的信息时，第一步直接指向整个存储器中的某个小区域（如磁盘上的磁道）；第二步在小区域内顺序检索或等待，直至找到目的地后再进行读/写操作。这种存储器的存取时间也是与信息所在的物理位置有关，但比 SAM 的存取时间要短。磁盘机就属于这类存储器。

由于 SAM 和 DAM 的存取时间都与存储体的物理位置有关，所以又可以把他们统称为串行访问存储器。

3. 按所处位置及功能分类

按存储器所处的位置及功能可以将其分为与 CPU 紧密相联的高速缓冲存储器、主存（内存）和辅存（外存）3 类。

高速缓冲存储器（Cache）位于主存和 CPU 之间，用来存放正在执行的程序段和数据，以便 CPU 能高速地使用它们。高速缓冲存储器的存取速度可以与 CPU 的速度相匹配，但存储容量较小，价格较高。目前的高档微机通常将它们或它们的一部分制作在 CPU 芯片中。

主存用来存放计算机运行期间所需要的程序和数据，CPU 可直接随机地进行读/写访问。主存具有一定容量，存取速度较高。由于 CPU 要频繁地访存，所以主存的性能在很大程度上影响了整个计算机系统的性能。早期的内存通常由磁性存储器——磁心充当，随着半导体和集成电路技术的发展，目前是由半导体存储器充当计算机的内存，其容量在几十 MB 至几百 MB 之间。如此容量的内存仍不能满足存放日益丰富的计算机程序和数据的需要，因此将大量处于不运行状态的程序和数据放置在内存之外来节省内存空间。

辅助存储器又称为外存储器或后援存储器，用来存放那些 CPU 不能直接访问且暂时不用的程序和数据的存储器称为计算机的外存。它用来存放当前参与运行的程序和数据以及一些需要永久性保存的信息。辅存设在主机外部，容量极大且成本很低，但存取速度较慢，而且CPU不能直接访问它。辅存中的信息必须通过专门的程序调入主存后，CPU才能使用。一般它是由容量大，速度较慢，价格低的磁表面存储器和光存储器等充当。

4. 按信息的可保存性分类

根据信息的可保存性可以将存储器分为永久性的和非永久性的。磁表面存储器是永久性的；半导体RAM存储器是非永久性的，断电后其信息会丢失。

5. 按存储器在计算机中的作用分类

根据在计算机中的作用存储器可以分为主存储器、辅助存储器、高速缓存和控制存储器等。

位是二进制数的最基本单位，也是存储器存储信息的最小单位。一个二进制数由若干位组成，当这个二进制数作为一个整体存入或取出时，这个数称为存储字。存放存储字或存储字节的主存空间称为存储单元或主存单元，大量存储单元的集合构成一个存储体，为了区别存储体中的各个存储单元，必须将它们一一编号。存储单元的编号称为地址，地址和存储单元之间有一对一的对应关系，就像一座大楼的每个房间都有房间号一样。

一个存储单元可能存放一个字，也可能存放一个字节，这是由计算机的结构决定的。对于字节编址的计算机，最小寻址单位是一个字节，相邻的存储单元地址指向相邻的存储字节；对于字编址的计算机，最小寻址单位是一个字，相邻的存储单元地址指向相邻的存储字。所以，存储单元是CPU对主存可进行访问操作的最小存储单位。

半导体存储器的分类如图6-2所示。

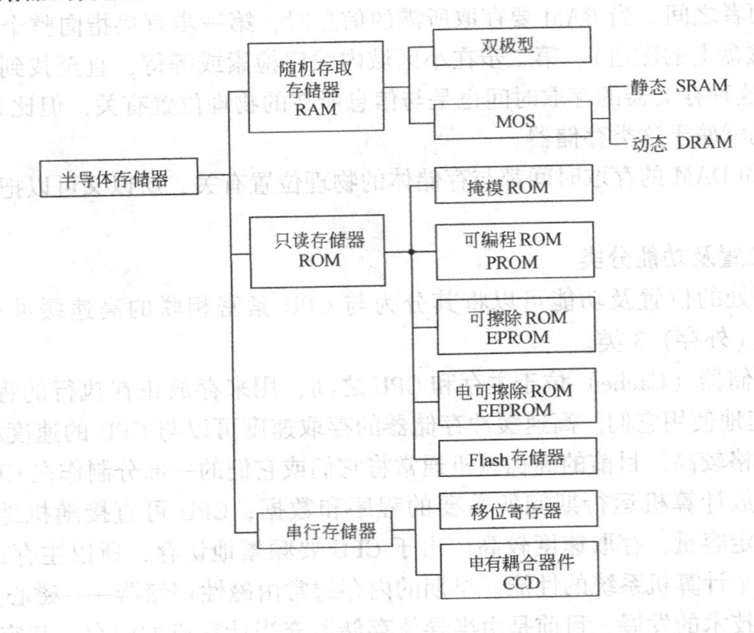

图6-2 半导体存储器的分类

6. 存储器的基本组成

（1）存储体　信息存储的集合体，存储单元矩阵。

（2）地址寄存器　按地址码的位数来设置。

(3) 地址译码器 线性译码——地址线不分组而直接译码。如10线——2^{10}线译码器，译码电路复杂。

复合译码——地址线分成两组分别译码，两组的输出共同选择一个基本单元。如10根地址线分两组，用两个5线——2^{10}线译码器，译码效果相同，但译码电路的开销大幅减少。

(4) 控制逻辑 接收CPU发送的R/$\overline{W}$和$\overline{CS}$信号

(5) 三态数据缓冲器 连接DB。$\overline{CS}$有效时，存储单元的信息通过数据缓冲器读/写。$\overline{CS}$无效时，所连接的芯片不工作，三态数据缓冲器呈高阻态。

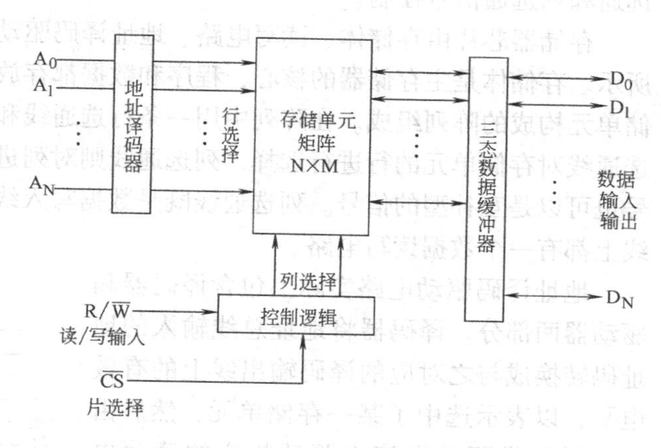

图6-3 典型存储器组成框图

存储体是存储器的核心部分，其余则是存储器组成的外围部分，典型存储器组成框图如图6-3所示。

6.1.3 半导体存储器芯片的一般结构

半导体随机访问存储器芯片主要有静态存储器（SRAM）芯片和动态存储器（DRAM）芯片两种，此外还有只读存储器芯片和相联存储器等。静态存储器芯片的速度较高，但它的单位价格即每字节存储器空间的价格较高；动态存储器芯片的容量较高，但速度比静态存储器慢。

1. 静态存储器芯片

静态存储单元的结构有多种，典型的MOS静态存储单元如图6-4所示。它是一个触发器结构，存储的数据表示为由晶体三极管T_1和T_2构成的双稳态电路的电平，电路中T_3和T_4

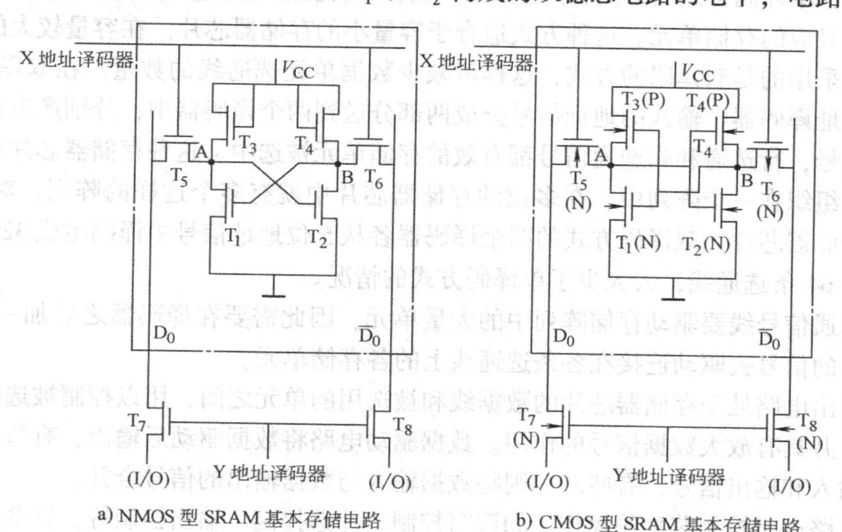

图6-4 MOS存储单元结构

是恒流源电路，起负载电阻的作用，T_5 和 T_6 用于存储单元与外部电路连接或者隔离，由行选通和列选通信号控制。

存储器芯片由存储体、读写电路、地址译码驱动电路和控制电路等部分组成，如图 6-5 所示。存储体是主存储器的核心，程序和数据都存放在存储体中。存储体部分是由大量的存储单元构成的阵列组成。在阵列中用一条行选通线和一条列选通线来选择阵列中的单元。行选通线对存储单元的行进行选择，列选通线则对列进行选择。这些选通信号线可以是单线信号也可以是互补型的信号。列选通线既是数据写入线，又是数据读出线，因此在每条列选通线上都有一个数据读写电路。

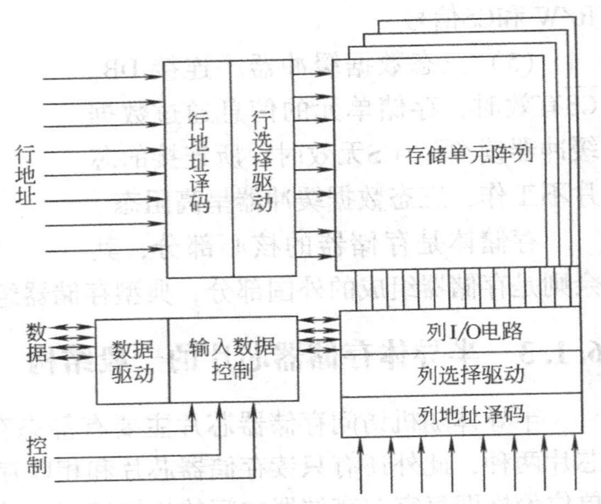

图 6-5　RAM 的阵列结构

地址译码驱动电路实际上包含译码器和驱动器两部分。译码器将地址总线输入的地址码转换成与之对应的译码输出线上的有效电平，以表示选中了某一存储单元，然后由驱动器提供驱动电流去驱动相应的读写电路，完成对被选中存储单元的读/写操作。地址译码器的输入信息是访问存储器的地址信息，它将二进制代码形式的地址转换成驱动读写操作的选择信号，以选择所要访问的存储单元。地址译码的方式有两种：一种是单译码方式；另一种是双译码方式。在单译码方式的存储器中只有一个译码电路，它将所有的地址信号转换成行选通信号。在一行内的各存储单元构成一个数据字的存储位置。这种行选通线又称为字选通线，列选通线又称为位选通线。在一个具有 10 位地址的存储器芯片中，单译码方式的译码器产生 1024（即 2^{10}）条行选通信号，每一条行选通信号线选择一个字对应的存储单元。这种方式适合于容量小的存储器芯片。在容量较大的存储器芯片中，一般采用的是双译码的方式，这样可减少数据单元选通线的数量。在双译码方式中，采用两个地址译码器，输入的地址信号分成两部分送到两个译码器中，分别产生行选通信号和列选通信号，行选通和列选通信号都有效的存储单元被选中。这种存储器芯片将一个数据字的同一位组织在一个阵列中，在多位的存储器芯片中就有多个这样的阵列。对于一个 10 位地址的存储器芯片，双译码方式的两个译码器各从 5 位地址信号中译码生成 32 条选通线，因此一共是 64 条选通线，大大少于单译码方式的情况。

由于选通信号线要驱动存储阵列中的大量单元，因此需要在译码器之后加一个驱动器，用驱动输出的信号去驱动连接在各条选通线上的各存储单元。

输入输出电路处于存储器芯片的数据线和被选用的单元之间，用以控制被选中的单元读出或写入，并具有放大数据信号的作用。数据驱动电路将数据驱动后输出，有些芯片采用分离的数据输入和输出信号，有些芯片则将数据输入与数据输出的信号合并。

控制电路用于控制芯片的操作，如读写控制、片选控制、输出控制等，这些控制信号一般分别称为 $\overline{WE}$、$\overline{CS}$ 和 $\overline{OE}$。这里信号名上一横（求非符号）表示信号的低电平有效。读写控制信号 $\overline{WE}$ 指定操作的方式。静态存储器的读操作过程是：

①外部电路驱动芯片的地址线，将需要读取数据的二进制地址送到存储器芯片。

②将$\overline{WE}$控制信号置高电平，将$\overline{CS}$信号和$\overline{OE}$信号置低电平。

③存储器芯片驱动数据输出线，将存储的数据输出。

上述$\overline{CS}$和$\overline{OE}$置低电平时两个信号有效，$\overline{CS}$有效使得芯片被选中，从而开始读操作；$\overline{OE}$信号有效使得数据能够输出，可被外部电路读取。

静态存储器的写操作过程是：

①外部电路驱动芯片的地址线，将需要写入数据的二进制地址送到存储器芯片。

②外部电路驱动数据线，将需要写入的数据送往存储器芯片。

③将$\overline{WE}$控制信号和$\overline{CS}$信号置低电平，$\overline{OE}$信号置高电平。

上述$\overline{WE}$信号置低电平使得芯片进行写操作，$\overline{CS}$信号有效使得写操作能够进行，这样经过一定的延迟之后，数据线上的数据信号就写入到地址线信号所指定的存储位置中。

2. 动态存储器芯片

利用 MOS 晶体管的高阻抗特性和电容器可以直接构成存储单元。这种存储单元利用电容器存储电荷的特性来存储数据，用一个晶体管控制数据的读写。这种单管存储单元的电路如图 6-6 所示。它由一个晶体管 T 和一个电容器 C 构成（图中 C_D 是数据线上的分布电容），行选通线连接在三极管的栅极。这种存储器的特点是可以用较少的晶体管构成一个存储单元，从而提高存储器芯片的存储容量，降低存储器的成本，同时存储器的功率消耗也比较低。但由于存储单元将信息以电荷的形式存储在电容器上，而电路中不可避免地存在漏电流，这样存储的信息只能保持较短的时间，通常是若干毫秒。为了使信息存储更长的时间，必须不断地刷新每个存储单元中存储的信息，也就是将各存储单元中的数据读出之后再写回到原单元中，以对各存储单元中的电容器进行充电。这种刷新操作必须不断进行，因此这种存储器件称为动态存储器。

在动态存储器芯片中，同样将存储单元构成一个阵列，如图 6-7 所示。由于容量较大故地址线较多。为减少地址线数量将地址分成两次输入芯片。先输入行地址，再输入列地址，它们分别是存储器地址的高位部分和低位部分。两次地址的输入分别由芯片的地址选通信号$\overline{RAS}$和$\overline{CAS}$控制。其中$\overline{RAS}$是行选通信号，$\overline{CAS}$是列选通信号，它们都是低电平有效的信号，

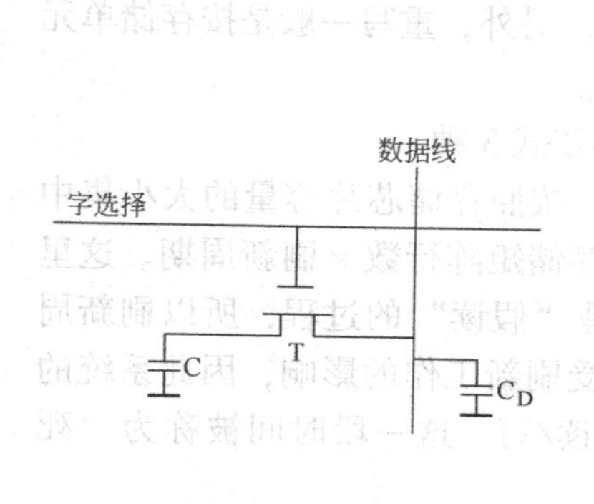

图 6-6 动态存储单元结构

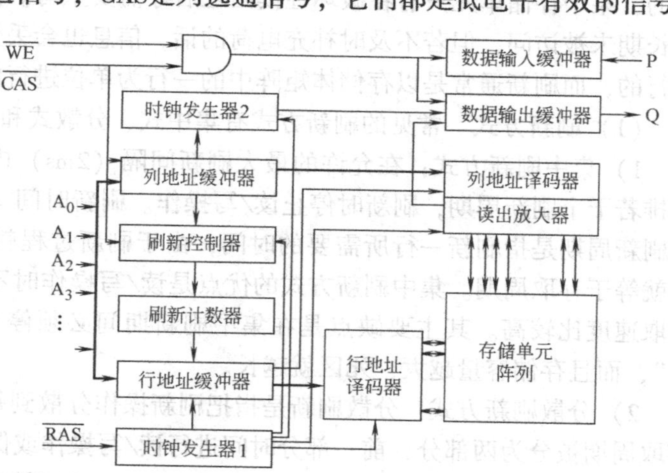

图 6-7 动态存储器芯片阵列结构

分别用于选通行地址和列地址。在输入了行地址和列地址之后开始进行数据的读写操作，为此芯片还需要有一个用于控制读或写的信号$\overline{WE}$。为了控制数据输出，存储器芯片还可以有一个输出许可信号。这些信号需要由存储器的控制电路产生。

3. 动态存储器的刷新

动态存储器的基本存储电路结构十分简单，一个位信息（bit）基本上用一个电容来存放。由于电容的容量不大，会随时间而失去部分电荷，在几毫秒后DRAM储存的资料就会随电荷的消失而消失。所以动态存储器中存储的信息需要定时刷新（Refresh）。刷新是指由于动态存储器的内容隔一定时间后（如若干ms）会自动消失，所以要在消失前要根据原内容重新写入一遍，而不是将所有单元都清0。对动态存储器的刷新操作一般也在存储器控制电路的控制下进行。通常在对存储单元进行读写操作之前已经对该存储单元的数据进行了一次写操作，但为了保证所有单元中的信息都不丢失，存储器控制电路需要对刷新操作进行专门的控制。控制电路使得芯片不断地依次对各单元进行刷新，刷新地址可以由计数器提供。在较新的动态存储器产品中，刷新电路都包括在存储器芯片中，外部电路只需要给出启动刷新操作的控制信号即可。为提高刷新速度，一般同时对存储单元阵列中的一行进行刷新。当一行的选通线有效时，将这一行所有单元中的数据都读出，并经过信号放大后同时写回。电容中的信息可保持的时间决定了两次刷新的间隔时间，在这段时间内必须将存储器中所有的存储单元刷新一遍。那么每隔多少时间进行一次刷新操作呢？这主要是根据栅极电容上电荷的泄漏速度来决定的。一般选定的最大刷新间隔为2ms或4ms，甚至更大。也就是说，应该在规定的时间内，将全部存储体刷新一遍。

例如，DRAM芯片4164的刷新周期是2ms，与其配套使用的外部刷新电路常用8203充当刷新控制。8203是一个集刷新定时、刷新地址计数以及完成地址切换的多路转换器为一体的DRAM刷新控制器。刷新周期由外部刷新电路控制，每次刷新一行（512个存储单元），因此一片4164的64KB空间需要128次才能刷新完一遍。为保证2ms内所有单元都能刷新到，要求每次刷新操作的间隔不大于2ms/128，即15.6μs。

值得一提的是，刷新和重写（再生）是两个完全不同的概念，切不可混淆。重写是随机的，某个存储单元只有在破坏性读出之后才需要重写。而刷新是定时的，即使许多记忆单元长期未被访问，但若不及时补充电荷的话，信息也会丢失。另外，重写一般是按存储单元进行的，而刷新通常是以存储体矩阵中的一行为单位进行的。

（1）刷新方式　常见的刷新方式有集中式、分散式和异步式3种。

1）集中刷新方式：在允许的最大刷新间隔（2ms）内，按照存储芯片容量的大小集中安排若干个刷新周期，刷新时停止读/写操作。刷新时间 = 存储矩阵行数 × 刷新周期。这里的刷新周期是指刷新一行所需要的时间，由于刷新过程就是“假读”的过程，所以刷新周期就等于存取周期。集中刷新方式的优点是读/写操作时不受刷新工作的影响，因此系统的存取速度比较高。其主要缺点是在集中刷新期间必须停止读/写，这一段时间被称为“死区”，而且存储容量越大，死区就越长。

2）分散刷新方式：分散刷新是指把刷新操作分散到每个存取周期内进行，此时系统的存取周期被分为两部分，前一部分时间进行读/写操作或保持，后一部分时间进行刷新操作。在一个系统存取周期内刷新存储矩阵中的一行。这种刷新方式增加了系统的存取周期，如存储芯片的存取周期为0.5μs，则系统的存取周期应为1μs。该刷新方式没有死区，但是，它也有很明显的缺点。第一是它加长了系统的存取周期，降低了整机的速度；第二是刷新过于频繁，没有充分利用所允许的最大刷新间隔（2ms），尤其是当存储容量比较小的情况下。

3）异步刷新方式：这种刷新方式可以看成是前两种方式的结合，它充分利用了最大刷新间隔时间，把刷新操作平均分配到整个最大刷新间隔时间内进行，故相邻两行的刷新间隔＝最大刷新间隔时间÷行数。异步刷新方式虽然也有死区，但比集中刷新方式的死区小得多，仅为0.5μs。这样可以避免使CPU连续等待过长的时间，而且减少了刷新次数，是一种比较实用的刷新方式。消除“死区”还可采用不定期的刷新方式。其基本做法是：把刷新操作安排在CPU不访问存储器的空闲时间里，如利用CPU取出指令后进行译码的这段时间，这时，刷新操作对CPU是透明的，故又称透明刷新。这种方式既不会出现死区，又不会降低存储器的存取速度；但是控制比较复杂，实现起来比较困难。

（2）刷新控制　为了控制刷新，往往需要增加刷新控制电路。刷新控制电路的主要任务是解决刷新和CPU访问存储器之间的矛盾。通常，当刷新请求和访问存储器请求同时发生时，应优先进行刷新操作。也有些DRAM芯片本身具有自动刷新功能，即刷新控制电路在芯片内部。

DRAM的刷新要注意以下几个问题：

①无论是由外部刷新控制电路产生刷新地址逐行循环地刷新，还是芯片内部的刷新地址计数器自动地控制刷新，都不依赖于外部的访问，即刷新对CPU是透明的。

②刷新通常是一行一行地进行的，每一行中各记忆单元同时被刷新，故刷新操作时仅需要行地址，不需要列地址。

③刷新操作类似于读出操作，但又有所不同。因为刷新操作只是给栅极电容补充电荷，而不需要信息输出。另外，刷新时不需要加片选信号，即整个存储器中的所有芯片同时被刷新。

④因为所有芯片同时被刷新，所以在考虑新问题时，应当从单个芯片的存储容量着手，而不是从整个存储器的容量着手。

6.1.4 主存储器的主要技术指标

存储器是用来存放程序和数据的，对它的技术性能要求是：存储容量大，存储速度快，稳定可靠以及经济性好。一般由下列指标衡量存储器性能的好坏：

1. 存储容量

存储容量是衡量存储器性能的一个主要指标，对于字节编址的计算机，以字节数来表示存储容量；对于字编址的计算机，以字数与其字长的乘积来表示存储容量。如某机的主存容量为64K×16，表示它有64K个存储单元，每个存储单元的字长为16位。若改用字节表数表示，则可记为128KB。存储容量的常用单位为：字节Byte、千字节KB、兆字节MB、吉字节GB和T字节TB。它们之间的关系如下：

1Byte＝8Bit　　1KB＝1024Byte　　1MB＝1024KB

1GB＝1024MB　　1TB＝1024GB

存储器容量越大，允许存放的程序和数据就越多，越有利于提高计算机的处理能力。当前，一般用于个人计算机的内存通常在100MB以上，外存中的硬盘容量一般在几十GB以上。如果是专用服务器容量会更大。

2. 存储速度

主存的存取速度通常由存取时间 T_a、存取周期 T_m 和主存带宽 B_m 等参数来描述。

（1）存取时间 T_a　存取时间又称为访问时间或读/写时间，它是指从启动一次主存操作到完成该操作所经历的时间。例如：读出时间是指从 CPU 向主存发出有效地址和读命令开始，直到将被选单元的内容读出为止所用的时间；写入时间是指从 CPU 向主存发出有效地址和写命令开始，直到信息写入被选中单元为止所用的时间。存取时间的长短主要与存储载体的性质有关，如半导体存储器的存取时间只有几十毫微秒甚至十几纳秒。存取时间与存取周期不能混为一谈。显然 T_a 越小，存取速度越快。

（2）存取周期 T_m　存取周期又可称作读/写周期或访问周期，是指主存进行一次完整的读/写操作所需的全部时间，即连续两次访问主存操作之间所需要的最短时间。一般情况下，存取周期越短，计算机运行的速度才能越快。如 MOS 电路随机存储器的存取周期范围是 100～300ns；双极型 RAM 的存取周期为 10～200ns。显然，一般情况下，$T_m > T_a$。这是因为对于任何一种存储器，在读/写操作之后，总要有一段恢复内部状态的复原时间。对于破坏性读出的 RAM，存取周期往往比存取时间要大得多，甚至可以达到 $T_m = 2T_a$，这是因为存储器中的信息读出后需要立即进行重写（再生）。

（3）主存带宽 B_m　与存取周期密切相关的指标是主存的带宽，又称为数据传输率，表示每秒从主存进出信息的最大数量，单位为字/秒、字节/秒或位/秒。目前主存提供信息的速度还跟不上 CPU 处理指令和数据的速度，所以主存的带宽是改善计算机系统瓶颈的一个关键因素。为了提高主存的带宽，可以采取以下措施：

①缩短存取周期；

②增加存储字长；

③增加存储体。

3. 可靠性

可靠性是指在规定的时间内，存储器无故障读/写的概率。通常，用平均无故障工作时间（Mean Time Between Failures，MTBF）来衡量存储器的可靠性。平均无故障工作时间可以理解为两次故障之间的平均时间间隔，平均无故障工作时间越长，说明存储器的可靠性越高。半导体存储器由于采用大规模集成电路，故可靠性较高，平均无故障工作时间为几千小时以上。

4. 功耗

功耗是一个不可忽视的问题，它反映了存储器件耗电的多少，同时也反映了其发热的程度。通常希望功耗要小，因为这对提高存储器件的工作稳定性有好处。半导体存储器的功耗包括“维持功耗”和“操作功耗”，应在保证速度的前提下尽可能的减小功耗，特别要减小“维持功耗”。

除了上述主要参数外，集成度、易失性、经济性等也是选择存储器时需要考虑的因素。

6.2　半导体读/写存储器

RAM 存储器包括双极型 RAM 和 MOS 型 RAM，由于双极型 RAM 的功耗比较大，成本高，所以常用的 RAM 只有 MOS 型 RAM。而 ROM 型 RAM 分为静态 MOS 和动态 MOS 两种。下面分别对它们进行介绍。

6.2.1　静态存储器（SRAM）

1. 静态 RAM 的工作原理

MOS 型静态 RAM 的基本存储单元由 6 个 MOS 场效应晶体管构成，其基本存储单元电路如图 6-8 所示。

单元电路由 6 个 MOSFET 管组成，其编号为 $VF_1 \sim VF_6$。VF_1、VF_2 两个组成双稳态触发器，这是单元电路的基本存储单元。VF_3、VF_4 为两个负载管，VF_5、VF_6 为控制管。

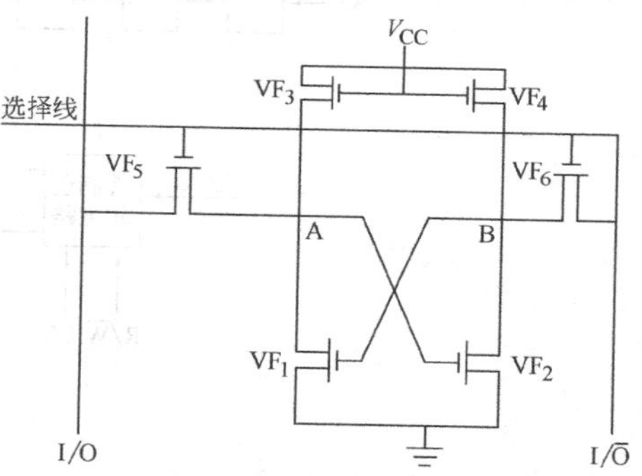

图 6-8　六管静态 RAM 基本存储电路

当双稳触发器中的 VF_1 管为导通状态时，由于 VF_1、VF_2 的交叉耦合作用，必将导致 VF_2 的截止，于是使得 A、B 两点的状态为 A = 0、B = 1，这是一种稳定状态。同样，当 VF_1 截止，VF_2 导通时，也是一种稳定状态。这样就可以设 VF_1 截止，VF_2 导通的状态为“1”状态，而设 VF_1 导通，VF_2 截止的状态为“0”状态。这两种状态只要不断电或不另设状态，将一直保持下去。这是静态 RAM 基本单元电路的存储信息原理。

控制管 VF_5、VF_6 主要用于单元信息的读写，当需要向本单元写入数据时，首先要通过地址译码器经选择线送来一个高电平信号，使这个基本存储电路被选中，则 VF_5、VF_6 导通，写入信号从 I/O 线和 $\overline{I/O}$ 线送入。如向这个单元写入“0”，只要向 I/O 线上送“0”，向 $\overline{I/O}$ 线上送“1”即可。这样在选择线的配合下，使得 VF_1 导通、VF_2 截止，就将数字“0”写入了这个单元。

存储单元不仅可随机写入信息，也可随机读出信息。在进行读出时，同样必须首先将地址译码产生的高电平送到选择线上，选中这个单元，使得 VF_5、VF_6 导通，于是 A 点和 B 点的状态即送到 I/O 线和 $\overline{I/O}$ 线上，即读出了这个单元所存储的信息。数据从本单元读出后，原来存储的信息不变。

一个存储单元仅能存储 1 位二进制信息，若干个这样的存储单元按一定方式连接起来，再加上辅助电路，就可组成一定规模的静态 RAM。只要不切断电路，写入的数据就可长期保留，且不需动态刷新电路。静态 RAM 的存取时间一般为 200 ~ 450ns。

2. SRAM 组成

半导体存储器，不管是 RAM 还是 ROM，其基本存储电路均存储一位二进制信息，且芯片内部由若干位（通常 1、4 或 8 位）组成一个基本存储单元。基本存储单元按一定的规律组合起来，一般按矩阵方式排列，构成存储体。SRAM（Static RAM）采用触发器（Flip-Flop）电路构成一个二进制位信息的存储电路，其内部除存储体外，还有地址译码驱动电路、控制逻辑电路和三态双向缓冲器等。图 6-9 是 1024 × 1 的 SRAM 结构示意图。

（1）地址译码电路　地址译码器接收来自 CPU 的地址信号，并产生地址译码信号，以便选中存储矩阵中一个存储单元，使其在存储器控制逻辑的控制下进行读/写操作。图 6-9 中把地址划分成行地址和列地址两组，每组地址分别译码，两组译码的输出信号共同选择排列成矩阵的存储体内的一个存储单元电路。

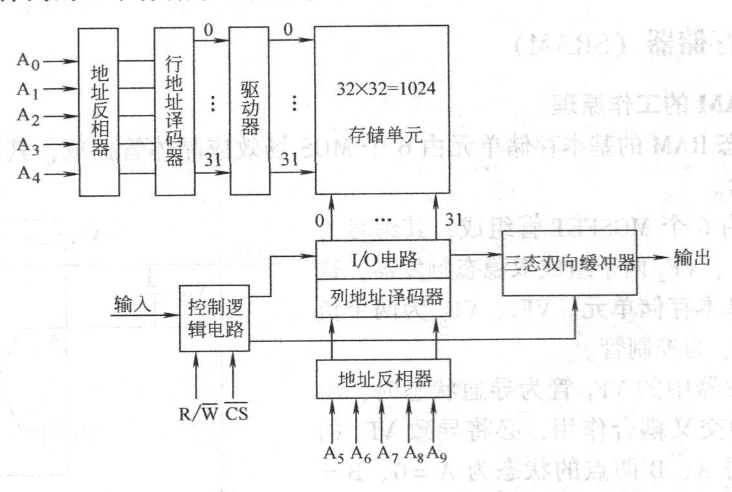

图 6-9　SRAM 结构示意图

(2) 控制逻辑电路　接收来自 CPU 或外部电路的控制信号，经过组合变换后，对存储单元、地址译码驱动电路和三态双向缓冲器进行控制，控制被选中单元的读写操作。

(3) 三态双向缓冲器　使系统中各存储器芯片的数据输入/输出端能方便地挂接到系统数据总线上。对存储器芯片进行读写操作时，存储器芯片的数据线与系统数据总线通过三态双向缓冲器传送数据。不对存储器进行读写操作时，三态双向缓冲器对系统数据总线呈现高阻状态，则该存储芯片完全与系统数据总线隔离。

3. SRAM 存储芯片 Intel 2114

Intel 2114 静态 RAM 的存储容量是 1024×4=4KB，即其基本存储单元是 4 位，共 1024 个存储单元。这些单元排列成 64 行 64 列，它的结构和引脚如图 6-10 和图 6- 11 所示。Intel 2114 的引脚有：片选引脚$\overline{CS}$，当$\overline{CS}$为低电平时，该芯片被选中。读/写控制引脚 R/$\overline{W}$。当

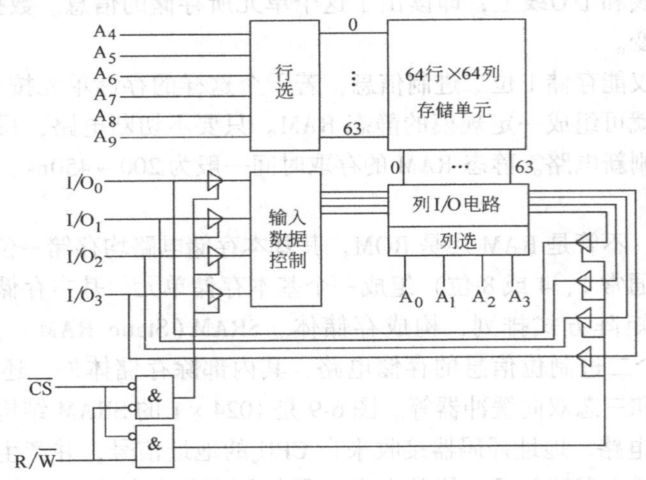

图 6-10　2114 RAM 的结构

$R/\overline{W}$引脚为高电平时，对选中的单元进行读出操作，当$R/\overline{W}$引脚为低电平时，对选中的单元进行写入操作。数据的输入和输出，采用双向数据总线，有$I/O_0 \sim I/O_3$共4根数据线引脚。单向地址总线$A_0 \sim A_9$，共10根地址引脚，可以在$2^{10}=1024$个单元中任选一单元。地址信号在芯片内分为二组分别进行译码，分别为行选和列选，其中64个行地址译码输出信息每根选择一行，16根列地址译码输出信号每根选中4位的读写信息。

4. 6264SRAM芯片

该芯片的容量为8K×8，引脚如图6-12所示。

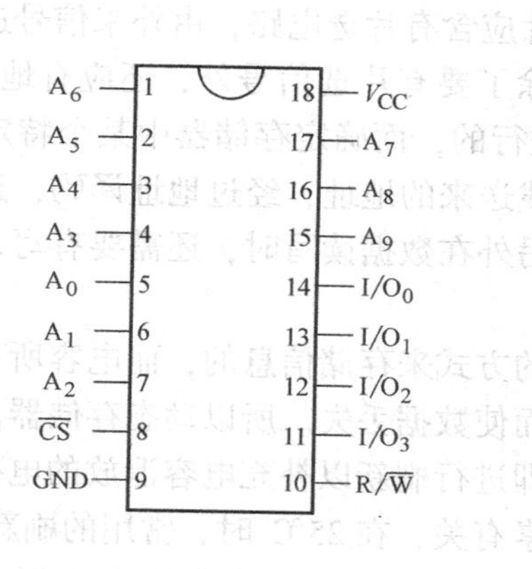

图6-11 2114 RAM的引脚

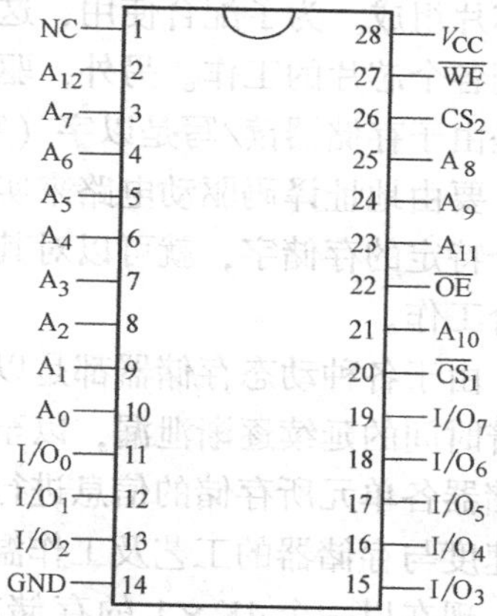

图6-12 6264 SRAM的引脚

（1）$A_0 \sim A_{12}$ 地址线，共13根，可以在8192个存储单元中任选一个。

（2）$I/O_1 \sim I/O_8$：数据线，共8根。它们都是输入输出的三态总线。

控制信号的引脚有：

1）$\overline{WE}$：写入允许，通常与CPU的$\overline{WR}$信号相连接。

2）$\overline{OE}$：读出允许，通常与CPU的$\overline{RD}$信号相连接。

3）$\overline{CS_1}$、CS_2：片选信号输入引脚，与译码器输出相连。

6.2.2 动态存储器（DRAM）

上面介绍的静态RAM的基本存储单元是由一个双稳态触发器组成的，这些存储单元所存储的信息，只要不断电或没有触发信号到来，将一直保持不变。除了静态RAM外，还有一种半导体存储元件，它所存储的信息具有一定的时间性，在很短的时间内，其数据是有效的，超过一定的时间，数据就消失了。为了使数据常在，就要周期性地对其中的数据重写（刷新），这种存储器为动态存储器。

DRAM是“Dynamic Random Access Memory（动态随机存取存储器）”的字头缩写。动态是指存储器需要连续的刷新周期。由于每个单元都包括一个电容器，所以刷新是必需的。电容器可以短时间内存储位级信息（1或0），但不能保持充电状态（在一定的时间内它们将放电完毕），因此，必须对单元进行刷新（即再充电）。“随机存取”是指可以用任意顺序对存储器芯片中的每个单元读或写。它与顺序存储器件不同，顺序存储器件中的数据必须以特定的顺序读或写。例如，磁盘使用随机存取，而盒式磁带使用顺序存取。DRAM是以行和列排列的存储单元块，具有控制数据读出和写入每个单元位置的逻辑单元。为了保持存储数据的完整性，需要附加的逻辑（Xilinx FPGA）电路对单元进行刷新。

1. 动态 RAM 的使用举例

与静态 RAM 相似，动态 RAM 是由动态存储单元矩阵所构成的存储主体，配以外围电路组成的。外围电路主要包括片选电路、地址译码电路、读写驱动电路和数据刷新电路。

目前计算机上常用的半导体存储器，是将存储单元电路大规模集成到半导体芯片上实现的。由于芯片集成度的限制，一个计算机系统所需要的存储器，一般要由几片甚至几十片存储芯片组成。为了配合使用，这就要求每个芯片应含有片选电路，由外来信号进行控制，并协调各个芯片的工作。另外，驱动存储器工作除了要有片选信号外，还应有地址译码系统。这是由于存储器读/写是以字（字节）为单位进行的，而确定存储器中某个特定的字进行操作，要由地址译码驱动电路来实现。由地址总线送来的地址，经过地址译码，选中存储器中某个特定的存储字，就可以对其进行读写了。另外在数据读写时，还需要有写入或读出电路配合工作。

由于各种动态存储器都是以电容存储电荷的方式来存储信息的，而电容所存储的电荷会随着时间的延续逐渐泄漏，以至于完全消耗掉而使数据丢失。所以动态存储器需要定时地对存储器各单元所存储的信息进行读出再写入，即进行刷新以补充电容泄放的电荷。电容的放电速度与存储器的工艺及工作温度、环境等因素有关，在25℃时，常用的刷新时间为2ms。

现在以一个4K×1 的存储芯片构成 16K 字节（8 位）的内存模块为例，来分析动态 RAM 的使用情况，如图 6-13 所示。

从图中可以看出，整个动态 RAM 分成存储阵列和外围电路两部分，存储矩阵由 32 个4K×1 的芯片组成。矩阵分为四组，每组由 4K×1 的 8 个芯片组成，为4K 字节。每个芯片包含一个 64×64 的存储单元矩阵、一个片选端 CE 和一个输出允许端 CS，另外还设有 A_{11} ~ A_0 地址线及数据线（数据引脚及 I/O 驱动图中未画出）。

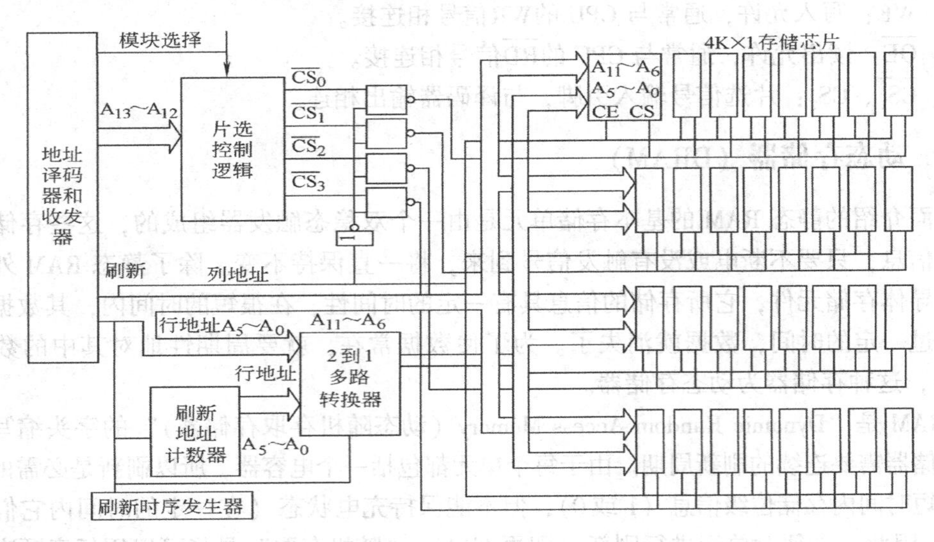

图 6-13 用 4K×1 动态 RAM 构成 16K 字节模块

动态RAM的外围电路包括片选控制逻辑、刷新地址计数器、刷新时序发生器和一个2到1的多路转换器。存储矩阵的4组芯片的片选信号由地址线A_{12}、A_{13}提供，每个芯片的64×64个存储单元的地址由行地址A_5～A_0和列地址A_{11}～A_6联合提供。在正常进行数据读写时，多路开关转向地址总线，行、列地址由地址总线提供。在进行刷新时，由刷新时序发生器产生刷新周期信号，当超过一个刷新周期时，它会使多路开关转向刷新计数器，由刷新计数器产生行地址。同时，刷新时序通过4个与非门使4组芯片的允许信号$\overline{CE}$有效。刷新时各芯片$\overline{CS}$无效。

在刷新周期，4组芯片是同时进行刷新的，每次刷新只刷新一行，一行为64个存储单元，一个存储组共64行。一般动态RAM的刷新间隔时间为2ms，即在2ms中要将64行刷新一遍，所以一个刷新周期为2×10^{-3}s/64 = 31.25μs。刷新计数器的使用，就是以不断加1的方式，逐行地提供64行的行地址。另外，在正常读/写与刷新发生冲突时，即若读写请求到来时正好处于刷新过程中，则读写请求就要延长通常情况下的两倍时间。

2. 4164 DRAM芯片实例

4164是64K×1的DRAM芯片，其结构如图6-14所示。

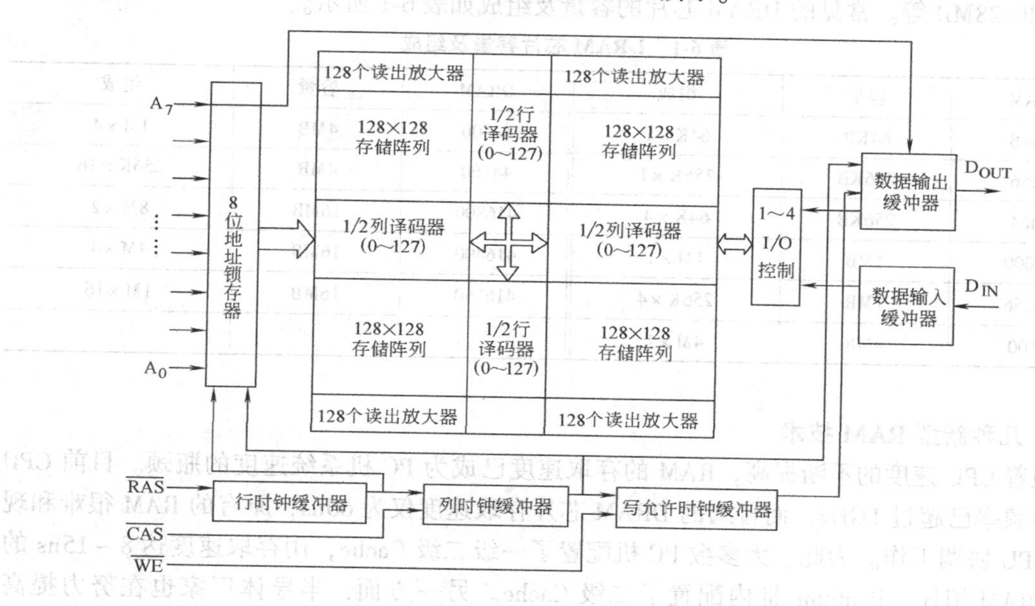

图6-14 4164的引脚和内部结构

4164内部有：地址锁存器，由8位的行地址锁存器和8位的列地址锁存器组成；65536个存储单元采用阵列结构，分4个区，每个区有128行×128列的存储阵列，同时配有128个读出放大器。当$\overline{RAS}$引脚出现有效低电平时，把地址引脚A_7～A_0上的行地址锁存入行地址锁存器，在$\overline{RAS}$低电平期间，将行地址锁存器中的低7位地址信号A_6～A_0送入行地址译码器。译码后，行译码器的输出信号同时选中4个区中存储器阵列中的一行，每行共128个单元，共选中4行，每区有一行被选中，所以共有512个单元被选中。在被选中的行里，各个存储单元与读出放大器接通，读出放大器的输出信号会返回到存储单元中（称为重写）。因此，4164每接到一次$\overline{RAS}$有效信号，就有512个被选中的存储电路的信息进行读出放大。

在行地址锁存完成后，与4164内部进行读出操作的同时，地址引脚的地址更换为列地址。列地址信息稳定后，$\overline{CAS}$信号变为低电平，此时把列地址锁存入列地址锁存器。同样在$\overline{CAS}$低电平期间，将列地址锁存器中的低7位地址 $A_6 \sim A_0$ 送入列地址译码器。列地址译码后，列译码器的输出信号选中一个读出放大器与I/O控制电路接通，因为4个区同时被选中，所以共有4个读出放大器与I/O控制电路接通。行地址锁存器的最高位（A_7）和列地址锁存器的最高位（A_7）送到I/O控制电路，选择4个放大器中的1个与外界交换数据。数据是从被选中的单元读出还是写入，取决于$\overline{WE}$信号的电平。当$\overline{WE}$为低电平时，D_{IN}引脚上的数据通过数据输入缓冲器，写入 $A_{15} \sim A_0$ 16位地址信息所指定的单元中，而当$\overline{WE}$为高电平时，从16位地址信息所指定的存储单元中读出数据，通过数据输出缓冲器送到 D_{OUT} 引脚。

衡量DRAM的重要指标是RAM芯片的存取时间，通常用纳秒（ns）表示。常见的有60ns、70ns和80ns，数值越小，速度越快。另一个指标是内存条的工作时钟，168线的DIMM内存条时钟可为60MHz、67MHz、75MHz和83MHz，200线DIMM内存条的工作时钟为77MHz、83 MHz、100 MHz和133MHz。常见的SIMM内存条容量为4MB、16MB、32MB、64MB和128MB等。常见的DRAM芯片的容量及组成如表6-1所示。

表6-1 DRAM芯片容量及组成

DRAM	容量	组成	DRAM	容量	组成
2164B	64KB	64K×1	44400	4MB	1M×4
21256	256KB	256K×1	44160	4MB	256K×16
21464	256KB	64K×4	416800	16MB	8M×2
421000	1MB	1M×1	416400	16MB	4M×4
424256	1MB	256K×4	416160	16MB	1M×16
44100	4MB	4M×1			

3. 几种新型RAM技术

随着CPU速度的不断提高，RAM的存取速度已成为PC机系统速度的瓶颈。目前CPU的时钟频率已超过1GHz，而普通的DRAM芯片存取速度仅为60ns，原有的RAM很难和现行的CPU协调工作。为此，大多数PC机配置了一级二级Cache，用存取速度达8～15ns的快速SRAM担任，Pentium Ⅲ内配置了二级Cache。另一方面，半导体厂家也在努力提高RAM的存取速度，并推出多种RAM新技术：

（1）EDO RAM和突发模式RAM　EDO RAM（Extended Data Out RAM）扩展数据输出RAM。按照传统的DRAM读写方法，在一个DRAM（或SRAM、VRAM）阵列中读取一个单元时，首先充电选择一行，然后再充电选择一列，这些充电线路在稳定之前都会有一定延时，这就制约了RAM的读写速度。EDO技术是假定下一个要访问的单元地址和当前被访问的地址是连续的（一般是如此）。于是在当前的读写周期结束前就启动下一个读写周期，从而使RAM的读写速度提高约30%。EDO技术只需在普通DRAM外部增加EDO逻辑电路即可，成本不会有显著变化。

突发模式RAM是在EDO基础上，假定CPU要访问的4个数据的地址都是连续的，同时启动对4个单元的操作，从而更大地增加了RAM的带宽，进一步提高了RAM的读写速度。

（2）同步 RAM（Synchronous RAM） 同步 RAM 技术是将 CPU 和 RAM 通过一个相同的时钟锁在一起，使得 RAM 和 CPU 能够共享一个时钟周期，它们将以相同的速度同步工作。目前，同步 SRAM 速度最快可达 5 ~ 8ns，而同步 DRAM（SDRAM） 最快为 7 ~ 10ns 左右。

（3）高速缓冲存储器 DRAM（Cached DRAM 简称 CDRAM） CDRAM 技术是把高速的 SRAM 存储单元集成在 DRAM 芯片内部，作为 DRAM 的内部 Cache。Cache 和 DRAM 存储单元之间通过内部总线相连。主要用在没有二级 Cache 的低档便携机上。

4. 芯片技术

近年来，动态存储器芯片上出现了一些新的技术。在动态存储器芯片中采用了高速存取方式，如快速页面访问方式、增强数据输出方式和同步访问方式等，这些访问方式可以显著提高基本 DRAM 的访问速度。此外，还出现了相联存储器产品。

快速页式动态存储器（FPM DRAM）中的页式访问是一种提高存储器访问速度的重要措施。在具有页面访问方式的存储器芯片中，如果前后顺序访问的存储单元处于存储单元阵列的同一行（称为页面）中时，就不需要重复地向存储器输入行地址，而只需要输入新的列地址即可。也就是说，存储器的下一次访问可以利用上一次访问的行地址。这样就可以减少两次输入地址带来的访问延迟问题。在页面访问方式下，只要在输入了行地址之后保持 RAS 信号不变，在 CAS 信号的控制下，输入不同的列地址就可以对一行中的不同数据进行快速连续的访问。其访问速度可以比一般访问方式提高 2 到 3 倍左右。增强数据输出存储器（EDO DRAM）与 FPM DRAM 十分相似，只是增加了一个数据锁存器，并采用不同的控制逻辑连接到芯片的数据驱动电路中以提高数据传输速率。

在同步型动态存储器（SDRAM）芯片构成的存储系统中，SDRAM 存储器芯片在系统时钟控制下进行数据的读出和写入操作。存储器把 CPU 给出的地址和数据锁存在一组锁存器中，锁存器存储地址、数据和 SDRAM 输入端的控制信号，直到完成指定的时钟周期数后响应。使用 SDRAM 可实现 CPU 的无等待状态。由于 CPU 知道 SDRAM 要用多少时钟周期才能响应，所以在 SDRAM 执行 CPU 的请求时，CPU 可离开并执行其它任务。例如，一个在输入地址后有 60ns 读出延迟的 DRAM，在周期为 10ns 的时钟控制下工作，如果 DRAM 是异步工作的，则 CPU 要等待 60ns；但是如果 DRAM 是同步的，则 CPU 可把地址放入锁存器中，在存储器作读操作期间去完成其它操作。然后，当 CPU 计时到 6 个时钟周期以后，它所要的数据已经从存储器中读出。

相联存储器是一种按内容访问的存储器。在相联存储器中，每个存储的信息单元都是固定长度的字。存储字中的每个字段都可以作为检索的依据。这种访问方式可用于数据库中的数据检索等。相联存储器进行这种访问操作的一个特点是整个存储器阵列同时进行数据的匹配操作。如果采用一般存储器，这样的匹配操作需要逐行进行。当存储器容量较大时，每次查找过程都需要较长的时间。相联存储器的整个存储单元需要用十几个晶体管实现，比 DRAM 存储单元中的晶体管数高一个数量级。这就是大容量相联存储器没有被广泛采用的主要原因。

5. 结构技术

选定了存储器芯片之后，进一步提高存储器性能的措施是从结构上提高存储器的带宽。这种改进结构的措施主要是增加存储器的数据宽度和采用多体交叉存储技术。

增加存储器的数据宽度。增加数据宽度即在位扩展中，将存储器的位数扩展到大于数据字的宽度，它包括增加数据总线的宽度和存储器的宽度，这样可以增加同时访问的数据量，提高存储器操作的并行性，从而提高数据访问的吞吐率。

采用多体交叉存储器。多体交叉存储器（Interleaved Memory）由多个相互独立、容量相同的存储模块构成。每个存储体都有各自的读写线路、地址寄存器和数据寄存器，各自以相同的方式与CPU传递信息。CPU主存地址中的一部分用于选择对应的存储体。CPU访问多个存储体一般是在一个存储周期内分时访问每个存储体。当存储体为4个时，只要连续访问的存储单元位于不同的存储体中，则每隔1/4周期就可启动一个存储体的访问，各体的读写过程重叠进行。例如，在具有4个存储体的交叉存储器中，如果依次访问的数据字分别存储在地址为0、5、10、15的存储单元中，则它们分别在存储体0、1、2、3中。这样对每个存储体来说，存取周期没有变，而对CPU来说则可以在一个存取周期内连续访问4个存储体。

6.2.3 存储器的工作时序

半导体存储器在工作时，有其固有的读写时序。在与CPU协调工作时，要求CPU能提供合适的时序信号，否则，存储器就不能正确地进行读/写。

1. 存储器的读周期

存储器的读周期，就是从存储器读出数据后所需时间，其时序如图6-15所示。

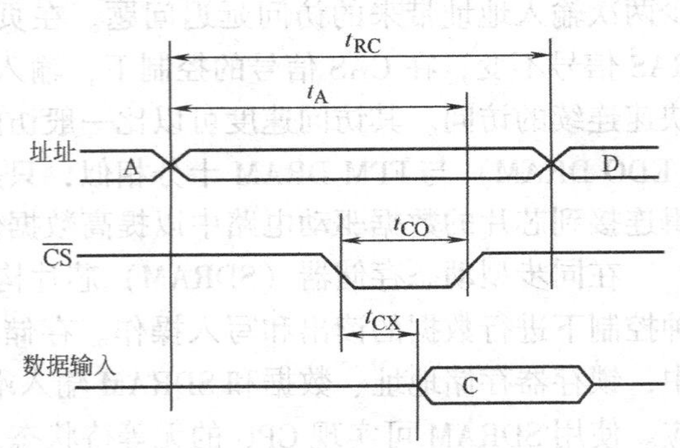

图6-15 存储器的读周期

从存储器读出数据，首先要向存储器发送地址信号，接着发送输出允许信号$\overline{CS}$，从CS有效经过t_{cx}，数据从存储器读出，出现在外部数据总线上（图中C点）。而从CS有效经过t_{co}后，数据即稳定在外部数据线上。而所谓读取时间，就是从地址有效的A点，到读出数据稳定在外部数据总线上的时间t_A。t_A总要比t_{co}大，一般将地址有效到数据有效之间的时间t_A作为读取时间。MOS存储器的读取时间一般在50~500ns之间。为了在t_A时间之后读出的数据稳定出现在外部数据总线上，就要求$\overline{CS}$信号至少在地址有效之后的$t_A \sim t_{co}$之间内有效，否则，在地址有效后，经过存储器读出的数据只能保持在内部数据总线上，而不能送到外部数据总线上。

另外，需要提到的是这里所说的读取时间，并不时读周期。数据经过一个读取时间t_A从存储器读到数据总线上，并不能立即启动下一个读操作，还需要一定的时间进行内部操作，也就是说数据读出后需要一定的恢复时间。读周期是存储器两次连续的读操作所必须间隔的时间，即读取时间t_A加上恢复时间才是读周期时间，如图中标示的t_{RC}，也就是A点到D点的时间长度。

2. 存储器的写周期

图6-16所示存储器的写周期时序。

将数据写入存储器，首先要提供写入地址到存储器。图中从A点开始，经过t_{AW}时间，在B点处地址有效，即B点开始提供片选信号$\overline{CS}$，同时提供写信号$\overline{WE}$，接着就可以输入数据进行写入了。

图6-16中，t_{AW}是地址建立时间，t_W是写脉冲宽度。t_W要保持一定的宽度，但也不能太长，在地址变动期间，$\overline{WE}$必须为高，否则可能会导致误写入。为保证在片选信号和读/写信号无效前能将数据可靠写入，要求写入的数据必须在t_{DW}之前已稳定出现在数据线上，t_{DW}为数据有效时间。

如图6-16中所示，存储器的写周期是A点到D点的时间，它是地址建立、写脉冲宽度和写操作恢复时间三者的总和。

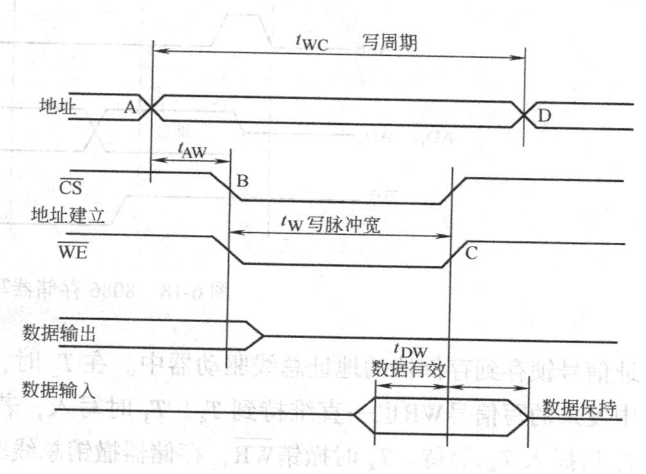

图6-16 存储器的写周期

3. 8086微处理器对存储器的读/写时序

8086微处理器在与存储器进行联机工作时，是通过地址、数据、状态控制这3组总线来进行的。CPU为了实现存储器的读/写操作，要执行一个总线周期来实现。一个总线周期包括4个T状态，在第3个T状态T_3时，CPU检查存储器的状态，若发现存储器未准备好，则在T_3之后自动插入等待状态T_W，用以协调快速CPU与慢速存储器之间的匹配关系。

（1）读周期时序 图6-17为8086的存储器读时序。

总线周期T_1状态中，有总线送来$M/\overline{IO}$、$\overline{BHE}$和ALE信号，$M/\overline{IO}$升起并在T_1 ~ T_4期间一直保持高电平，表示现在进行的是存储器周期，而不是I/O周期。在地址锁存允许信号的后沿，将总线送来的地址信号锁存到存储器总线驱动器的锁存器中。高8位（D_{15} ~ D_8）允许信号$\overline{BHE}$和A_0信号相结合，以决定当前是存取一个字还是一个字节。例如$\overline{BHE}$为低电平而A_0为高电平，表示访问高字节。

T_2中，置总线AD_{15} ~ AD_0为高阻态，为接收数据作准备。同时，CPU发来读信号$\overline{RD}$，并一直维持到T_4。

T_3中，总线AD_{15} ~ AD_0上出现有效的数据信号，这时存储器向CPU发一个“准备好”信号，于是CPU便可读取存储器数据。

T_4时，$\overline{RD}$回到高电平，于是总线AD_{15} ~ AD_0又回到高阻态。

（2）写周期时序 写周期时序也是由T_1 ~ T_4组成，如图6-18所示。

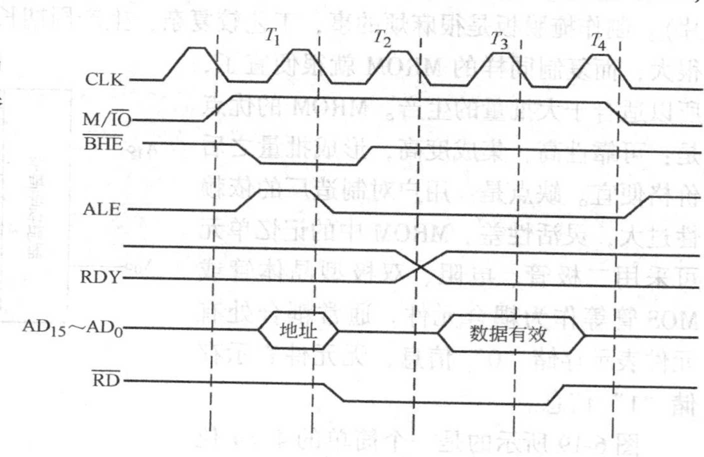

图6-17 8086存储器读时序

在T_1时CPU发出$M/\overline{IO}$、ALE和地址信号，在ALE后沿，将地

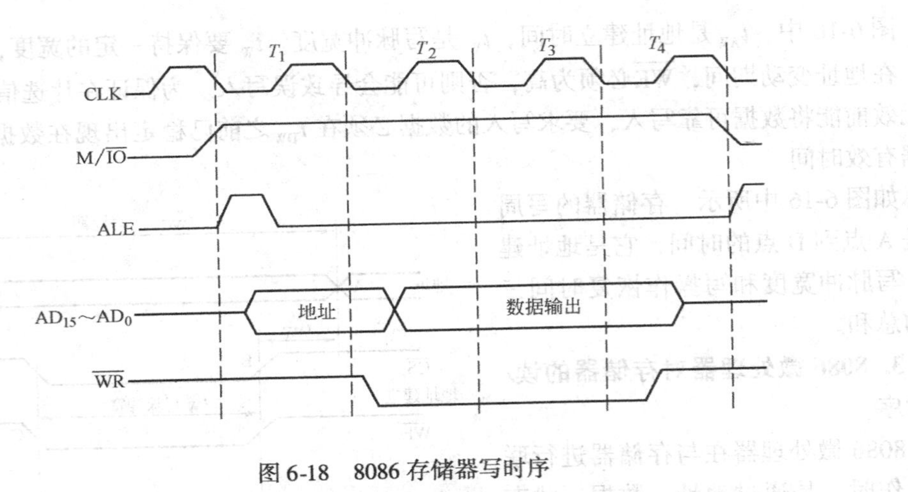

图 6-18　8086 存储器写时序

址信号锁存到存储器的地址总线驱动器中。在 T_2 时，写入数据送来，并一直维持到 T_4。T_2 中发来的写信号 $\overline{WR}$ 也一直维持到 T_4。T_3 时写入，若存储器“未准备好”信号有效，则在 T_3 后插入 T_W 等待。T_4 时撤销 $\overline{WR}$，存储器撤销总线驱动，写操作结束。

6.3　只读存储器 ROM

ROM 指在微机系统的在线运行过程中，只能对其进行读操作，而不能进行写操作的一类存储器。在存储器不断发展变化的过程中，按照数据的写入方式不同，ROM 器件也产生了掩模 ROM、PROM、EPROM 、EEPROM 和 FLASH ROM 等各种不同类型。

6.3.1　掩模式只读存储器 ROM（MROM）

它的内容是由半导体制造厂按用户提出的要求在芯片的生产过程中直接写入的，写入之后任何人都无法改变其内容。掩模式只读存储器采用二次光刻掩膜工艺制成，首先要制作一个掩膜板（相当于照片的底版），然后通过掩膜版曝光，在硅片上刻出图形（相当于洗印照片）。制作掩膜板是很麻烦的事，工艺较复杂，生产周期长，因此生产第一片 MROM 的费用很大，而复制同样的 MROM 就很便宜了，所以适合于大批量的生产。MROM 的优点是：可靠性高，集成度高，形成批量之后价格便宜。缺点是：用户对制造厂的依赖性过大，灵活性差。MROM 中的记忆单元可采用二极管、电阻、双极型晶体管或 MOS 管等作为耦合元件。通常耦合处有元件表示存储“0”信息，无元件表示存储“1”信息。

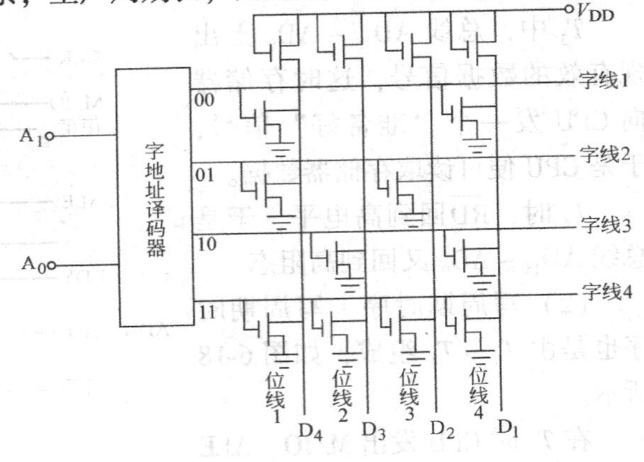

图 6-19　4×4 位掩膜式 ROM

图 6-19 所示的是一个简单的 4×4 位的 MOS ROM 存储阵列，采用单译码结构。

这时，有 2 位地址输入，经译码后，输出 4 条字选择线，每条字选择线选中一个字，此时位线的输出即为这个字的每一位。此时，若有管子与其相连（如位线 1 和位线 4），则相应的 MOS 管就导通，这些位线的输出就是低电电平，表示逻辑“0”；而没有管子与其相连的位线（如位线 2 和位线 3），则输出就是高电平，表示逻辑“1”。

6.3.2 可编程只读存储器 PROM

掩模 ROM 的存储单元在生产完成之后，其所保存的信息就已经固定下来了，这给使用者带来了不便。为了解决这个矛盾，设计制造了一种可由用户通过简易设备写入信息的 ROM 器件，即可编程的 ROM，又称为 PROM（Programmable ROM）。PROM 允许用户利用专门的设备（编程器）写入自己的程序，但一旦写入后，其内容将无法改变。PROM 通过在晶体管的发射极与列选通线之间用熔丝进行连接，从而实现可编程的数据存储。在未编程的情况下，各存储单元的内容都是 1。用户可用写入设备通过较高电压将某些存储单元的熔丝烧断，从而在这些单元中写入 0。这种写 ROM 的操作称为对 ROM 进行编程。由于熔丝烧断后不可恢复，故 PROM 只能被用户编程一次，以后就不能修改存储的数据了。可编程只读存储器 PROM 从电路结构上有双极型和 MOS 型两种，而双极型 PROM 使用较普遍。双极型 PROM 双可分为两类：结构破坏型和熔丝型。熔丝型 PROM 使用较多，因为它读出速度快，一般在 50 ~ 100ns 范围内。由于它们的写入都是不可逆的，所以只能进行一次性写入。

结构破坏型是在每个行、列线的交点处，制造一对彼此反向的二极管，它们因为彼此反向而不能导通，故全部内容均为“0”。若某位需要写入“1”，则在相应的行、列之间加上较高电压，将反偏的一只二极管永久性击穿，只留下正向导通的一只二极管，故该位被写入“1”。

熔丝型的基本记忆单元电路是由晶体管 T 连接一段镍 - 铬熔丝组成的。典型的 PROM 芯片出厂时，T 与位线之间的熔丝都存在，表示全部内容均为“0”。当用户需要某一位写入“1”时，则设法将 T 管的电流加大为正常工作电流的 5 位以上，从而使镍-铬熔丝熔断，则“1”被写入。由于熔丝熔断之后不能再恢复，显然是不可逆转的。

6.3.3 紫外光擦除可编程只读存储器 EPROM

另外一种可编程的 ROM 允许存储的内容被擦除以写入新的数据，它采用可编程的存储单元，将已写入数据的存储器芯片放在紫外线下照射一定时间就可擦除其中的内容，这种芯片称为可擦 PROM 或 EPROM（Erasable Programmable ROM）。EPROM 不仅可以由用户利用编程器写入信息，而且可以对其内容进行多次改写。它出厂时，存储内容为全“1”，用户可以根据需要将其中某些记忆单元改为“0”。当需要更新存储内容时可以将原存储内容擦除（恢复全“1”），以便再写入新的内容。这种 ROM 的存储单元一般采用 MOS 晶体管。该芯片的上方有一个石英玻璃的窗口，通过紫外线照射，芯片电路中的浮空晶栅上的电荷会形成光电流泄漏走，使电路恢复起始状态，从而将写入的信号擦去。这一类芯片特别容易识别，因为其封装中含有“石英玻璃窗”。一个编程后的 EPROM 芯片的“石英玻璃窗”一般使用黑色不干纸盖住，以防止因阳光照射而丢失数据。2764、2716 是典型的 EPROM 芯片，可用紫外光擦除，2764 芯片有 28 个引脚，如图 6-20 所示。

1）$A_0 \sim A_{12}$：地址线，共 13 条。

2）$D_0 \sim D_7$：8位数据线。由此可知2764的容量为：$2^{13}=8KB=8K\times8$。

3）V_{CC}：电源，接+5V。

4）GND：地线。

5）V_{PP}：工作方式电压。+5V时为读数方式；+25V时为编程方式。

6）$\overline{CE}$：片选引脚。

7）$\overline{PGM}$：编程信号引脚，要对某单元写入时，应对该引脚输入一个宽度为50ms的正脉冲。

8）$\overline{OE}$：输出允许信号引脚，低电平有效，当其有效时，所存储的数据可读出。

2764 EPROM有4种工作方式：读、编程、校验和禁止编程，见表6-2所示。

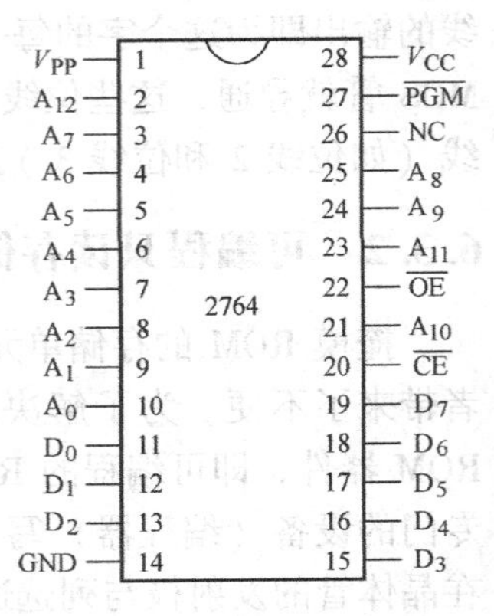

图6-20　2764的引脚

表6-2　2764工作方式

方式＼引脚	$\overline{CE}$	$\overline{OE}$	V_{PP}	V_{CC}	$\overline{PGM}$	数据线状态
读	0	0	+5V	+5V	0	输出态
未选	1	×	×	+5V	×	高阻态
编程	0	1	+25V	+5V	正脉冲	输入态
校验	0	0	+25V	+5V	0	输出态
禁止编程	1	×	+25V	+5V	×	高阻态

在读方式下，V_{PP}接+5V，从地址线$A_{12}\sim A_0$输入所选单元的地址，CE和PGM端为低电平时，数据线上出现所寻址单元的数据。注意芯片允许信号CE必须在地址稳定后有效。

在编程方式下，V_{PP}接+25V，从$A_{12}\sim A_0$端输入要编程单元的地址，在$D_7\sim D_0$端输入编程数据。在$\overline{PGM}$端加上编程脉冲（宽度为50ms的TTL高电平脉冲），即可实现写入。注意，必须在地址和数据稳定后才能加上编程脉冲。

校验方式总是和编程方式配合使用，即每次写入1个字节数据后，紧接着将写入的数据读出，检查已写入的信息是否正确。

Intel2716芯片如图6-21所示。

Intel2716是16K位，可组成容量为2K×8的紫外线擦除的EPROM。下面介绍它的功能。

2716芯片共有24条引脚，其中地址线11根，即$A_{10}\sim A_0$。因为2716的容量是2K×8，所以用11位地址码对2K字节进行寻址。8位数据输出线$D_7\sim D_0$，并带有三态控制门。2716有两根控制线，一根是$\overline{CS}$片选信号端：当$\overline{CS}$为低电平时有效，此时该芯片被选中允许输出。否则，$\overline{CS}$为高电平时，该芯片未被选中；另一根是PD/$\overline{PGM}$线：有两根电源线，在正常读数时，

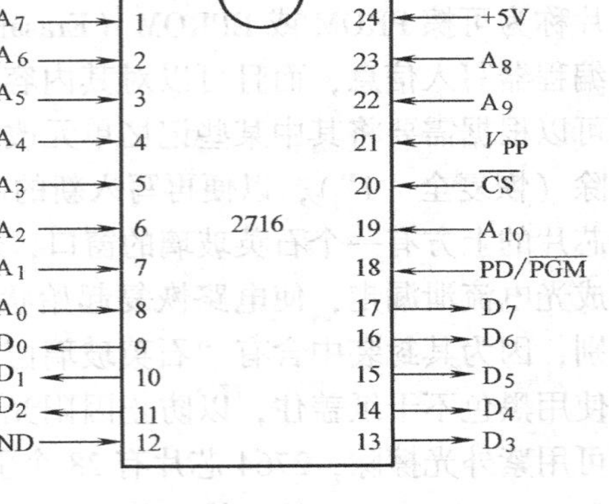

图6-21　2716的引脚

只需要单一的 +5V 电源 V_{CC}；当写入程序时（即编程方式下）才用到 V_{PP} = +25V。在正常读数时，V_{PP} = +5V。可将其引脚功能归纳如表6-3所示。

表6-3 2716引脚功能

引 脚	功 能	引 脚	功 能
$A_{10} \sim A_0$	地址线	CS	片选
$PD/\overline{PGM}$	功率下降(后备线)/编程	$D_7 \sim D_0$	输出数据线

禁止编程方式下，禁止将数据线上的内容写入EPROM。

6.3.4 电可擦除可编程只读存储器EEPROM

上述只读存储器的数据不能擦除或者必须采用专门设备进行擦除，为了擦除数据必须将存储器芯片从系统中拔下。许多应用场合需要在线更新只读存储器中的数据，为此开发出了一种能够用电子的方法擦除其中内容的EPROM存储器，称为电可擦写PROM(EEPROM或E^2PROM)。在联机条件下既可以用字擦除方式擦除，也可以用数据块擦除方式擦除。以字擦除方式操作时，能够只擦除被选中的那个存储单元中的内容；以数据块擦除方式操作时，可擦除数据块内所有单元的内容。

它的应用特性为：①对硬件电路没有特殊要求，编程简单。②采用 +5V 电源擦写的E^2PROM，通常不需要设置单独的擦除操作，可在写入过程中自动擦除。③E^2PROM器件大多是并行总线传输的。

典型电可擦除可编程只读存储器EEPROM芯片介绍。

根据制造工艺的不同及芯片容量的大小不同EEPROM有多种型号。有的与相同容量的EPROM完全兼容，如2816与2716就完全兼容，有的则具有自己的特点。现在仅以8K×8的EEPROM NMC98C64A为例来加以说明。这是一片CMOS工艺的EEPROM芯片，其引脚如图6-22所示。

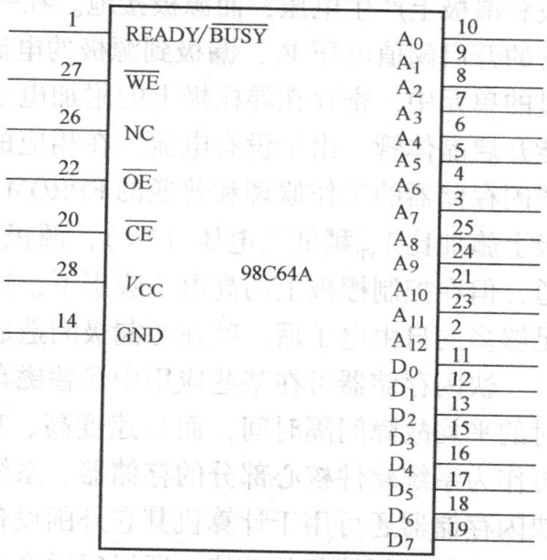

图6-22 98C64A引脚

$A_0 \sim A_{12}$为地址线，用于选择片内的8K个存储单元。

$D_0 \sim D_7$为8条数据线，决定每个存储单元存储一个字节的信息。

$\overline{CE}$为片选信号，当$\overline{CE}$为低电平时，选中该芯片；当它为高电平时，不选该芯片，此时芯片的功耗很小，仅为$\overline{CE}$有效时的千分之一。

$\overline{OE}$为输出允许信号。当$\overline{CE}$=0，$\overline{OE}$=0，$\overline{WE}$=1时，可将选中的地址单元的数据读出。这与6264很相似。

$\overline{WE}$是写允许信号。当$\overline{CE}$=0，$\overline{OE}$=1，$\overline{WE}$=0时，可以将数据写入指定的存储单元。

READY/$\overline{BUSY}$BUSY是漏极开路输出端，当写入数据时该信号变低，数据写完后，该信号变高。

6.3.5 快闪存储器 Flash Memory

Flash Memory 是近年发展起来的快擦写型存储器，又称快擦存储器。它是在 EPROM 和 EEPROM 的制造技术基础上发展起来的一种新型的电可擦除非挥发性存储元件。Flash Memory芯片借用了 EPROM 结构简单的优点，又吸收了 E^2PROM 电擦除的特点；不但具备 RAM 的高速性，而且还具有 ROM 的非挥发性。同时它还具有可整块芯片电擦除、耗电低、集成度高、体积小、可靠性高、无需后备电池支持、可重新改写、重复使用性好（至少可反复使用 10 万次以上）、抗干扰能力强等优点。它的平均写入速度低于 0.1s。使用它不仅能有效解决外部存储器和内存之间速度上存在的瓶颈问题，而且能保证有极高的读出速度。

目前，大多数微机的主板采用快闪存储器来存储 BIOS（基本输入/输出系统）程序。由于 BIOS 的数据和程序非常重要，不允许修改，故早期主板 BIOS 芯片多采用 PROM 或 EPROM。闪速存储器除了具有 ROM 的一般特性外，还有低电压改写的特点，便于用户自动升级 BIOS。

快闪存储器芯片有两种工作方式：当芯片的 V_{PP}引脚上没有加高压时为只读存储器方式，当 V_{PP}端加有高压时进入指令寄存器工作方式，可进行擦除和写入编程操作。读快闪存储器时，地址输入在存储单元阵列中选择特定的单元。译码地址在 CMOS 场效应晶体管的控制栅极和漏极上产生电压，而源极接地。在一个被擦除的单元中，控制栅极的电压足以超过晶体管的开启阈值电压 V_T，漏极到源极的电流由读出放大电路检测，并转换成 1。而在一个编程过的单元中，寄存在浮栅极上的附加电子提升了晶体管的 V_T，使施加在控制栅上的电压不能开启晶体管。由于没有电流，在相应的快闪存储器的输出端得到一个 0。在编程方式下，快闪存储器的工作原理和普通的 EPROM 完全一样：控制栅极上施加编程电压 V_{PP}(12V)，漏极上施加比 V_{PP}稍低的电压（7V），源极接地。在漏源极之间的电场作用下，热电子穿越沟道，但在控制栅极上的高电压吸引下，这些自由电子越过氧化层进入浮置栅，当浮置栅获得足够多的自由电子后，就在源漏极间造成一个导电沟道。

快闪存储器可在某些应用中代替磁盘。快闪存储器作为数据存储器时具有高达 100 万小时的平均故障间隔时间，而且速度高、功耗低、体积小。快闪存储器可用于代替 ROM，即可作为系统软件核心部分的存储器、系统参数的存储器，以及各种逻辑电路元件等。此外，快闪存储器还可用于计算机其它外围设备中进行数据采集。由于快闪存储器具有整体电擦除和按字节重新编程的功能，所以很适合于数据采集系统。采集的数据可以周期地从芯片中取出，进行分析，然后再将数据擦除后重复使用。

6.4 存储器扩展及其与 CPU 的连接

6.4.1 存储器与 CPU 连接时应注意问题

1）CPU 引脚的负载能力。在小型系统中，有时用 CPU 引脚直接驱动系统总线。连接的设备不多时，CPU 可以驱动小型的存储器子系统。但当 CPU 和大量的 ROM、RAM 连接使用或扩展成一个多插件系统时，就必须用接入总线驱动器等方法增加 CPU 总线驱动能力。数据总线需要接入双向驱动器，控制总线可接单向驱动器。地址总线已由地址锁存/缓冲器驱动，不再需要另加器件。在较小的系统中，由于存储器容量不是很大，可直接将 CPU 总线与存储器相连；而在较大的系统中，CPU 必须考虑驱动能力的问题，即在 CPU 与存储器之间增加缓冲器或总线驱动器，以提高输出信号的负载能力。在微机中，常用的缓冲器有 74LS244、74LS245 等。74LS244 为 2×4 位单向缓冲驱动器，74LS245 为 8 位双向缓冲驱动器。

2）CPU 时序与存储器存取速度的匹配问题。选择存储器芯片时，应考虑与 CPU 速度的匹配问题。CPU 严格按照存储器读写周期的时序进行读写操作。当存储器速度跟不上 CPU 要求的速度时，应在读写时插入等待状态，以保证 CPU 与存储器之间进行可靠的数据交换。另外在选择存储器芯片时，应尽可能地选择速度参数较好的芯片以提高 CPU 的工作效率。

3）存储器地址分配和片选问题。存储器地址的分配涉及到 CPU 的读写方式，如考虑数据线的宽度，以及字节、字的读写指令操作，同时也涉及地址分配问题。内存通常分为 ROM 和 RAM 两大部分，而每一部分又各自占有内存的部分区域，如何使用地址线作为存储器芯片的片选，如何不浪费存储器地址空间，以及内存有无扩展余地，都是非常具体的问题。

4）存储器电平信号与 CPU 的电平匹配（CPU 信号多为 TTL 标准电平）。

5）控制信号的连接。

6.4.2 简单存储器子系统的设计

一个存储器一般需要许多存储器芯片构成，因为一个存储器芯片不能满足计算机存储器对容量和数据宽度的要求。用存储器芯片构成一个存储器系统的方法主要有位扩展法（位并联法）、字扩展法（地址串联法）和字位扩展法。

1. 位扩展法

指仅在位数方向扩展（加大字长），而芯片的字数和存储器的字数是一致的。位扩展的连接方式是将各芯片的地址线、片选和读/写线并联起来，而将各芯片的数据线单独列出。如图 6-23 所示，用 8 个容量为 64K×1 位的存储器芯片，构成一个容量为 64K×8 位的存储

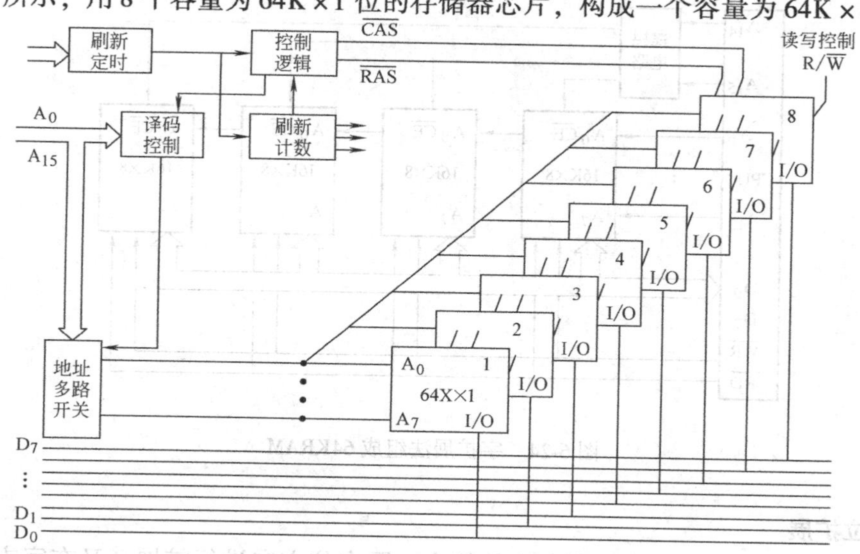

图 6-23 位扩展法组成 64KRAM

器。存储器工作时，各芯片同时进行相同的操作。这种方式对芯片没有选片的要求，只进行数据位数的扩展，而存储器的字数与存储器芯片的字数是一样的。选择64K个单元要16根地址线，故行、列地址线均为8条，复用RAM芯片上的8个地址引脚。进行单元选择时，CPU发出16位的地址信号加到2选1多路开关上，由地址译码控制电路发出选择信号，使多路开关输出 $A_8 \sim A_{15}$，同时加到8片RAM芯片的 $A_0 \sim A_7$ 引脚上；稳定后，RAM控制逻辑发出$\overline{RAS}$行地址选通信号，把行地址信号锁存到RAM片内的行地址锁存器内，并控制送入片内行地址译码器进行译码，从而选通其中一行；随后译码控制电路控制多路开关输出 $A_0 \sim A_7$ 加到8片RAM芯片的 $A_0 \sim A_7$ 引脚上；RAM控制逻辑发出列地址选通信号$\overline{CAS}$把列地址锁存到片内列地址锁存器内，经列地址译码器译码后选中某一列。这样同时选中8片的同一地址单元，CPU发出读或写信号后，8片芯片中被选中的单元内容就同时分别输出到8条数据线上或数据总线上，这8位信息同时分别被写入8片被选中的单元里。CPU通过数据总线从8片RAM芯片中读到一个字节的信息或写一个字节到8片RAM芯片内。

2. 字扩展法

指仅在字数方向扩展，而位数不变。存储器的位数等于存储器芯片的位数。这种方法将地址分成两部分，一部分送到各存储器芯片，一部分经过译码送到存储器的片选输入端。各存储器的数据线中的相应位连接在一起。如图6-24所示，是将4个容量为16K×8位的存储器芯片组成一个容量为64K×8位的存储器。4个芯片的数据端与数据总线 $D_0 \sim D_7$ 相连，地址总线的 $A_0 \sim A_{13}$ 与4个芯片的14位地址相连，A_{14} 和 A_{15} 译码后作为4个芯片的片选信号。这样，当 A_{15}、A_{14} 为00时，$Y_0 = 0$ 选中第1片，故第1片的地址范围为000H～3FFFH，在此范围内只有第1片工作；A_{15}、A_{14} 为01时，$Y_1 = 0$ 选中第2片，故第2片的地址范围为4000H～7FFFH，在此范围内只有第2片工作，依次类推。图中$\overline{RD}$和$\overline{WR}$信号分别为读和写控制信号。

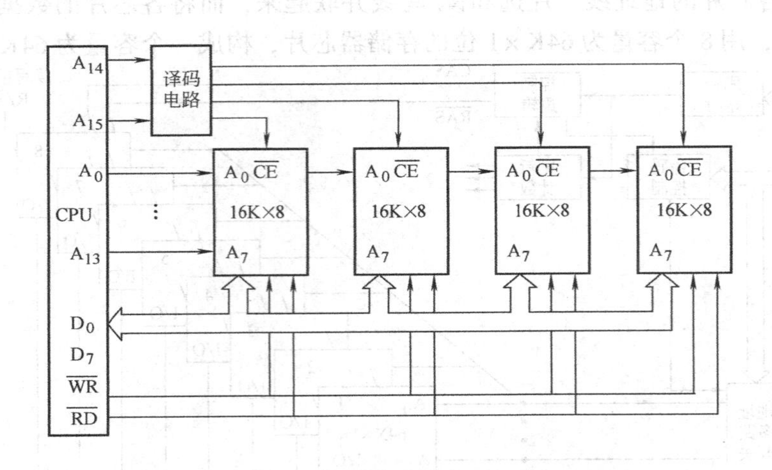

图6-24　字扩展法组成64KRAM

3. 字位扩展

字位扩展法则是上述两种扩展方法的组合，既在位方向进行扩展，又在字方向进行扩展。如图6-25所示，由8片256×4位芯片构成1K的存储器，分成4个部分（或称为页），每页由2片构成，每片为256个单元，故用地址线 $A_0 \sim A_7$ 即可实现页内寻址；A_8、A_9 经译码后输出4个片选信号，当 A_9、A_8 为00时，$Y_0=0$，选中第1页，故第1页的地址范围为 0~255(00H~0FFH)；当 A_9、A_8 为01时，$Y_1=0$，选中第2页，故第2页的地址范围为256~511(100H~1FFH)；依次类推，可知第3页的地址为512~767(200H~2FFH)。

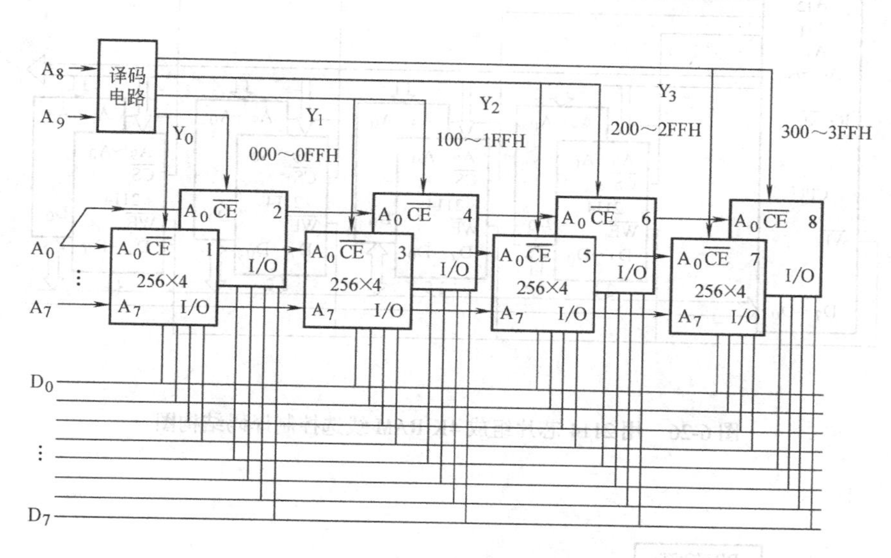

图6-25 字位扩展组成1K RAM

6.4.3 存储器芯片的地址分配和片选

CPU与存储器连接时，特别是在扩展存储容量的场合下，主存的地址分配是一个重要的问题。确定地址分配后，又产生了存储芯片的片选信号的问题。CPU要实现对存储单元的访问，首先要选择存储芯片，即进行片选；然后再从选中的芯片中依地址译码选择出相应的存储单元，以进行数据的存取，这个过程称为字选。片内的字选是由CPU送出的N条低位地址线完成的，地址线直接接到所有存储芯片的地址输入端（N由片内存储容量 2^N 决定）。而存储芯片的片选信号则大多是通过高位地址译码后产生的。

片选信号的译码方法又可细分为线选法、全译码法和部分译码法。

1. 线选法

就是用除片内寻址外的高位地址线直接（或经反相器）分别接至各个存储芯片的片选端，当某地址线信号为“0”时，就选中与之对应的存储芯片。注意，这些片选地址线每次寻址时只能有一位有效，不允许同时有多位有效，这样才能保证每次只选中一个芯片（或组）。它的优点是不需要地址译码器，线路简单，选择芯片无须外加逻辑电路，但仅适用于连接存储芯片较少的场合。同时，线选法不能充分利用系统的存储器空间，且把地址空间分成了相互隔离的区域，给编程带来了一定的困难。图6-26是线选法的结构图。

2. 部分译码法

用除片内寻址外的高位地址的一部分来译码产生片选信号。部分译码法较全译码法简单，但存在地址重叠区。地址重叠就是在一个存储单元中出现多个地址的现象。图6-27是部分译码法的示意图。

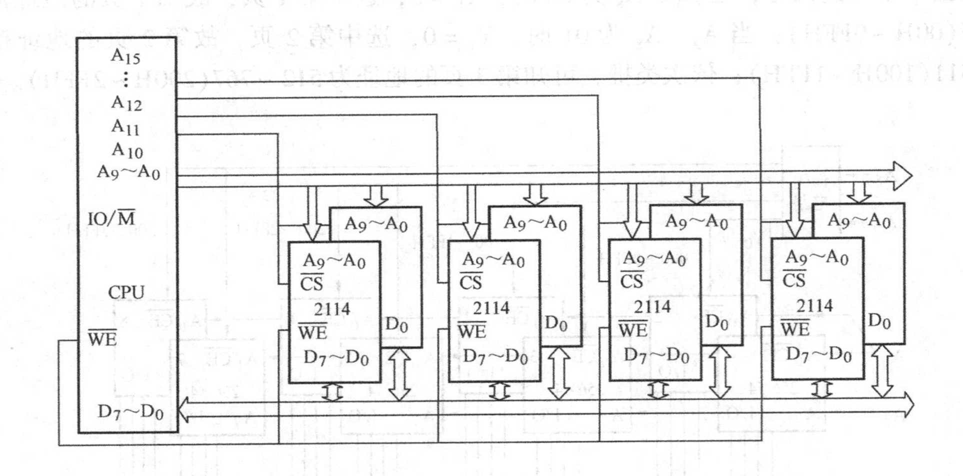

图 6-26　用 2114 芯片组成 4K RAM 线选控制译码结构图

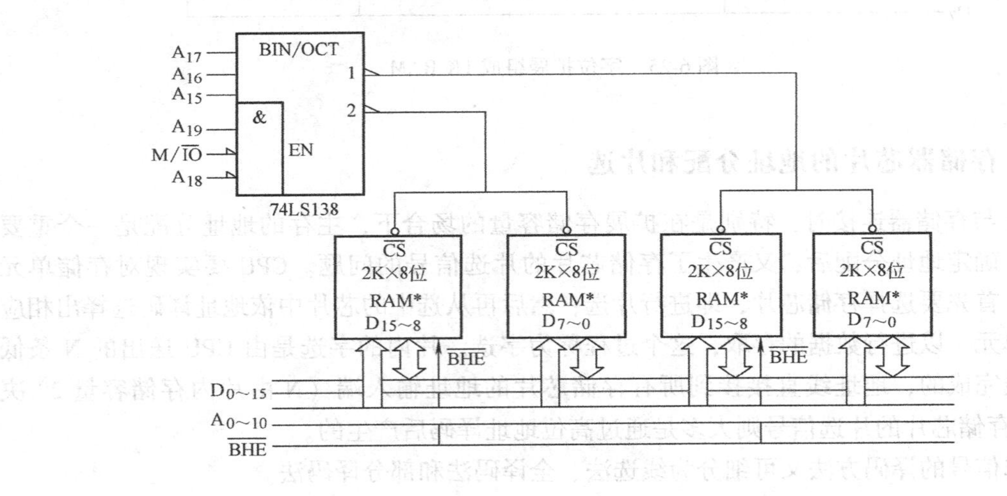

图 6-27　部分译码法寻址示意图

3. 全译码法

将除片内寻址外的全部高位地址线都作为地址译码器的输入，译码器的输出作为各芯片的片选信号，将它们分别接到存储芯片的片选端，以实现对存储芯片的选择。它的优点是每片（或组）芯片的地址范围是惟一确定的，而且是连续的，也便于扩展，不会产生地址重叠的存储区，但全译码法对译码电路要求较高。图 6-28 是全译码法的结构图。

在实际应用中，存储芯片的片选信号可根据需要选择上述某种方法或几种方法并用。

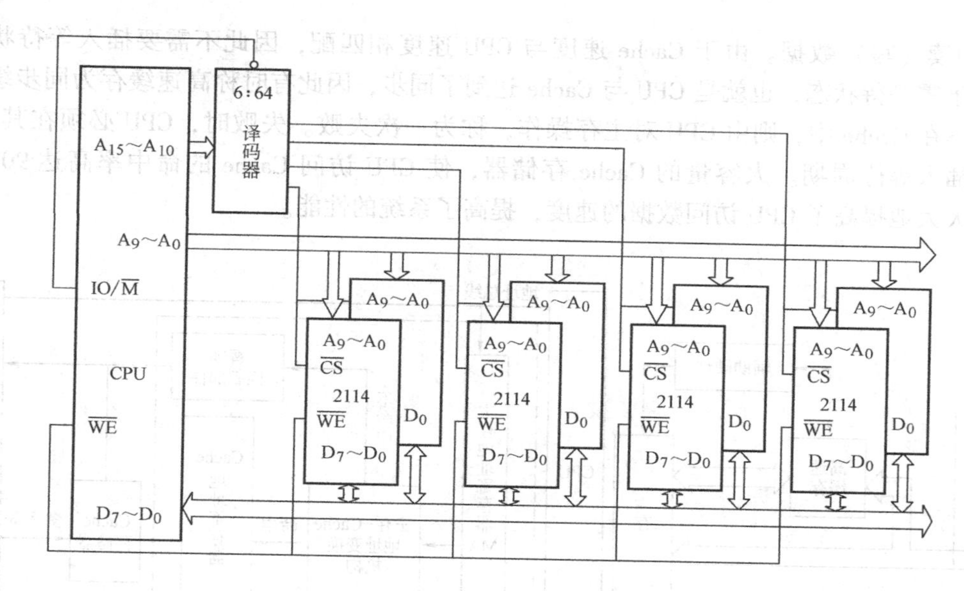

图6-28 用2114芯片组成4K RAM全译码结构图

6.5 高速缓冲存储器Cache

Cache并不是生来就有的，其实在286时代，微机还没有Cache，这是因为当时的CPU速度不快，内存的速度完全可以满足系统的需求。直至386时代，当CPU的速度不断进步，内存的速度却没有得到有效的提升，因此，内存便成为了系统传输的瓶颈，这样就算CPU频率再上升，效率也不会增加。那么问题怎么解决呢？Cache便由此诞生，早期的解决方案是在主板上加入32~64KB的Cache，Cache的速度比主存存储器快，作为CPU和内存的缓冲区域。这样使得系统性能迅速提高，人们也初次品尝到Cache的好处。

6.5.1 Cache-主存存储层次

目前微机使用的内存主要为动态RAM，它具有价格低、容量大的特点，但由于是用电容存储信息，所以存取速度难以提高。由于CPU的速度提高很快，目前CPU的速度比动态RAM的速度快数倍至一个数量级以上，导致了两者的速度不匹配。而微机从内存中取指令和取数据是最主要的操作，慢速的存储器限制了高速CPU的性能，严重影响了微机的运行速度并限制了微机性能的进一步发展和提高。

在半导体存储器中，只有双极型静态RAM的存取速度与CPU速度处于同一数量级，但这种RAM价格较贵，功耗大，集成度低，达到与动态RAM相同的容量时体积较大。存储器不可能都采用静态RAM，因此就产生出一种分级处理办法，即在主存和CPU之间增加一个容量相对小的双极型静态RAM作为高速缓冲存储器（简称Cache），三者的层次关系如图6-29所示。管理这两级存储器的部件为Cache控制器，CPU与主存之间的数据传输都必须经过Cache控制器，其结构如图6-30所示。Cache控制器将来自CPU的数据读写请求，转向Cache存储器。如果数据在Cache中，则CPU对Cache进行操作，称为一次命中，命中时，CPU从

Cache 中读（写）数据。由于 Cache 速度与 CPU 速度相匹配，因此不需要插入等待状态，CPU 处于零等待状态，也就是 CPU 与 Cache 达到了同步，因此有时称高速缓存为同步缓存。若数据不在 Cache 中，则由 CPU 对主存操作，称为一次失败。失败时，CPU 必须在其机器周期中插入等待周期。大容量的 Cache 存储器，使 CPU 访问 Cache 的命中率高达 90% 至 98%，大大地提高了 CPU 访问数据的速度，提高了系统的性能。

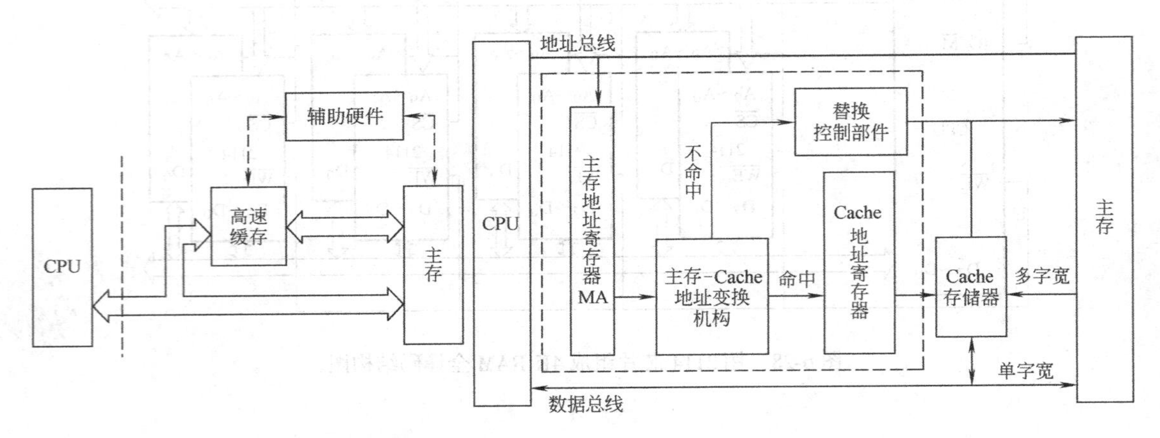

图 6-29　主存-Cache 层次图　　　　图 6-30　Cache 存储系统基本结构

由此可见，从 CPU 的角度看，这种 Cache-主存层次的速度接近于 Cache，容量与每位价格则接近于主存，因此解决了速度与成本之间的矛盾。

6.5.2　Cache 存储器的基本工作原理

1. Cache 的工作原理是基于程序访问的局部性

程序的局部性有两个方面的含义：时间局部性和空间局部性。时间局部性是指如果一个存储单元被访问，则该单元可能很快会被再次访问。这是因为程序存在着循环。空间局部性是指如果一个存储单元被访问，则该单元邻近的单元也可能很快被访问。这是因为程序中大部分指令是顺序存储、顺序执行的，数据一般也是以向量、数组、树、表等形式簇聚地存储在一起的。

目前微机中的 Cache 存储器一般装在主机板上。为了进一步提高存取速度，在 Intel 80486 微处理器中集成了 8KB 的数据和指令共用的 Cache，在 Pentium 微处理器中集成了 8KB 的数据 Cache 和 8KB 的指令 Cache，与主机板上的 Cache 存储器形成两级 Cache 结构。CPU 首先在第 1 级 Cache（微处理器内的 Cache）中查找数据，如果找不到，则在第 2 级 Cache（主机板上的 Cache）中查找。若数据在第 2 级 Cache 中，则 Cache 控制器在传输数据的同时，会修改第 1 级 Cache；如果数据既不在第 1 级 Cache 也不在第 2 级 Cache 中，Cache 控制器则从主存中获取数据，同时将数据提供给 CPU 并修改两级 Cache。

第 1、2 级 Cache 结合，提高了命中率，加快了处理速度，使 CPU 对 Cache 的操作命中率高达 98%。图 6-30 表示主板上 Cache 存储器系统的基本结构，它包括 Cache 控制器（虚框内）和 Cache 存储器两部分。控制部分包含主存地址寄存器、主存-Cache 地址变换机构、替换控制部件和 Cache 地址寄存器 4 部分。整个 Cache 存储器介于 CPU 与主存之间，而 CPU 不仅与 Cache 相接，与主存仍保持通路。

在主存-Cache 存储体系中，所有的程序和数据都在主存中，Cache 存储器只是存放主存中的一部分程序块和数据块的副本，这是一种以块为单位的存储方式。Cache 和主存被分成若干块，每块由多个字节组成。由程序的局部性原理可知，在多数情况下，Cache 中的程序块和数据块会使 CPU 要访问的内容已经在 Cache 存储器中，CPU 的读写操作主要在 CPU 和 Cache 之间进行。

CPU 访问存储器时，送出访问主存单元的地址，由地址总线传送到 Cache 控制器的主存地址寄存器 MA 中，主-Cache 地址变换机构从 MA 获取地址并判断该单元内容是否已在 Cache 中存有副本，如果副本已经在 Cache 中，则命中。当命中时，立即把访问地址变换成它在 Cache 中的地址，然后访问 Cache 存储器。如果 CPU 访问的内容根本不在 Cache 中，即不命中时，则 CPU 转去直接访问主存，并将包含该存储单元的一块信息（包括该块数据的地址信息）装入 Cache。若 Cache 存储器已被装满，则需在替换控制部件的控制下，根据某种替换算法，用此块信息替换掉 Cache 中原来的某块信息。

高速缓冲技术就是利用程序的局部性原理，把程序中正在使用的部分存放在一个高速的容量较小的 Cache 中，使 CPU 的访问操作大多数针对 Cache 进行，从而使程序的执行速度大大提高。

2. Cache 存储器的基本结构

在带有 Cache 的计算机中，Cache 中开始时是没有数据或程序代码的。当 CPU 访问存储器时，从主存中读取的数据或代码在写入寄存器的同时还写入 Cache 中。在以后的访问中，如果访问的数据或代码已经存在于 Cache 中时，就可以直接从 Cache 中访问该数据或代码，而不必再到主存储器中去访问了。访问主存的数据或代码存在于 Cache 中的情形称为 Cache 命中（Hit），Cache 命中的统计概率称为 Cache 的命中率。相应地，访问主存的数据或代码不在于 Cache 中时的情形称为不命中或失效（Miss），不命中统计概率称为失效率。为了提高 Cache 的命中率，在将主存中的数据或代码写入 Cache 时一般把该数据前后相邻的数据或代码也一起写入 Cache。也就是说，从主存储器到 Cache 的数据传送一般是以数据块为单位进行的，这样既提高了 Cache 的命中率，又提高了数据传输的效率。在 Cache 命中时所需的访问时间称为命中访问时间，不命中时因访问主存而增加的访问时间称为 Cache 的失效访问时间。

3. 高速缓冲存储器设计中要考虑的问题

1）主存中的块放入 Cache 中的什么地方？即地址映像方法。它确定了主存地址与 Cache 地址的映像关系。主存地址到 Cache 地址的映像以块为单位。

2）Cache 放满时怎么办？即块的替换策略。它决定将 Cache 中的哪一块数据移去以便调入访问的块。

3）写 Cache 时是否写主存？即块的更换策略。块的更新策略决定在写操作时，何时将数据写入主存。

此外，还要考虑 Cache 容量、块的容量等问题。Cache 的容量一般比主存低得多，与主存传输的数据块的容量一般在 4 到 128 字节之间，命中时间一般为 1 个时钟周期，失效时间取决于主存的访问时间及传输时间，一般为 8 到 32 个时钟周期，失效率在 1% 到 20% 之间。为了提高 Cache 数据的调入调出速度，要求主存的带宽与其匹配。匹配的方法是采用多体交叉的主存模块或加宽主存的数据总线等。

6.5.3 Cache 的基本操作

在不同类型的内存操作时，缓存会有不同的工作过程。缓存具体的工作过程如下：

1. Cache 的读操作

当 CPU 发出读请求时，如果 Cache 命中，就直接对 Cache 进行读操作，与主存无关；如果不命中，则仍需访问主存，并把该块信息从主存调入 Cache 内。若此时 Cache 已满，则须根据某种替换算法，用这个块的信息替换掉 Cache 中原来的某块信息。

2. Cache 的写操作

由于 Cache 中保存的只是主存的部分副本，这些副本与主存中的内容能否保持一致，是 Cache 能否可靠工作的一个关键问题。当 CPU 发出写请求时，如果 Cache 命中，有可能会遇到 Cache 与主存中的内容不一致的问题，所以，如果 Cache 命中，需要进行一定的写处理，处理的方法有写直达法和写回法。

写直达法是指 CPU 在执行写操作时，必须把数据同时写入 Cache 和主存。当某一块需要替换时，也不必把这一块写回到主存中去，新调入的块可以立即把这一块覆盖掉。这种方法实现简单，而且能随时保持主存数据的正确性，但这可能增加多次不必要的主存写入，会降低存取速度。

写回法是指 CPU 在执行写操作时，只将被写数据写入 Cache，而不写入主存。仅当需要替换时，才把已经修改过的 Cache 块写回到主存。在采用这种更新策略的 Cache 块表中，一般有一个标志位，当一块中的任何一个单元被修改时，标志位被置“1”。在需要替换掉这一块时，如果标志位为“1”，则必须先把这一块写回到主存中去后，才能调入新的块；如果标志位为“0”，则这一块不必写回主存，只要用新调入的块覆盖掉这一块即可。这种方法操作速度快，但因主存中的字块未经随时修改而有可能出错。

如果 Cache 不命中，就直接把信息写入主存，并有两种处理方法：

(1) 不按写分配法，即只把所要写的信息写入主存。

(2) 按写分配法，即在把所需要的信息写入主存后还把这个块从主存中读入到 Cache 中。

6.5.4 地址映像

设计 Cache 时首先面临的问题是怎样知道 Cache 是否命中？也就是怎样知道要访问的数据已经存在于 Cache 中。其次是，如果要访问的数据在 Cache 中，怎样确定这个数据在 Cache 中的存储位置。这两个问题是相关的，解决的方法是在主存地址和 Cache 地址之间建立一种确定的逻辑关系，也就是根据主存的地址来构成 Cache 的地址。这样的地址间的逻辑关系称为地址映像。根据这种地址的对应方法，地址映像的方式有直接映像、全相联映像和组相联映像 3 种。

1. 直接映像

一个主存块只能映像到 Cache 中的惟一一个指定块的地址映像方式称为直接映像。在直接映像方式下，主存中存储块的数据只可调入 Cache 中的一个位置。Cache 中的这个数据块的存储位置称为块框架（Block Frame）。因为主存的容量总是比 Cache 大，因此会有多个主存地址映像到同一个Cache地址。如果主存中两个存储块的数据都要调入Cache中的同一个位置，则将发生冲突。地址映像的方法一般是将主存块地址对Cache的块数取模即得到Cache中的块地址，这相当于将主存的空间按Cache的尺寸分区，每区内相同的块号映像到Cache中相同的块位置。地址映像机构在判断块命中与否时只需判断Cache中某一块对应于主存中哪一区就可以了。因此，可以将主存地址的高位看作是区地址，即将主存地址分成3段：区号、块号和块内地址。区号作为标志存放在地址映像表中，用于判断命中与否；主存的块号直接用于查地址映像表和在Cache中进行块内寻址；块内地址用于块内寻址。如果一个块的容量为几个（2的幂次）字或字节，那么地址的最低位可用于选择块中的字或字节。

Cache的直接相联映像如图6-31所示，主存中每个区的第0块映像到Cache的第0块，第1块映像到Cache的第1块，第n块映像到Cache的第n块。实现地址转换过程如图6-32所示，其中地址映像用的块表中包含Cache存储器各块的区号，Cache地址的块内地址与主存地址的块内地址部分相同，块号也相同。在访存操作时，根据地址中的块号读出块表中的区号并与当前地址的区号段进行比较，比较结果不相同则表示不命中，需要对主存进行访问。这时在对主存进行访问并将主存中的块调入Cache中的同时将区号段写入块表中，这就完成了地址映像关系的改变。在调入新的数据块时，Cache中的原数据块被替换。从主存读入的数据可以先替换原数据然后再从Cache送到CPU，也可以在替换Cache原数据块时直接送到CPU。

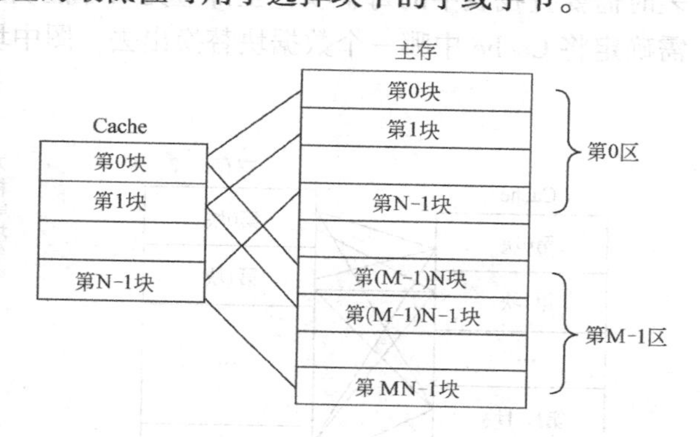

图6-31 Cache的直接相联映像

直接映像是一种最简单的地址映像方式，它的地址变换速度快，而且不涉及其它两种映像方法中的替换策略问题。但在这种方式下，块冲突的概率较高，当程序往返访问两个相互冲突的块中的数据时，Cache的命中率将急剧下降。即使这时Cache中有其它块空闲，也会因为固定的地址映像关系而无法利用。

2. 全相联映像

每个主存块都可映像到任何Cache块的地址映像方式称为全相联映像，如图6-33所示。在全相联映像方式下，主存中存储块的数据可调入Cache中的任意块框架，如果Cache中能容纳程序所需的绝大部分指令和数据，则可达到很高的Cache命中率。但全相联映像Cache的实现比较复杂。当访问一个块中的数据时，块地址要同时与块表中的所有地址标志进行比较以确定是否命中。在数据块调入时，还存在着一个比较复杂的替换策

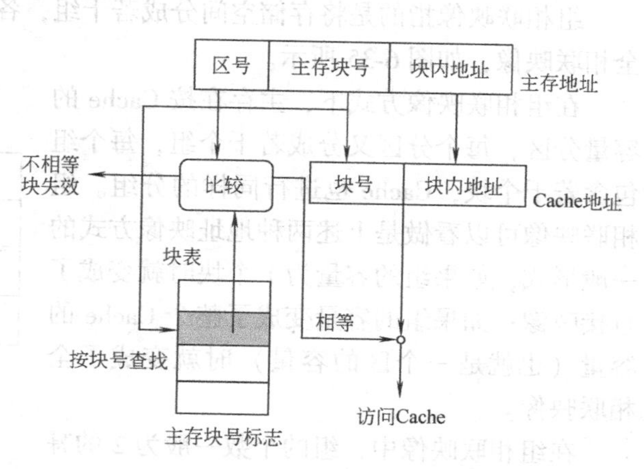

图6-32 直接映像的地址变换

略问题，即决定将数据块调入到 Cache 中什么位置，而将 Cache 中哪一块数据调出。

采用全相联映像方式后，地址变换方式如图 6-34 所示。Cache 地址中，块内地址部分直接取自主存地址的块内地址段，Cache 块号则根据主存从块表中查到。块表中包含 Cache 存储器各块的主存块号以及对应的 Cache 块号，在访存操作时，根据地址中的块号在块表中查找是否有相同的主存块号。如果有相同的块号，则表示 Cache 命中，将对应的 Cache 块号取出并对 Cache 进行访问，没有相同的则表示不命中，再对主存进行访问并在主存中的块调入 Cache 中的同时将主存块号和 Cache 块号写入块表中，以改变地址映像关系。查找地址映像表时需要查找表中的每个项，全部查完后才能确定 Cache 不命中。在新的数据块调入时，还需确定将 Cache 中哪一个数据块替换出去。图中块表中的阴影区域表示块表查找的范围。

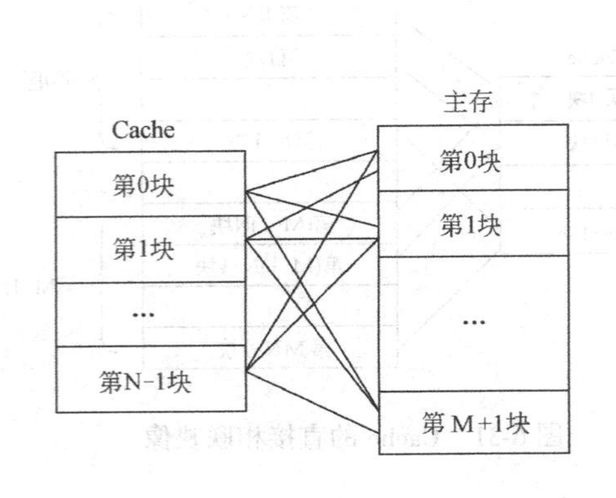

图 6-33　全相联映像

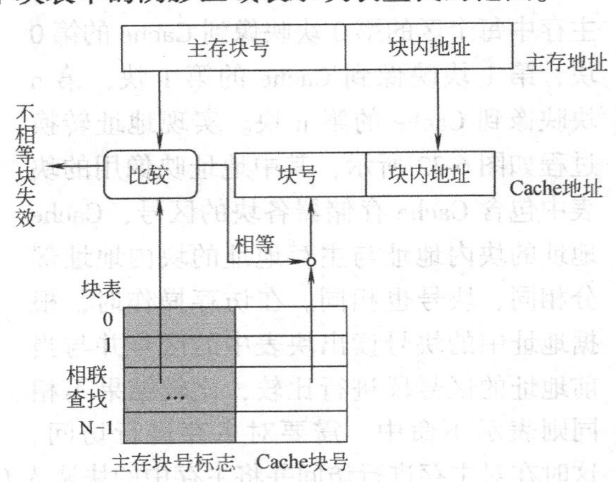

图 6-34　全相联映像的地址变换方法

全相联方法在 Cache 中的块全部装满后才会出现块冲突，而且由于可以灵活地进行块的分配，所以块冲突的概率低，Cache 的利用率高。但全相联 Cache 中块表查找的速度慢，控制复杂，需要一个用硬件实现的替换策略，实现起来比较困难。为了提高全相联查表的速度，地址映像表可用相联存储器实现。但相联存储器的容量一般较低，速度较慢。所以全相联的 Cache 一般用于容量比较小的 Cache 中。

3. 组相联映像

组相联映像指的是将存储空间分成若干组，各组之间是直接映像，而组内各块之间则是全相联映像，如图 6-35 所示。

在组相联映像方式下，主存在按 Cache 的容量分区，每个分区又分成若干个组，每个组包含若干个块，Cache 也进行同样的分组。组相联映像可以看做是上述两种地址映像方式的一般形式，如果组的容量为 1 个块时就变成了直接映像；如果组的容量变成了整个 Cache 的容量（也就是一个区的容量）时就变成了全相联映像。

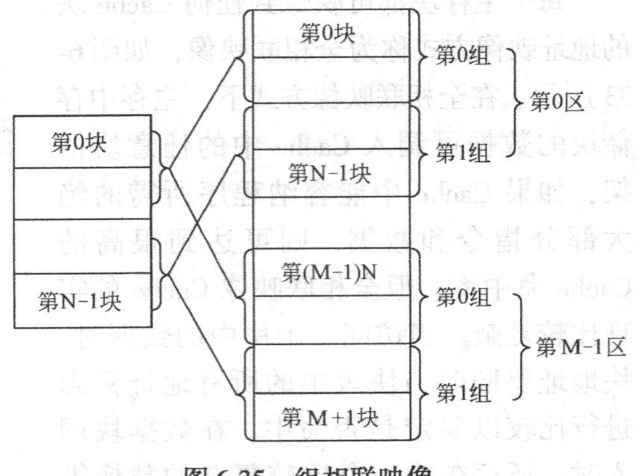

图 6-35　组相联映像

在组相联映像中，组的个数一般为 2 的幂次数，组内块的个数也是 2 的幂次。主存地址分成4段，高字段是区号；然后是组标志，用于确定组号；第3段是组中的块地址，用于确定组中的块；低字段是块内寻址段。Cache地址分3段：组号、组内块号和块内地址。组相联方法在判断块命中以及替换算法上都要比全相联方法简单，块冲突的概率比直接映像的低，其命中率也介于直接映像和全相联映像方法之间。

组相联映像的地址变换方式如图6-36所示，其中Cache地址中的块内地址部分直接取自主存地址的块内地址段，组号部分也直接取自主存地址（因为组间是直接映像），组内的块号部分则是查找块表的结果。块表中包含Cache存储器各块的主存区号、组内块号以及对应的Cache组内块号。在访存操作时，根据地址中的组号和块号在块表中该组对应的若干项中查找是否有相同的主存区号和组内块号。如果有相同的，则表示Cache命中，将对应的Cache组内块号取出并对Cache进行访问，没有相同的则表示不命中，再对主存进行访问并在主存中的块调入Cache中的同时将主存区号和组内块号以及Cache的组内块号写入块表中，以改变地址映像关系。在调入新的数据块时，还需确定将组内的哪一个数据块替换出去。为了提高查块表和比较的速度，可以将一组的表项同时读出，分别与主存地址进行比较。

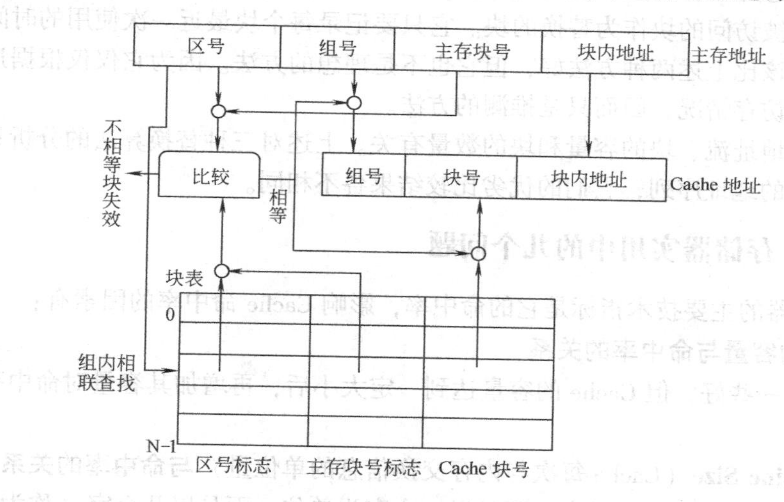

图6-36 组相联映像的地址变换方法

组相联映像相对于直接映像的优越性随着Cache容量的增大而下降，分组的效果随着组数的增加而下降。实践证明，全相联Cache的失效率只比8路组相联Cache的稍微低一点。全相联和组相联地址映像方法尽管可以提高命中率，但随之增加的复杂性和降低的速度也是不容忽视的。因此，一般在容量小的Cache中可采用组相联映像或全相联映像方法，而在容量大的Cache中则可以采用直接映像的Cache。在速度要求较高的场合采用直接映像，而在速度要求较低的场合采用组相联或全相联映像。

6.5.5 替换策略

在带有Cache的存储器体系中，主存储器中包含了Cache的所有数据。在访问主存储器时，访问的数据将写入Cache。这时就要替换掉Cache中的数据。如果被替换的数据与主存的数据不一致，就需要先将数据写入主存储器中再将主存储器中的数据写入Cache。在直接映像方式下，Cache访问块失效时则从主存中访问并将数据块写入Cache中失效的块中，而在组相联映像和全相联映像的方式下，主存储器中的数据块可写入 Cache 中的若干位置，这就有一个选择替换掉哪一个 Cache 存储块的问题，这就是所谓替换算法问题。

选择替换算法的依据是存储器总体的性能，主要是 Cache 的访问命中率。常用的替换算法有随机法（RAND，Random）、先进先出法（FIFO，First-In-First-Out）、近期最少使用法（LRU，Least Recently Used）等。

随机法是随机地确定替换存储单元。它比较简单，可以用一个随机数产生器产生一个随机的替换块号，但随机法没有根据程序访存局部性原理，所以不能提高系统的命中率。

先进先出法是替换最早调入的存储单元，Cache 中的块就像一个队列一样，先进入的先调出。这种替换算法比较容易实现，但它没有根据访存局部性原理，因为最早调入的存储信息可能是以后还要用到的，或者是经常要用到的信息。

近期最少使用法能比较正确地利用访存局部性原理，替换出近期用得最少的存储块，因为近期最少访问的数据，很可能在最近的将来也最少访问。但这种方法比较复杂，需要记录各个块的访问信息并对访问概率进行统计。一般采用简化的方法，如利用近期最久未使用算法把近期最久未被访问的块作为替换的块。它只要记录每个块最近一次使用的时间即可。近期最少使用法应该比上述两种方法好，但它也不是理想的方法。因为它仅仅根据过去访存的频率估计未来的访存情况，因而只是推测的方法。

块命中率与地址流、块的容量和块的数量有关。上述对三种替换算法的分析只是宏观的分析，对于不同的地址序列，它们的优劣比较结果各不相同。

6.5.6　Cache 存储器实用中的几个问题

Cache 存储器的主要技术指标是它的命中率，影响 Cache 命中率的因素有：

1. Cache 的容量与命中率的关系

虽然容量大一些好，但 Cache 的容量达到一定大小后，再增加其容量对命中率的提高并不明显。

2. Cache Line Size（Cache 每次与内存交换信息的单位量）**与命中率的关系**

每次交换信息的单位量应适中，不是以一个字为单位，而是以几个字（称为 Cache 行容量，通常为 4 ~ 32 个字节）为单位在主存与 Cache 之间实现信息传递。

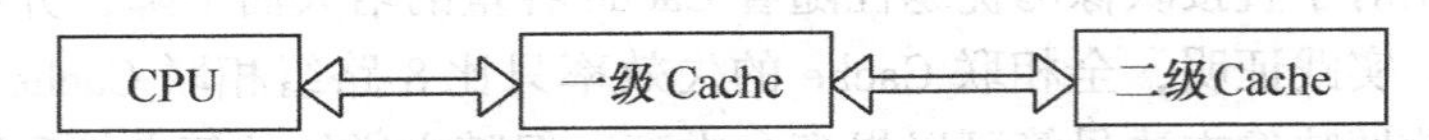

3. 多级的 Cache 结构与命中的关系

4. Cache 的不同映像方式与命中率的关系

全相联映像方式不适应。

直接映像方式命中率低。

多路组相联映像方式性能、价格比更好。

直接映像方式中 Cache 容量为 8K 字，被分成 1024 组，每组 8 个字，同时，主存也分成 8 个字的组，1024 组构成一页。主存的 0 组只能映像到 Cache 的 0 组，主存的 1 组只能映像到 Cache 的 1 组，依此类推。

5. 写 Cache 的策略对系统的影响

（1）一个外设向主存写入了一个数据，则该主存单元原先的副本在 Cache 中出现不一致，此时最简单的办法就是把 Cache 中相应单元的有效位清除，当 CPU 再次需要这一主存单元时，只能从主存重新取得而不会使用 Cache 中的旧值。

（2）改写主存储器的策略。若 CPU 改写 Cache 一个单元内容后且尚未改变主存相应单元内容时，则会出现数据不一致性。此时有两种解决办法：

1）接下来直接改写主存单元内容，这样做简便易行，但可能带来系统运行效率不高的问题，该办法后未被使用。

2）拖后改写主存单元内容，一直拖到有另外的设备要读写过时的主存单元时。首先停止这一读操作，接下来改写主存内容，之后再启动已停下来的读操作，否则不必改写。这种办法的矛盾是如何检查是否该改写，可以通过监视地址总线完成，记下无效单元地址用于比较。虽然该办法控制复杂些，但可以提供更高系统的运行效率。

6.6 虚拟存储器

6.6.1 存储系统（主存-辅存）的层次结构

为了解决存储容量、存取速度和价格之间的矛盾，通常把各种不同存储容量、不同存取速度的存储器，按一定的体系结构组织起来，形成一个整体的存储系统。多级存储层次如图 6-37 所示。从 CPU 的角度来看，n 种不同的存储器（$M_1 \sim M_n$）在逻辑上是一个整体。其中：M_1 速度最快、容量最小、位价格最高；M_n 速度最慢、容量最大、位价格最低。整个存储系统具有接近于 M_1 的速度，相等或接近 M_n 的容量，接近于 M_n 的位价格。在多级存储层次中，最常用的数据在 M_1 中，次常用的在 M_2 中，最少使用的在 M_n 中。

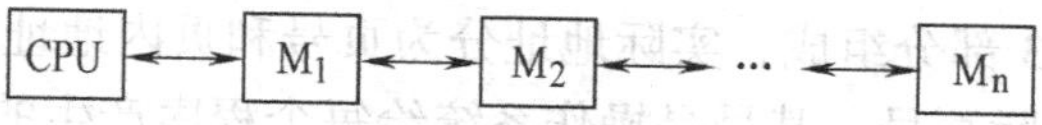

CPU ⟷ M_1 ⟷ M_2 ⟷ … ⟷ M_n

图 6-37 多级存储层次

由高速缓冲存储器、主存储器、辅助存储器构成的 3 级存储系统可以分为 2 个层次，其中高速缓冲存储器和主存之间称为 Cache-主存存储层次（Cache 存储系统）；Cache 存储系统是为解决主存速度不足而提出来的。可以在 Cache 和主存之间增加辅助硬件，让它们构成一个整体。从 CPU 的角度看，Cache 存储系统的速度接近 Cache 的速度，容量是主存的容量，每位价格接近于主存的价格。由于 Cache 存储系统全部用硬件来调度，因此它对应用程序员和系统程序员都是透时的。主存-辅存存储层次（虚拟存储系统）如图 6-38 所示。主存-辅存层次解决了存储器的大容量要求和低成本之间的矛盾，从整体上看，其速度接近于主存的速度，其容量则接近于辅存的容量，而每位平均价格也接近于廉价的慢速的辅存平均价格。这种系统不断发展和完善，就逐步形成了现在广泛使用的虚拟存储系统。

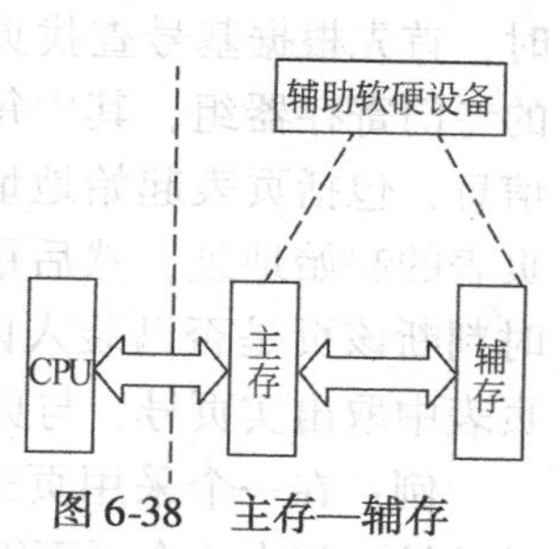

图 6-38 主存—辅存层次结构

6.6.2 虚拟存储器的基本概念

虚拟存储器主要用于解决计算机中主存储器的容量不足的问题，要求在不明显降低平均访存速度的前提下增加程序的访存空间。在计算机中经常会遇到主存储器容量不够的问题，增加存储器容量的一个经济有效的办法是使用外存来存储运行中所需要的程序和数据的存储空间，也就是使用程序能够像访问主存储器一样访问的外部存储器。在虚拟存储器中，程序可以像访问内存一样访问外存，CPU根据程序指令生成的地址是虚拟地址，又称为逻辑地址，虚拟地址经过转换后形成实际地址，又称物理地址。虚拟地址的范围称为虚拟地址空间，它是程序员所看到的地址空间。

虚拟地址空间可以达到CPU的最大寻址范围。为了提高平均访存速度，将虚拟地址空间中访问最频繁的一小部分寻址范围映像到主存储器，其余的地址空间映像到外存储器。这样，从程序员的角度看，存储空间扩大了，外存被看作为逻辑存储空间，访问的地址是一个逻辑地址。它使存储系统具有外存的容量又有接近于主存的访问速度。当程序要访问映像到主存中的空间时，系统的存储管理部件将地址映像成主存的实际地址，如果虚地址对应的存储单元不存在于主存中，则不能直接形成物理地址。这时存储管理部件先改变虚拟存储器与实际存储器的映像关系，将要访问的空间映像到内存并将该存储单元从外存调入主存后进行访问。根据程序的局部性原理，一个程序运行时，在一小段时间内只会用到程序和数据的一小部分，仅把这部分程序和数据装入存储器即可，更多的部分可以在用到时随时从磁盘调入主存。在操作系统和相应硬件的支持下，数据在磁盘和主存之间按程序运行的需要自动地批量的完成任务。根据采用的存储映像算法，可将虚拟存储器的管理方式分成段式、页式和段页式等多种。

6.6.3 页式虚拟存储器

页是把虚拟的逻辑地址空间和主存实际物理地址都划分为容量相等的大小区域。页式虚拟存储器是把虚拟存储空间和实际存储空间等分成固定容量的页，各虚拟页可装入主存中不同的实际页面位置。主存中的这个页面存放位置称为页框架（Page Frame）。一个页一般有4K到64K字节左右。在页式虚拟存储器中，程序中的逻辑地址由基号、虚页号和页内地址3部分组成，实际地址分为页号和页内地址两部分，地址映像机构将虚页号转换成主存的实际页号。基号是操作系统给每个程序产生的地址附加的地址字段，以便区分不同程序的地址空间。在任一时刻，每个虚拟地址都对应一个实际地址，这个实际地址可能在内存中，也可能在外存中。这种把存储空间按页分配的存储管理方式称为页式管理。页式管理使用一个页表，其中包括每个页的主存页号、表示该页是否已装入主存的装入位等。虚页号一般对应于该页在页表中的行号。页的长度是固定的，因此不需要在页表中记录。页表是虚拟页号（或称逻辑页号）与物理页号的映像表。页式管理方式类似于Cache管理。在页式地址转换过程中，在进行地址映像时，首先根据基号查找页基址表，页基址表一般是CPU中的专门寄存器组，其中每一行代表一个运行的程序的页表信息，包括页表起始地址和页表长度。从页基址表中查出页表的起始地址，然后用虚页号从页表中查找实页号，同时判断该页是否已装入内存。如果该页已装入内存，则从页表中取出实页号，与页内地址一起构成物理地址。

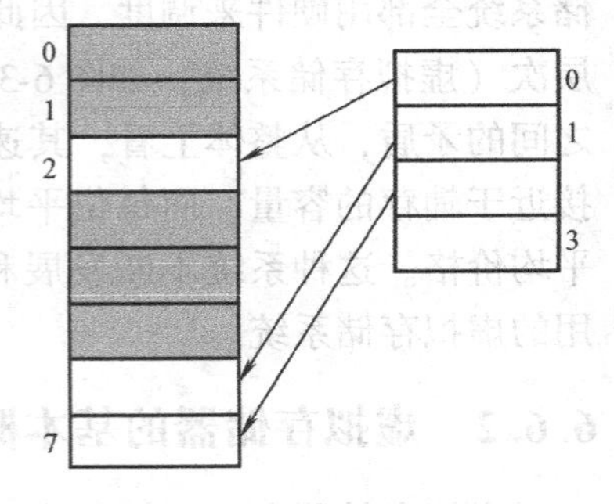

图6-39 页式虚拟存储器的地址映像

例：在一个采用页式管理的虚拟存储器中，假设程序的地址空间由4个页面组成，第0个页面映像到内存的第2

个页框架，第1个页面映像到内存的第6个页框架，第2个页面映像到内存的第7个页框架，第3个页面映像到外存，如图6-39所示，画出地址映像方式。

解：页地址映像机制中包括一个页基址表，根据虚拟地址的基号从基址表中找到页表的起始地址，页表中包含4项，分别对应于程序地址空间的4个页。页表的第0项中存放主存的页号为2，装入位为1（表示已装入主存），第1项中存放主存的页号为6，装入位为1，第2项中存放主存的页号为7，装入位为1，第3项的装入位为0，表示该面未装入主存，该页的主存页字段为无效。地址转换时以虚页号为地址从页表中找出相应的项，并从相应项中查到主存页号，与页内地址段一起构成访问主存的地址。页面映像及其相应的页表查找的地址映像方式如图6-40所示。

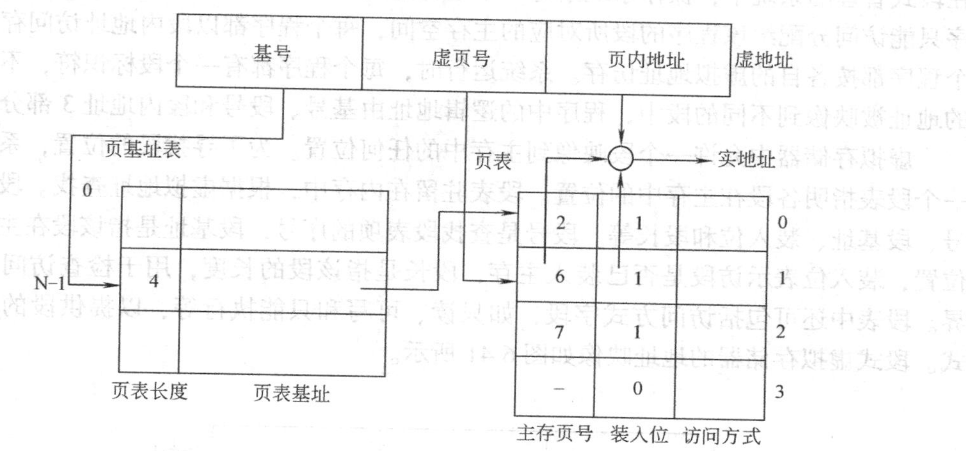

图6-40 页式虚拟存储器的地址映像方法

在页式管理中，操作系统在建立程序运行环境时建立所有的页框架，在页表中记录各页的存储位置。当内存页面占满时，操作系统必须选择一个页，将其替换出。通常采用的替换算法如LRU。在虚拟存储器中进行地址变换时，通过页表将虚页号变换成主存中的实页号。当页表中该页对应的装入位为1时，表示该页在内存中，可按主存地址访问主存；如果装入位为0时，则表示该页不在内存中，就从外存中调页。应先通过外部地址变换，一般通过查外页表将虚地址变换为外存中的实际地址，然后通过输入输出接口将该页调入内存。

页式管理在存储空间较大时，由于页表过大，工作效率将降低。当页面数量很多时，页表本身占用的存储空间将很大，对这样的页表可能又要分页管理了，为了解决这个问题，人们提出了段式虚拟存储器的概念。

例：一个有32位程序地址空间，页面容量为1KB，主存的容量为8MB的存储系统，问：

（1）虚页号字段有多少位？页表将有多少行？

（2）页表的每一行有多少位？页表的容量有多少字节？

解：（1）因为页面的容量为$1KB = 2^{10}$字节，所以页内地址段为10位，虚页号字段为$32-10=22$位，页表的长度为$2^{22}=4M$行。

（2）因为主存的容量为$8MB = 2^{23}B$，所以主存中页框架的数量有$2^{23}/2^{10}=2^{13}$个。即页表中主存页号字段是13位长，再加上装入位和访问方式控制位等其它信息，页表中每一行将超过16位。如果选择页表的每一项为16位即2字节，则页表的容量为$4M \times 2 = 8MB$；如果选择页表的每一项为32位即4字节，则页表的容量为4M×4＝16MB。

6.6.4 段式虚拟存储器

通常一个大的程序是由在逻辑上、处理功能上有一定的独立性的程序段组成的，可用段名和段号来标明段程序，每个段的长度是随意的，由指令的条数确定，简称为段。当运行由若干段组成的程序时，把主存按段分配与管理，以段作为信息单位，实现在主存与辅存之间的信息传送的存储管理方式称为段式管理，采用段式管理的虚拟存储器称为段式虚拟存储器。段的长度可以任意设定，并可以放大和缩小。段式管理是一种模块化的存储管理方式，在段式管理的系统中，操作系统给每一个运行的用户程序分配一个或几个段，每个运行的程序只能访问分配给该程序的段所对应的主存空间，每个程序都以段内地址访问存储器，即每个程序都按各自的虚拟地址访存。系统运行时，每个程序都有一个段标识符，不同的程序中的地址被映像到不同的段中，程序中的逻辑地址由基号、段号和段内地址3部分组成。

虚拟存储器中允许一个段映像到主存中的任何位置。为了寻找段的位置，系统中通常有一个段表指明各段在主存中的位置。段表驻留在内存中，根据虚拟地址查找。段表中包括段号、段基址、装入位和段长等。段号是查找段表项的序号，段基址是指该段在主存中的起始位置，装入位表示访段是否已装入主存，段长是指该段的长度，用于检查访问地址是否越界。段表中还可包括访问方式字段，如只读、可写和只能执行等，以提供段的访问保护方式。段式虚拟存储器的地址映像如图6-41所示。

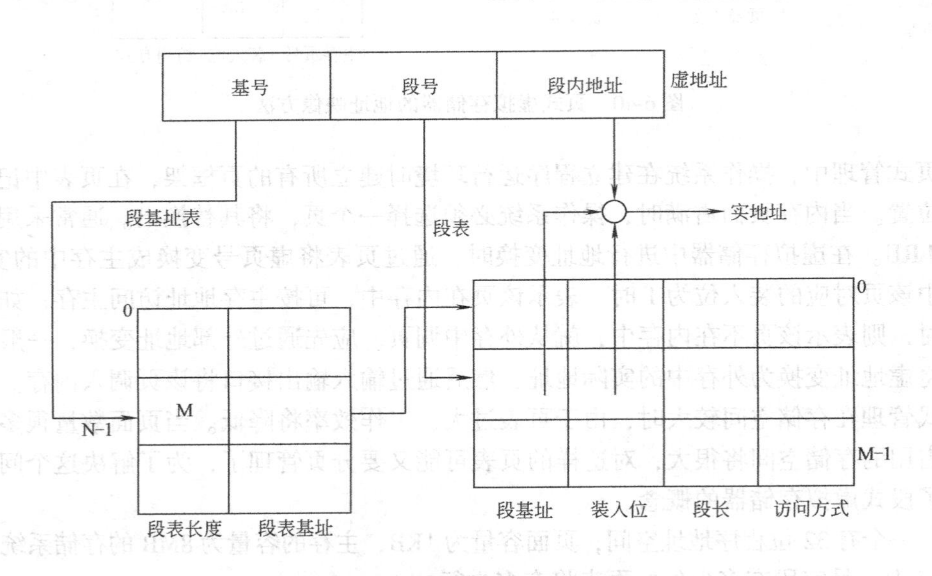

图6-41 段式虚拟存储器的地址映像

在进行地址映像时，首先根据基号查找段基址表，段基址表一般也是CPU中的专门寄存器组。从表中查出段表的起始地址，然后用段号从段表中查找该段的在内存中的起始地址，同时判断该段是否已装入内存。如果该段已装入内存，则从段表中取出段起始地址，并与段内地址相加构成被访问数据的物理地址。段表本身也存放在一个段中，一般常驻主存。因为段的长度是可变的，所以必须将段长信息存储在段表中，一般段长都有一个上限。分段方法能使大程序分模块编制，独立运行，以段为单位容易实现存储保护和数据共享。

在发生了段失效时，操作系统必须进行控制，首先在外存中找到这个段，然后决定将这个段装入到什么地方。虚地址中并没有直接指明段在外存中的位置，系统必须跟踪每个段的位置。通常在操作系统中有一个数据结构，记录各段的存储位置。段式管理的优点是用户地址空间分离，段表占用的存储器空间数量少，管理简单。其缺点是整个段必须同时调入或调出，这样使得段长不能大于内存容量，而建立虚拟存储器的初衷是希望程序的地址空间大于内存的容量。为了解决这个问题，人们提出了将段式管理与页式管理相结合的管理方法，这就是段页式虚拟存储器。

6.6.5 段页式虚拟存储器

段式管理和页式管理各有其优点和缺点，段页式管理是两者的结合。它将存储空间按逻辑模块分成段，每段又分成若干个页。这种访存方式是通过一个段表和若干个页表进行，要求段的长度必须是页长的整数倍，段的起点必须是某一页的起点。在段页式虚拟存储器中，虚拟地址被分为基号、段号、页号和页内地址4个字段。目前大多数微机系统都采用段页式管理。在进行地址映像时，首先根据基号查找段基址表，从表中查出段表的起始地址，然后用段号从段表中查找该段的页表的起始地址，然后根据段内页号在页表中查找该页在内存中的起始地址，即实页号，同时判断该段是否已装入内存。如果该段已装入内存，则从段表中取出实页号，与页内地址字段拼接构成被访问数据的物理地址。段页式虚拟存储器地址映像方法如图6-42所示。

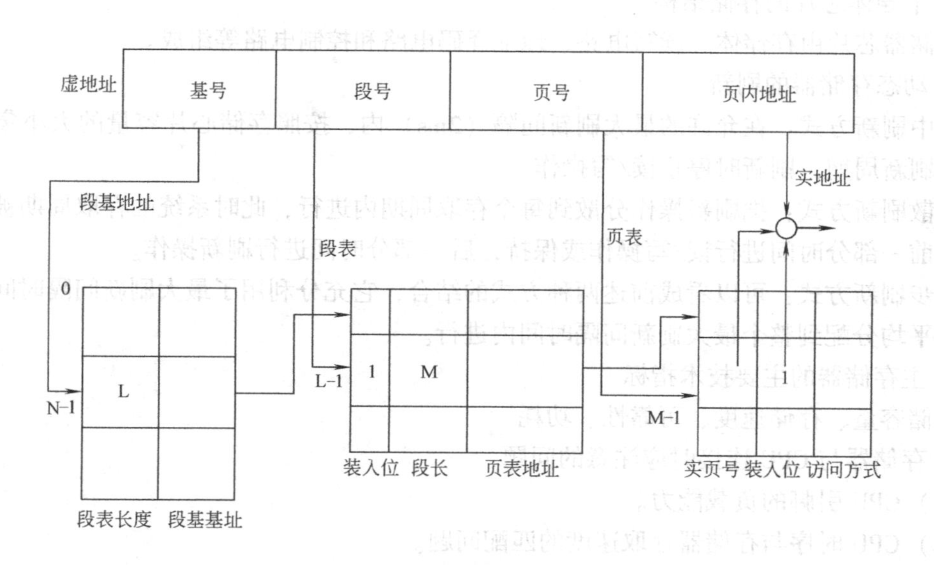

图6-42 段页虚拟存储器地址映像

段页式管理在地址变换时需要查两次表，即段表和页表。每个运行的程序通过一个段表和相应的一组页表建立虚拟地址与物理地址之间的映像关系。段表中的每一项对应一个段，其中的装入位表示该段的页表是否已装入主存。若已装入主存，则地址项指出该段的页表在主存中的起始地址，段长项指示该段页表的行数。页表中还包含装入位、主存页号等信息。

本章小结

通过本章的学习，要求掌握存储器芯片的类型和各主要存储器芯片的工作原理；掌握扩展存储器容量的技术，能够用给定的存储器芯片按要求设计主存，从而深刻理解存储器的构成原理；掌握 Cache 和虚拟存储器的构成原理，能够分析 Cache 和虚拟存储器的命中情况。

本章的难点是存储器芯片的原理和工作时序，主存的容量扩展技术、Cache 和虚拟存储器的分析，应重点掌握以下内容：

1. 存储器的分类

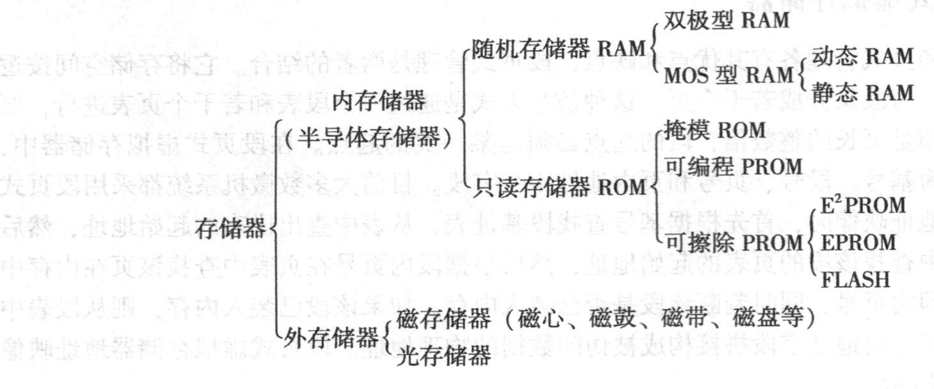

2. 半导体芯片的存储结构

存储器芯片由存储体、读写电路、地址译码电路和控制电路等组成。

3. 动态存储器的刷新

集中刷新方式：在允许的最大刷新间隔（2ms）内，按照存储心片容量的大小集中安排若干个刷新周期，刷新时停止读/写操作。

分散刷新方式：把刷新操作分散到每个存取周期内进行，此时系统的存取周期被分为两部分，前一部分时间进行读/写操作或保持，后一部分时间进行刷新操作。

异步刷新方式：可以看成前述两种方式的结合，它充分利用了最大刷新间隔时间，把刷新操作平均分配到整个最大刷新间隔时间内进行。

4. 主存储器的主要技术指标

存储容量、存储速度、可靠性、功耗

5. 存储器与 CPU 连接时应注意的问题

（1）CPU 引脚的负载能力。

（2）CPU 时序与存储器存取速度的匹配问题。

（3）存储器地址分配和片选问题。

6. 简单存储器子系统的设计方法

位扩展法、字扩展法、字位扩展法。

7. Cache 的基本结构、工作原理及基本操作

8. Cache 的直接映像、全相联映像、组相联映像方式

9. 段式虚拟存储器、页式虚拟存储器和段页式虚拟存储器

习题与思考题

6-1 解释下列术语

RAM ROM SRAM DRAM EDO DRAM PROM

EPROM EEPROM SDRAM 访存局部性 直接映像 全相联映像

组相联映像 虚拟存储器 段式管理 页式管理 段页式管理

块表 页表 段表 固件

6-2 下列SRAM各需要多少条地址线进行寻址？各需要多少条数据I/O线？

(1) 512×4 (2) 1K×4 (3) 1K×8 (4) 2K×1

(5) 4K×1 (6) 16K×4 (7) 64K×1 (8) 256×4K

6-3 使用下列RAM芯片组成所需的存储容量，各需多少个RAM芯片？各需多少RAM芯片组？共需多少条寻址线？每块芯片各需多少条地址线？

(1) 512×4的芯片，组成8KB的存储容量。

(2) 1024×1的芯片，组成32KB的存储容量。

(3) 4K×1的芯片，组成4KB的存储容量。

(4) 4K×1的芯片，组成64KB的存储容量。

6-4 用4K×8的存储器芯片构成8KB×16位的存储器，共需多少片RAM？如果CPU的信号线有读写控制信号$R/\overline{W}$，地址线为$A_{15} \sim A_0$，存储器芯片的控制信号有$\overline{CS}$和$\overline{WE}$，请画出此存储器与CPU的连接图。

6-5 一台计算机的主存容量为1MB，字长为32位，直接映像的Cache的容量为512字。计算主存地址格式中，区号、组号、块号和块内地址字段的位数。

(1) Cache块长为1字

(2) Cache块长为8字

6-6 一个组相联映像Cache由64个存储块构成，每组包含4个存储块。主存包含4096个存储块，每块由128字组成。访存地址为字地址。

(1) 求一个主存地址有多少位？一个Cache地址有多少位？

(2) 计算主存地址格式中，区号、组号、块号和块内地址字段的位数。

6-7 一个具有16KB直接相联Cache的32位微处理器，假定该Cache的块为4个32位的字。

(1) 画出该Cache的地址映像方式，指出主存地址的不同字段的作用。

(2) 主存地址为ABCDE8F8的单元在Cache中的什么位置？(指出区号、块号和块内地址值)

6-8 有一个"Cache主存"存储层次。主存共分8个块(0-7)，Cache为4个块(0-3)，采用直接相联映像。

(1) 对于如下主存块地址流：1，2，4，1，3，7，0，1，2，5，4，6，4，7，2，如主存中内容一开始未装入Cache中，请列出每次访问后Cache中各块的分配情况；

(2) 对于(1)，指出块失效又发生块冲突的时刻；

(3) 对于(1)，求出此期间Cache的命中率。

6-9 试说明RAM与总线的基本连接方法。

6-10 简述Cache存储器的基本工作原理。

6-11 请说明存储器的层次结构及其工作原理。

6-12 由存储器的引脚可以计算出该存储器芯片的容量吗？请举例说明。

第 7 章　输入输出接口

内容提要：本章将介绍微型计算机输入输出接口的相关知识。本章具体介绍了 I/O 接口的一般功能、典型结构、I/O 端口的编址方式和输入/输出的几种数据传送方式。在本章最后，我们对一些简单 I/O 接口设计的一般方法进行了讨论并举例说明。

教学要求：在对一般输入输出接口知识进行讲解的基础上，将重点介绍 I/O 端口的编址方式和不同输入/输出传送方式的特点，并结合系统设计实践重点讲解简单 I/O 接口设计的方法和技术。

7.1　I/O 接口概述

微型计算机无论是用于科学计算、数据处理还是实时控制，都需要与输入/输出设备或被控对象之间进行频繁地交换信息。例如要通过输入设备把程序、原始数据、控制参数或被检测的现场信息送入微机处理，而微机则要通过输出设备把计算结果、控制参数、控制状态输出或显示送给被控对象。CPU 和外界交换信息的过程称为输入/输出，即通信。常用的输入设备有键盘、操纵杆、鼠标和光笔等；常用的输出设备有 CRT 显示终端、打印机、绘图仪、硬盘、模/数和数/模转换器等。输入设备和输出设备统称为外部设备，简称外设或 I/O 设备。

由此可见，为了完成一定的实际任务，微型计算机必须与外界广泛地进行信息交换和传输，即与各种外部设备相联系。一般来说，任何一台外部设备都不能直接与微机系统相连，而必须通过 I/O 接口电路与微机系统总线相连，这是因为外部设备的种类繁多、功能各异，可以是机械的、机电的或其它形式的；输入、输出的信息类型不同，可以是数字量、模拟量（电压、电流）也可以是开关量；传送的速率相差较大，可以是手动式键盘（输入字符速度为秒级），也可以是磁盘机，它能以几十兆/秒甚至更高的速度传送信息；输入、输出信号的类型等也是各种各样，有串行、并行等等。由于输入/输出设备的多样性，使得它不可能直接与 CPU 相连，而必须通过一个中间环节——I/O 接口电路来协调这些矛盾，实现信息交换。也就是说，I/O 接口是位于系统与外设间的、能够协助完成数据传送和传送控制任务的那部分电路。

在微机中，包括系统板上的可编程接口芯片和插在 I/O 总线槽中的用来连接 I/O 设备的电路板都属于接口电路。任何一个微机应用系统的研制与设计，其硬件部分实际上主要是微机接口的研制与设计。接口电路属于微机的硬件系统，而软件是控制这些电路按要求工作的驱动程序，任何接口电路的应用，都离不开软件的驱动与配合。因此，在学习这部分知识时，必须注意其软硬件结合的特点。

7.1.1　I/O 接口概述

I/O 设备不同，使用场合不同，与微机间传送信息的过程不同，所传送的内容也不同。

通常微机与I/O设备间传送的信息大致可分为以下3类：数据信息、控制信息和状态信息。

在微型计算机中，数据信息通常可以分为以下3种类型：

（1）数字量 典型的数字信息有用二进制表示的字母、数字、BCD码和字符等。

（2）模拟量 当微机用于控制系统时，现场通过各种传感器采集到的都是连续变化的模拟量，如电流、电压、流量、压力、温度和转速等。它们必须通过A/D转换器送入计算机处理；处理之后又必须通过D/A转换器输出经功率放大器驱动控制对象。

（3）开关量 开关量就是状态量，如开关的打开与合上，电机的起动与停止等，这些量只能用一位二进制数来表示其两个不同状态。

控制信息就是CPU发出的用来控制外设工作的命令，通过I/O接口传送。典型的控制信号有读信号（RD）、写信号（WR），以及控制外设的起、停信号等。

状态信息是用来反映输入、输出设备当前工作状态的信号，如输入设备当前是否准备好（Ready），输出设备当前是空闲还是忙碌（Busy）等。

要注意的是，控制信息、状态信息和数据信息的含义不同，应分别传送和处理，但实际在微机系统中这3者都是用IN指令和OUT指令来传送的。也就是说，是把控制信息和状态信息看成一种广义的数据信息来传送的，当然进入I/O接口后它们应分别进入不同的数据寄存器，起不同的作用。

数据寄存器可分为输入缓冲寄存器和输出缓冲寄存器两种。在输入时，由输入缓冲寄存器保存外设发往CPU的数据；在输出时，由输出缓冲寄存器保存CPU发往外设的数据。输入/输出缓冲寄存器可以在高速工作的CPU与慢速工作的外设之间起协调与缓冲作用。状态寄存器主要用来保存外设现行的各种状态信息，从而让处理器了解数据传送过程中正在发生或最近已发生的状况。控制寄存器用来存放处理器发来的控制命令与其它信息，确定接口电路的工作方式和功能。以上3种寄存器是I/O接口电路的核心部分，在较复杂的I/O接口电路中还包括有数据总线和地址总线缓冲器、端口地址译码器、内部控制器和对外联络控制逻辑等部分。

任何接口电路，均包含以下基本功能：

1. 作为微型机与外设间传递数据的中间缓冲站

由于CPU和总线十分繁忙，而外设的处理速度又相对较慢，所以有必要把数据放在输入接口和输出接口中缓存起来。在输入接口中，通常要安排三态门等缓冲隔离环节。仅当CPU选通时，才允许选定的输入设备将数据送到系统总线，此时其它输入设备与数据总线隔离。在输出接口中，一般需要安排锁存器等锁存环节，将输出数据锁存起来。这时外设有足够的时间处理高速系统传送过来的数据，同时又不妨碍CPU和总线去处理其它事务。

2. 正确寻址与微机交换数据的外设

任何一个微机系统通常会有多个I/O设备。而每一个I/O设备的接口电路又可能包括多个端口，如数据口、控制口、状态口，以及对外联络控制逻辑等其它端口。其中每种端口的数目可能还不止一个。所以，每个端口都必须要有自己对应的端口地址。当系统对某个端口访问时，能迅速找到相应的端口地址。接口电路的功能之一就是能对CPU给出的端口地址进行译码。

3. 提供微机与外设间交换数据所需的控制逻辑与状态信号

I/O接口处在微机与外设之间，在进行数据交换时，既要面向CPU进行联络，又要面向外设进行联络。接口电路必须提供完成这一功能所需的控制逻辑与状态信号。这些信号具体包括状态信号、控制信号和请求信号等。同时，由于微机直接处理的信号与外设所使用的信号可能不相同，它可能是一定范围内的数字量、开关量或脉冲量。所以，在输入输出时，必须将这些信号转变成合适的形式才能传输。

7.1.2 I/O 接口的典型结构

I/O 接口是用来连接微机和外设的一个中间部件，因此，I/O 接口电路要对主机和外设两个方面进行协调和缓冲。面向主机的部分是标准的，因为不同外设面对的 CPU 都是相同的，所以接口与 CPU 间的连接与控制是标准的，而接口电路面对外设的部分则随外设的不同而不同。但一般而言，I/O 接口通常可能具有下列功能：

1）能对传送的数据提供缓冲功能，以协调主机与外设间的定时及数据传输速度的差异。

2）能提供主机与外设间有关信息的相容性变换，如逻辑极性变换、串并行变换等。

3）能反映外设当前的工作状态（如是否就绪，是否空闲）、接收 CPU 的控制信号。

4）能提供信号电平的匹配功能。如用 MOS 工艺制造的微处理器，其输入、输出电平和输出能力与外设相匹配时，其间必须要加缓冲电路。又如串行接口通常用非 TTL 电平，这就需要接口电路提供 TTL 电路与非 TTL 电平的变换。

5）数据输入、输出功能。即能在 CPU 和外设间提供双向的数据传送，这是接口电路的最基本功能。

6）能对外设进行中断管理，如暂存中断请求、中断优先级排队和提供中断类型码等。

7）有设备选择（或地址译码）功能，即可以判断当前 CPU 启动的外设是否是与本接口电路所连接的外设。

8）定时与控制功能，能提供接口内部工作所需的时序，并实现与 CPU 时序的协调。

此外，接口电路还应有错误检测等功能。当然，对一个具体的接口电路来说，不一定要同时具备上述功能。

不同的外设需要配备不同的接口电路，不同的 I/O 接口，其内部结构各不相同，但不论哪种 I/O 接口，一般都必须具有以下基本部件：

1）数据输入、输出寄存器（或称数据锁存器）。用来实现接口电路的数据缓冲功能，即和缓冲器一起实现对输入、输出数据的缓冲。

2）控制寄存器。用来接收 CPU 的各种控制命令，以实现 CPU 对外设的具体操作的控制。

3）状态寄存器。用来反映外设当前的工作状态或接口电路本身的工作状态，用 SR 中的某一位反映外设的状态，常用的两个状态位是准备就绪信号 READY 和忙信号 BUSY。

4）定时与控制逻辑单元。用来提供接口电路内部工作所需要的时序及向外发出各种控制信号或状态信号，是接口电路的核心部件。图 7-1 是 I/O 接口的典型结构图。

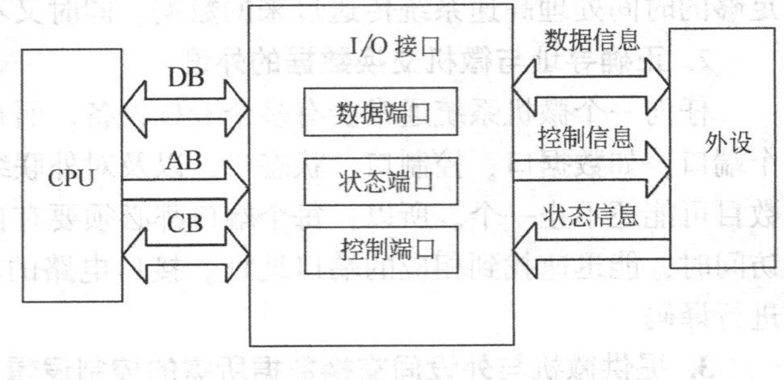

图 7-1　I/O 接口的典型结构

7.2　I/O 端口的编址方式

由 I/O 接口的典型结构可知，每个 I/O 接口电路中都包含有一组寄存器，当主机和外设进行数据传送时，各类信息（数据信息、控制信息和状态信息）在进入接口电路以后分别进入不同的寄存器，通常把接口电路中 CPU 可以访问的每一个寄存器或控制电路称为一个 I/O 端口。为便于 CPU 的访问，每个 I/O 端口都被赋予一个地址，称为 I/O 端口地址。

在一个接口电路中可能含有多个 I/O 端口，其中用来接收 CPU 的数据或将外设数据送往 CPU 的端口称为数据端口；用来接收 CPU 发出的各种命令以控制接口和外设操作的端口称为控制端口；用来接收反映外设或接口本身工作状态的端口称为状态端口。

可见，CPU 对外部设备的输入、输出操作实际上是通过接口电路中的 I/O 端口实现的，即输入、输出操作可归结为对相应 I/O 端口的读/写操作。

对一个可以双向工作（即可输入又可输出）的接口电路，通常有 4 个端口，即数据输入端口、数据输出端口、控制端口和状态端口，其中数据输出端口和控制端口是只写的，而数据输入端口和状态端口是只读的。实际中，系统为了节省地址空间，往往将数据输入和输出端口对应赋予同一端口地址。这样，当 CPU 利用该端口地址进行读操作时，实际是从数据输入端口读取数据，而当进行写操作时，实际是向数据输出端口写入数据。同样，状态口和控制口也赋予同一端口地址。

为便于 CPU 对 I/O 端口的访问，每个端口都有一个端口地址。那么，系统如何给每个端口分配端口地址呢？这就是 I/O 端口的寻址方式，在微型计算机系统中，端口的编址通常有两种不同的方式，一种是 I/O 端口与存储器单元统一编址，另一种是 I/O 端口独立编址。

7.2.1　存储器统一编址

统一编址方式也称为存储器映像 I/O 寻址方式。该寻址方式是将每个 I/O 端口作为存储器的一个单元来看待，即每个端口占一个存储单元地址，即存储器和 I/O 共处于统一的地址空间，系统设计时，划分一部分存储空间作为 I/O 地址空间。这时存储器与 I/O 设备的唯一区别仅是所占用的地址空间不同，如图 7-2 所示。

一般指定 I/O 端口占用存储空间的高地址端，并选用地址最高位作为 I/O 寻址“标志”。例如，对于 64K 的存储空间，当 A15 为“1”时，高端的 32K 空间作为 I/O 端口地址空间；而当 A15 为 0 时，低端的 32K 地址空间作为存储器地址空间。之所以选用地址最高位作为 I/O 寻址标志，是因为软件较容易对地址最高位进行控制。上例中将地址空间的一半划给 I/O 端口，而实际中可能只用了极少的一部分，所以有时也可对部分高位地址进行译码，以确定具体的 I/O 空间。

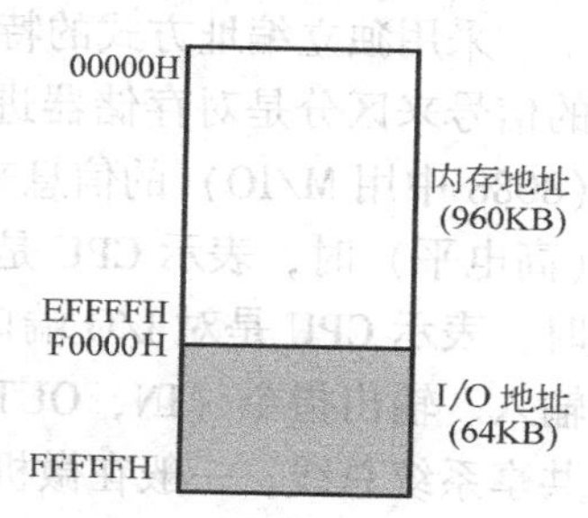

图 7-2　存储器统一编址方式

采用编一编址方式时，CPU 对 I/O 设备的管理是用访问内存的指令实现的。任何对存储器操作的指令都可用于对 I/O 端口的访问。这就大大增加了程序设计的灵活性，并使 CPU 对外设的控制更方便。例如，可用传送指令 MOV 实现 CPU 内寄存器和I/O

端口之间进行的数据传送，可以用逻辑指令（AND，OR，TEST）来控制I/O端口中一些位的状态。

在统一编址方式下，CPU是对存储器访问还是对I/O端口进行访问是通过地址总线的最高位状态（1或0）以及读、写控制信号决定的。实际上，不论对哪个空间进行访问，CPU均一视同仁地把它看成一个存储单元，是读出还是写入由读、写控制信号决定，至于是访问哪个空间（I/O空间还是存储器单元），只要程序员编程时予以注意（给出合适地址）即可。

采用这种编址方式的典型微处理器有6800、6502和68000等，其优点是简化指令系统的设计，同时I/O控制信号与存储器的控制信号共用，给应用带来极大的方便。另外由于访问存储器的指令种类多、寻址方式多样化，这种方式给访问外设带来了很大的灵活性。对I/O设备可以使用功能强大且像访问存储器那样的指令，如直接对I/O数据进行运算等。统一编址的缺点是外设占用了一部分内存地址空间，减少了内存可用的地址范围，对内存容量有潜在的影响。此外，从指令上不易区分当前指令是对内存进行操作还是对外设进行操作。

7.2.2 I/O独立编址

所谓I/O端口独立编址（I/O Mapped），也称为I/O隔离编址或I/O指令寻址方式，即I/O端口地址区域和存储器地址区域分别各自独立编址。访问I/O端口使用专门的I/O指令，而访问内存则使用MOV、ADD等指令。CPU在寻址内存和外设时，使用不同的控制信号来区分当前是对内存操作还是对I/O操作。在单CPU模式时，当前的操作是由I/O信号的电平来区别的。对于8088微处理器系统，当I/O为低电平时，表示当前执行的是存储器操作，地址总线上的地址是某个存储单元地址；当I/O为高电平时，表示当前执行的是I/O操作，地址总线上的地址是某个I/O端口的地址。在多CPU模式时，若访问存储器，则使MEMW或MEMR信号有效；而访问I/O端口时，则使该信号有效。

I/O独立编址时外设地址空间和内存地址空间相互独立，如图7-3所示。

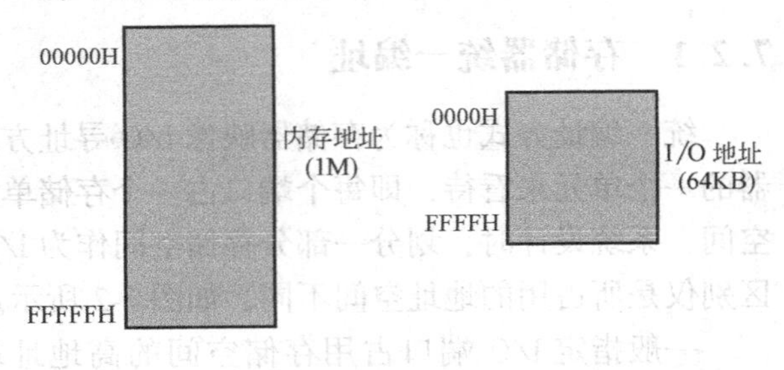

图7-3 I/O端口独立编址方式

8086/8088的I/O端口采用独立编址方式，端口地址16位，能取216 = 64K个不同的I/O端口地址。任何两个连续的8位端口可作为一个16位端口，称为字端口。字端口类似于存储器的字地址。I/O地址空间不分段。

采用独立编址方式的特点是：I/O端口地址空间与存储器空间完全独立：CPU使用专门的信号来区分是对存储器进行访问还是对I/O端口进行访问。例如，在8086中，用M/IO（8088中用M/IO）的信息来确定是对存储进行访问还是对I/O端口进行访问，当M/IO = 1（高电平）时，表示CPU是对存储器进行访问（即进行读/写操作）当M/IO = 0（低电平）时，表示CPU是对I/O端口进行访问。独立编址时，CPU对I/O端口的访问必须用专门的输入、输出指令（IN，OUT指令）来实现数据的传送，而输入/输出数据的通道则与存储器共享系统总线。一般在微机中，CPU是用地址总线的低位对I/O设备进行寻址，在8086中用地址总线的低16位来进行I/O寻址，可提供的I/O端口地址空间为64KB。

独立寻址和统一编址这两种I/O寻址方式各有其优缺点。

独立编址方式的优点是：由于采用和存储器独立的控制结构，所以对于I/O部分可以分开进行设计。其次，由于采用专门的I/O指令，对于I/O部分的编程和阅读I/O程序都较方便，而且I/O指令简单，需要的硬件控制电路简单，执行速度快。其缺点是I/O指令功能弱、类型单一，这给输入、输出带来不便。其次需要专设控制I/O读写的引脚信号（如M/IO），这会增加CPU的引脚数。

统一编址方式（即存储器映象方式）的优点是：由于内存访问指令也可用于访问I/O端口，而内存访问指令一般功能较强，可直接对输入、输出数据进行处理，这对改善程序效率，提高总的处理速度是有利的。其次，编一编址方式可使I/O接口得到较大的寻址空间，这对于大型测控和数据通信系统是有利的。统一编址方式后，I/O部分的控制逻辑可以比较简单。统一编址的缺点是I/O端口会占据一定内存可寻址空间。如果主机需要较大寻址空间时就不宜采用这种方式，当然在实际的微机系统中这种情况是不存在的，因为在系统设计时已协调好。其次由于访内指令一般均较长，比使用IN、OUT指令需要较长的执行时间。

7.3　I/O指令

一般可以将输入输出指令归属于传送指令。这里我们为了强调它的重要性，将对它单独予以介绍。

7.3.1　8086/8088采用的IN和OUT指令

I/O指令可以采用8位（单字节）或16位（双字节）地址两种寻址方式。如采用单字节作为端口地址，则最多可以有256个端口（端口地址号从00H～FFH），并且是直接寻址（直接端口寻址）方式，指令格式如下：

```
输入：IN   AX，Port        ；从Port端口输入16位数据到AX
      IN   AL，Port        ；从Port端口输入8位数据到AL
```

该指令的作用是从端口中读入一个字节或字，并保存在寄存器AL或AX中。如果某输入设备的端口地址在0～255范围之内，那么，可在指令IN中直接给出，否则，要把该端口地址先存入寄存器DX中，然后在指令中由DX给出其端口地址。

这里Port是一个单字节的8位地址。

如用双字节地址作为端口地址，则最多可以有64K个端口（端口地址号从0000H～FFFFH），并且是间接寻址方式，即把端口地址放在DX寄存器内（间接端口寻址）。其指令格式如下：

```
输入：   MOV DX，XXXXH          ；16位地址
         IN AX，DX              ；16位传送
    或   IN AL，DX              ；8位传送
输出：   MOV DX，XXXXH
         OUT DX，AX             ；16位传送
    或   OUT DX，AL             ；8位传送
```

这里XXXXH为双字节地址信息。

例如：

```
IN  AL，60H ；从端口60H读入一个字节到AL中
IN  AX，20H ；把端口20H、21H按“高高低低”组成的字读入AX
MOV  DX，2F8H
IN  AL，DX ；从端口2F8H读入一个字节到AL中
IN  AX，DX ；把端口2F8H、2F9H按“高高低低”组成的字读入AX
OUT  61H，AL ；把AL的内容输出到端口61H中
OUT  20H，AX ；把AX的内容输出到端口20H、21H中
MOV  DX，3C0H
OUT  DX，AL ；把AL的内容输出到端口3C0H中
OUT  DX，AX ；把AX的内容输出到端口3C0H、3C1H中
```

也可以根据寻址方式分为下列两种情形：

1. 直接寻址

在这种方式之下，输入输出指令中直接给出接口地址，且接口地址由一个字节表示。

例如：

```
IN  AL，35H
OUT 44H，AX
```

由于指令中只能用一个字节表示接口地址，故此种寻址方式下，可寻址的接口地址空间只有256个，即由00H到FFH。

2. 寄存器间接寻址

在这种情况下，接口地址由16位寄存器DX的内容来决定，例如：

```
MOV  DX，03F8H
IN  AL，DX
```

表示由接口地址03F8H（DX的内容作为接口地址）读一个字节到AL。

由于DX是16位的寄存器，其内容可以从0000H到FFFFH，故其接口的地址范围为64K。

7.3.2 80286和80386/486还支持I/O端口直接与内存之间的数据传送

```
输入：MOV DX，Port
      LESDI，Bufferin
      INSB                ；8位传送
  或  INSW                ；16位传送
输出：MOV DX，Port
      LDS SI，Bufferout
      OUTSB               ；8位传送
  或  OUTSW               ；16位传送
```

这里的输入与输出是直接对内存储器RAM而言的，当输入时，用ES：DI指向RAM中的目标缓冲区Buffer in；当输出时，用DS：SI，指向源缓冲区Buffer out。若在INS或OUTS指令前加上REP重复前缀时，则可以实现I/O端口与RAM上的缓冲区之间进行成批数据的传送。

从输入/输出指令可以看出，对于PC系列的机器，I/O端口内的数据也有8位与16位之分，通常16位数据端口地址安置在偶数地址号上，CPU在一次总线周期内就可以存取16位的数据。8位数据的端口地址可以安置在偶地址号或奇地址号上，偶地址使用数据总线$D_7 \sim D_0$传送数据，奇地址使用数据总线$D_{15} \sim D_8$传送数据。表7-1列出8位或16位数据端口在奇数或偶数端口地址号上，单字节直接寻址的输入/输出指令。

表7-1 IBM-PC机上I/O端口地址配置

I/O端口	配置地址	数据总线	指令举例
8位	偶数地址	$D_7 \sim D_0$	IN AL，20H OUT 20H，AL
	奇数地址	$D_{15} \sim D_8$	IN AL，21H OUT 21H，AL
16位	偶数地址	$D_{15} \sim D_0$	IN AX，20H OUT 20H，AX

7.4 输入/输出传送方式

7.4.1 无条件传送方式

无条件传送方式是一种最简单的输入/输出控制方法，一般用于控制CPU与低速I/O接口之间的信息交换，例如开关、继电器和速度、温度、压力、流量等A/D转换器。由于这些信号变化很缓慢，当需要采集这些数据时，外部设备已经把数据准备就绪，无需检查端口的状态就可以立即采集数据。数据保持时间相对于CPU的处理时间长得多。因此，输入的数据不用加锁存器而直接用三态缓冲器与系统总线连接进行信息传送。

实现无条件输入的方法是：在程序的适当位置直接安排IN输入指令，当程序执行到这些指令时，外部设备的数据早已准备就绪，可以在执行当前指令的时间内完成接收数据的全部过程。若外部设备是输出设备（例如LED显示器），一般要求接口有锁存能力，也就是要求CPU送给外部设备的数据应该在输出设备接口电路中保持一段时间，这个时间的长短应该和外部设备的接收动作时间相适应。实现无条件输出的方法是在程序的适当位置安排OUT输出指令，当程序执行到这些指令时，就将输出给外部设备的数据存入锁存器。

无条件传送方式的工作过程：输入时，外界将数据送到缓冲器输入端（外界可以是开关、A/D转换器等），当CPU执行IN AL，07H指令时，CPU首先向地址译码器送来启动信号，并把端口地址07H送到74LS138译码器输入端，译码器的作用是把端口地址转变为使其某一根输出线为有效的低电平。例如，当端口地址为07H时，则使译码器的Y_7为低电平。然后CPU送出$\overline{IOR}$低电平信号，使三态缓冲器的控制端为有效电平（即选此三态缓冲器）。将外部设备送来的数据送到数据总线上，并将数据送入CPU内部的通用寄存器AL中。因为，CPU执行一次数据读入，对于8088来说一般只需要微秒级时间，而外界数据在缓冲器输入端保持的时间可达秒级或几十毫秒，因此输入数据不必锁存。

而且，CPU执行IN AL，07H指令时，要读入的数据早已送入缓冲器的输入端，所以可以立即读入，而无需查询数据是否已准备就绪。假设端口号07H也是另一接口电路输出锁存器的入口地址，锁存器从数据总线接收数据，当出现由或门 U_1 输出的触发锁存器的触发脉冲时，就将它的输出数据锁存入锁存器，并通过其输出端送给外部设备。所以，当需要向07H 号端口输出数据时，可在程序中插入一条输出指令 OUT 07H，AL。当 CPU 执行这条指令时，它把 AL 的内容送上数据总线，并把端口地址 07H 和启动信号送入译码器。译码器译码后使 Y_7 为有效低电平，同时 $\overline{LOW}$ 也为有效低电平（此时 $\overline{IOR}$ 为高电平），由或门 U_1 输出触发脉冲时，就将数据总线上的数据存入锁存器。当 CPU 执行 OUT 07H，AL 指令时，AL 中的数据在数据总线上停留的时间也只有微秒级，所以输出数据必须通过锁存器锁存。也就是要求输出的数据应该在输出接口电路的输出端保持一段时间，这个时间的长短，应该和外部接收设备的动作时间相适应。当 CPU 再次执行 OUT 07H，AL 指令时，AL 中新的数据会取代原锁存器中的内容。无条件传送方式的接口电路和控制程序都比较简单。

需要注意的是，输入时，当 CPU 执行 IN 指令时，要确保输入的数据已经准备好，否则就可能读入不正确的数据；在输出时，当 CPU 执行 OUT 指令时，需确保外部设备已将上次送来的数据取走，它才可以接收新的数据，否则会发生数据“冲突”。无条件传送控制方式，一般用于定时或数据变化十分缓慢的外部设备。

7.4.2 查询传送方式

查询传送方式又称为有条件传送方式。这种传送方式在接口电路中，除具有数据缓冲器或数据锁存器外，还应具有外设状态标志位，用来反映外部设备数据的情况。比如，在输入时，若数据已准备好，则将该标志位置位；输出时，若数据已空（数据已被取走），则将该标志位置位。在接口电路中，状态寄存器也占用端口地址号。使用查询传送方式控制数据的输入/输出，通常要按图 7-4 的流程进行。即首先读入设备状态标志信息，再根据所读入的状态信息进行判断，若设备未准备就绪，则程序转移去执行某种操作，或循环回去重新执行读入设备状态信息；若设备准备好，则执行数据传送的 I/O 指令。数据传送结束后，CPU 转去执行其它任务，刚才所操纵的设备脱离 CPU 的控制。

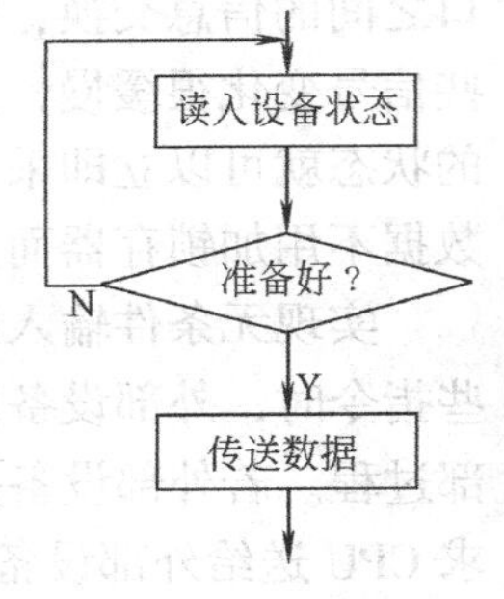

图 7-4　查询传送示意图

查询传送方式的优点是能较好地协调外设与 CPU 之间的定时关系；缺点是 CPU 需要不断查询标志位的状态，这将占用 CPU 较多的时间，尤其是与中速或慢速的外部设备交换信息时，CPU 真正花费在传送数据上的时间极少，绝大部分时间都消耗在查询上。为克服这一缺点，可以采用中断控制方式。

7.4.3 中断传送方式

查询传送方式除了占用 CPU 较多的工作时间外，还难以满足实时控制系统对 I/O 工作的要求。因为在查询传送方式中，CPU 处于主动地位，而外设接口处于被查询的被动地位。而在一般实时控制系统中，外设要求 CPU 为它的服务是随机的，而且支持系统的外设往往有几个甚至几十个，若采用查询方式工作，很难实现系统中每一个外设都工作在最佳工作状态。所谓工作在最佳状态，是指一旦某个外设请求 CPU 为它服务时，CPU 应该以最快的速度响应其请求。这就要求系统中的外设具有主动申请 CPU 为其服务的权利。

例如，当某个 A/D 转换器的模拟量已转换为数字量后，这时它就可以立刻向 CPU 发出中断请求，CPU 暂时中止处理当前的事务，而转去执行优先的中断服务程序，即处理输入 A/D 转换器的数字量数据。微型计算机都具有中断控制的能力，8086/8088 微处理器的中断结构灵活，功能很强。所以，微机系统采用中断控制 I/O 方式是很方便的。CPU 执行完每一条指令后，都会去查询外部是否有中断请求，若有，就暂停执行现行的程序，转去执行中断服务程序，完成传送数据的任务。当然，在一个具有多个外设的系统中，在同一时刻往往不止一个外设提出中断请求，这就引入了所谓中断优先权管理和中断嵌套等问题（更详细讨论参见第 8 章）。

下面只简单介绍与汇编语言程序设计有关的中断知识。

1. 中断和中断源

所谓中断就是 CPU 暂停当前程序的执行，转而执行处理紧急事务的程序，并在处理完该事务后能自动恢复执行原先程序的过程。在此称引起紧急事务的事件为中断源，称处理紧急事务的程序为中断服务程序或中断处理程序。微机系统还根据紧急事务的紧急程度，把中断分为不同的优先级，并规定：高优先级的中断能暂停低优先级的中断服务程序的执行。中断的执行过程如图 7-5 所示。

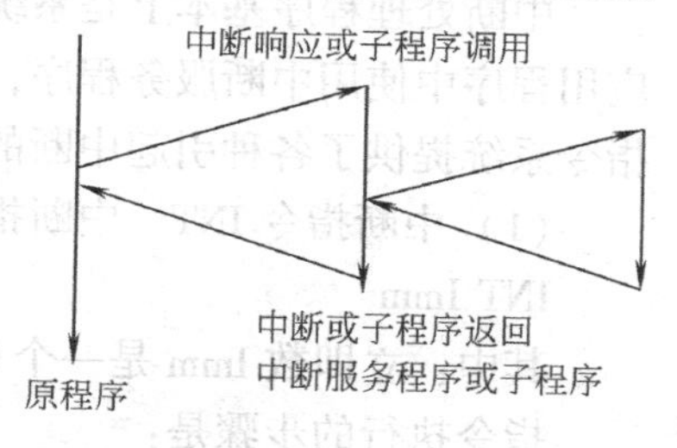

图 7-5　中断的执行过程

微机系统有上百种可以发出中断请求的中断源，但最常见的中断源是外设的输入输出请求，如：键盘输入引起的中断，通信端口接收信息引起的中断等；还有一些微机内部的异常事件，如：0 作除数、奇偶校验错等。

CPU 在执行程序时，是否响应中断取决于以下 3 个条件能否同时满足：

1）有中断请求；

2）允许 CPU 接受中断请求；

3）一条指令执行完，下一条指令还没有开始执行。

条件 1）是响应中断的主体。除用指令 INT 所引起的软件中断之外，其它中断请求信号是随机产生的，程序员是无法预见的。

程序员可用程序部分地控制条件 2），即可用指令 STI 和 CLI 来允许或不允许 CPU 响应可屏蔽的外部中断。而对于不可屏蔽中断和内部中断，CPU 一定会响应它们，程序员是无控制权的。CPU 一定会执行这些中断的中断服务程序。

2. 中断矢量表和中断服务程序

中断矢量表是一个特殊的线性表，它保存着系统所有中断服务程序的入口地址（偏移量和段地址）。在微机系统中，该矢量表有 256 个元素（0～0FFH），每个元素占 4 个字节，总共 1K 字节，其在内存中的存储形式及其存储内容如图 7-6 所示。

地址	内存单元
0:0H	0 号中断偏移量
2H	0 号中断段地址
4H	1 号中断偏移量
6H	1 号中断段地址
…	…
3FCH	255 号中断偏移量
3FEH	255 号中断段地址
…	…
入口地址	0 号中断服务程序
	…
入口地址	1 号中断服务程序
	…

图 7-6　中断矢量表

图 7-6 中的“中断偏移量”和“中断段地址”是指该中断服务程序入口单元的“偏移量”和“段地址”。由此不难看出：假如中断号为 n，那么，在中断矢量表中存储该中断处理程序的入口地址的单元地址为 4n。

表 7-2 列举了中断向量表中部分常用的中断号及其含义。

表 7-2 部分常用的中断号及其含义

中断号	含义	中断号	含义
0	除法出错	8	定时器
1	单步	9	键盘
2	非屏蔽中断	A	未用
3	断点	B	COM2
4	溢出	C	COM1
5	打印屏幕	D	硬盘（并行口）
6	未用	E	软盘

3. 引起中断的指令

中断处理程序基本上是系统程序员编写好的，是为操作系统或用户程序服务的。为了在应用程序中使用中断服务程序，程序员必须能够在程序中有目的地安排中断的发生。为此，指令系统提供了各种引起中断的指令。

（1）中断指令 INT　中断指令 INT 的一般格式如下：

INT Imm

其中：立即数 Imm 是一个 0～0FFH 范围内的整数。

指令执行的步骤是：

1）把标志寄存器压栈，清除标志位 IF 和 TF；

2）把代码段寄存器 CS 的内容压栈，并把中断服务程序入口地址的高字部分送入 CS；

3）32 位段，压 32 位 IP。

在执行完该指令后，CPU 将转去执行中断服务程序。由于有了指令 INT，程序员就能为满足某种特殊的需要，在程序中有目的地安排中断的发生，也就是说，该中断不是随机产生的，而是完全受程序控制的。

一般情况下，一个中断可有很多不同的功能，每个功能都有一个惟一的功能号，所以在安排中断之前，程序员还要决定需要该中断的哪个功能，中断的功能号都是由 AH 来确定的。有些中断还需要其它参数，常用中断的功能和参数请查阅相关资料。

（2）溢出指令 INTO　当标志位 OF 为 1 时，引起中断。该指令的格式如下：

INTO

该指令影响的标志位有 IF 和 TF。

（3）中断返回指令　当一个中断服务程序执行完毕后，CPU 将恢复被中断的现场，返回到引起中断的程序中。为了实现此项功能，指令系统提供了一条专用的中断返回指令。该指令的格式如下：

IRET/IRETD

该指令执行的过程基本上是 INT 指令的逆过程，具体如下：

1）从栈顶弹出内容送入 IP；

2）再从新栈顶弹出内容送入 CS；

3）再从新栈顶弹出内容送入标志寄存器；

对80386及其以后的CPU，指令IRETD从栈顶弹出的32位内容送入EIP。

7.4.4　DMA传送方式

采用中断方式，信息的传送是依靠CPU执行中断服务程序来完成的，所以，每进行一次I/O操作都需要CPU暂停执行当前程序，把控制转移到优先权最高的I/O程序上。在中断服务程序中，需要有保护现场和恢复现场的操作，而且I/O操作都是通过CPU来进行的。当从存储器输出数据时，首先需要CPU执行传送指令，将存储器中的数据读入CPU中的通用寄存器AL（对于字节数据）或AX（对于字数据），然后执行OUT指令，把数据由通用寄存器AL或AX传送到I/O端口；当从I/O端口向存储器存入数据时，过程则正相反。CPU执行IN指令时，将I/O端口数据读入通用寄存器AL或AX，然后CPU执行传送指令，将AL或AX的内容存入存储器单元。这样，每次I/O操作都需要几十甚至几百微秒，对于一些高速外设，如高速磁盘控制器或高速数据采集系统，中断控制方式往往满足不了它们的需要。为此，提出了数据在I/O接口与存储器之间的传送，不经CPU的干预，而是在专用硬件电路的控制下直接传送。这种方法称为直接存储器存取（Direct Memory Access，缩写为DMA）。为实现这种工作方式而设计的专用接口电路称为DMA控制器（DMAC）。例如，Intel公司的8257、8237，Zilog公司的Z 8410（Z80 DMAC），Motorola公司的MC6844等，都是能实现DMA方式的可编程DMAC芯片。

用DMA方式传送数据时，是在存储器和外部设备之间直接开辟高速的数据传送通路。数据传送过程不要CPU介入，只用一个总线周期就能完成存储器和外部设备之间的数据传送。因此，数据传送速度仅受存储器的存取速度和外部设备传输特性的限制。

DMA的工作过程大致如下：

1）当外设准备好，可以进行DMA传送时，外设向DMA控制器发出DMA传送请求信号（DRQ）。

2）DMA控制器收到请求后，向CPU发出“总线请求”信号HOLD，申请占用总线。

3）CPU在完成当前总线周期后会立即对HOLD信号进行响应。响应包括两个方面，一方面是CPU将数据总线、地址总线和相应的控制信号线均置为高阻态，由此放弃对总线的控制权。另一方面，CPU向DMA控制器发出“总线响应”信号（HLDA）。

4）DMA控制器收到HLDA信号后，就开始控制总线，并向外设发出DMA响应信号DACK。

5）DMA控制器送出地址信号和相应的控制信号，实现外设与内存或内存与内存之间的直接数据传送。例如，在地址总线上发出存储器的地址，向存储器发出写信号$\overline{MEMW}$，同时向外设发出I/O地址、$\overline{IOR}$和AEN信号，即可从外设向内存传送一个字节。

6）DMA控制器自动修改地址和字节计数器，并据此判断是否需要重复传送操作。规定的数据传送完后，DMA控制器就撤消发往CPU的HOLD信号。CPU检测到HOLD失效后，紧接着撤消HLDA信号，并在下一个时钟周期重新开始控制总线，继续执行原来的程序。

DMA方式的传送路径和程序控制下数据传送的途径不同。程序控制下数据传送的途径必须经过CPU，而采用DMA方式传送数据不需要经过CPU。另外，程序控制下数据传送的源地址、目标地址是由CPU提供的，地址的修改和数据块长的控制也必须由CPU承担，数据传送的控制信号也是由CPU发出的。而DMA方式传送数据，则由DMA控制器提供源地址和目标地址，而且修改地址、控制传送操作的结束和发出传送控制信号也都由 DMAC 承担，即 DMA 传送数据方式是一种由硬件代替软件的方法，从而提高了数据传送的速度，缩短了数据传送的响应时间。因为用 DMA 方式传送数据不需要 CPU 介入，即不利用 CPU 的内部寄存器，所以 DMA 方式不像中断方式控制下的数据传送，需要等一条指令执行结束才能进行中断响应，只要执行指令的某个机器周期结束就可以响应 DMA 请求。

另外，由于 DMA 不利用 CPU 内部设备来控制数据传送，所以在响应 DMA 请求，进入 DMA 方式时就不必保护 CPU 的现场。采用中断控制的数据传送，在进入中断服务（传送数据）之前，必须保护现场状态，但这会大大延迟响应时间。因此，采用 DMA 控制数据传送的另一个优点是，缩短数据传送的响应时间。所以，一般要求响应时间在微秒以下的场合，通常采用 DMA 方式。当然用 DMA 控制传送也存在一些问题，因为采用这种方式传送数据时，DMAC 取代 CPU 控制了系统总线，即 CPU 要把对总线的控制权让给了 DMAC。所以，当 DMAC 控制总线时，CPU 不能读取指令。另外，若系统使用的是动态存储器，而且是由 CPU 负责管理动态存储器的刷新，那么在 DMAC 操作期间，存储器的刷新将会停止。而且，当 DMAC 占用总线时，CPU 不能去检测和响应来自系统中其他设备的中断请求。

DMA 传送也存在以下两个额外开销源：第一个额外开销是总线访问时间，由于 DMAC 要同 CPU 和其它可能的总线主控设备争用对系统总线的控制权，因此必须有一些规则来解决争用总线控制权的问题，这些规则一般是用硬件实现排队的，但是排队过程也要花费时间；第二个额外开销是对 DMAC 的初始化，一般情况下，CPU 要对 DMAC 写入一些控制字，因此 DMAC 的初始化建立比程序控制数据传送的初始化，可能要花费较多时间。所以，对于数据块很短或要频繁地对 DMAC 重新编程初始化的情况下，就不宜采用 DMA 传送方式。此外，DMA 控制数据传送是用硬件控制代替 CPU 执行程序来实现的，所以它必然会增加硬件的投资，提高系统的成本。因此，只要 CPU 来得及处理数据传送，就不必采用 DMA 方式。DMA 主要适用以下几种场合：

（1）硬盘和软盘 I/O　可以使用 DMAC 作为磁盘存储介质与半导体主存储器之间传送数据的接口。这种场合需要将磁盘中的大量数据（如磁盘操作系统等）快速地装入内部存储器。

（2）快速通信通道 I/O　例如光导纤维通信链路。DMAC 可以用来作为计算机系统和快速通信通道之间的接口，可用于同步通信数据的发送和接收，以便提高响应时间，支持较高的数据传输速率，并使 CPU 解脱出来做其它工作。

（3）多处理器和多程序数据块传送　对于多处理器结构，通过 DMAC 控制数据传送，可以较容易地实现专用存储器和公用存储器之间的数据传送。对多任务应用、页式调度和任务调度都需要传送大量的数据，因此，采用 DMA 方式可以提高数据传输速度。

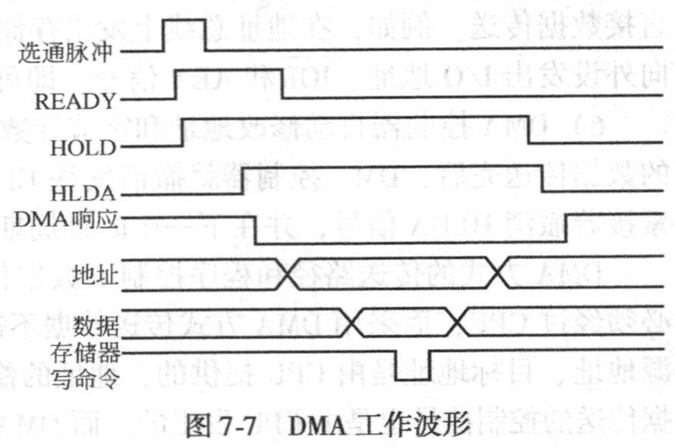

图 7-7　DMA 工作波形

（4）扫描操作　在图像处理中，对 CRT 屏幕送数据，也可以采用 DMA 方式。

（5）快速数据采集　当要采集的数据量很大，而且数据是以密集突发的形式出现，例如对波形的采集，此时采用 DMA 方式可能是最好的方法，它能满足响应时间和数据传输速率的要求。

（6）在 PC/XT 机中还采用 DMA 方式进行 DRAM 的刷新操作。

DMA 工作过程波形如图 7-7 所示。

7.4.5 I/O 处理器方式

8089 是专门用来处理输入/输出的协处理器。它共有 52 条指令、IMB 寻址能力和两个独立的 DMA 通道。当 8086/8088 加上 8089 组成系统后，8089 能代替 8086/8088，以通道控制方式管理各种 I/O 设备，目前只有在大中型计算机中才普遍使用，因此，8089 为微机的输入/输出系统设计带来换代性的变化。一般情况下，通过接口电路控制 I/O 外设，必须依靠 CPU 的支持。对于非 DMA 方式，从外部设备每读入一个字节或发送给外部设备一个字节，都必须由 CPU 执行指令来完成。虽然高速设备可以用 DMA 传送数据，但仍然需要 CPU 对 DMAC 进行初始化，启动 DMA 操作，以及完成每次 DMA 操作之后都要检查传送的状态。

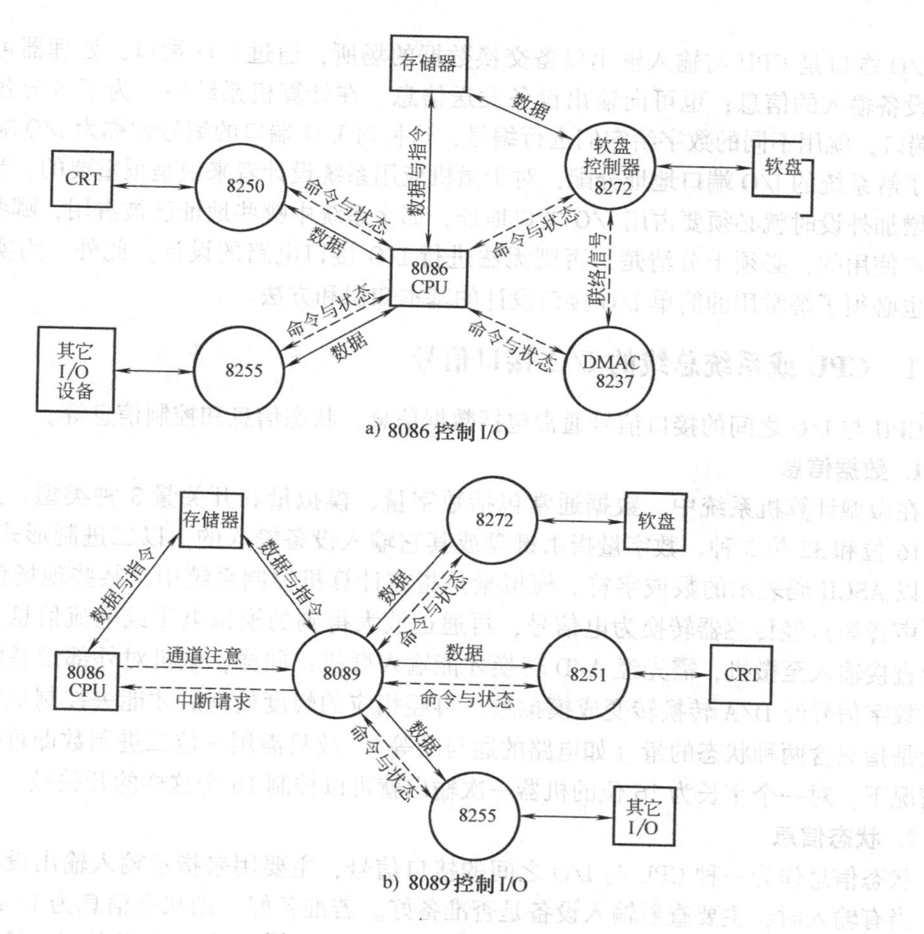

a) 8086 控制 I/O

b) 8089 控制 I/O

图 7-8 8086、8089 控制 I/O

对 I/O 数据的处理，如对数据进行变换、拆、装、检查等，更加需要 CPU 支持，CPU 控制 I/O 如图 7-8a 所示。从图中不难看出，普通 I/O 接口，不管是 DMA 方式还是非 DMA 方式，在 I/O 传送过程中都要占去 CPU 的开销。8089 是一个智能控制器，它可以取出和执行指令，除了控制数据传送外，还可以执行算术和逻辑运算、转移、搜索和转换。当 CPU 需要进行 I/O 操作时，它只要在存储器中建立一个信息块，将所需要的操作和有关参数按照规定列入，然后通知 8089 前来读取即可。8089 读得操作控制信息后，能自动完成全部的 I/O 操作。

因此，对于配合 8089 的 CPU 来说，在所有输入/输出的操作过程中，数据都是以块为单位成批发送或接收的，而把一块数据按字或字节与 I/O 设备（如 CRT 终端、行式打印机）的交换都由 8089 来完成。当 8089 控制数据交换时，CPU 可以并行处理其它操作。由于引入 8089 来承担原来必须由 CPU 承担的 I/O 操作，这就大大地减轻了 CPU 控制外设的负担，有效地减少了 CPU 在 I/O 处理中的开销。8089 控制 I/O 如图 7-8b 所示。

7.5 简单 I/O 接口设计

I/O 端口是 CPU 与输入输出设备交换数据的场所，通过 I/O 端口，处理器可以接收从输入设备输入的信息；也可向输出设备发送信息。在计算机系统中，为了区分各类不同的 I/O 端口，就用不同的数字给它们进行编号，这种对 I/O 端口的编号就称为 I/O 端口地址。

了解系统的 I/O 端口地址分配，对于微机应用系统设计者来说是很重要的，当需要往系统中增加外设时就必须要占用 I/O 端口地址，那么系统中哪些地址已被占用，哪些是空闲可供用户使用的，必须十分清楚，否则无法进行 I/O 接口电路的设计。此外，为实现各种功能，也必须了解常用的简单 I/O 接口设计的基本知识和方法。

7.5.1 CPU 或系统总线的 I/O 接口信号

CPU 与 I/O 之间的接口信号通常包括数据信息、状态信息和控制信息等。

1. 数据信息

在微型计算机系统中，数据通常包括数字量、模拟量和开关量 3 种类型，其位数有 8 位、16 位和 32 位 3 种。数字量指由键盘或其它输入设备输入的，以二进制形式表示的数，或是以 ASCII 码表示的数或字符。模拟量是指在计算机控制系统中，某些现场信息（如压力、声音等）经传感器转换为电信号，再通过放大得到的模拟电压或电流信息。这些信号不能直接输入至微机，需先经 A/D 转换才能输入微机；同样，微机对外部设备的控制先必须将数字信号经 D/A 转换转变成模拟量，再经相应的幅度处理后才能去控制执行机构。开关量是指只含两种状态的量（如电路的通与断等），故只需用一位二进制数即可描述。在这种情况下，对一个字长为 16 位的机器一次输出就可以控制 16 个这样的开关量。

2. 状态信息

状态信息作为一种 CPU 与 I/O 之间的接口信号，主要用来指示输入输出设备当前的状态。当有输入时，主要查看输入设备是否准备好。若准备好，则状态信息为 Ready；当有输出时，看输出设备是否有空。若有空，则状态信息为 Empty。若输出设备正在输出信息，则状态信息显示为 Busy。

3. 控制信息

控制信息主要是指用来控制输入或输出设备的一类接口信息。

数据信息、状态信息和控制信息作为 CPU 与 I/O 设备间的接口信号，必须分别传送。但大部分微型计算机都只有通用的输入 IN 和输出 OUT 指令。因此，状态信息与控制信息必须作为数据来传送，且在传送过程中为了区分这些信息，它们必须要有自己专用的端口地址。CPU 在传送这些信息时，可以根据不同的任务，寻址不同的端口，从而实现不同的操作。由于一个外设端口是 8 位的，而通常情况下状态与控制端口都仅有 1 位或 2 位，所以不同外设的状态信息与控制信息可共用一个端口。

CPU 和外设进行数据传输时，各类信息在接口中进入不同的寄存器，一般称这些寄存器为 I/O 端口。每个端口有一个端口地址，用于对来自 CPU 和内存的数据或者送往 CPU 和内存的数据起缓冲作用，这些端口叫数据端口。用来存放外部设备或者接口部件本身的状态的端口称为状态端口。用来存放 CPU 发出的命令，以便控制接口和设备的动作的端口叫控制端口。如图 7-9 所示。

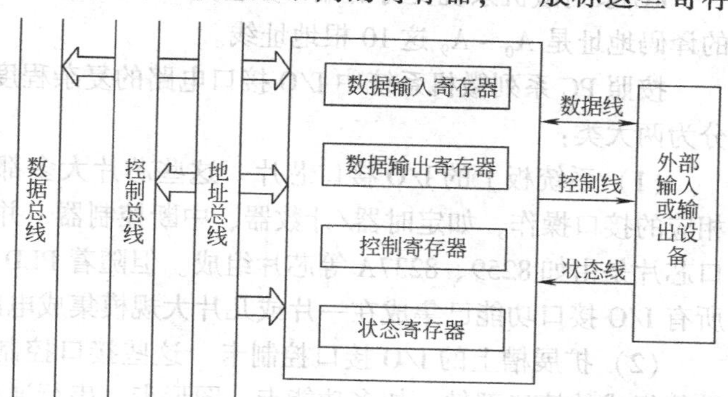

图 7-9　I/O 接口示意图

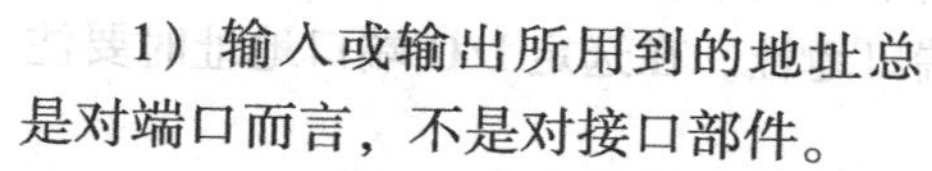

1）输入或输出所用到的地址总是对端口而言，不是对接口部件。

2）为了节省地址空间，将数据输入端口和数据输出端口对应同一个端口地址。同样，状态端口和控制端口也常用同一个端口地址。

3）CPU 对外设的输入/输出操作可归结为对接口芯片各端口的读/写操作。

4. 接口与系统的连接

接口电路位于 CPU 与外设之间，从结构上看，可以把一个接口分为两个部分，一部分用来和 I/O 设备相连；另一部分用来和系统总线相连，这部分接口电路结构类似，连在同一总线上。

图 7-10 是一个典型的 I/O 接口和外部电路的连接图：

联络信号：读/写信号，以便决定数据传输方向。

地址译码器，片选信号：地址译码器除了接收地址信号外，还用来区分译码过程中 I/O 地址空间和内存地址空间的信号（$M/\overline{IO}$）。

1）一个接口通常有若干个寄存器可读/写；

2）一般用 1～2 位低位地址结合读/写信号来实现对接口内部寄存器的寻址。

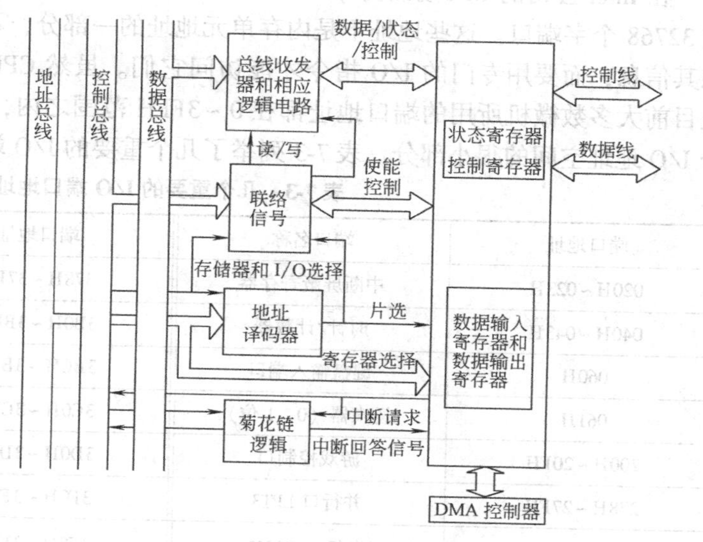

图 7-10　I/O 接口示意图

7.5.2 端口地址规划

对于接口设计者来说，搞清楚系统 I/O 端口地址分配十分重要，因为要把新的 I/O 设备加入到系统中就要占据一些 I/O 地址空间，因此，必须了解一些关于 I/O 地址空间的信息，如哪些端口是计算机制造厂家为今后的开发而保留的，哪些地址已分配给了别的设备，哪些端口地址是空闲的，这些信息对设计师来说是十分必要的。

PC 系列微机系统支持的端口数目是 1024 个，其端口地址空间是从 000 ~ 3FFH，其有效的译码地址是 A_0 ~ A_9 这 10 根地址线。

按照 PC 系列微机系统中 I/O 接口电路的复杂程度及应用形式，可以把 I/O 接口的硬件分为两大类：

（1）系统板上的 I/O 接口芯片　这些芯片大多都是可编程的大规模集成电路，可完成相应的接口操作，如定时器/计数器、中断控制器、并行接口等。在 PC/AT 微机中，这些接口芯片是由如 8259、8237A 等芯片组成。但随着 PLD 技术的发展，目前 PC 机系统主板上的所有 I/O 接口功能已集成在一片或几片大规模集成电路芯片中。

（2）扩展槽上的 I/O 接口控制卡　这些接口控制卡是由若干个集成电路按一定的逻辑功能组成的接口部件，如多功能卡、图形卡、串行通信卡和网络接口卡等。

如果我们要设计 I/O 接口电路，就必须使用 I/O 端口地址。在选定 I/O 端口地址时要注意：

1）凡是被系统配置占用了的端口地址一律不能使用。

2）从原则上讲，未被系统占用的地址用户都可以使用，但计算机厂家申明保留的地址不要使用，以免发生 I/O 端口地址重叠和冲突，造成所设计的产品与系统不兼容。

3）通常用户可使用 300H ~ 31FH 端口，这是 PC 系列微机留作实验卡用的。在用户可用的 I/O 地址范围内，为了避免与其它用户开发的接口控制卡发生地址冲突，最好采用地址开关。

在 Intel 公司的 CPU 家族中，I/O 端口的地址空间可达 64K，即可有 65536 个字节端口，或 32768 个字端口。这些地址不是内存单元地址的一部分，不能用普通的访问内存指令来读取其信息，而要用专门的 I/O 指令才能访问它们。虽然 CPU 提供了很大的 I/O 地址空间，但目前大多数微机所用的端口地址都在 0 ~ 3FFH 范围之内，其所用的 I/O 地址空间只占整个 I/O 地址空间的很小部分。表 7-3 列举了几个重要的 I/O 端口地址。

表 7-3　几个重要的 I/O 端口地址

端口地址	端口名称	端口地址	端口名称
020H ~ 023H	中断屏蔽寄存器	378H ~ 37FH	并行口 LPT2
040H ~ 043H	时针/计数器	3B0H ~ 3BBH	单色显示器端口
060H	键盘输入端口	3BCH ~ 3BFH	并行口 LPT1
061H	扬声器（0，1 位）	3C0H ~ 3CFH	VGA/EGA
200H ~ 20FH	游戏控制口	3D0H ~ 3DFH	CGA
278H ~ 27FH	并行口 LPT3	3F0H ~ 3F7H	磁盘控制器
2F8H ~ 2FFH	串行口 COM2	3F8H ~ 3FFH	串行口 COM1

由于I/O端口地址和内存单元地址是相互独立的，这些端口地址不能用普通的访问内存指令来访问其信息，所以在CPU的指令系统中就专门设置了I/O指令来存取I/O端口的信息。从功能分类来看，I/O指令应属于数据传送指令。

计算机在启动时，BIOS程序（Basic Input/Output System）将检查计算机系统中有哪些端口地址。当发现有串行端口地址时，BIOS就把该端口存放在以地址40：00H开始的数据区内；当发现有并行端口地址时，BIOS会把它存入以地址40：08H开始的数据区内。

每类端口有4个字的空间，对于有两个串行口、两个并行口的计算机系统，其BIOS程序将得到如图7-11所示的部分数据表。

地址	...	端口名称
40:00	F8	COM1
	03	
02	F8	COM2
	02	
04	00	Unused
	00	
06	00	Unused
	00	
08	78	LPT1
	03	
0A	78	LPT2
	02	
0C	00	Unused
	00	
0E	00	Unused
	00	
	...	

图7-11　BIOS部分数据表

图中03F8H、02F8H、0378H和0278H分别为COM1、COM2、LPT1和LPT2的端口地址。

7.5.3　端口地址译码

在IBM PC计算机中，所有输入输出接口与CPU之间的通信都是由I/O指令来完成的。在执行I/O指令时，CPU首先把所要访问端口的地址放到地址总线上（即选中该端口），然后才能对其进行读写操作。将总线上的地址信号转换为某个端口的“使能”（Enable）信号，这个操作就称为端口地址的译码。

在输入输出技术中，端口的地址也是通过地址信号的译码来确定的。应注意以下几点：

1）8088微处理器能够寻址的内存空间为1MB，所以地址总线的全部20根信号线都要使用，而8088微处理器只使用了地址总线的低16位信号线。对只有单一I/O地址（端口）的外设，这16位地址线一般应全部参与译码，译码的输出直接选择该外设的端口；对具有多个I/O地址（端口）的外设，则16位地址线的高位参与译码（决定外设的基地址），而低位用于确定要访问哪一个端口。

2）当CPU工作在最大模式时，对存储器读写时要求控制信号$\overline{MEMR}$或$\overline{MEMW}$有效；如果是对I/O端口进行读写，则要求控制信号$\overline{IOR}$或$\overline{IOW}$有效。

3）地址总线上呈现的信号是内存的地址还是I/O端口的地址，取决于8088微处理器的I/O端口引脚的状态。当$IO/\overline{M}=0$时，该信号为内存地址，即CPU正在对内存进行读写操作；当$IO/\overline{M}=1$时，该信号为I/O端口地址，即CPU正在对I/O端口进行读写操作。

I/O端口地址译码的方法灵活多样，通常可由地址信号和控制信号的不同组合来选择端口地址。与存储器的地址单元类似，一般是把地址信号分为两部分：一部分是高位地址线与CPU或总线的控制信号组合，经过译码电路产生一个片选信号$\overline{CS}$去选择某个I/O接口芯片，从而实现接口芯片的片间选择；另一部分是低位地址线直接连到I/O接口芯片，经过接口芯片内部的地址译码电路选择该接口电路的某个寄存器端口，即实现接口芯片的片内寻址。

按照地址译码电路所使用的元器件，可将译码电路分为门电路译码、译码器译码和PLD译码。

按照译码电路的形式又可将译码电路分为固定式和可选式译码。

1. 固定式端口地址译码

所谓固定译码是指接口中用到的端口地址不能更改。一般接口卡中大部分都采用固定式译码。

(1) 用门电路进行端口地址译码　这是一种最简单最基本的端口地址译码方法，它一般采用与门、与非门、反相器及或非门等，如74LS08、74LS04、74LS32或74LS30等。

(2) 用译码器进行端口地址译码　若接口电路中需要使用多个端口地址时，则采用译码器译码比较方便。译码器的型号很多，如3-8译码器74LS138和8205；4-16译码器74LS154；双2-4译码器74LS139和74LS155等。

2. 开关式可选端口地址译码

如果用户要求接口卡的端口地址能适应不同的地址分配场合，或为系统以后扩充留有余地，则可以使用开关式端口地址译码。这种译码方式可以通过开关使接口卡的I/O端口地址根据要求加以改变而无需修改电路，其电路结构形式有如下几种。

(1) 用比较器和地址开关进行地址译码　在接口地址译码中，可采用比较器将地址总线上送来的地址，或者某一地址范围与预设的地址或地址范围进行比较。若两者相等，则表示地址总线送来的端口地址为接口地址或接口所用到的接口地址范围，于是便可以启动接口并执行预定的操作。

常用的比较器有4位比较器74LS85和8位比较器74LS688。对于74LS688，它将输入的8位数据$P_0 \sim P_7$与另一组8位数据$Q_0 \sim Q_7$相应地进行比较，可比较大于、小于或等于，在地址译码中仅使用比较相等的功能，大于、小于则不用。

(2) 使用跳线的可选式译码电路　如果根据需要要改变译码器的译出地址，可以用跳线或跳接开关对译码器的输入地址进行反相或不反相的选择。

3. 端口地址的扩展

有时需要在接口板卡中设计大容量的存储器，而当实际存储容量的要求超过I/O空间的最大寻址范围时，就需要扩展接口的寻址范围。常用的方法是多存储模块扩充寻址。

这种扩充寻址的基本思想是（以具有16根地址线的I/O地址空间为例）：

1) 将存储器划分为若干个64K（2的16次幂）地址容量的存储模块。

2) 每个存储模块内部的寻址信号仍由16位地址总线控制，而每个存储模块的选择则由块选控制逻辑提供的块选控制信号决定。

3) 当访问某个存储单元时，必须经过两次地址译码：一次译码将送出一个块选控制信号，选中该存储单元所在的存储模块；二次译码则选中该模块的存储单元，进行读写操作。

7.5.4　端口的设计

1. 三种基本方法

1) 规模标准集成电路器件，采用传统的数字逻辑系统设计方法。

2) 基于现有的通用或专用可编程大规模集成电路接口芯片，并结合少量的中、小规模器件。

3) 利用各类可编程逻辑器件PLD进行设计。

2. 设计的基本原则

1）一般不需要繁杂的电路参数计算。

2）需要熟练掌握各类芯片的功能、特点、工作原理、时序关系、使用方法及编程技巧。

3）采用集成接口芯片或PLD器件更有利于接口电路的设计及使用。

3. 接口的控制程序：驱动

1）对于PC系统中的标准设备，在系统BIOS中都有相应的功能子程序供用户调用。

2）对于自行设计的非标准设备，则需要自己动手编制专用的接口驱动程序。

3）必须了解外设的工作原理和接口电路的硬件结构才能正确编写相应的接口驱动程序。

4. 与接口设计相关的软件

1）汇编语言：效率最高。

2）C语言：编程容易、程序可移植性好。

3）混合编程：实现效率与灵活性的完美结合。

4）各类调试工具：Debug，CodeView等。

7.6 简单I/O接口芯片

7.6.1 数据锁存器74LS373

74LS373是由8个D触发器构成的具有三态输出和驱动的锁存器，其逻辑电路和引脚如图7-12所示。使能端G有效时，输入端（D端）数据进入锁存器；输出允许端$\overline{OE}$有效时，将锁存器中锁存的数据送到输出端Q；$\overline{OE}=1$时输出为高阻态。常见锁存器还有74LS273，8282等。

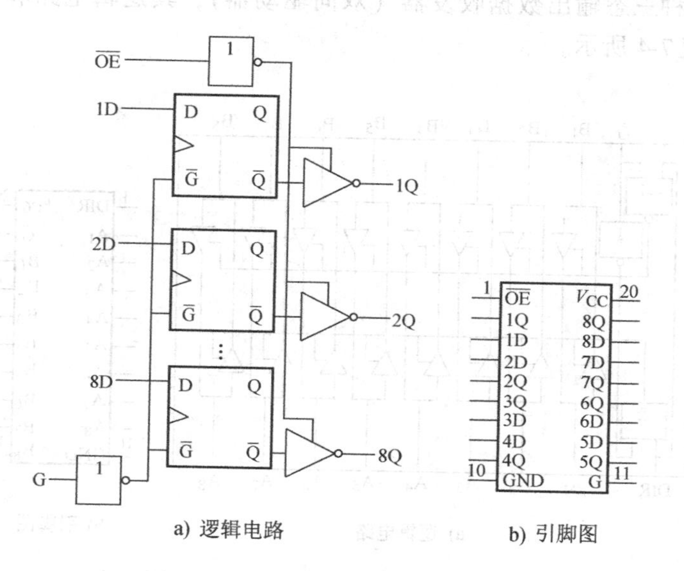

a) 逻辑电路　　b) 引脚图

图7-12　74LS373逻辑电路和引脚图

7.6.2 数据缓冲器74LS244

74LS244是一种三态输出缓冲器（单向驱动器），其逻辑电路和引脚如图7-13所示。74LS244的内部驱动器分为两组，分别为4个输入端（$1A_1 \sim 1A_4$，$2A_1 \sim 2A_4$）、4个输出端（$1Y_1 \sim 1Y_4$，$2Y_1 \sim 2Y_4$），他们分别由使能端$\overline{1G}$，$\overline{2G}$控制。当$\overline{1G}=0$时，（$1Y_1 \sim 1Y_4$）与（$1A_1 \sim 1A_4$）的电平相同；当$\overline{2G}=0$时，（$2Y_1 \sim 2Y_4$）与（$2A_1 \sim 2A_4$）的电平相同。当$\overline{1G}=1$（或$\overline{2G}=1$）时，$1Y_1 \sim 1Y_4$（或$2Y_1 \sim 2Y_4$）输出为高阻态。常见缓冲器还有74LS240、74LS241等。

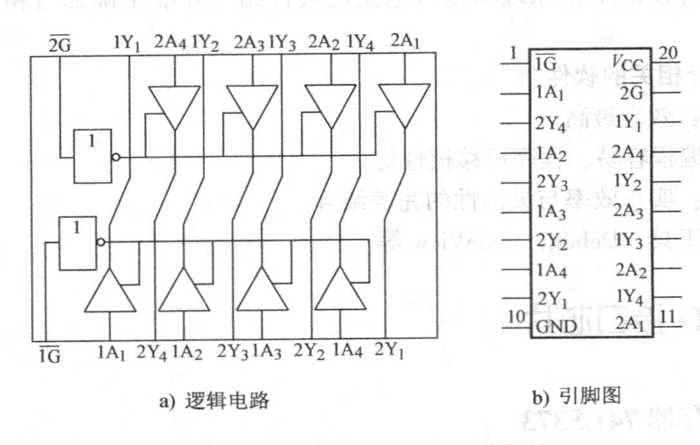

a) 逻辑电路　　b) 引脚图

图7-13　74LS244逻辑电路和引脚图

7.6.3 数据收发器74LS245

74LS245是一种三态输出数据收发器（双向驱动器），其逻辑电路和引脚如图7-14所示。其真值表如表7-4所示。

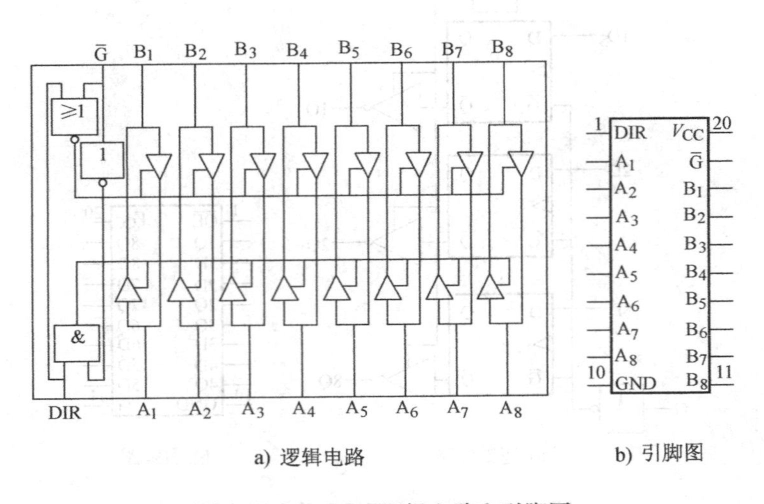

a) 逻辑电路　　b) 引脚图

图7-14　74LS245逻辑电路和引脚图

表 7-4　74LS245 真值表

使能 $\overline{G}$	方向控制 DIR	传送方向
0	0	B→A
0	1	A→B
1	×	隔开

7.6.4　常用译码电路

1. 七段显示译码器

七段显示译码器是把 BCD 代码译成驱动 7 段数码管的信号，显示出相应的十进制数码，如集成芯片 CT74LS247（输出低电平有效）、74LS248 和 74LS49（输出高电平有效）。表 7-5 为 CT74LS247 功能状态表，图 7-15 是它的外引线排列图。它有 4 个输入端 A_0、A_1、A_2、A_3 和 7 个输出端 $\overline{a}\sim\overline{g}$，通过限流电阻接 7 段共阳极数码管。此外，它还有 3 个低电平有效的输入控制端，其功能如下：

表 7-5　CT74LS247 功能状态表

功能和十进制数	输入							输出							显示
	$\overline{LT}$	$\overline{RBI}$	$\overline{BI}$	A_3	A_2	A_1	A_0	$\overline{a}$	$\overline{b}$	$\overline{c}$	$\overline{d}$	$\overline{e}$	$\overline{f}$	$\overline{g}$	
试灯	0	×	1	×	×	×	×	0	0	0	0	0	0	0	8
灭灯	×	×	0	×	×	×	×	1	1	1	1	1	1	1	全灭
灭0	1	0	1	0	0	0	0	1	1	1	1	1	1	1	全0
0	1	1	1	0	0	0	0	0	0	0	0	0	0	1	0
1	1	×	1	0	0	0	1	1	0	0	1	1	1	1	1
2	1	×	1	0	0	1	0	0	0	1	0	0	1	0	2
3	1	×	1	0	0	1	1	0	0	0	0	1	1	0	3
4	1	×	1	0	1	0	0	1	0	0	1	1	0	0	4
5	1	×	1	0	1	0	1	0	1	0	0	1	0	0	5
6	1	×	1	0	1	1	0	0	1	0	0	0	0	0	6
7	1	×	1	0	1	1	1	0	0	0	1	1	1	1	7
8	1	×	1	1	0	0	0	0	0	0	0	0	0	0	8
9	1	×	1	1	0	0	1	0	0	0	0	1	0	0	9

（1）灭灯输入端$\overline{BI}$　当$\overline{BI}=0$，其它输入信号任意，输出 $\overline{a}\sim\overline{g}$ 均为 1，即 7 段全灭，无显示，也称其为消隐功能。

（2）试灯输入端$\overline{LT}$　用来检验数码管的 7 段是否正常。当$\overline{BI}=1$，$\overline{LT}=0$ 时，A_0、A_1、A_2、A_3 状态任意，输出 $\overline{a}\sim\overline{g}$ 均为 0，即数码管 7 段全亮，显示“8”字。

（3）灭 0 输入端$\overline{RBI}$　当$\overline{LT}=1$，$\overline{BI}=1$，$\overline{RBI}=0$，且 $A_3A_2A_1A_0=0000$ 时，输出 $\overline{a}\sim\overline{g}$ 却为 1，不显示“0”字；这时，如果$\overline{RBI}=1$，则译码器正常输出，显示“0”。当 $A_3A_2A_1A_0$ 为其它组合时，不论$\overline{RBI}$为 0 或 1，译码器均可正常输出。在此端输入控制信号可以消除无效“0”。例如，消除 000.01 小数点前的两个无效的“0”，显示出 0.01，故

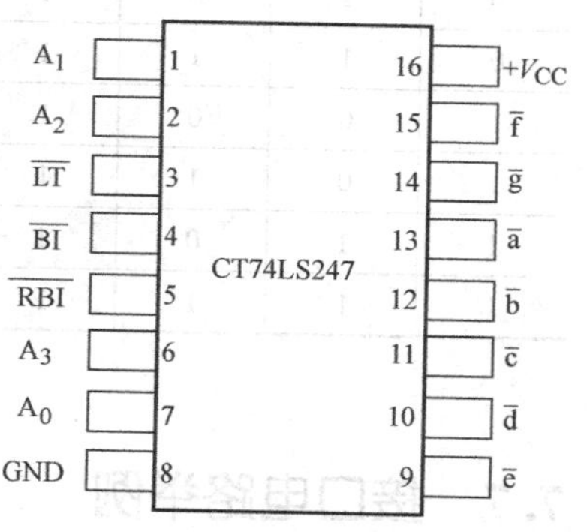

图 7-15　CT74LS247 型译码器的外引线排列图

称灭 0 输入端。图 7-16 为 CT74LS247 型译码器和共阳极 BS204 型半导体数码管的连接图。

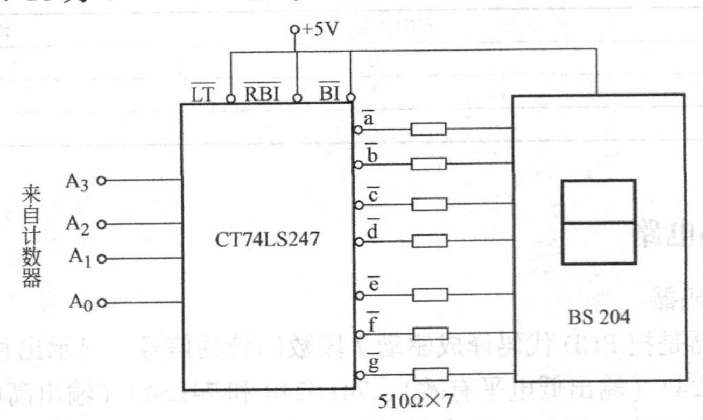

图 7-16　CT74LS247 型译码器和数码管的连接图

2. 地址译码器 74LS138

由于在存储器与 CPU 连接时，不仅仅要考虑地址、数据和控制总线的连接，还要考虑实现传送这 3 种信息的有关电路，如地址译码器、锁存器和数据缓冲器，还应考虑控制信号的传递与加工等因素，而这些因素中最重要的便是地址译码器。因为地址译码器直接决定了存储器的地址分配、首末地址等信息。所以我们有必要介绍一种常见的 3∶8 译码器 74LS138，该译码器的引脚图如图 7-17 所示。

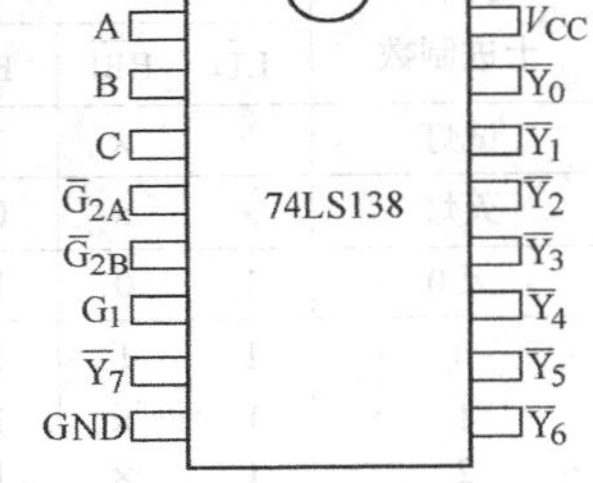

图 7-17　74LS138 译码器

74LS138 有 3 个输入端 A、B、C 和 8 个输出端 $\overline{Y}_0$、$\overline{Y}_1$、$\overline{Y}_2$、$\overline{Y}_3$、$\overline{Y}_4$、$\overline{Y}_5$、$\overline{Y}_6$、$\overline{Y}_7$，3 个使能端 G_1、$\overline{G}_{2A}$、$\overline{G}_{2B}$。其中 3 个输入端 A、B、C 和 8 个输出端的关系如表 7-6 所示。当然，74LS138 译码器能正常工作，相应的 3 个使能信号必须有效。74LS138 的引脚关系如表 7-6 所示。

表 7-6　74LS138 引脚关系

C	B	A	$\overline{Y}_0$	$\overline{Y}_1$	$\overline{Y}_2$	$\overline{Y}_3$	$\overline{Y}_4$	$\overline{Y}_5$	$\overline{Y}_6$	$\overline{Y}_7$
0	0	0	0	1	1	1	1	1	1	1
0	0	1	1	0	1	1	1	1	1	1
0	1	0	1	1	0	1	1	1	1	1
0	1	1	1	1	1	0	1	1	1	1
1	0	0	1	1	1	1	0	1	1	1
1	0	1	1	1	1	1	1	0	1	1
1	1	0	1	1	1	1	1	1	0	1
1	1	1	1	1	1	1	1	1	1	0

7.7　接口电路举例

【例 7-1】 用门电路进行端口地址译码示例。

图7-18是可译出2F0H输入端口地址的译码电路。图中AEN参加译码，它对端口地址译码进行控制，只有当AEN=0时，即不是DMA操作时译码才有效；当AEN=1时，即是DMA操作时，译码无效。从而避免了在DMA周期，由DMA控制器对这些I/O端口地址的非DMA传送方式的外部设备进行读/写操作。如果接口电路中需要两个端口地址，一个用于输入，另一个用于输出，则可将图7-18所示电路的译码输出用$\overline{IOR}$和$\overline{IOW}$信号进行控制，以分别实现读写访问，此时的一个端口地址，则等效于两个端口地址。图7-19表示了这种控制电路。

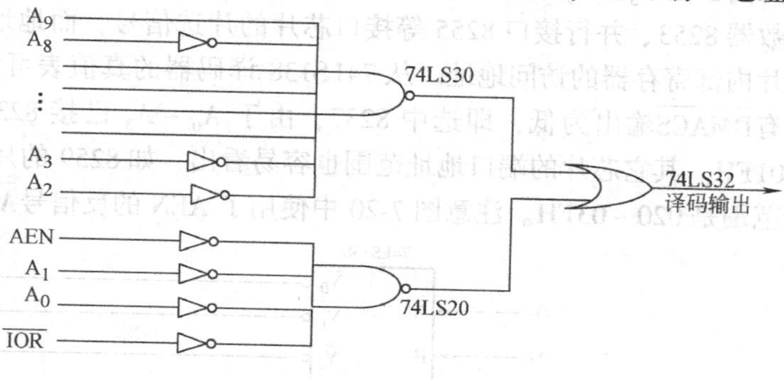

图7-18　2F0H端口地址译码电路

【例7-2】　用译码器进行端口地址译码示例。

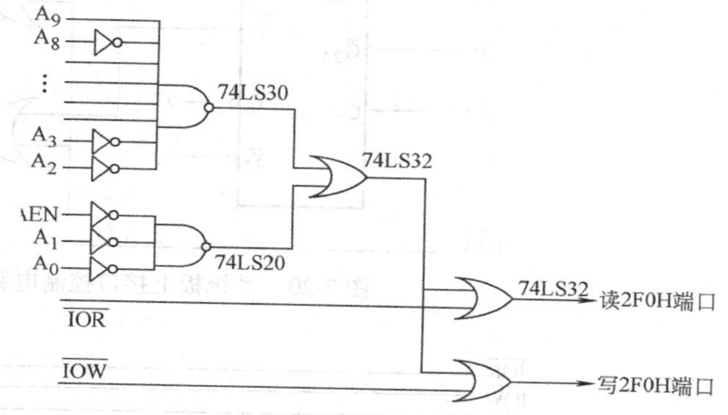

图7-19　用$\overline{IOR}$、$\overline{IOW}$控制端口地址译码

3-8译码器74LS138是最常用的译码电路之一，它可以从输入的3个代码（A、B、C）中译出8个输出（$\overline{Y_0}$～$\overline{Y_7}$）。它的3个输入控制端是G_1、$\overline{G_{2A}}$、$\overline{G_{2B}}$，只有当$G_1=1$，$\overline{G_{2A}}=0$，$\overline{G_{2B}}=0$时，才允许对输入端A、B、C进行译码。74LS138的真值表如表7-7所示。

表7-7　74LS138输入/输出真值表

输入						输出							
G_1	$\overline{G_{2A}}$	$\overline{G_{2B}}$	C	B	A	$\overline{Y_7}$	$\overline{Y_6}$	$\overline{Y_5}$	$\overline{Y_4}$	$\overline{Y_3}$	$\overline{Y_2}$	$\overline{Y_1}$	$\overline{Y_0}$
1	0	0	0	0	0	1	1	1	1	1	1	1	0
1	0	0	0	0	1	1	1	1	1	1	1	0	1
1	0	0	0	1	0	1	1	1	1	1	0	1	1
1	0	0	0	1	1	1	1	1	1	0	1	1	1
1	0	0	1	0	0	1	1	1	0	1	1	1	1
1	0	0	1	0	1	1	1	0	1	1	1	1	1
1	0	0	1	1	0	1	0	1	1	1	1	1	1
1	0	0	1	1	1	0	1	1	1	1	1	1	1

从表7-7可以看出，当满足控制电平，即把G_1接高电平，$\overline{G_{2A}}$和$\overline{G_{2B}}$接低电平时，输出的状态由C、B、A这3个输入信号的编码来决定。如当CBA=000时，$\overline{Y_0}=0$；当CBA=111时，$\overline{Y_7}=0$，由此可译出8个译码选通输出信号（低电平有效）。当控制条件不满足时，则输出全为1，不产生译码选通输出信号，即译码无效。

图7-20所示电路是PC/XT系统板上的接口控制电路的端口地址译码电路。图中地址线

的高5位 $A_5 \sim A_9$ 经过74LS138译码器，分别产生了DMAC8237、中断控制器8259、定时/计数器8253、并行接口8255等接口芯片的片选信号，而地址线的低5位 $A_0 \sim A_4$ 作为接口芯片内部寄存器的访问地址。从74LS138译码器的真值表可知，当地址是000~01XH时，便有 $\overline{DMACS}$ 输出为低，即选中8237，由于 $A_0 \sim A_3$ 已接8237，故8237的端口地址是000~01FH。其它芯片的端口地址范围也容易看出，如8259的片选地址是02X~03XH，端口地址范围是020~03FH。注意图7-20中使用了AEN的反信号 $\overline{AEN}$，所以应接74LS138的G1端。

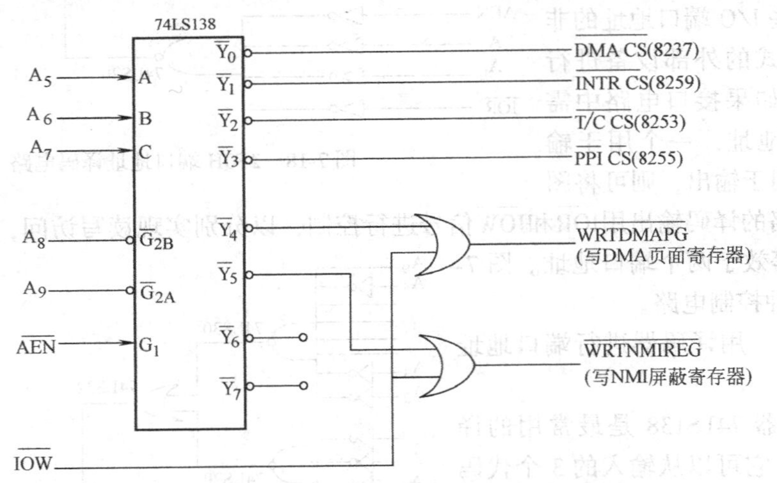

图7-20　系统板上接口控制电路的端口地址译码

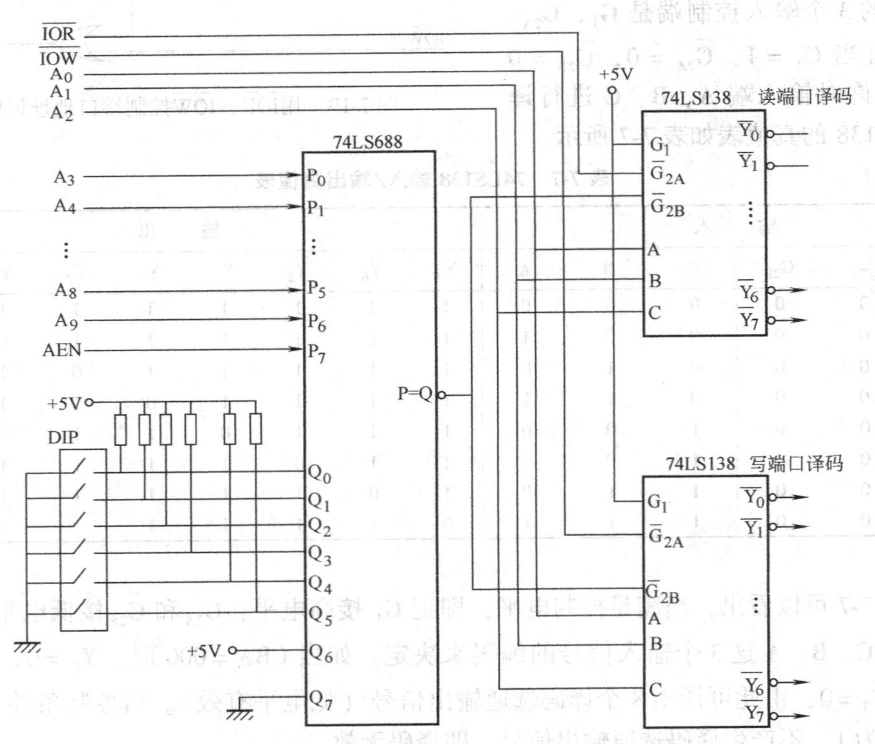

图7-21　用比较器和开关组成的可选译码电路

【例7-3】 用比较器和开关组成的可选译码电路示例。

在图7-21电路中，把$P_0 \sim P_7$连接有关的地址线和控制线，$Q_0 \sim Q_7$连接地址开关，而输出端P连接到译码器74LS138的控制端$\overline{G_{2B}}$上。根据比较器的特性，当输入端$P_0 \sim P_7$的地址与输入端$Q_0 \sim Q_7$的开关状态一致时，输出为低电平，即使译码器进行译码。因此，使用时可预置DIP地址开关为某一值，得到一组所要求的端口地址。图中让$\overline{IOR}$和$\overline{IOW}$参加译码，分别产生8个读写端口地址，并且当$A_9=1$、AEN=0时译码才有效。这种方法的最大特点是可以根据不同情况改变接口电路中的端口地址而不需重新设计硬件，尤其在通用型接口电路中使用较多。

【例7-4】 用跳线改变输入的可选式译码电路示例。

根据需要，要改变译码器的译出地址，可以用跳线或跳接开关对译码器的输入地址进行反相或不反相的选择。如图7-22所示，如果改变跳线的连接方向，则有多达1024种选择，但接AEN信号的开关一般只能选择连通下方的反相器。

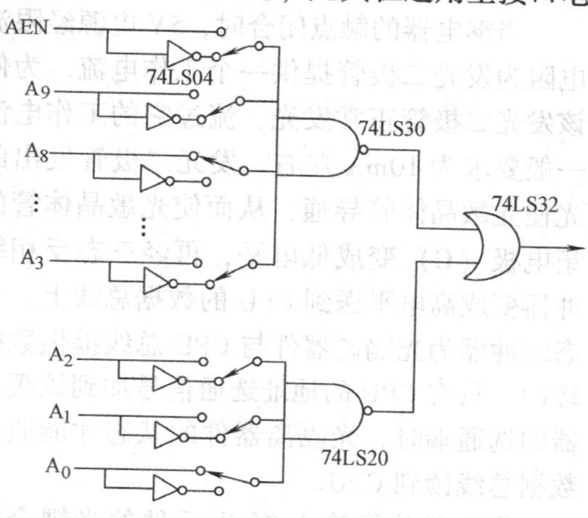

图7-22 用跳线改变输入的可选式译码电路

【例7-5】 多存储模块扩充寻址电路示例。

实现多存储器模块扩充寻址的原理框图如图7-23a所示。其中块选控制逻辑实际上就是一个I/O锁存器，其位数等于内存模块的个数，如图7-23b所示。CPU通过向这个端口写入选择某一存储模块的控制字来选中所要访问的模块，同时禁止其余的锁存器模块被访问。如要访问存储器模块0，首先应执行输出指令：

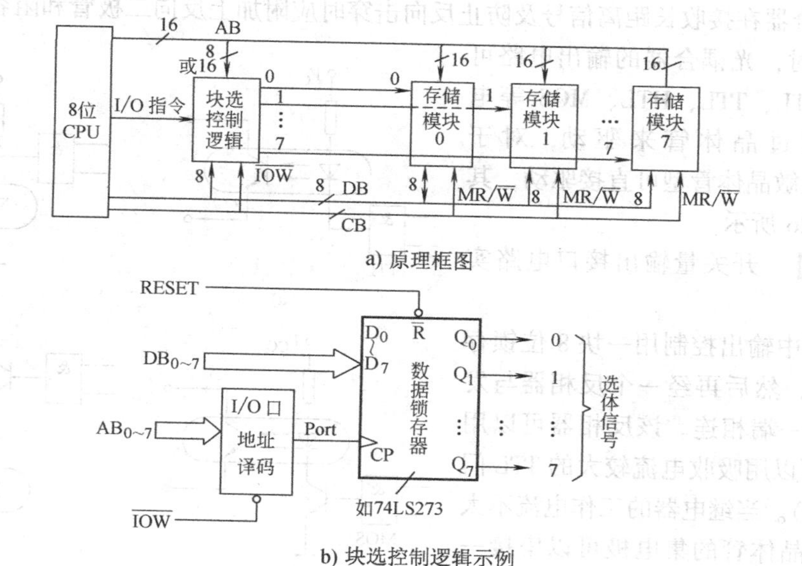

图7-23 多存储模块扩充寻址原理

MOV　AL，0FEH；

OUT　Port，AL　；将选模块控制字写入 Port

随后即可对模块 0 中的存储单元进行访问。如果要访问模块 1，2，…，7，其选模块控制字则应换成 FD、FB、F7、EF、DF、BF、7F。

【例 7-6】　光隔离输入接口电路实例。

光隔离输入接口电路的具体实例如图 7-24 所示。

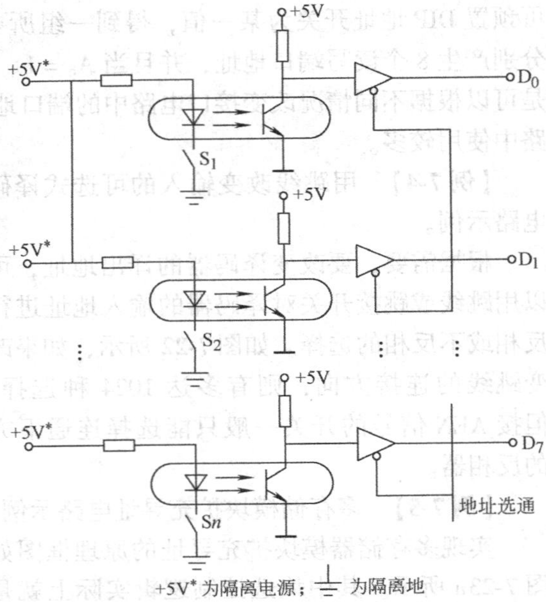

当继电器的触点闭合时，5V 电源经限流电阻为发光二极管提供一个工作电流。为使该发光二极管正常发光，流过它的工作电流一般要求为 10mA 左右。发光二极管发出的光使光敏晶体管导通，从而使光敏晶体管的集电极（C）变成低电平，再经三态反相缓冲器变成高电平送到 CPU 的数据总线上。三态缓冲器为光隔离器件与 CPU 总线提供数据缓冲，只有 CPU 的地址选通信号加到该缓冲器的选通端时，光隔离器件的状态才能通过数据总线读到 CPU。

图 7-24　光隔离输入接口电路实例

作为开关量输入/输出元件的光耦合器的输入电路，可直接用 TTL 门电路或触发器驱动。在采用 MOS 电路时不能直接驱动，而要加 TTL 的晶体管驱动，其电路形式如图 7-25 所示。

驱动光耦合器的门电路，不能再驱动其它的负载，这才能保证信息传输的可靠性。如前所述，光耦合器在接收长距离信号及防止反向击穿时应附加上反向二极管和阻容电路。做为开关量输入时，光耦合器的输出电路可直接驱动 DTL、TTL、HTL、MOS 等电路，也可通过晶体管来驱动，对于 GaAs-LED 光敏晶体管型可直接驱动，其电路如图 7-26 所示。

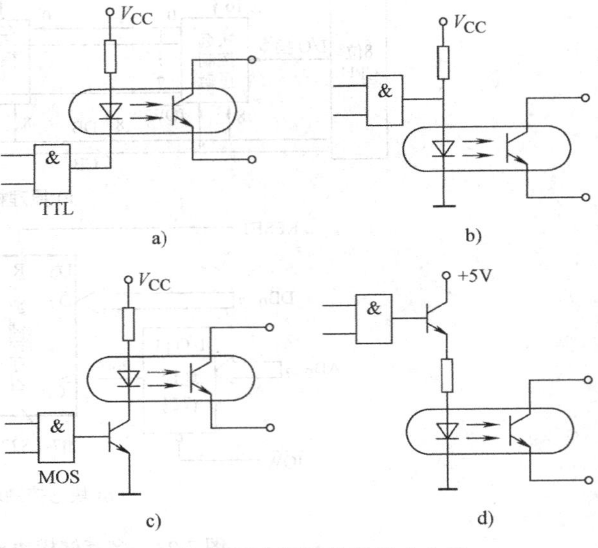

图 7-25　光耦合器的几种输入电路

【例 7-7】　开关量输出接口电路实例。

图 7-27 中输出控制用一块 8 位锁存器进行缓冲，然后再经一个反相器与发光二极管的一端相连。该反相器可以用 OC 门，也可以用吸收电流较大的 TTL 门（如 71LS240）。当继电器的工作电流不太大时，光敏晶体管的集电极可以串接一个继电器线圈，以直接驱动继电器工作。当所接的继电器的工作电流较大时，需

要加一级驱动放大电路（可以用一级前置继电器，也可以用一级晶体管放大电路），与继电器线圈并联的二极管共同起阻尼作用。它在继电器断电时，为线圈中的工作电流提供一个低电阻通路，以保护光敏晶体管不至于被继电器线圈电感产生的高反向电压击穿。

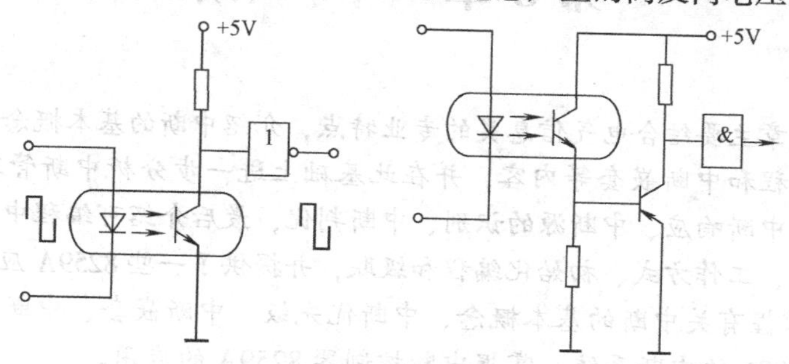

图7-26　光耦合器的几种输入电路

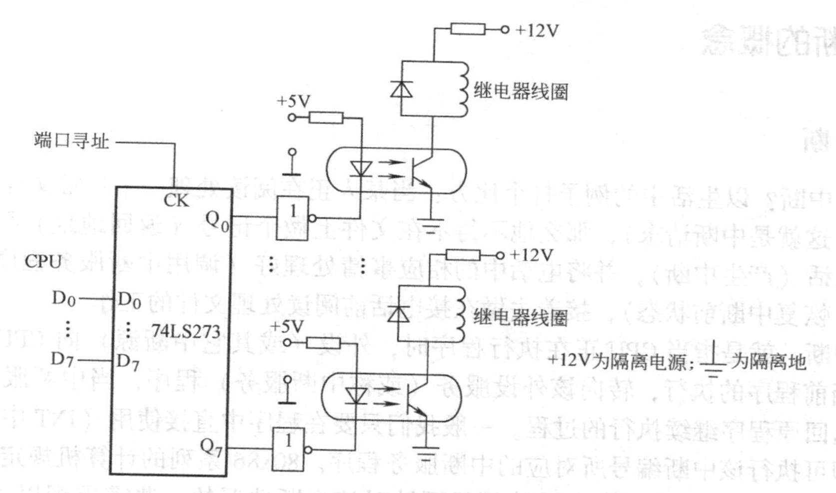

图7-27　光隔离输出接口电路实例

本章小结

本章讲解了微型计算机输入输出接口的相关知识，具体包括I/O接口的一般功能、典型结构、I/O端口的编址方式和输入/输出的几种数据传送方式。并在掌握输入输出接口基本概念的基础上，结合设计实践讲解了一些简单I/O接口设计的基本方法并举例进行说明。

习题与思考题

7-1　为什么要有I/O接口，在I/O设备间传送的信息主要有哪些？I/O接口的典型结构是什么？

7-2　I/O端口的编址方式有哪些？各自的优缺点是什么？

7-3　CPU与外设传送数据，主要有哪些方式？特点是什么？它们之间的关系是什么？

7-4　简述无条件传送方式的原理。

7-5　简述中断传送方式的原理。解决中断优先级的方法有哪些？各有什么优缺点？

7-6　使用74LS138设计系统板上的I/O地址，并且使每个接口芯片内部可以有16个端口数。

7-7　用74LS20/30/32和74LS04设计端口地址为380H的只读译码电路。

第8章　中　断

内容提要：本章主要结合电气信息类的专业特点，介绍中断的基本概念、中断系统、中断源、中断的基本过程和中断嵌套等内容，并在此基础上进一步分析中断管理，其中包括CPU响应中断的条件、中断响应、中断源的识别、中断判优，最后介绍可编程中断控制器8259A的功能、结构及引脚、工作方式、初始化编程和级联，并提供了一些8259A应用实例。

教学要求：掌握有关中断的基本概念、中断优先级、中断嵌套、中断屏蔽和中断矢量等基本概念。掌握8086的中断系统。掌握中断控制器8259A的应用。

8.1　中断的概念

8.1.1　中断

什么是中断？以生活中的例子打个比方：当某人正在阅读处理一个日常文件时，如果电话铃响了（这就是中断请求），那么他不得不在文件上做个记号（返回地址）而暂停工作，然后去接电话（产生中断），并将电话中的相应事情处理好（调用中断服务程序），再调整心理状态（恢复中断前状态），接着去做在接电话前阅读处理文件的工作。

所谓中断，就是指当CPU正在执行程序时，外设（或其它中断源）向CPU发出请求，CPU暂停当前程序的执行，转向该外设服务（或称中断服务）程序，当中断服务程序运行结束后，返回原程序继续执行的过程。一般我们只要在程序中直接使用（INT中断编号）中断指令，即可执行该中断编号所对应的中断服务程序。80x86系列的计算机规定出256种的中断情况（即00H～FFH），程序设计师只要针对该中断情况的一些需求配以片段的指令，即可完成该中断情况的操作，即当CPU执行到中断呼叫指令（INT）时，就会“中断”目前程序的执行，而将程序执行的控制权转移到该中断服务过程中，待完成之后，才又回到刚刚“中断”的程序继续往下执行其它的指令。

在日常工作中，CPU需要输入一些数据，或是输出运行结果，但I/O的运行速度比CPU的执行速度要慢很多，这就意味着CPU常常需要用大量的时间去等待计算机外围设备进行输入输出。这种等待的过程使得计算机处理事务的效率受到了很大的影响。而“中断”就是计算机解决CPU和I/O之间速度矛盾的有效途径。通过中断管理，当外设需要进行输入输出操作时，就向CPU发出中断申请，CPU将按各中断申请的优先级别响应中断请求，从而使计算机的工作效率明显提高。

中断示意图：

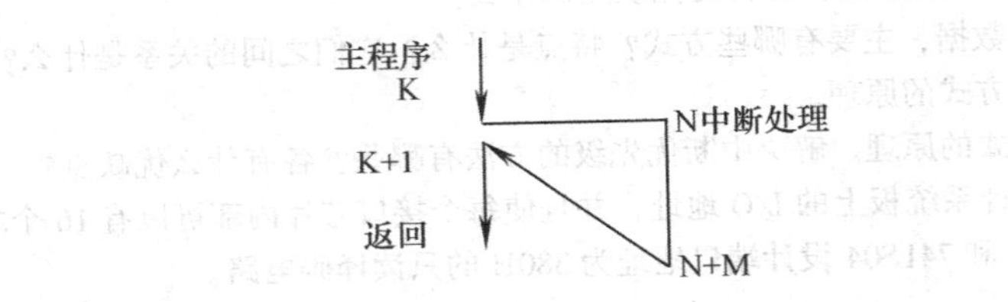

中断处理程序大致流程：

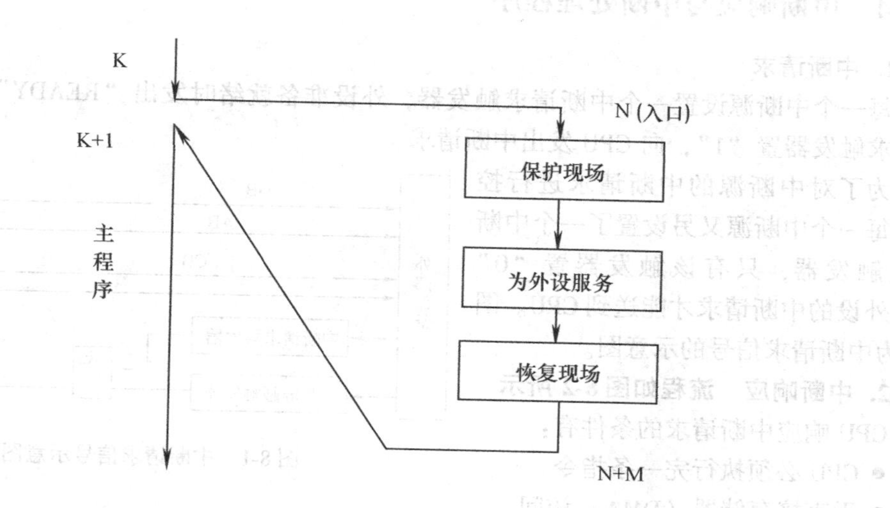

中断技术可实现：

1）CPU 分时操作，在一定程度上与外设并行工作；

2）实现实时处理，灵活性强；

3）故障处理。

8.1.2 中断源

中断源：能发出中断请求的各种信号源，主要包括：

1）一般输入/输出外围设备，如键盘，打印机等。

2）数据通道中断源，也称 DMA 操作，如磁盘，磁带等。

3）实时时钟。在实时控制系统中，由实时体控制的定时输入/输出。

4）故障源。如电源掉电，运算结果溢出，存储出错等。

5）为调试程序设置的中断源，如断点、单步操作等。

中断的种类分成两大类，一种是硬件中断，硬件中断有时又称外中断，是通过 CPU 芯片的 INTR 管脚或 NMI 管脚从外部引入的，如我们在计算机主机的前面板按下 RESET 按钮，这就是一种硬件中断，它由电路来完成中断的动作。另一种是软件中断，软件中断又称内部中断，我们这里所说的中断呼叫是一种软件中断，它由程序来完成中断的动作。

8.1.3 中断系统

1）中断源必须能发出中断请求。

2）CPU 必须能响应中断。

3）在转入中断服务子程序之前，CPU 应能保护现场。

4）当若干中断源同时向 CPU 提出中断请求时，CPU 应能判断各中断源的优先等级并能实现中断嵌套。

5）中断服务子程序执行完后，CPU 应能恢复到原来被中断的程序继续执行。

8.1.4 中断响应与中断处理程序

1. 中断请求

每一个中断源设置一个中断请求触发器，外设准备就绪时发出“READY”信号，即中断请求触发器置“1”，向CPU发出中断请求。

为了对中断源的中断请求进行控制，每一个中断源又另设置了一个中断屏蔽触发器，只有该触发器置“0”时，外设的中断请求才能送到CPU。图8-1为中断请求信号的示意图。

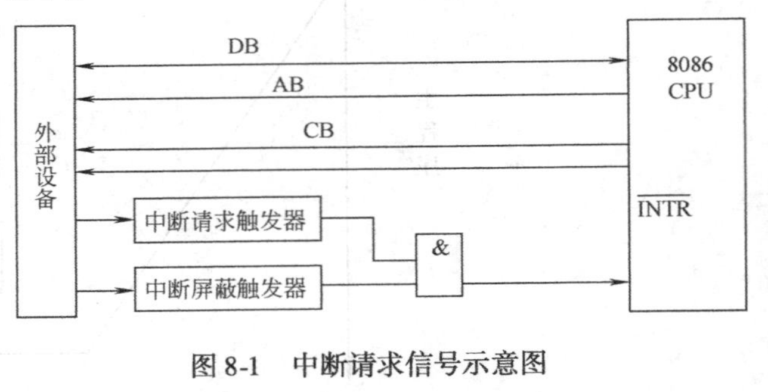

图8-1 中断请求信号示意图

2. 中断响应 流程如图8-2所示

CPU响应中断请求的条件有：

- CPU必须执行完一条指令
- 无直接存储器（DMA）访问
- CPU内部中断允许触发器IFF为允许中断状态

满足上述条件时，CPU响应中断，进入中断响应周期，相应的步骤是：

1）关中断。在CPU发出中断响应信号同时，内部自动实现。

2）保留断点，即主程序下一条指令地址。

3）访问中断服务程序入口地址，转入执行相应的中断处理程序。

3. 中断处理程序

中断处理程序包括起始部分—保护现场；主体部分—中断服务；结尾部分—恢复现场，其框图如图8-3所示。

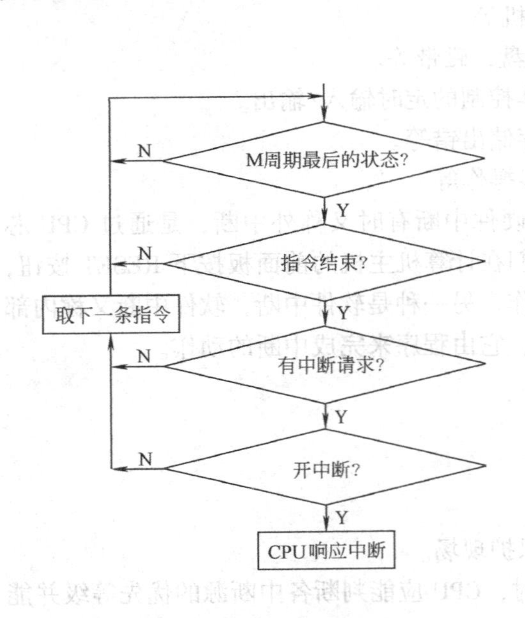

图8-2 CPU响应中断的流程

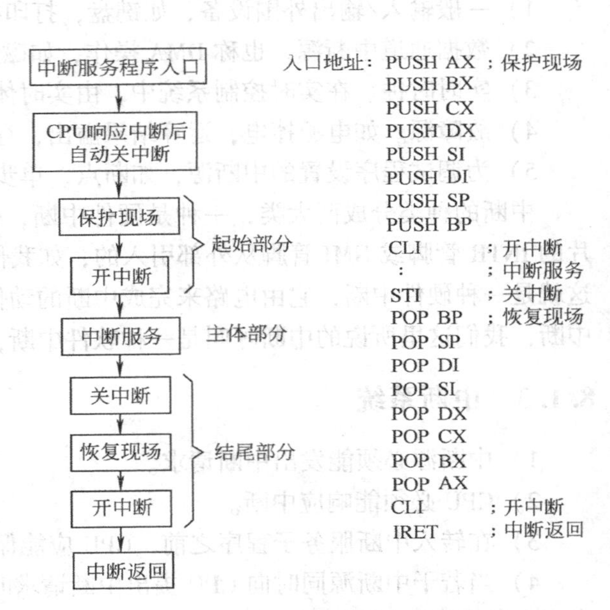

图8-3 中断处理程序框图与程序示例

8.1.5 中断优先级

在实际系统中存在多个中断源，但CPU因引脚限制只有一条中断请求线，所以CPU应具有下列功能：

● CPU能识别发出中断请求的中断源

● 多个中断源同时请求中断时，应能区别它们优先级的高低

● 能实现中断嵌套，如图8-4所示

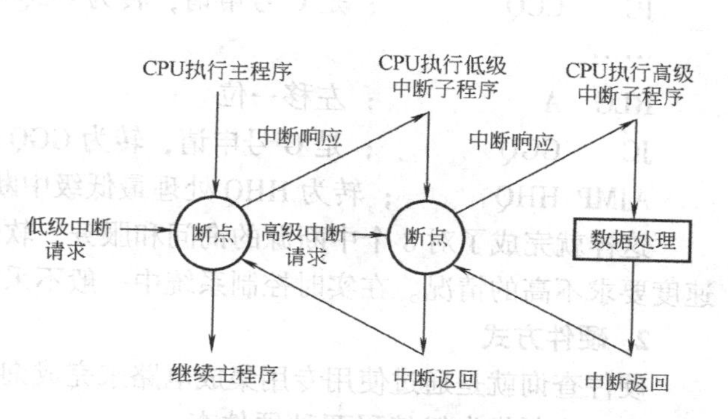

图8-4 中断嵌套处理示意图

1. 用软件确定中断优先级

软件查询方法的特点：

● 询问的次序即为优先级的次序

● 硬件简单

● 由询问转至相应服务程序的时间长，尤其在中断源较多时

软件查询方法的电路及流程图如图8-5所示。

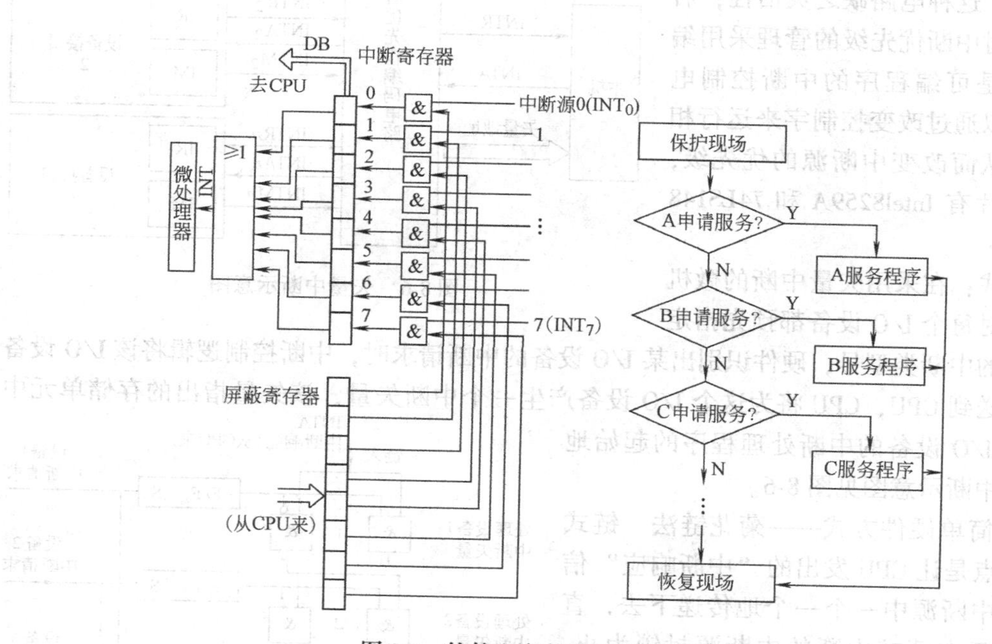

图8-5 软件查询方法电路及流程图

例如，有8个中断源，且优先级次序是A、B、C、D、E、F、G、H，其中A的优先级最高，H的优先级最低。用一个8位的中断源寄存器来标识它们，执行下列查询程序（设中断源寄存器的端口地址为PORTQ）

```
MOVX A, PORTQ ；中断源信号送A
RLC  A         ；左移一位
JC   AAQ       ；是A号申请，转为AAQ处理中断
```

```
RLC   A          ；左移一位
JC    BBQ        ；是 B 号申请，转为 BBQ 处理中断
RLC   A          ；左移一位
JC    CCQ        ；是 C 号申请，转为 CCQ 处理中断
……
RLC   A          ；左移一位
JC    GGQ        ；是 G 号申请，转为 GGQ 处理中断
AJMP  HHQ        ；转为 HHQ 处理最低级中断
```

这样就完成了对 8 个中断源的询问和服务。软件查询适用于中断源不多和对中断源响应速度要求不高的情况。在实时控制系统中一般不采用此方法。

2. 硬件方式

硬件查询就是通过使用专用集成电路来完成询问中断源及判优处理的工作。有中断优先级链式和中断优先级编码两种硬件查询电路。在前一种电路中，中断源的位置一旦固定下来，其优先级是不能再改变的，这种电路缺乏灵活性；后一种电路对中断优先级的管理采用编码控制，是可编程序的中断控制电路，它可以通过改变控制字来运行相关程序，从而改变中断源的优先级，常用的芯片有 Intel8259A 和 74LS148 等。

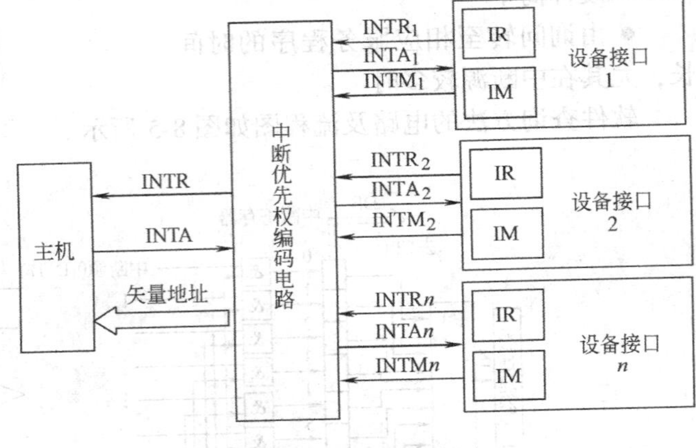

图 8-6　矢量中断示意图

矢量式：在采用矢量中断的微机系统中，对每个 I/O 设备都预先指定一个不同的中断类型号，硬件识别出某 I/O 设备的中断请求时，中断控制逻辑将该 I/O 设备的类型号送到 CPU，CPU 将为这个 I/O 设备产生一个中断矢量，该矢量指出的存储单元中包含有该 I/O 设备的中断处理程序的起始地址。矢量中断示意图见图 8-6。

(1) 简单硬件方式——菊花链法　链式方法的要点是让 CPU 发出的“中断响应”信号在多个中断源中一个一个地传递下去，直至被一个正在请求中断的中断源封锁为止，如图 8-7 所示。

● 在链式方法中，若上一级的输出信号为低电平，则屏蔽本级和所有的低级中断；

● 若上一级的输出信号为高电平，且在本级有中断请求时，则转去执行本级的中断处理程序，并使本级至下级的输出为低电平，屏蔽所有低级中断；

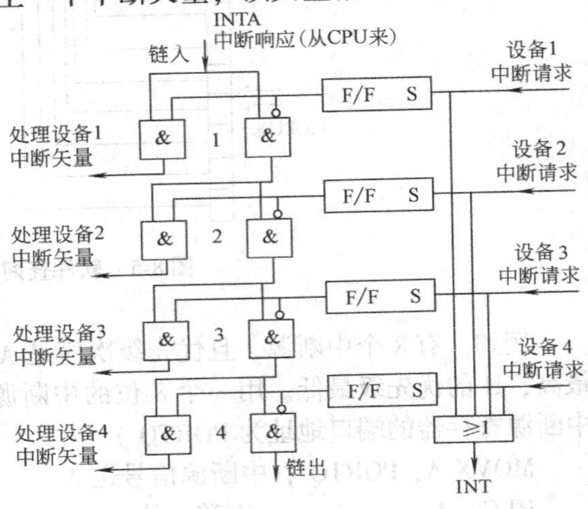

图 8-7　硬件识别优先权电路

● 若本级没有中断请求，则使中断响应信号通过，允许下一级中断；

● 当 CPU 在为本级进行中断服务过程中，若出现了比本级优先级高的中断请求，由于线路中位于本级前的各组逻辑门是开放的，因此新的中断请求可以打断当前的中断服务，实现中断嵌套。

● 在链式方法中，中断源在线路中的位置一旦固定，其优先级便不能再改变，因此位于链的最前面的中断源优先级最高。

（2）专用硬件方式　可编程中断控制器的典型结构如图 8-8 所示。

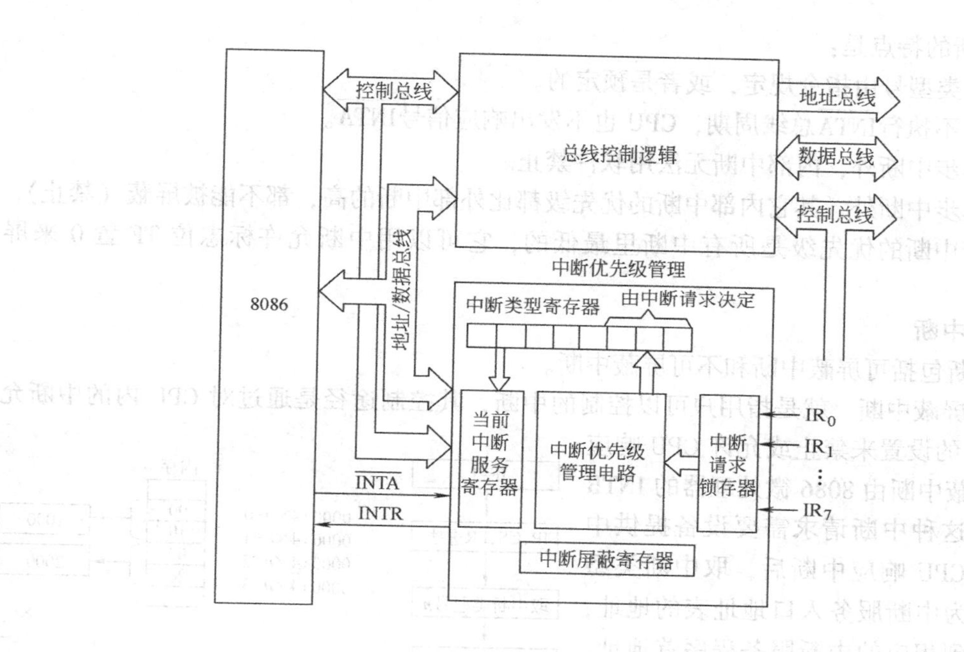

图 8-8　典型的可编程中断控制器

中断控制器由中断优先级管理电路、中断请求锁存器、当前中断服务寄存器、中断屏蔽寄存器、中断类型寄存器组成。

8.2　8086/8088 微处理器的中断系统

8.2.1　中断结构

1. 软件中断

由于执行中断指令或由 CPU 本身启动的中断称为软件中断。软件中断指令的指令格式为 INT *n*，操作数 *n* 就是中断类型号。当 CPU 执行完毕中断指令 INT *n* 后，就会立即产生一个中断类型号为 *n* 的中断。

软件中断可分为两类：一类是由软中断指令启动的中断；另一类是在一定条件下，由 CPU 自身启动的中断。几种特殊应用的内部中断如表 8-1 所示。

表 8-1　和专用中断指针相应的内部中断

中断类型	名　称	说　明
0 型中断	除法出错中断	当执行 DIV 或 IDIV 指令后所得的商大于规定的目标操作数时产生
1 型中断	单步中断	当 TF =1 时,8086/8088 就处于单步工作方式,即每执行一条指令后都自动产生
3 型中断	断点中断	专供在程序中设置断点使用
4 型中断	溢出中断	当算法操作结果产生溢出(OF 标志置 1)时,则执行 INTO 指令立即产生

软件中断的特点是：

1）中断类型号由指令规定，或者是预定的。

2）CPU 不执行$\overline{INTA}$总线周期，CPU 也不发出响应信号$\overline{INTA}$。

3）除单步中断外，内部中断无法用软件禁止。

4）除单步中断外，其它内部中断的优先级都比外部中断的高，都不能被屏蔽（禁止）。

5）单步中断的优先级是所有中断里最低的，它可以用中断允许标志位 TF 置 0 来屏蔽。

2. 硬件中断

硬件中断包括可屏蔽中断和不可屏蔽中断。

（1）可屏蔽中断　就是指用户可以控制的中断，其控制途径是通过对 CPU 内的中断允许触发器 IF 的设置来禁止或允许 CPU 响应中断。可屏蔽中断由 8086 微处理器的 INTR 管脚引入。这种中断请求需要设备提供中断类型号，CPU 响应中断后，取中断类型号的 4 倍作为中断服务入口地址表的地址，通过查表得到相应的中断服务程序首地址，再转去执行相应的中断服务程序。

可屏蔽中断的执行过程，以及中断类型号与中断服务子程序的入口地址之间的关系如图 8-9 所示。

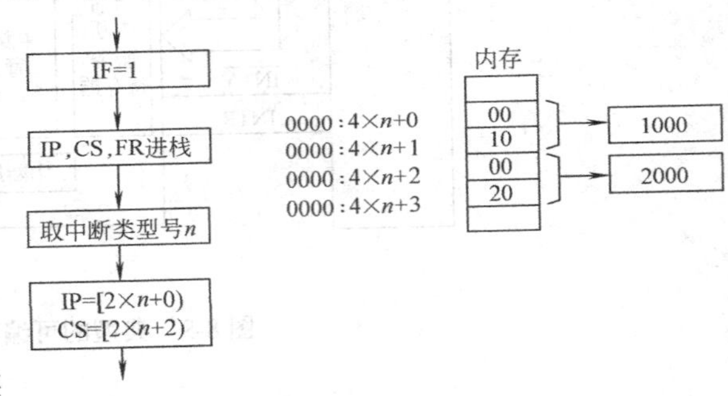

图 8-9　可屏蔽中断的执行过程

可屏蔽中断的类型可以是专用中断类型外的任何类型。各类中断源的请求信号通常都送到中断控制器 8259A，再由 8259A 向 CPU 发出。可屏蔽中断过程的具体事件顺序如下：

1）接口发送中断信号到 CPU。

2）CPU 完成现行指令后发送响应信号。

3）中断类型号 n 被送入 CPU。

4）现行 PSW、$\overline{CS}$和 IP 被压入堆栈。

5）标志寄存器中 IF 和 TF 标志被清除。

6）从中断矢量表取出中断指针。

7）中断过程开始。

8）开放中断。

9）IRET 使 IP、$\overline{CS}$和 PSW 从堆栈中弹出。

10）返回到被中断的程序。

（2）不可屏蔽中断　就是指用户不能通过 CPU 内的中断允许触发器 IF 控制的中断，它由 8086 微处理器的 NMI 管脚引入。NMI 中断请求采用上升沿触发方式，这种中断一旦产生，在 CPU 内部直接生成中断类型号 02。

不可屏蔽中断的执行过程，及中断类型号与中断服务子程序的入口地址之间的关系如图 8-10 所示。

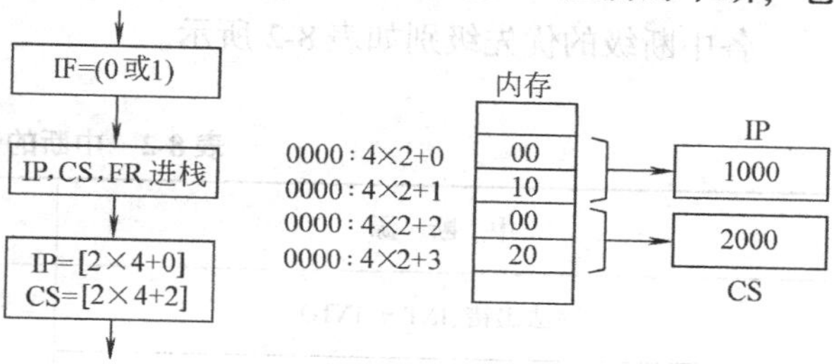

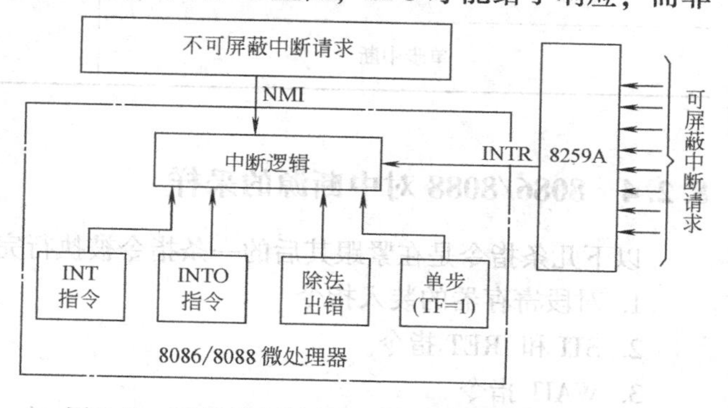

图 8-10　不可屏蔽中断的执行过程

可屏蔽中断和不可屏蔽中断相比较，两者的主要区别是：可屏蔽中断受 IF 标志的影响，只有 IF 置位，CPU 才能给予响应；而非屏蔽中断是不能用 IF 加以禁止的。另外从触发方式上两者也是有区别的：由引脚 INTR 输入的中断请求为可屏蔽中断，而由 NMI 引脚输入的是非屏蔽中断。可屏蔽中断和不可屏蔽中断在 8086/8088 微处理器中的执行方式如图 8-11 所示。

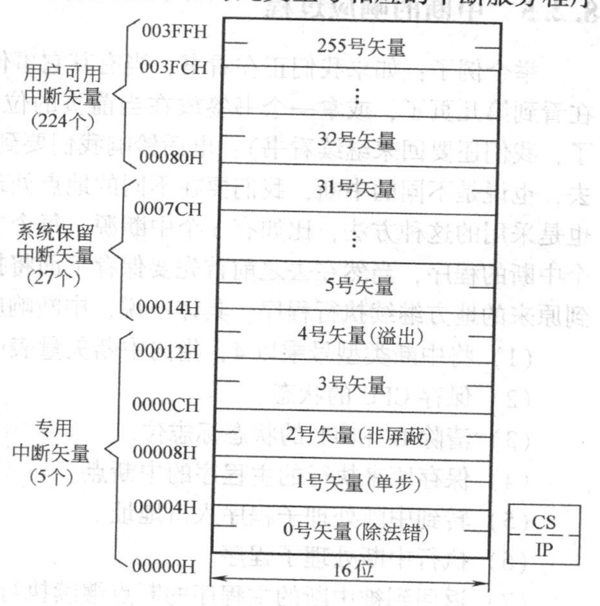

图 8-11　可屏蔽中断和不可屏蔽中断的执行方式

8.2.2　中断矢量表

中断矢量表是中断类型号与它相应的中断服务程序入口地址之间的转换表，也是中断类型号和与此类型号相应的中断服务程序之间的一个连接链。每个中断服务程序入口地址的 IP 和$\overline{CS}$成为中断指示字或中断矢量。中断矢量表占用 1K 的存储空间，中断矢量表如图 8-12 所示。从图中可以看出中断类型号乘以 4 就是中断矢量的地址。

中断矢量地址指针 = 4 × 中断类型号

中断类型号：对每种中断都指定一个中断类型号代码，范围在 0 ~ 255 之间，每一个中断类型号都可以与一个中断服务程序相对应。中断服务程序存放在存储区域内，而中断服务程序的入口地址存放在内存储器的中断矢量表内。

中断矢量的存放顺序是：中断服务程序入口的偏移地址（IP）存放于低地址字，

图 8-12　中断矢量表

而服务程序入口的基地址（$\overline{CS}$）存放于高地址字。

8.2.3 各中断级的优先级别

各中断级的优先级别如表 8-2 所示。

表 8-2 中断的优先级表

中断源	优先权级别
除法出错、INT *n*、INTO	高 ↓ 低
NMI	
INTR	
单步中断	

8.2.4 8086/8088 对中断源的采样

以下几条指令是在紧跟其后的一条指令被执行完才去采样的：

1. 对段寄存器的装入指令
2. STI 和 IRET 指令
3. WAIT 指令
4. HLT 指令

8.2.5 中断的响应过程

举个例子：如果我们正在看书，当有其它事件发生，中断看书之前，我们必须先记住现在看到第几页了，或拿一个书签放在当前页的位置，然后去处理相应的事情（因为处理完了，我们还要回来继续看书）：电话铃响我们要到放电话的地方去，门铃响我们要到门那边去，也说是不同的中断，我们要在不同的地点处理，而这个地点通常还是固定的。计算机中也是采用的这种方法，比如有 5 个中断源，每个中断产生后都到一个固定的地方去找处理这个中断的程序，当然在去之前首先要保存下面将执行的指令的地址，以便处理完中断后再回到原来的地方继续执行程序。具体地说，中断响应可以分为以下几个步骤：

（1）将中断类型号乘以 4，指向中断矢量表中的中断处理子程序的入口地址。

（2）保存 CPU 的状态。

（3）清除 IF 和 TF 的状态标志位。

（4）保存原来执行的主程序的中断点。

（5）转到中断处理子程序入口地址。

（6）执行中断处理子程序。

（7）返回到被中断的主程序的断点继续执行。

图 8-13 是中断处理过程示意图。

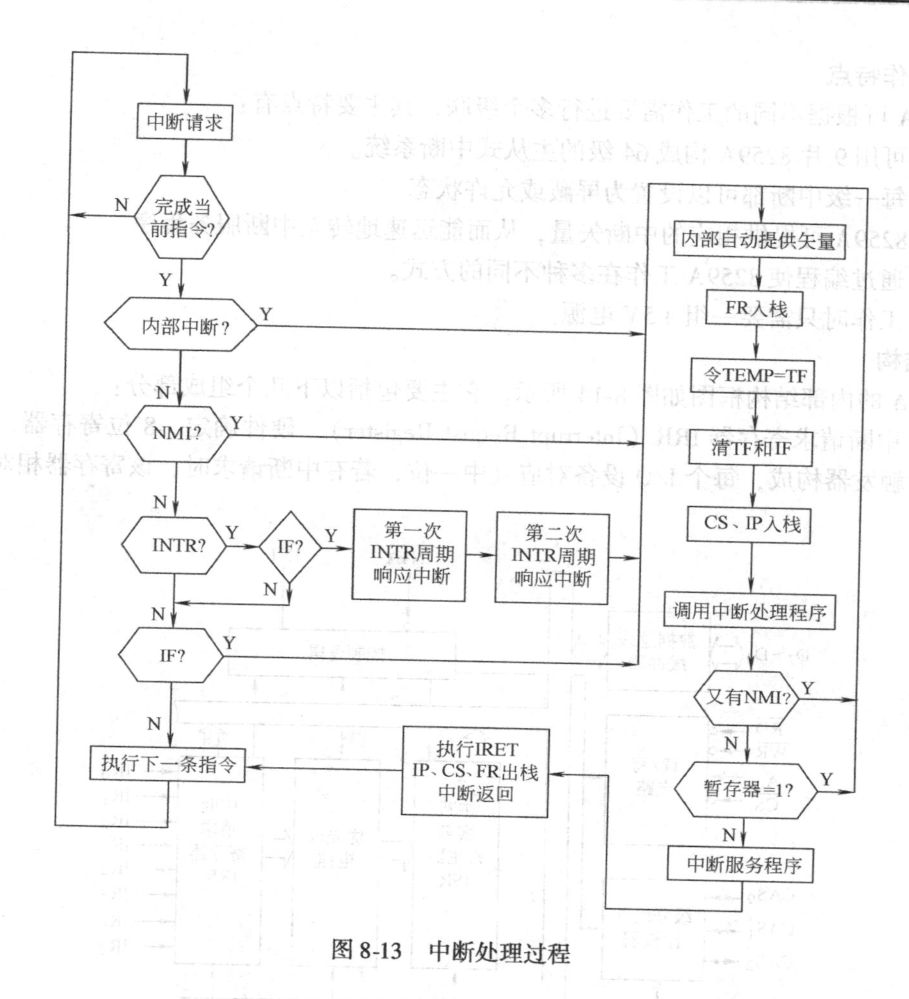

图 8-13 中断处理过程

8.3 可编程中断控制器 8259A

中断控制器 8259A 是一种可编程的中断优先权管理器件，“可编程”的含义是可以通过软件来设定它的工作状态和操作方式，以适应不同的应用环境的需要。中断控制器的功能就是在有多个中断源的系统中，接收外部的中断请求，并对这些中断请求进行优先级判断，再对当前优先级最高的中断请求进行响应。

8.3.1 8259A 的功能、结构及引脚

1. 主要功能

8259A 是与 8086 系列微处理器兼容的中断控制器，其主要功能有：

（1）具有 8 级优先权控制，通过多个 8259A 的级联可扩展到 64 级优先权管理。

（2）对任何一级可实现单屏蔽。

（3）对 CPU 提供可编程的标识码，对 8086/8088 微处理器提供中断类型号。

（4）具有多种优先权管理模式，且这些管理模式都能动态改变。

2. 工作特点

8259A 可根据不同的工作需要进行多个级联，其主要特点有：

（1）可用 9 片 8259A 构成 64 级的主从式中断系统。

（2）每一级中断都可以设置为屏蔽或允许状态。

（3）8259A 可提供相应的中断矢量，从而能迅速地转至中断服务程序。

（4）通过编程使 8259A 工作在多种不同的方式。

（5）工作时只需要一组 +5V 电源。

3. 结构

8259A 的内部结构框图如图 8-14 所示。它主要包括以下几个组成部分：

（1）中断请求寄存器 IRR（Interrupt Requst Register） 硬件确定，8 位寄存器，由 8 个中断请求触发器构成，每个 I/O 设备对应其中一位，若有中断请求时，该寄存器相对位应置 1。

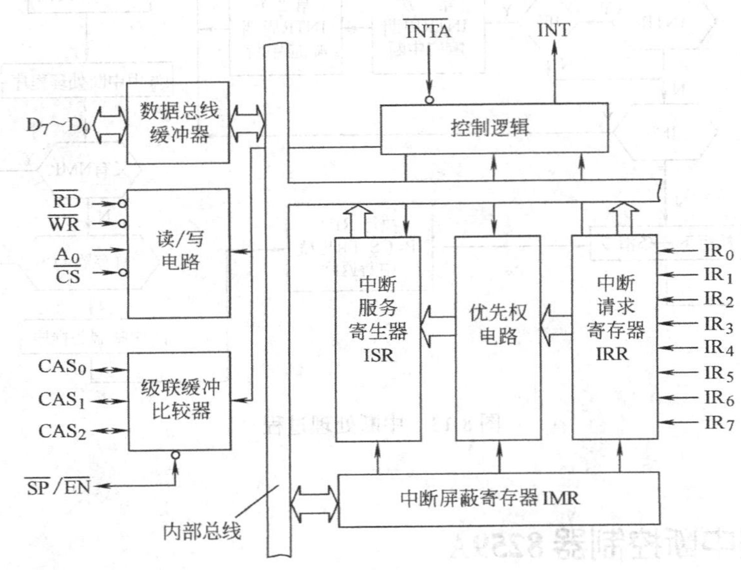

图 8-14　8259A 的内部结构框图

（2）优先权电路　逻辑电路，用于决定 CPU 应首先响应哪个 IRR 中为 1 的 I/O 设备提出的中断请求（即选出优先权最高的中断请求）；CPU 响应（$\overline{INTA}=0$）时，该电路将 IRR 中优先权最高的那 1 位的值放入 ISR 中相应位置；通常 $IR_0 \rightarrow IR_7$ 优先权递减。

（3）中断服务寄存器 ISR（Interrupt Server Register） 硬件确定，8 位寄存器，每位对应一个 I/O 设备，用于记录正在为 CPU 服务的外设。

（4）中断屏蔽寄存器 IMR（Interrupt Mask Register） 各位状态可以通过软件编程来设置，8 位寄存器，每位对应一个 I/O 设备，用于屏蔽 I/O 设备的中断请求信号；某位为 1 时，与之对应的 I/O 设备的中断请求被屏蔽。

（5）数据总线缓冲器　8 位三态双向，连接系统数据总线，传送控制字、状态等信息。

（6）读写电路　接收 CPU 发来的各种命令，包括初始化命令字 ICW 和操作命令字 OCW。

（7）控制逻辑　产生向 CPU 发出的中断请求信号 INT，并接收 CPU 发送的中断响应信号$\overline{INTA}$。

（8）级联缓冲比较器　用于多片 8259A 之间的级联，协调主从中断控制器的工作。

8259A 的以上各组成部分的功能如表 8-3 所示。

表 8-3　8259A 各组成部分的功能

名　称	作用及说明
中断请求寄存器	用来存放从外部设备来的中断请求信号
中断屏蔽寄存器	用来存放 CPU 送来的屏蔽信号
中断服务寄存器	用来记忆正在处理中的中断级
优先权电路	用于管理和识别各中断源的优先权级别
控制逻辑	根据 PR 的请求向 CPU 发出 INT 信号，该信号被送到 8086/8088CPU 的 INTR 引脚，同时接受 CPU 的响应信号$\overline{INTA}$，并完成相应的处理
（以上五个部分是 8259A 的核心，它实现中断优先权管理，并将 IR0 ~ IR7 中断源的请求形成 向 CPU 的中断请求信号 INT。）	
数据总线缓冲器	用来实现 CPU 和 8259A 间的信息交换
读/写电路	用来实现 CPU 和 8259A 间的信息交换
级联缓冲/比较器	主要是为实现多个 8259A 级联应用而设计的，它用来存放和比较系统中各个相互级联的 8259A 的 3 位识别码

4. 8259A 引线

8259A 是具有 28 个引脚的双列直插式芯片，其引脚如图 8-15 所示：

$D_7 \sim D_0$：双向三态数据线，它可直接与数据总线连接，用来传送命令字和中断矢量。

$IR_0 \sim IR_7$：中断请求输入线，其中 IR_0 的优先级别最高，IR_7 的优先级别最低，可外接 8 个 I/O 中断源。

$\overline{INTA}$：中断响应输入线，与 CPU 的$\overline{INTA}$相连接，通常由两个负脉冲组成。

$\overline{CS}$：片选信号线，连接地址译码器的输出。

$\overline{WR}$：写控制信号线，低电平有效时，CPU 向 8259A 写入控制信号。

$\overline{RD}$：读控制信号线，低电平有效时，可将 8259A 的内部寄存器的信息读至数据总线。

A_0：寄存器选择线，用于选择 8259A 内部不同寄存器，与 CPU 地址总线其中的 1 条连接，常接 A_0。

$CAS_0 \sim CAS_2$：级联信号线，与$\overline{SP}/\overline{EN}$配合实现级联。当 8259A 为主片时，这三条线为输出线；当 8259A 为从片时，这 3 条线为输入线。

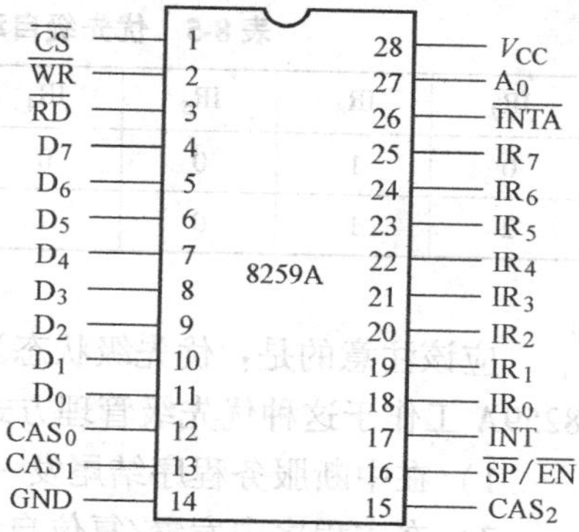

图 8-15　8259A 的引脚图

$\overline{SP}/\overline{EN}$：双功能的程序/缓冲器允许信号线，当 8259A 工作于缓冲方式时，它被作为控制缓冲器传送方式的输出信号；当 8259A 工作于非缓冲方式时，它用于规定 8259A 是主片还是从片；如果没有级联，则该线接高电平。

8.3.2 8259A 的工作方式

1. 8259A 中断嵌套

8259A 中断优先级管理模式有以下几种方式：

（1）全嵌套方式 这是优先权管理中最基本的一种方式，是默认方式。如果在初始化8259A 时未规定其它方式，则 8259A 自动进入这种方式。在此方式下，中断请求按优先级 0～7 处理，IR_0 的优先级最高，并向 IR_7 依次递减。优先级高于当前处理级的中断请求可实现嵌套。

（2）特殊全嵌套方式 优先级高于或等于当前处理级的中断请求可实现嵌套，一般用在 8259A 级联的系统中。对主片编程使其工作于特殊全嵌套方式，从片仍处于其它优先级方式。每块从片的中断请求输出端与主片的中断请求输入端相连。

2. 循环优先方式

（1）优先级自动循环 这种方式用于系统中多个中断源优先级相等的情况，优先级队列是变化的；一个设备收到中断服务以后，其优先级自动降为最低，其它的中断源的优先级也随之改变；8259A 操作命令字 OCW_2 决定此方式；开始时最高优先级为 IR_0。

下面给出一个例子，发生中断请求前的寄存器状态和中断优先级如表 8-4 所示。

表 8-4 优先级自动循环方式下中断响应前的寄存器状态和中断优先级

IR_7	IR_6	IR_5	IR_4	IR_3	IR_2	IR_1	IR_0	
0	1	0	1	0	0	0	0	正在服务的状态
7	6	5	4	3	2	1	0	优先级别

这表示 CPU 正在处理二重中断，IR_6 的中断服务程序被暂时挂起，当前正在处理 IR_4 的服务程序。当 IR_4 的服务程序结束以后，IR_4 的优先级降为最低，其它的中断源的优先级也相应作循环改变。中断请求被响应后，优先级的循环改变情况如表 8-5 所示。

表 8-5 优先级自动循环方式下中断响应后优先级的循环改变情况

IR_7	IR_6	IR_5	IR_4	IR_3	IR_2	IR_1	IR_0	
0	1	0	0	0	0	0	0	正在服务的状态
2	1	0	7	6	5	4	3	优先级别

应该注意的是：优先级状态为 0 表示优先级最高，状态 7 表示最低。有两种方法可以使8259A 工作于这种优先级管理方式：

1）在中断服务程序结尾发一条普通 EOI 循环命令。

2）在主程序中发置/复位自动 EOI 循环命令。

（2）特殊循环方式 这种方式允许在程序中改变中断源的优先级别，它通过指定某个中断级为优先权最低，同时随之改变其它中断源的方法来实现。优先级特殊循环方式由操作命令字 OCW_2 决定；开始时最高优先级由编程决定。若在 IR_2 的服务程序执行过程中，执行一个调试 IR_4 为最低的命令，则中断优先级作相应改变。即 IR_4 的优先级最低，IR_5 的优先级最高。

下面给出一个例子，发生中断请求前的寄存器状态和中断优先级如表8-6所示。

表8-6 特殊循环方式下中断响应前寄存器状态和中断优先级

IR_7	IR_6	IR_5	IR_4	IR_3	IR_2	IR_1	IR_0	
1	0	0	0	0	1	0	0	正在服务的状态
7	6	5	4	3	2	1	0	优先级别

中断请求被响应后，优先级的循环改变情况如表8-7所示。

表8-7 特殊循环方式下中断响应后优先级的循环改变情况

IR_7	IR_6	IR_5	IR_4	IR_3	IR_2	IR_1	IR_0	
1	0	0	0	0	1	0	0	正在服务的状态
2	1	0	7	6	5	4	3	优先级别

有两种方法可以使8259A工作于这种优先级管理方式：

1）在程序任何地方执行一条置位优先权命令；

2）在程序结束时执行一条特殊EOI循环命令。

3. 中断屏蔽方式

8259A的8条中断请求线的任何一条都可以根据自己的需要单独进行屏蔽，这种屏蔽要求可通过写入命令字OCW_1来实现。根据其屏蔽形式可分为两种：

（1）普通屏蔽方式　在这种方式中，8259A的每个中断请求输入端都可以通过对应屏蔽位的设置被屏蔽，从而使这个中断请求不能从8259A送到CPU。8259A内部有一个屏蔽寄存器，它的每一位对应了一个中断请求输入端，程序设计时，可以通过设置操作命令字OCW_1将IMR寄存器某一位或几位置1。当某一位为1时，对应的某一级中断就受到屏蔽，即可将相应的中断请求屏蔽掉。

当然，对中断的屏蔽总是暂时的，在一段时间间隔以后，根据实际的需要程序又会撤销对某些中断的屏蔽，而这种操作通过对OCW_1的重新设置即可实现。例如，在计算机网络通信中，接收中断的优先级相对比较高。如果一个计算机站点进行信息发送时，通常要对接收中断进行屏蔽，从而避免信息的发送过程被其它站点的发送操作干扰。一旦本站信息发送完毕，就会立即响应其它的中断请求。而这些都可以通过操作命令字OCW_1将IMR寄存器某一位或几位置1或置0来实现。

（2）特殊屏蔽方式　这种方式允许在中断服务程序过程中动态地改变系统的中断优先权结构。具体方法是通过在中断服务程序中向8259A发出适当的操作命令字来实现。这是因为在有些场合中，可能需要某个中断服务程序动态地改变系统的优先级，在中断程序执行过程中，有时需要开放比本身优先级更高的中断请求，但有时又可能需要禁止某些比本身优先级更高的中断请求。实现这种操作的具体方法为：用OCW_3设置（即$D_6D_5=11$）后，由OCW_1写入的屏蔽中，相应为“1"位的中断被屏蔽，而相应为“0”位的中断则不管其优先级别如何，在任何情况下都可以无条件的申请中断。

通过前面的学习我们知道，普通屏蔽方式会带来另一个实际的问题。因为每当某个中断请求被屏蔽时，就会使当前中断服务器的对应位置1，而如果中断处理程序又没有发出中断结束命令 EQI，通常情况下，这时 8259A 就会禁止所有比它优先级更低的中断请求。因此，在当前中断处理结束之前，较低级的中断请求就无法得到系统的响应。

为了更好的解决以上问题，就引进了特殊屏蔽方式。当系统设置处于特殊屏蔽方式时，如果再用 OCW_1 对屏蔽寄存器的某一位置位，就会同时使当前中断服务寄存器中的对应位自动清 0，从而同时实现两个操作，一是屏蔽了当前正在处理的中断；二是又开放了其它的优先级相对较低的中断。

所以，特殊屏蔽方式总是在中断处理程序中使用。当系统工作于特殊屏蔽方式时，即使当前正在处理某个较高级的中断，但是在 8259A 的屏蔽寄存器中，对应此中断的相应位被设置为 1，并且当前中断服务器中的对应位被清 0，在这时，系统可以响应任何中断请求，包括较低级的中断请求。

以下是一个关于特殊屏蔽方式的应用举例：（设 8259A 的偶地址端口为 80H，奇地址端口为 81H，并假设系统正在为 IR_4 进行中断服务。）

```
…
CLI                     ；先关中断
MOV     AL，68H         ；设置特殊屏蔽方式
OUT     80H，AL         ；设置特殊屏蔽方式
IN      AL，81H         ；读取系统原来的屏蔽字
OR      AL，10H         ；IR4 对应的屏蔽位置 1
OUT     81H，AL         ；将新的屏蔽字送到 8259A
STI                     ；开中断
…                       ；继续对 IR4 进行中断处理
…                       ；若有中断请求，CPU 给予响应，并进行相应的处理后返
                          回
…                       ；继续对 IR4 进行中断处理
CLI                     ；关中断，以便设置命令
IN      AL，81H         ；读取屏蔽字
AND     AL，0EFH        ；清除 IR4 对应的屏蔽
OUT     81H，AL         ；恢复系统原来的屏蔽字
MOV     AL，48H         ；撤销特殊屏蔽方式
OUT     80H，AL         ；撤销特殊屏蔽方式
STI                     ；开中断
…                       ；继续对 IR4 进行中断处理
MOV     AL，20H         ；中断结束
OUT     80H，AL         ；中断结束
IRET                    ；返回主程序
```

4. 结束中断处理的方式

中断处理结束时，必须使 IS_i 位清零，此动作标志着中断结束处理结束。

(1) 自动结束　用于系统中只有一片 8259A，且多个中断不会嵌套；

(2) 非自动结束 一般的中断结束——用于全嵌套方式；

（3）特殊的中断结束　用于非全嵌套方式。

5. 连接系统总线的方式

（1）缓冲方式　在多片级联的大系统中，8259A 通过总线驱动器和数据总线相连；必须在初始化编程时规定该片 8259A 是主片还是从片；$\overline{SP}/\overline{EN}$端输出低电平可作总线驱动器的启动信号。

（2）非缓冲方式　只有单片 8259A 时，将它直接与数据总线相连；$\overline{SP}/\overline{EN}$端作为输入端，系统中只有单片 8259A 时，该端必须接高电平；系统中有多片 8259A 时，主片该端必须接高电平，从片该端必须接低电平。

6. 接收中断请求的方式

（1）边沿触发　上升沿有效，由初始化命令字 ICW_1 设置；

（2）电平触发　高电平有效，由初始化命令字 ICW_1 设置；

（3）中断查询方式

- 中断请求信号可设为边沿触发或电平触发，由初始化命令字 ICW_1 设置；
- CPU 内部的中断允许触发器复位，禁止 CPU 响应外部中断；
- CPU 用软件查询方式确认中断源，以实现对外部设备的中断服务。

中断查询方式既有中断的特点，又有查询的特点。对外设来讲是靠中断方式请求服务，并且可用边沿触发或电平触发；对 CPU 来讲，是靠查询方式确定是否有外部设备要求服务，同时靠查询方式确定要为哪个设备服务。

7. 中断响应的条件

CPU 响应中断的条件有：

1）设置中断请求触发器，发出中断请求信号；

2）设置中断屏蔽触发器，当此触发器为“1”时，被允许的外部设备的中断请求才能被送出至 CPU；

3）CPU 处于开中断状态；

4）CPU 在一条现行指令结束之后才能响应中断。

8. 中断响应过程

1）当 8259A 的一条或多条中断请求线（$IR_7 \sim IR_0$）变为高电平时，它就使中断请求锁存器 IRR 的相应位置 1；

2）8259A 分析这些请求，然后向 CPU 发出高电平有效信号 INT，请求中断服务；

3）当前一条指令执行完毕，且 IF = 1 时，CPU 响应中断请求，进入中断响应总线周期；

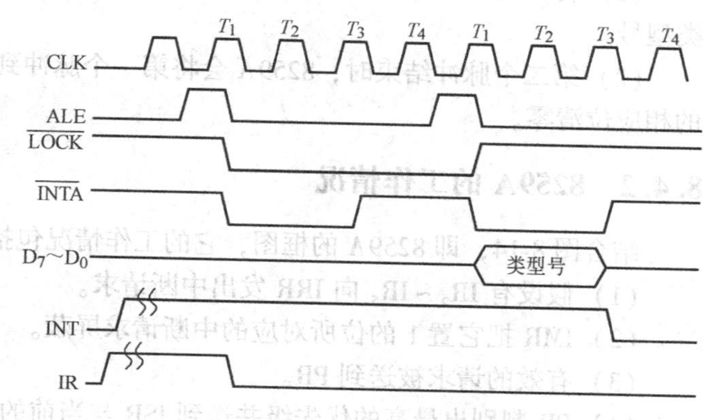

图 8-16　中断响应总线周期时序图

4）8259A 接到来自 CPU 的第一个脉冲，把允许中断的最高优先级请求位置入服务寄存器 ISR 中，并把 IRR 中对应的位清零；

5）CPU 在第二个总线周期再次发出一个脉冲，8259A 接到第二个脉冲，送出中断类型号，CPU 读取该类型号。第二个中断响应周期后，总线封锁撤销。

8259A 的工作周期特点如图 8-16 所示。

8.4 8259A 的工作过程

首先，当系统上电以后，应对 8259A 进行初始化。初始化是由 CPU 执行一段初始化程序实现的，初始化程序向 8259A 写入若干初始化命令，以规定 8259A 的工作状态。当完成初始化后，8259A 处于就绪状态。这时 8259A 按完全嵌套方式工作（即 IR_0 优先级最高，并依次递减），当出现某一级别的请求时，IRR 相应位置位，如果该中断级未被屏蔽，就由 PR 通过控制逻辑向 CPU 发出请求信号（INT 变为高电平）。

如果此时 CPU 中的 IF = 1，则在 CPU 完成当前指令后进入中断相应过程。CPU 首先将执行两个 $\overline{INTA}$ 总线周期，在每个 $\overline{INTA}$ 总线周期内，都有一个 $\overline{INTA}$ 信号送到 8259A。8259A 识别出第一个 $\overline{INTA}$ 负脉冲后即封锁 IRR 寄存器，并将此状态保持至第二个脉冲结束为止。当 8259A 识别出第二个 $\overline{INTA}$ 负脉冲时，8259A 将一个 8 位的指针放入数据总线，然后 CPU 从数据总线读入该指针。第二个 $\overline{INTA}$ 负脉冲结束时，8259A 使 INT 信号变为无效。如果要在 8259A 工作过程中改变它的操作方式，则必须在主程序或中断服务程序中向 8259A 发出操作命令字。

8.4.1 8259A 的工作原理

第一个负脉冲到达时，8259A 完成：

（1）使 IRR 的锁存功能失效。

（2）使当前中断服务寄存器 ISR 中的相应位置 1。

（3）使 IRR 寄存器中的相应位清零。

第二个负脉冲到达时，8259A 完成：

（1）将中断类型寄存器中的内容 ICW_2 送到数据总线的 $D_7 \sim D_0$ 上，CPU 将此作为中断类型号。

（2）第二个脉冲结束时，8259A 会将第一个脉冲到来时设置的当前中断服务寄存器 ISR 的相应位清零。

8.4.2 8259A 的工作情况

结合图 8-14，即 8259A 的框图，它的工作情况包括以下操作步骤：

（1）假设有 $IR_2 \sim IR_5$ 向 IRR 发出中断请求。

（2）IMR 把它置 1 的位所对应的中断请求屏蔽。

（3）有效的请求被送到 PR。

（4）PR 判别出最高的优先级并送到 ISR 与当前的中断级比较。

（5）得出中断级最高的中断请求返回 PR。

（6）PR 把请求送到控制电路。

（7）控制电路形成 INT 信号送入 CPU。

（8）CPU 返回响应信号 $\overline{INTA}$。

(9) 控制电路把当前的中断级送到 ISR 保存。

其中读/写控制逻辑的功能及各引脚设置方法如表 8-8 所示。

表 8-8 8259A 读写操作及地址

$\overline{CS}$	$\overline{RD}$	$\overline{WR}$	A_0	功能	8259A 端口	PC/XT 机端口
0	0	1	0	读 IRR, ISR	偶地址	20H
0	0	1	1	读 IMR	奇地址	21H
0	1	0	0	写 ICW_1, OCW_2, OCW_3	偶地址	20H
0	1	0	1	写 ICW_2, ICW_3, ICW_4, OCW_1	奇地址	21H
0	1	1	×	无操作		
1	×	×	×	无操作		

8.5 8259A 的初始化编程

8259A 是可编程的中断控制器，通电后，必须根据 8259A 的具体应用环境对它进行初始化，初始化是以软件形式向 8259A 写入若干初始化命令字来实现的。在 8259A 的工作过程中还必须根据需要，在程序中向 8259A 写入操作命令字。值得注意的是：当 CPU 对 8259A 进行读/写操作时，8259A 被看作是一个 I/O 接口，系统必须给它分配确定的 I/O 端口地址。下面先介绍 8259A 初始化命令字和操作命令字，然后介绍它的编址和初始化流程。

8.5.1 8259A 的初始化命令字（$ICW_1 \sim ICW_4$）

初始化命令字通常是由系统开机时由初始化程序填写的，并且其状态在整个工作过程中保持不变。而 8259A 有两个端口地址，在 8 位机系统中，一个为奇地址，另一个为偶地址。通常，我们在讨论当中，会假设偶地址取 0 值，而奇地址取 1 值，即奇地址相对偶地址较高。以下是 8259A 初始化命令字的使用格式和规则。

1. ICW_1 命令字的格式和含义

ICW_1 是芯片控制初始化命令字，它的作用是向 8259A 指明 IR 输入的触发方式，以及是否单个应用。ICW_1 中各位的具体定义和接法如图 8-17 所示。

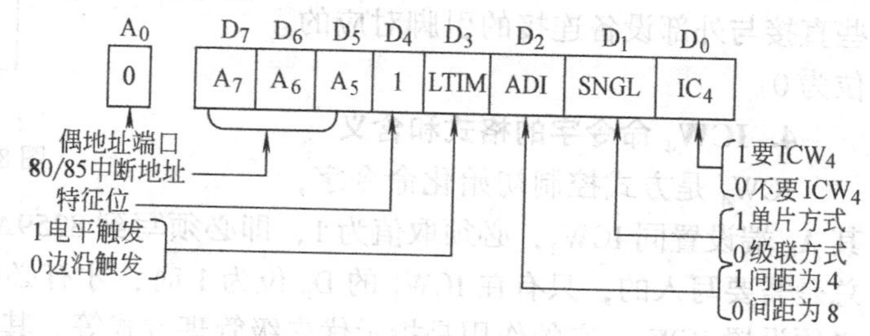

图 8-17 ICW_1 的命令格式

需要注意的是：A_0 表示引脚信号为奇地址还是偶地址。LTIM 表示触发方式，1 为电平触发，0 为边沿触发。SNGL 表示 8259A 是单个还是多个级联，1 表示单个，0 表示多个级联。IC_4 表示是否需要写入 ICW_4，1 表示需要，0 表示不要写入。D_4 是 ICW_1 的标志位，它总为 1。

2. ICW_2 命令字的格式和含义

ICW_2 是设置中断类型的初始化命令字，其 A_0 端必须取值为 1，即必须写到 8259A 的奇地址端口中。它的作用是规定中断类型号的高5位，中断类型号的高5位也就是 ICW_2 的高5位，它的高5位（T_7 ~ T_3）由用户规定，而低3位的值则取决于引入的中断的引脚序号，依中断源的级别由8259A自动写入。ICW_2 中各位的具体定义和接法如图8-18所示。

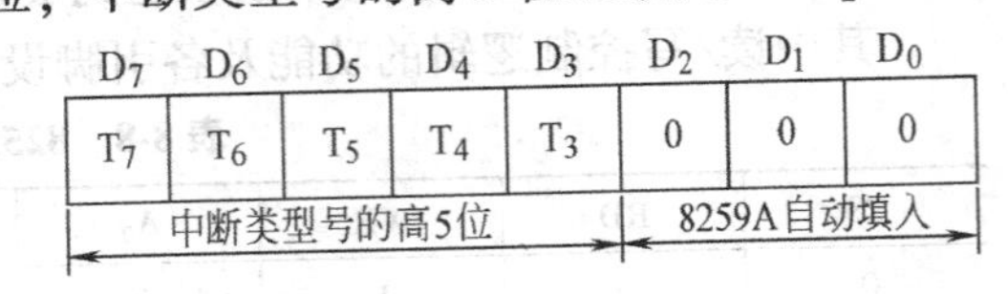

图8-18 ICW_2 的命令格式

3. ICW_3 命令字的格式和含义

ICW_3 是设置中断类型的初始化命令字，其 A_0 端设置同 ICW_2，必须取值为1，即必须写到8259A的奇地址端口中。它仅用于8259A的级联方式，系统中是否有多片8259A级联，是由 ICW_1 中的SNGL设定的，所以，只有当 ICW_1 中的SNGL=0时，才需要设置 ICW_3。而它的 S_7 ~ S_0 用于指示 IR_7 ~ IR_0 是否同从8259A相连接，若 S_i =1则表示 IR_i 接有从片8259A。ICW_3 中各位的基本定义和接法如图8-19所示。

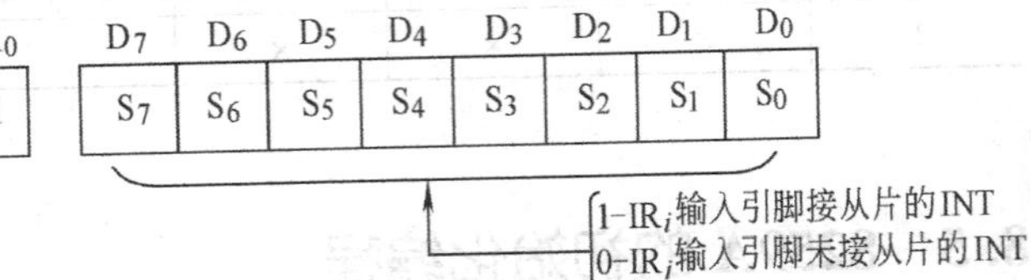

图8-19 ICW_3 的命令格式

需要注意的是：ICW_3 的具体格式跟本片是主片还是从片有关。如果本片是主片，则 D_7 ~ D_0 对应于 IR_7 ~ IR_0 引脚上的连接情况。如果某一个引脚跟从片连接，则对应位为1；如果未连从片，则对应位为0。

但是，对于一片8259A，既要作为主片在某些引脚上连接从片，同时又要在另外一些引脚上直接连接外部设备的中断请求信号端，能否实现呢？回答是肯定的，只是对 ICW_3 来说，在设置初始化命令字的时候，那些直接与外部设备连接的引脚对应的位为0。

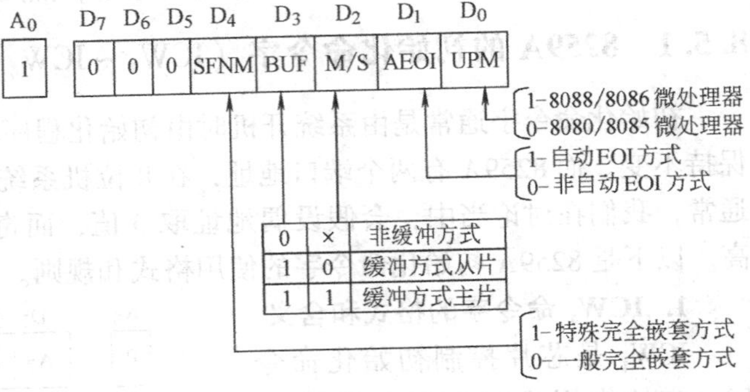

图8-20 ICW_4 的命令格式

4. ICW_4 命令字的格式和含义

ICW_4 是方式控制初始化命令字，其 A_0 端设置同 ICW_2，必须取值为1，即必须写到8259A的奇地址端口中。不过 ICW_4 并不总是需要写入的，只有在 ICW_1 的 D_0 位为1时，才有必要设置 ICW_4，但16位或32位系统必须设置 ICW_4。它的作用是指示优先级管理方式等。其中SFNM用于指示优先级管理方式，为1表示特殊完全嵌套方式；BUF用于指示采用的缓冲方式；M/S用于指示该8259A是主片还是从片；uPM用于指示微处理器的模式。ICW_4 中各位的基本定义和接法如图8-20所示。

小结：

1）初始化命令字 ICW_1 ~ ICW_4 的设置次序必须固定。

2）对于每片8259A，ICW_1 和 ICW_2 必须设置，根据 ICW_1 的内容决定后面的控制字；级联方式下，需设置 ICW_3；特殊全嵌套方式、缓冲方式、中断自动结束方式下，需设置 ICW_4。

3）级联方式，主/从片都需设置 ICW_3，但主/从片的 ICW_3 内容不同；主片 ICW_3 中各位

对应本片 $IR_0 \sim IR_7$ 引脚连接情况；从片 ICW_3 高5位为零，低3位为本片标识码。

8.5.2 8259A 的操作命令字（$OCW_1 \sim OCW_3$）

$OCW_1 \sim OCW_3$ 是8259A的3个操作命令字，它们在应用程序内部设置。设置的时候没有严格的次序要求，但对端口地址方面严格规定 OCW_1 必须写入奇地址端口，OCW_2、OCW_3 必须写入偶地址端口。

1. OCW_1 命令字的格式和含义

OCW_1 是中断屏蔽操作命令字，要求写入8259A的奇地址端口（即 $A_0=1$），它的作用是设置或清除对中断源的屏蔽。其中 $M_i=1$，则表示 IR_i 被屏蔽，若 $M_i=0$，则 IR_i 未被屏蔽。OCW_1 的具体格式如表8-9所示。

表 8-9 OCW_1 的具体格式

A_0	D_7	D_6	D_5	D_4	D_3	D_2	D_1	D_0
1	M_7	M_6	M_5	M_4	M_3	M_2	M_1	M_0

2. OCW_2 命令字的格式和含义

OCW_2 是控制中断结束方式及修改优先权管理模式操作字。其中R用于指示优先权是否循环，R=1表示循环方式；SL用于决定 L_2、L_1、L_0 是否有效，SL=1时表示有效；EOI用于指示 OCW_2 是否作为中断结束命令，EOI=1时表示中断结束命令。需要注意的是R，SL，EOI3位结合起来用于选择中断结束方式及循环方式，可有000~111共8种组合，这8种组合决定了以下3种工作方式：

1）R、SL、EOI取值001、011时表示中断结束方式。其中包含了不指定用EQI结束和指定用EQI结束2种方式。

2）R、SL、EOI取值101、100时表示自动轮换方式。前一种是不指定EQI的轮换命令，其特点是接受服务的最高优先级ISR位被复位并设置成最低优先级，后一种是优先级每遇到EQI就左移轮换一次。

3）R、SL、EOI取值000、111、110时表示特殊轮换方式。这3种方式分别为清除、特殊轮换和置优先权命令。取值000时轮换方式被复位，以后优先级不会发生改变；取值111时 OCW_2 成为指定EQI命令和设置优先权命令的集合；取值110则为设置优先权命令，可将ISR位置为最低优先级。

OCW_2 的基本格式如表8-10所示。

表 8-10 OCW_2 的基本格式

A_0	D_7	D_6	D_5	D_4	D_3	D_2	D_1	D_0
0	R	SL	EOI	0	0	L_2	L_1	L_0

3. OCW_3 命令字的格式和含义

OCW_3 是控制中断状态的读出、选择查询及屏蔽方式命令字。其中RR是读寄存器控制，RR=1时表示CPU执行IN指令，若为0，则不向8259A发读命令，RIS的状态无意义；ES-

MM 用于决定是否进行置位或复位特殊屏蔽方式，若为0，则为不置位或复位特殊屏蔽方式，此时 SMM 位无意义，若为1，则为置位特殊屏蔽方式命令（当 SMM =0）。

需要注意的是：对于查询方式 P 位，当 P =1 时，其作用是使 8259A 设置为查询工作方式。在查询方式下，CPU 不是依靠接收中断请求信号进入中断处理过程的，而是通过发送查询命令来实现，并利用读取查询字获得外部设备的中断请求信号；当 P =0 时，使 RR 位为1，便可以构成对 8259A 内部寄存器的读出命令，从而读取寄存器 IRR 和 ISR 的内容。中断请求寄存器 IRR 和当前中断服务寄存器 ISR 的读出过程、以及中断查询字的读出过程大致相同，即先用输出指令向 8259A 的偶地址端口发读出命令，再用输入指令从 8259A 的偶地址端口读取寄存器 IRR 或 ISR 的内容。对此，下面我们用两个简单的例子作进一步说明。

假设 RR =1，RIS =0，此时就实现了对中断请求寄存器 IRR 的读出命令，那么，下一条输入指令读出的就是 IRR 的内容。

假设 RR =1，RIS =1，此时就实现了对中断服务寄存器 ISR 的读出命令，那么，下一条输入指令读出的就是 ISR 的内容。

OCW_3 的基本格式如表 8-11 所示。

表 8-11　OCW_3 的基本格式

A_0	D_7	D_6	D_5	D_4	D_3	D_2	D_1	D_0
0	×	ESMM	SMM	0	1	P	RR	RIS

综合本节所讨论的内容，对于初始化命令字 ICW_1、ICW_2、ICW_3、ICW_4，以及操作命令字 OCW_1、OCW_2、OCW_3，有些是通过偶地址端口写入 8259A，而有些则是通过奇地址端口写入 8259A，那么 8259A 应该如何区分这些命令字呢？对此，我们可以分两种情况：

第一情况，是对于 OCW_2、OCW_3 和 ICW_1 的，它们都是通过偶地址端口写入 8259A 的。首先，OCW_2、OCW_3 要区分于 ICW_1，可以通过 D_4 来进行判别，若 D_4 =0，则为 OCW_2 或 OCW_3；若 D_4 =1，则为 ICW_1。另外，在实际操作当中，要区分 OCW_2 和 OCW_3，可以用 OCW_2 和 OCW_3 的 D_3 作为标识位来区分这两个操作命令字。若 D_3 =0，则为 OCW_2，8259A 在接收以后将字节送入 OCW_2 寄存器；若 D_3 =1，则为 OCW_3，8259A 在接收以后将字节送入 OCW_3 寄存器。

第二种情况，是对于 ICW_2、ICW_3、ICW_4 和 OCW_1 的，它们都是通过奇地址端口写入 8259A 的，它们之间是比较容易区分的。因为初始化命令字 ICW_2、ICW_3、ICW_4 总是紧接在 ICW_1 后面写入的，当 8259A 接收到 ICW_1 后，就能根据 ICW_1 的内容逐个识别出跟在其后的 ICW_2、ICW_3 和 ICW_4 的内容；而操作命令字 OCW_1 是不同的，它总是单独写入，不像 ICW_2、ICW_3 和 ICW_4 总是紧接在 ICW_1 的后面写入。

除此之外，初始化命令字 ICW_1、ICW_2、ICW_3 和 ICW_4 通常都是在系统启动时由初始化程序一次性写入，而操作命令字 OCW_1、OCW_2 和 OCW_3 可以由任何程序在任何时候多次写入，从这方面，8259A 也可以对这些初始化命令字和操作命令字进行区分。

8.5.3 8259A 的编址及初始化流程

1. 初始化编程

8259A 工作以前，必须确定它相应的工作方式、触发方式、中断管理方式和结束方式，而这正是初始化编程的目的。所谓初始化编程就是使用 OUT 指令，通过控制端口向 8259A 写入4个初始化命令字 ICW_1 ~ ICW_4，这4个命令字写入的顺序必须是 ICW_1、ICW_2、ICW_3、ICW_4，需要特别注意它们的写入顺序不能颠倒，其中 ICW_1、ICW_2 必须写入，而 ICW_3、ICW_4 是否需要写入则要视具体情况而定。

从本章 8.5.1 和 8.5.2 可知：写入 ICW_1、OCW_2、OCW_3 使用偶地址（对 8088，$A_0=0$；对 8086，$A_1=0$），写入 ICW_2、ICW_3、ICW_4 及 OCW_1 用奇地址（对 8088，$A_0=1$；对 8086，$A_1=1$），而读中断屏蔽寄存器 IMR 时，用奇地址；读中断请求寄存器 IRR 和中断服务寄存器 ISR 时用偶地址。

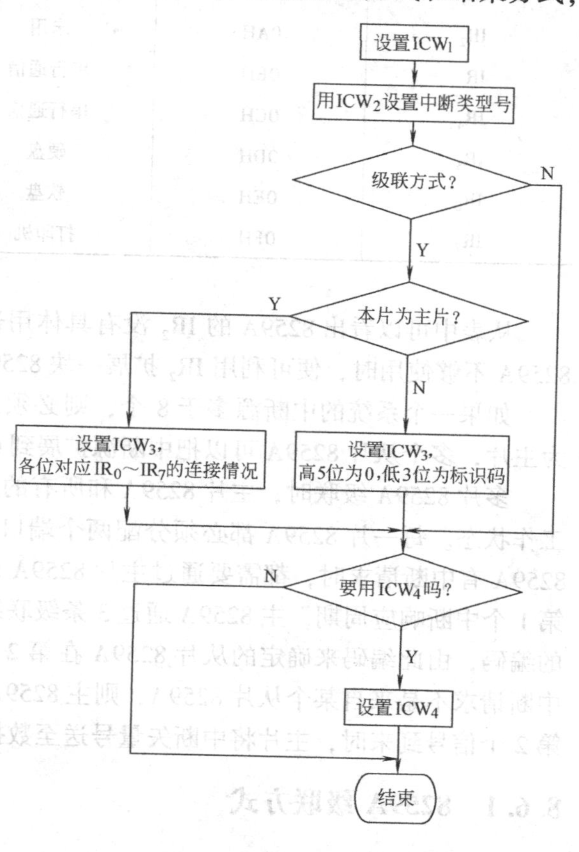

图 8-21 8259A 的初始化流程图

2. 初始化流程

任何操作命令字都必须在完成对 8259A 的初始化后才能写入 8259A。通过上面的讨论可知，8259A 初始化是要按一定的顺序的，图 8-21 就是 8259A 的初始化流程图。

下面是一个对 8259A 设置初始化命令字的例子。设 8259A 的两个端口地址为 80H 和 81H。因为是单片 8259A 工作，即初始化流程图 8-21 中没有级联，所以没有设置 ICW_3。

```
MOV   AL, 13H        ；设置 ICW1
OUT   80H, AL
MOV   AL, 18H        ；设置 ICW2
OUT   81H, AL
MOV   AL, 0DH        ；设置 ICW4
OUT   81H, AL
```

8.6 8259A 的级联

在 IBM PC 机中，一片 8259A 可接受 8 级外部中断，8 级中断源的类型号为 08H ~ 0FH，IBM PC 及外部中断源的规定如表 8-12 所示：

表 8-12　8 级中断源的类型号

中断级	类型号	中断源	BIOS 入口地址
IR_0	08H	日时钟	TIMER-INT（FFEA5H）
IR_1	09H	键盘	KB-INT（FE987H）
IR_2	0AH	未用	D_{11}（FF23H）
IR_3	0BH	串行通信	D_{11}（FFF23H）
IR_4	0CH	串行通信	D_{11}（FFF23H）
IR_5	0DH	硬盘	HD-INT（C8760H）
IR_6	0EH	软盘	DISK-INT（FEF57H）
IR_7	0FH	打印机	D_{11}（FFF23H）

从表中可以看出 8259A 的 IR_2 没有具体用途，所以当系统有比较多的中断级，仅单个 8259A 不够使用时，便可利用 IR_2 扩展一块 8259A。

如果一个系统的中断源多于 8 个，则必须采用多片 8259A 进行级联。其中一片 8259A 为主片，多个从片 8259A 可以把中断源扩展到 64 个。

多片 8259A 级联时，主片 8259A 和所有的从片 8259A 都必须分别初始化并设置必要的工作状态。每一片 8259A 都必须分配两个端口地址，即奇地址和偶地址。当任何一个从片 8259A 有中断请求时，都需要通过主片 8259A 向 CPU 发出中断申请。CPU 响应中断时，在第 1 个中断响应周期，主 8259A 通过 3 条级联线 $CAS_0 \sim CAS_2$ 输出被响应中断的从片 8259A 的编码，由此编码来确定的从片 8259A 在第 2 个中断响应周期输出它的中断矢量号。如果中断请求不是来自某个从片 8259A，则主 8259A 的 3 条级联线 $CAS_0 \sim CAS_2$ 上没有信号，在第 2 个信号到来时，主片将中断矢量号送至数据线上。

8.6.1　8259A 级联方式

1. 缓冲方式

8259A 通过总线驱动器和数据总线相连，这就是缓冲方式。缓冲方式通常应用在多片 8259A 级联的大型系统中。如果 8259A 工作在缓冲方式下，它会在输出状态字或中断类型号的同时，从 $\overline{SP}/\overline{EN}$ 端输出一个低电平，这个低电平正好可以用来启动总线驱动器。所以，在缓冲方式下，应该将 8259A 的 $\overline{SP}/\overline{EN}$ 端与总线驱动器的允许端进行连接。缓冲方式下的级联结构如图 8-22 所示。

2. 非缓冲方式

当系统中只有单片 8259A 时，一般将它直接与数据总线相连，这种方式为非缓冲方式。非缓冲方式有两种适用情况，一是当系统中只有单片 8259A 时，通常将它直接与数据总线相连，此时 8259A 的 $\overline{SP}/\overline{EN}$ 端必须接高电平；另一种情况是在一些小型的系统中，如果只有较少的几片 8259A 级联，也可以将 8259A 直接与数据总线相连，对应的主片的 $\overline{SP}/\overline{EN}$ 端必须接高电平，从片的 $\overline{SP}/\overline{EN}$ 端必须接低电平。非缓冲方式下的级联结构如图 8-23 所示。

对于缓冲方式和非缓冲方式的设置，我们可以通过初始化命令字 ICW_4 的 D_3 位来实现，当 ICW_4 的 $D_3=1$ 时，系统工作于缓冲方式；而当 $D_3=0$ 时，则系统工作于非缓冲方式。

8.6.2 8259A 级联方式接线图

1. 下面给出 8259A 在两种不同方式下级联形式，如图 8-22 和 8-23 所示。

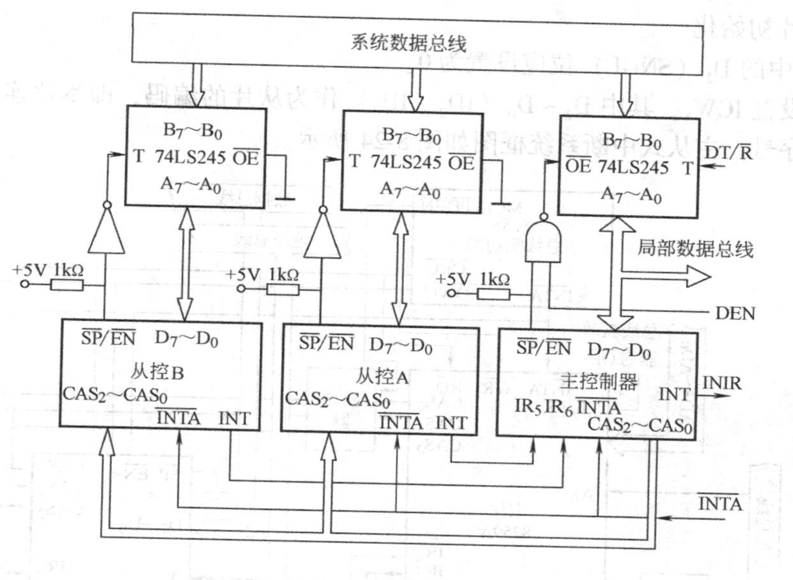

图 8-22 8259A 缓冲方式下级联结构

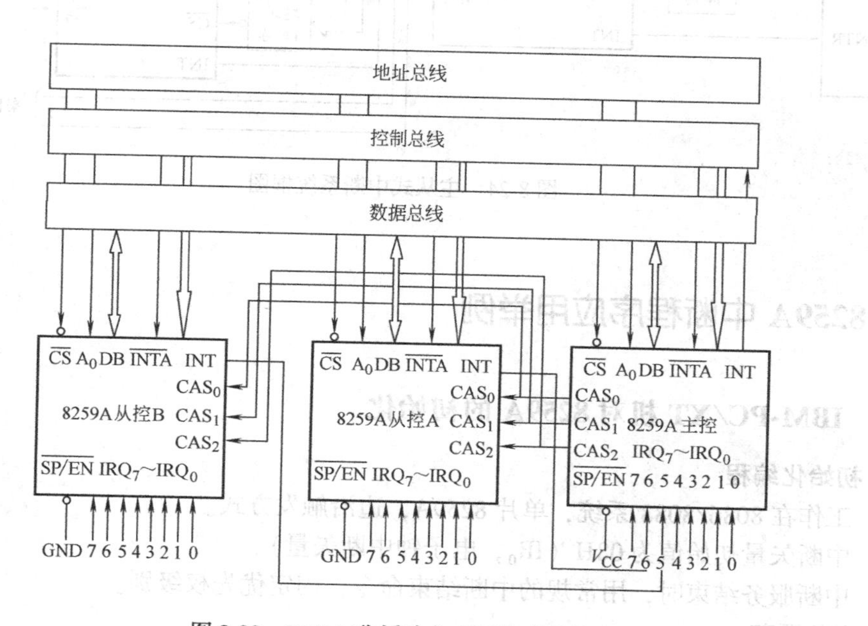

图 8-23 8259A 非缓冲方式下级联结构

2. 主从式中断系统

（1）主片初始化

● ICW_1 中的 D_1（SNGL）位应设置为 0，单片时此位为 1。

● 必须设置 ICW_3，若某个 IR 引脚上连有从片，则 ICW_3 的对应位设置为 1，若未连从片，则设置为 0。

● ICW_4 中的 D_4 位如果设置为 1，则将主片设置为特殊全嵌套工作方式。

（2）从片初始化

● ICW_1 中的 D_1（SNGL）位应设置为 0。

● 必须设置 ICW_3，其中 $D_2 \sim D_0$（$ID_2 \sim ID_0$）作为从片的编码，即本片连接主片的中断请求引脚的序号。主从式中断系统框图如图 8-24 所示。

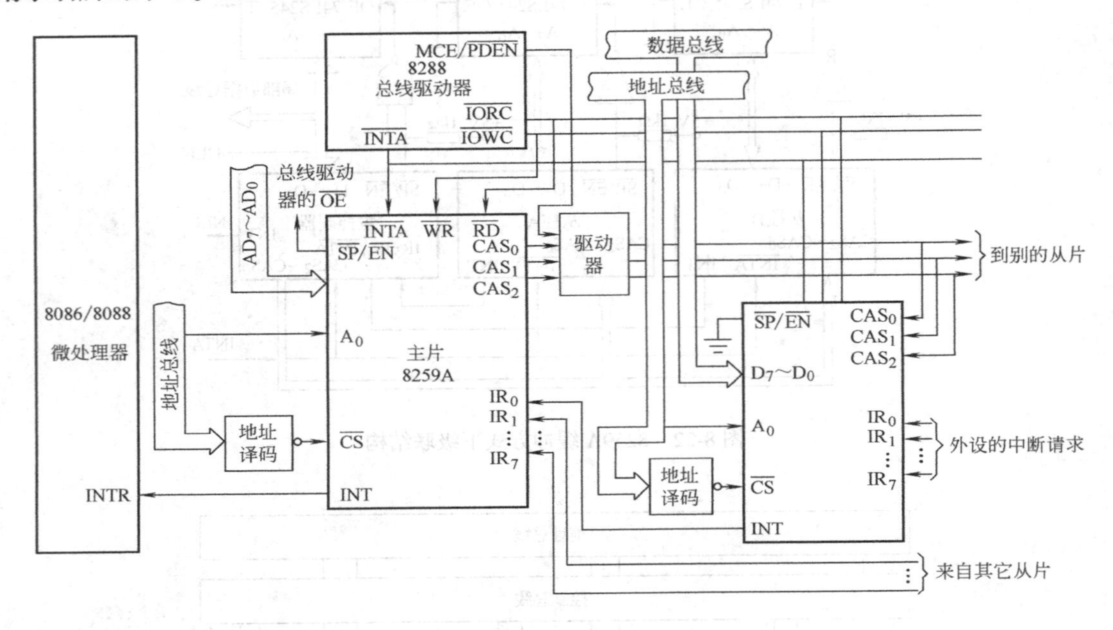

图 8-24　主从式中断系统框图

8.7　8259A 中断程序应用举例

8.7.1　IBM-PC/XT 机对 8259A 的初始化

1. 初始化编程

1）工作在 8086/8088 系统，单片 8259A，边沿触发方式。

2）中断矢量初始值为 08H（IR_0，电子钟中断矢量）。

3）中断服务结束时，用常规的中断结束命令，固定优先权级别。

2. 中断屏蔽

1）屏蔽所有中断。

2）屏蔽某中断源使其不发中断请求。

3）中断查询。

4）中断结束命令字。

8.7.2 IBM-PC/AT 机对 8259A 的初始化

1. 初始化 8259A 主片

```
MOV   AL, 11H         ; 设置ICW1，边沿触发，级联，有ICW4
OUT   20H, AL
JMP   SHORLS +2       ; I/O端口的延时要求
MOV   AL, 08H         ; 设置ICW2，中断类型号的初值为08H
OUT   21H, AL
MOV   AL, 04H         ; 04H=00000100B 设置OCW3 从片INT接主片IR2
OUT   21H, AL
JMP   SHORLS +2       ; I/O端口的延时要求
MOV   AL, 09H         ; 设置ICW4，8086系统，非自动EOI，非缓冲；特殊完全嵌套
OUT   21H, AL
```

2. 初始化 8259A 从片

```
MOV   AL, 11H         ; 设置ICW1，边沿触发，级联，有ICW4
OUT   0A0H, AL
JMP   SHORLS +2       ; I/O端口的延时要求
MOV   AL, 70H         ; 设置ICW2，中断类型号的初值为70H
OUT   0A1H, AL
MOV   AL, 02H         ; 设置OCW3 从片INT接主片IR2
OUT   0A1H, AL
JMP   SHORLS +2       ; I/O端口的延时要求
MOV   AL, 01H         ; 设置ICW4，8086系统，非自动EOI，非缓冲；一般完全嵌套
OUT   0A1H, AL
```

本章小结

本章详细介绍了有关中断、中断优先级、中断嵌套、中断屏蔽和中断矢量等基本概念，还介绍了8086中断系统的基本组成模块及其各自的工作原理。中断系统由中断所需的硬件电路和中断管理系统构成。整个中断系统可按其先后顺序分为：中断请求，中断判优，中断响应，中断处理，中断返回5个过程。

本章介绍了可编程中断控制器8259A的基本功能、内部结构、工作方式及初始化命令和操作命令的定义、使用方法，以及服务程序的基本编写方法。

7个命令字编程的区分方法：

1）时间顺序；命令字中的特殊标志位。

2）8259A编程必须从初始化开始，初始化第一步必须写入ICW_1。

3）继续进行时，必须连续按先后顺序写入ICW_2、ICW_3、ICW_4、OCW_1这4个命令字，因为他们都无特征标志位，且所占端口地址都是$A_0=1$。

4）以后凡对$A_0=1$的端口操作都认为是对OCW_1的操作。

5）OCW_2 和 OCW_3 与 ICW_1 一样共用端口地址 $A_0=0$。

ICW_1 的特征位是 $D_4D_3=1\times$

OCW_2 的特征位是 $D_4D_3=00$

OCW_3 的特征位是 $D_4D_3=01$

端口地址相同而特征位不同，写入时不受顺序限制。

习题与思考题

8-1　什么是中断？中断技术的作用是什么？

8-2　中断源有哪些类型？各种不同类型的中断源各有什么特点？

8-3　CPU 响应中断的条件是什么？中断处理过程一般包括哪些步骤？

8-4　中断系统由哪些部分组成？各部分的功能是什么？

8-5　中断入口地址表的功能是什么？已知中断类型号分别为 84H 和 0FAH，它们的中断入口在中断地址表的哪个位置？

8-6　CPU 如何确定中断源的类型？响应各中断请求的先后顺序是什么？

8-7　什么是非屏蔽中断和可屏蔽中断？

8-8　中断控制器 8259A 的内部结构和各引脚功能是什么？

8-9　8259A 的初始化命令字 ICW_1 为 10H，ICW_2 为 12H，其含义是什么？

8-10　8259A 中断优先级管理模式有哪几种？各有什么不同？

8-11　分析下面 8259A 程序段中各命令字是什么字：

```
…
CLI
MOV   AL, 2AH
OUT   41H, AL
MOV   AL, 2AH
OUT   42H, AL
MOV   AL, 2AH
OUT   42H, AL
MOV   AL, 2AH
OUT   42H, AL
…
```

8-12　在 8086 系统中，如果只有一片 8259A，试编写该片 8259A 的初始化程序。设 8259A 的地址为 02B0H 和 02B1H，具体工作方式为：

（1）中断请求采用电平触发。

（2）IRQ 请求的中断类型为 16。

（3）采用非缓冲方式。

第9章　可编程接口与应用

内容提要：本章主要介绍可编程接口芯片的基本概念及应用。主要有可编程接口芯片8255A、8253、8237、8251以及ADC0809、DAC0832的组成、功能和应用。

教学要求：掌握有关可编程接口芯片的基本概念、结构及编程应用。

一个简单的微机系统需要CPU、存储器、基本的输入/输出系统以及将它们连接在一起的各种信号线和接口电路。

外部设备通过接口电路和系统总线相连，接口电路的作用是把计算机输出的信息变成外设能够识别的信息，把外设输入的信息转化成计算机所能接受的信息。接口电路中一般具有以下电路单元：

1）输入/输出数据缓冲器和锁存器，实现数据的输入/输出；

2）控制命令和状态寄存器，存放对外设的控制命令及外设的状态信息；

3）地址译码器，用来选择接口电路中的不同端口；

4）读写控制逻辑；

5）中断控制逻辑。

可编程是指当前使用的接口芯片大部分为多通道、多功能接口。多通道指一个接口芯片可同时接多个外设；多功能是指一个接口芯片能实现多种功能，实现不同的电路工作状态。这些通道和电路的工作状态可以通过指令进行设定。

9.1　可编程并行输入/输出接口8255A

并行通信与接口

并行通信就是把一个字符的各位同时用几根线进行传输其特点是传输速度快，信息率高。但其电缆数目需要较多，随着传输距离的增加，电缆的开销会成为突出的问题。所以，并行通信适用于传输速率要求较高，而传输距离较短的场合。

Intel 8255A是一个通用的可编程并行接口芯片，它有3个并行I/O口，又可通过编程设置多种工作方式，价格低廉，使用方便，可以直接与Intel系列的芯片连接使用，在中小系统中有着广泛的应用。

9.1.1　结构

1. 外设接口部分（通道A，B，C）

通道A：8位数据输出锁存/缓冲器，是一个独立的8位I/O口，它的内部有对数据输入/输出的锁存功能。

通道B：8位数据输入/输出锁存/缓冲器，仅对输出数据有锁存功能。

通道C：8位数据输出锁存/缓冲器，8位数据输入缓冲器。它可以看作是一个独立的8

位 I/O 口；也可以看作是 2 个独立的 4 位 I/O 口。也是仅对输出数据进行锁存。

A，B，C 均可做数据通道；C 可分为 2 个 4 位的部分，分别与 A、B 配合使用，作为控制和状态信息通道。

2. 内部逻辑部分（A 组和 B 组控制电路）

这是两组根据 CPU 命令控制 8255A 工作方式的电路，这些控制电路内部设有控制寄存器，可以根据 CPU 送来的编程命令控制 8255A 的工作方式，也可以根据编程命令对 C 口的指定位进行置/复位的操作。

A 组：控制通道 A 和通道 C 的上半部（$PC_7 \sim PC_4$）。

B 组：控制通道 B 和通道 C 的下半部（$PC_3 \sim PC_0$）。

3. CPU 接口部分

（1）数据总线缓冲器　与 CPU 数据总线的接口，8 位的双向三态缓冲器。作为 8255A 与系统总线连接的界面，输入/输出的数据、CPU 的编程命令以及外设通过 8255A 传送的工作状态等信息，都是通过它来传输的。

（2）读/写控制逻辑　与 CPU 有 6 根控制线相连，读/写控制逻辑电路负责管理 8255A 的数据传输过程。它接收片选信号 $\overline{CS}$ 及系统读信号 $\overline{RD}$、写信号 $\overline{WR}$、复位信号 RESET，还有来自系统地址总线的端口地址选择信号 A_0 和 A_1。8255A 的内部结构如图 9-1 所示。

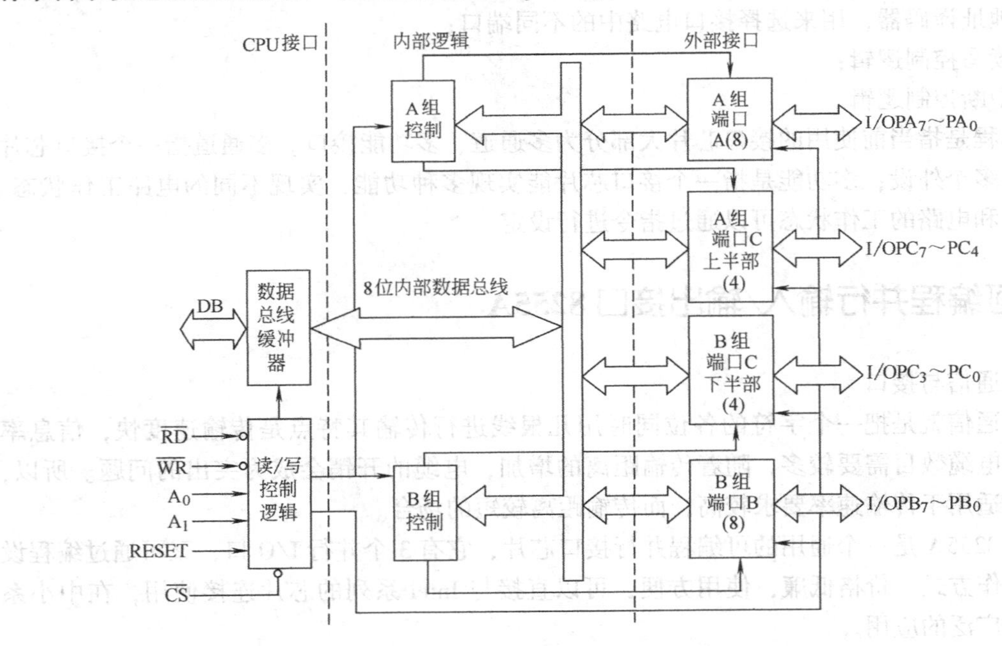

图 9-1　8255A 的内部结构

9.1.2　引脚

引脚信号可以分为两组：一组是面向 CPU 的信号，另一组是面向外设的信号，其引脚如图 9-2 所示。

1. 面向CPU的引脚信号及功能

● $D_0 \sim D_7$：8位，双向，三态数据线，用来与系统数据总线相连；

● RESET：复位信号，高电平有效，输入，用来清除8255A的内部寄存器，并置A口、B口、C口均为输入方式；

● $\overline{CS}$：片选信号，输入，用来决定芯片是否被选中；

● $\overline{RD}$：读信号，输入，控制8255A将数据或状态信息送给CPU；

● $\overline{WR}$：写信号，输入，控制CPU将数据或控制信息送到8255A；

● A_1，A_0：内部端口地址的选择，输入。这2个引脚上的信号组合决定对8255A内部的哪一个端口或寄存器进行操作。8255A内部共有4个端口：A口，B口，C口和控制口，$\overline{CS}$、$\overline{RD}$、$\overline{WR}$、A_1、A_0这几个信号的组合决定了8255A的所有具体操作，引脚的信号组合选中端口见表9-1。

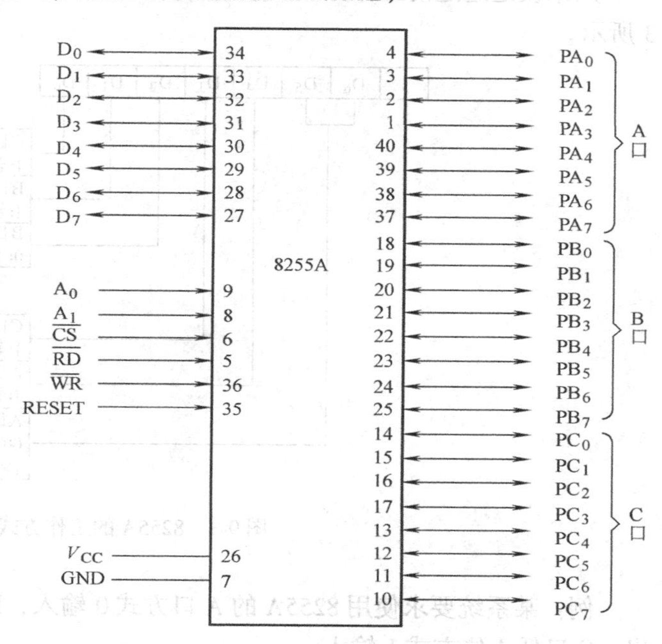

图9-2　8255A的引脚

2. 面向外设的引脚信号及功能

● $PA_0 \sim PA_7$：A组数据信号，用来连接外设；

● $PB_0 \sim PB_7$：B组数据信号，用来连接外设；

● $PC_0 \sim PC_7$：C组数据信号，用来连接外设或者作为控制信号。

表9-1　8255A的操作功能表

$\overline{CS}$	$\overline{RD}$	$\overline{WR}$	A_1	A_0	操　作	数据传送方式
0	0	1	0	0	读A口	A口数据→数据总线
0	0	1	0	1	读B口	B口数据→数据总线
0	0	1	1	0	读C口	C口数据→数据总线
0	1	0	0	0	写A口	数据总线数据→A口
0	1	0	0	1	写B口	数据总线数据→B口
0	1	0	1	0	写C口	数据总线数据→C口
0	1	0	1	1	写控制口	数据总线数据→控制口

9.1.3　8255A的编程控制字

控制字要写入8255A的控制口，写入控制字之后，8255A才能按指定的工作方式工作。8255A有两个控制字：工作方式控制字和C口按位置位/复位控制字，它们公用一个地址（控制端口地址）。

1. 工作方式控制字

用来设定通道的工作方式及数据的传送方向，8255A 的控制字格式与各位的功能如图 9-3 所示。

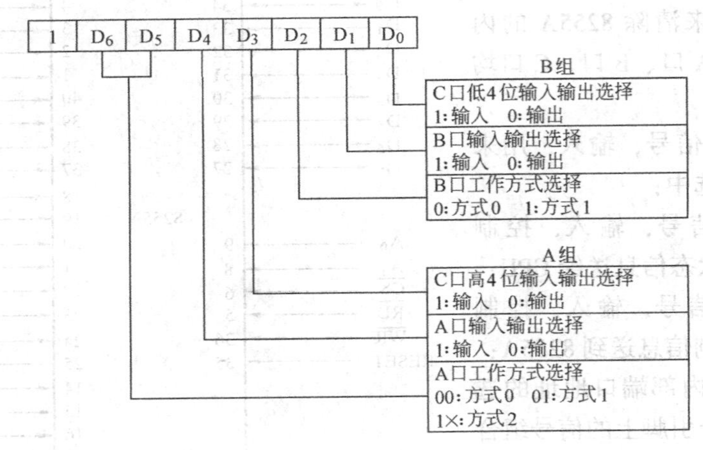

图 9-3 8255A 的工作方式控制字

例：某系统要求使用 8255A 的 A 口方式 0 输入，B 口方式 0 输出，C 口高 4 位方式 0 输出，C 口低 4 位方式 1 输入。

则控制字为：　　10010001　即 91H

初始化程序为：

```
MOV  AL,  91H
OUT  CTRL_PORT, AL
```

2. C 口按位置位/复位控制字

向控制寄存器写入控制字，而使它的每一位置位或复位。只有 C 口才有，它是通过向控制口写入按指定位置位/复位的控制字来实现的。C 口的这个功能可用于设置方式 1 的中断允许，可以设置外设的启/停等。该控制字的功能与各位功能如图 9-4 所示。

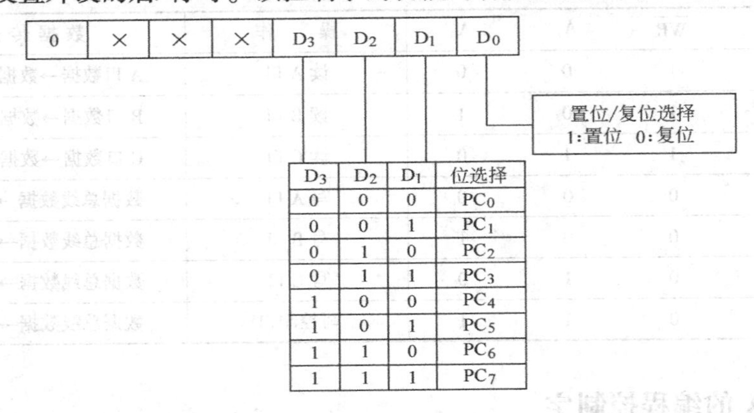

D_3	D_2	D_1	位选择
0	0	0	PC_0
0	0	1	PC_1
0	1	0	PC_2
0	1	1	PC_3
1	0	0	PC_4
1	0	1	PC_5
1	1	0	PC_6
1	1	1	PC_7

图 9-4 8255A 的端口 C 置位/复位控制字

3. 两个控制字的差别

工作方式控制字放在程序的开始部分，按位置位/复位控制字可放在初始化程序以后的任何地方。

9.1.4 8255A 的工作方式选择

8255A 有 3 种工作方式，用户可以通过编程来设置。

方式 0——简单输入/输出——查询方式；A，B，C 三个端口均可工作在方式 0。

方式 1——选通输入/输出——中断方式；A，B，两个端口均可工作在方式 1。

方式 2——双向输入/输出——中断方式。只有 A 端口才能工作在方式 2。

工作方式的选择可通过向控制端口写入控制字来实现。在不同的工作方式下，8255A3 个输入/输出端口的排列示意图如图 9-5 所示。

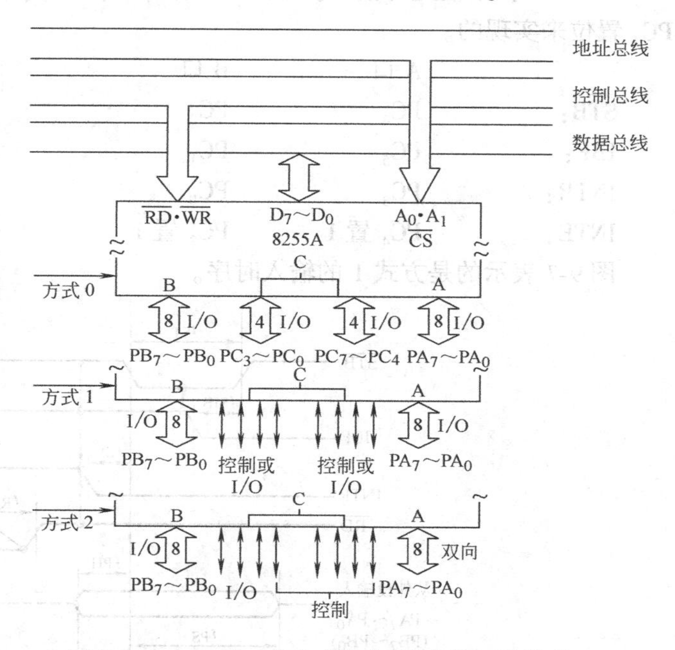

图 9-5 8255A 的工作方式输入/输出端口的排列

1. 方式 0

基本输入/输出方式，没有规定固定的应答联络信号，可用 A，B，C3 个口的任一位充当查询信号。其余 I/O 口都可作为独立的端口设置为输入口或输出口。端口 A、端口 B 和端口 C 的高 4 位与低 4 位共 4 个端口的输入/输出可以有 16 种组合。

方式 0 的应用场合有：①同步传送；②查询传送。采用查询方式时，可用端口 C 作为与外设的联络信号。

2. 方式 1

方式 1 是一种选通 I/O 方式，A 口和 B 口仍作为 2 个独立的 8 位 I/O 数据通道，可单独连接外设，通过编程分别设置它们为输入或输出。而 C 口则要有 6 位（分成两个 3 位）分别作为 A 口和 B 口的应答联络线，其余 2 位仍可工作在方式 0，可通过编程设置为基本输入或输出。

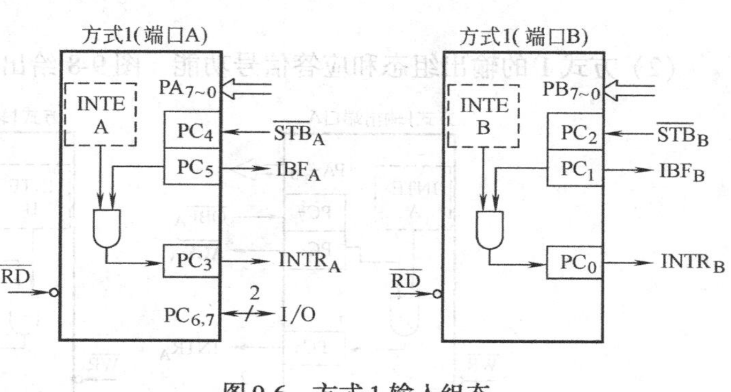

图 9-6 方式 1 输入组态

（1）方式 1 的输入组态和应答信号的功能 图 9-6 给出了 8255A 的 A 口和 B 口方式 1 的输入组态。

C 口的 $PC_3 \sim PC_5$ 用作 A 口的应答联络线，$PC_0 \sim PC_2$ 则作为 B 口的应答联络线，余下的 $PC_6 \sim PC_7$ 则可作为方式 0 使用。

应答联络线的功能如下：

● $\overline{STB}$：选通输入信号，低电平有效。用来将外设输入的数据送入8255A的输入缓冲器。

● IBF：输入缓冲器满信号，高电平有效。作为$\overline{STB}$的应答信号。

● INTR：中断请求信号，高电平有效。INTR置位的条件是IBF为高且INTE为高，可作为CPU的查询信号，或作为向CPU发送的中断请求信号。

● INTE：中断允许信号。对A口来讲，是由PC_4置位来实现的，对B口来讲，则是由PC_2置位来实现的。

	A口	B口
$\overline{STB}$：	PC_4	PC_2
IBF：	PC_5	PC_1
INTR：	PC_3	PC_0
INTE：	PC_4 置1	PC_2 置1

图9-7表示的是方式1的输入时序。

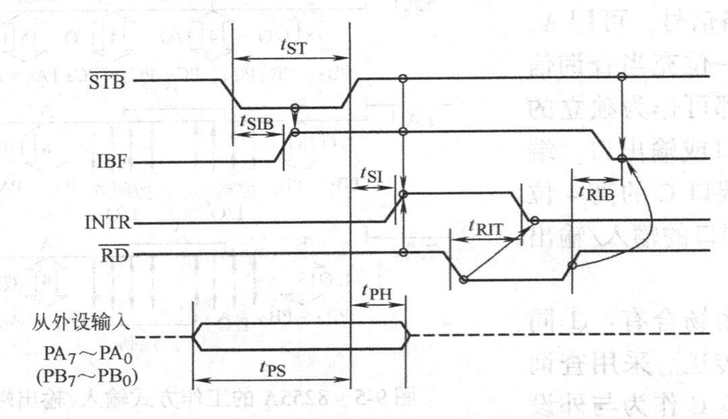

图9-7 方式1输入时序

（2）方式1的输出组态和应答信号功能 图9-8给出了方式1的输出组态。

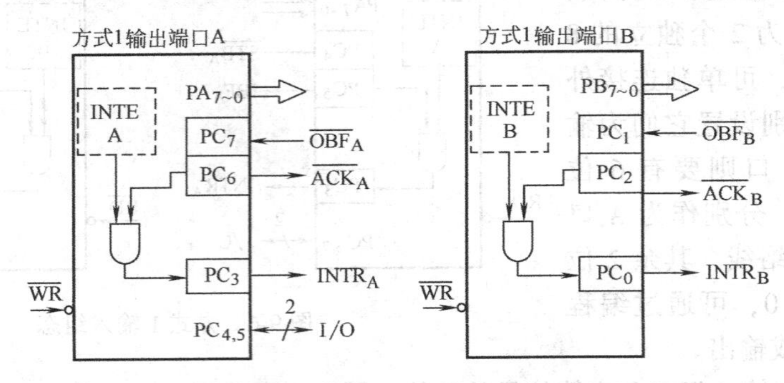

图9-8 方式1的输出组态

C口的PC_3、PC_6、PC_7用作A口的应答联络线，$PC_0 \sim PC_2$则作为B口的应答联络线，余

下的 $PC_4 \sim PC_5$ 则可作为方式 0 使用。

应答联络线的功能如下：

- $\overline{OBF}$：输出缓冲器满信号，低电平有效。当 CPU 已将要输出的数据送入 8255A 时有效，用来通知外设可以从 8255A 取数。
- $\overline{ACK}$：响应信号，低电平有效。作为对 $\overline{OBF}$ 的响应信号，表示外设已将数据从 8255A 的输出缓冲器中取走。
- INTR：中断请求信号，高电平有效。INTR 置位的条件是 $\overline{OBF}$ 为高且 INTE 为高。
- INTE：中断允许信号。对 A 口来讲，由 PC_6 的置位来实现，对 B 口仍是由 PC_2 的置位来实现。

	A 口	B 口
$\overline{OBF}$：	PC_6	PC_2
$\overline{ACK}$：	PC_7	PC_1
INTR：	PC_3	PC_0
INTE：	PC_6 置 1	PC_2 置 1

图 9-9 表示的是方式 1 的输出时序。

3. 方式 2

双向选通 I/O 方式，只有 A 口才有此方式。此时，端口 C 有 5 根线 $PC_7 \sim PC_3$ 用作 A 口的应答联络信号，其余 3 根线可用作方式 0，或作 B 口方式 1 的应答联络线。如图 9-10 所示。

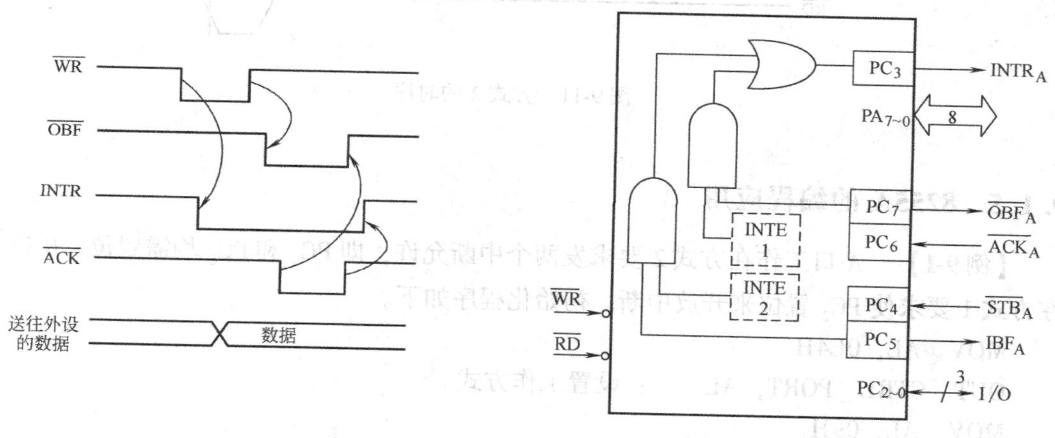

图 9-9　方式 1 的输出时序

图 9-10　方式 2 的控制信号

方式 2：就是方式 1 的输入与输出方式的组合，各应答信号的功能也相同。而 C 口余下的 $PC_0 \sim PC_2$ 可以充当 B 口方式 1 的应答线，若 B 口不用或工作于方式 0，则这 3 条线也可工作于方式 0。

（1）端口 A 方式 2、端口 B 方式 1 的组态　表 9-2 给出了端口 A 方式 2、端口 B 方式 1 时端口 C 的功能。

（2）方式 2 的应用场合　方式 2 是一种双向工作方式，表示一个并行外部设备既可以作为输入设备，又可以作为输出设备，并且输入输出动作不会同时进行。方式 2 的时序如图 9-11 所示。

表 9-2　端口 A 方式 2 和端口 B 方式 1 时端口 C 的功能

端口 C	端口 A 方式 2 和端口 B 方式 1		端口 C	端口 A 方式 2 和端口 B 方式 1	
	输　入	输　出		输　入	输　出
PC_7	$\overline{OBF_A}$		PC_3	$INTR_A$	
PC_6	$\overline{ACK_A}$		PC_2	$\overline{STB_B}$	$\overline{ACK_B}$
PC_5	IBF_A		PC_1	IBF_B	$\overline{OBF_B}$
PC_4	$\overline{STB_A}$		PC_0	$INTR_B$	

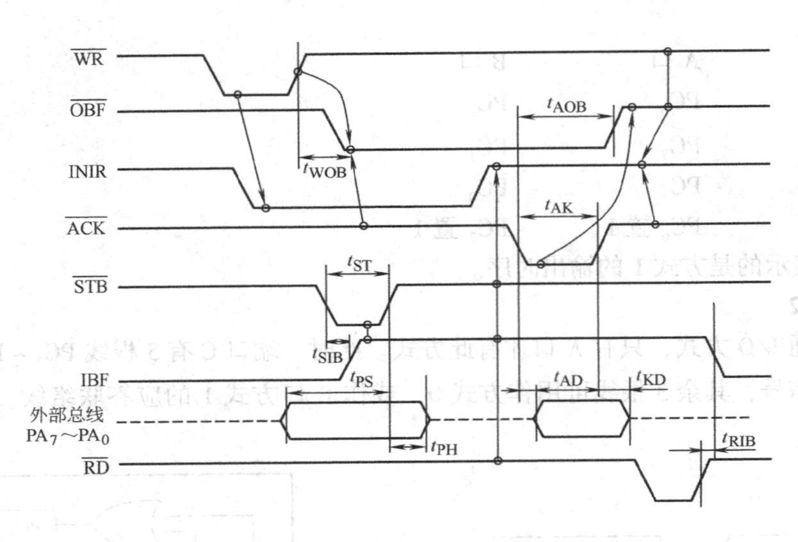

图 9-11　方式 2 的时序

9.1.5　8255A 的编程应用

【例 9-1】　A 口工作在方式 2 要求发两个中断允许，即 PC_4 和 PC_6 均需置位。B 口工作在方式 1 要求使 PC_2 置位来开放中断。初始化程序如下。

```
MOV   AL, 0C4H
OUT   CTRL_PORT, AL      ; 设置工作方式
MOV   AL, 09H
OUT   CTRL_PORT, AL      ; PC4 置位，A 口输入允许中断
MOV   AL, ODH
OUT   CTRL_PORT, AL      ; PC6 置位，A 口输出允许中断
MOV   AL, 05H
OUT   CTRL_PORT, AL      ; PC2 置位；B 口输出允许中断
```

【例 9-2】　扫描键盘，保存相应按键值，硬件接线及流程图如图 9-12 所示。设 8255A 的端口地址为 200H ~203H，接收 60 个按键值后结束。

检测键盘过程：PC_7 ~ PC_4 送全“0”，再读入 PC_3 ~ PC_0，如果全为“1”，表示无键按下。如果有键闭合，则进行键扫描。

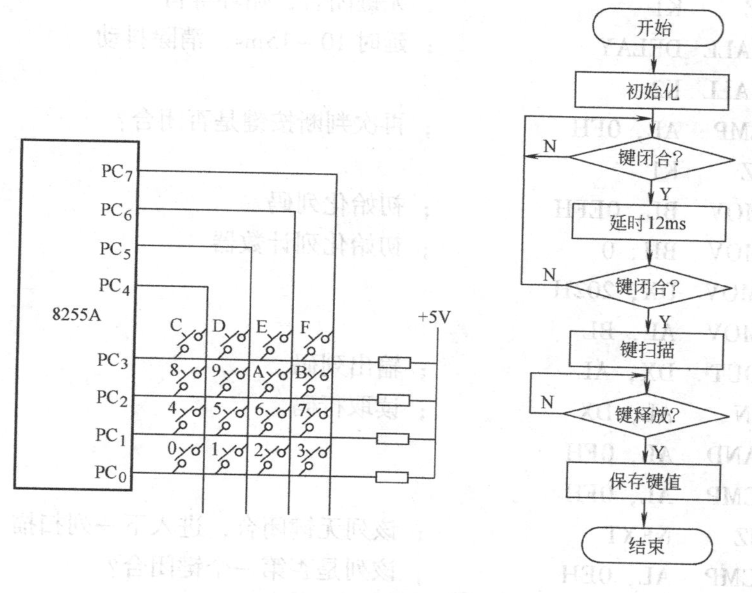

图9-12　简单键盘接口

（1）键盘扫描方法　使 $PC_4=0$，$PC_7\sim PC_5$ 为“1”，再读入 $PC_3\sim PC_0$，若全部是高电平，则表示该列无键闭合。否则（有键闭合），近一步判断低电平的具体位置，以确定闭合键。如果本列无键闭合，则依次使 PC_5、PC_6、PC_7 进行上述判断处理。

（2）键盘去抖动和重键　机械按键有时会出现按键在闭合与断开位置之间跳动几下才达到稳定闭合的状态，释放按键时也有同类情况，这就是抖动。它的持续时间大约为10ms。可以通过硬件或软件延时来消除抖动。

重键指两个或多个键同时闭合，一般只承认先识别的键，对其它同时按下的键不作处理，直到所有键都释放后，再读下一个键。

```
DATA   SEGMENT
BUF   DB   60   DUP (?)
DATA   ENDS
CODE   SEGMENT
ASSUME   CS: CODE, DS: DATA
STAET:  MOV    AX, DATA
        MOV    DS, AX
        LEA    SI, BUF          ; 数据区指针
        MOV    CL, 60           ; 初始化按键次数
        MOV    AL, 81H          ; 8255A控制字
        MOV    DX, 203H
        OUT    DX, AL           ; 8255A初始化
K1:     CALL   K2               ; 读取按键
        CMP    AL, 0FH          ; 判断按键是否闭合?
```

```
        JZ      K1              ; 无键闭合，循环等待
        CALL    DELAY           ; 延时 10～15ms，消除抖动
        CALL    K2
        CMP     AL, 0FH         ; 再次判断按键是否闭合?
        JZ      K1
        MOV     BL, 0EFH        ; 初始化列码
        MOV     BH, 0           ; 初始化列计数器
AGAIN:  MOV     DX, 202H
        MOV     AL, BL
        OUT     DX, AL          ; 输出列码
        IN      AL, DX          ; 读取行码
        AND     AL, 0FH
        CMP     AL, 0FH
        JZ      NEXT            ; 该列无键闭合，进入下一列扫描
        CMP     AL, 0EH         ; 该列是否第一个键闭合?
        JNZ     TWO
        MOV     AL, 0
        JMP     FREE
TWO:    CMP     AL, 0DH         ; 该列是否第二个键闭合?
        JNZ     THREE
        MOV     AL, 4
        JMP     FREE
THREE:  CMP     AL, 0BH         ; 该列是否第三个键闭合?
        JNZ     FOUR
        MOV     AL, 8
        JMP     FREE
FOUT:   CMP     AL, 07H         ; 该列是否第四个键闭合?
        JNZ     NEXT
        MOV     AL, 0CH
FREE:   PUSH    AX
WAIT:   CALL    K2
        CMP     AL, 0FH
        JNZ     WAIT            ; 键未释放，等待
        POP     AX
        ADD     AL, BH          ; 按键键值 = 扫描键值 + 列计数值
        MOV     [SI], AL        ; 保存相应按键键值
        INC     SI              ; 修改数据区指针
        DEC     CL              ; 修改按键次数计数器
        JZ      EXIT            ; 是否接收到 60 个按键值
```

```
        JMP   K1
NEXT:   INC   BH                    ; 列计数器加1
        ROL   BL, 1                 ; 列码循环左移一位
        CMP   BL, 0FEH              ; 本轮键扫描是否结束?
        JNZ   AGAIN
        JMP   K1
EXIT:   MOV   AH, 4CH               ; 返回 DOS
        INT   21H
K2:     PROC  NEAR
        MOV   DX, 202H
        MOV   AL, 0FH
        OUT   DX, AL                ; 使所有列线为低电平
        IN    AL, DX                ; 读取行值
        AND   AL, 0FH               ; 屏蔽高4位
        RET
K2:     ENDP
DELAY:  PROC  NEAR                  ; 延时子程序10~15ms
        …
DELAY:  ENDP
        CODE  ENDP
        END   START
```

【例 9-3】 编程实现采用动态扫描方法在 LED 数码管上显示 0000~9999，硬件接线如图 9-13 所示。设 8255A 的端口地址为 400H~403H。

7 字段 LED（Light Emitting Diode）显示器主要部分为发光二极管，如图 9-14a 所示。7 个字段分别称为 a、b、c、d、e、f、g，通常还带有一个小数点段 h。通过 7 段的亮灭组合，可显示 0~9 和 A~F 以及一些特殊字符，从而实现 16 进制数的显示。LED 数码管有共阳极和共阴极两种结构，如图 9-14b 和图 9-14c 所示。

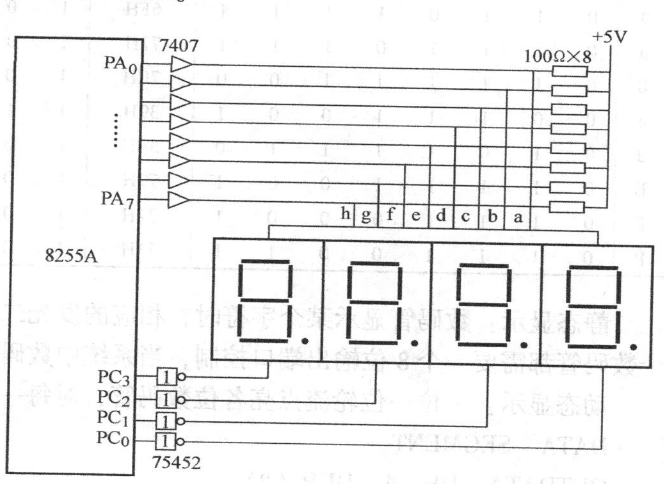

图 9-13 数码管动态显示接口电路

7 段发光二极管的工作电流平均为 10~20mA，通常输出锁存器不能提供如此大的电流，所以使用时必须接驱动电路。

在多个 LED 显示器电路中，需要两类控制端口。通常把阴（阳）极控制端接在一个输出端口，称为位控制端口；把数据显示段接在另一个输出端口，称为段控制端口。段控制端

口所有数码管共用，它决定显示代码。程序应向段控制端口输出一个 16 进制数的 7 段 LED 代码。表 9-3 列出了 7 段 LED 显示代码表。位控制端口控制哪一个数码管能够显示。CPU 输出一个显示代码时，各数码管均收到此代码，但只有位控制码选中的数码管才能显示。

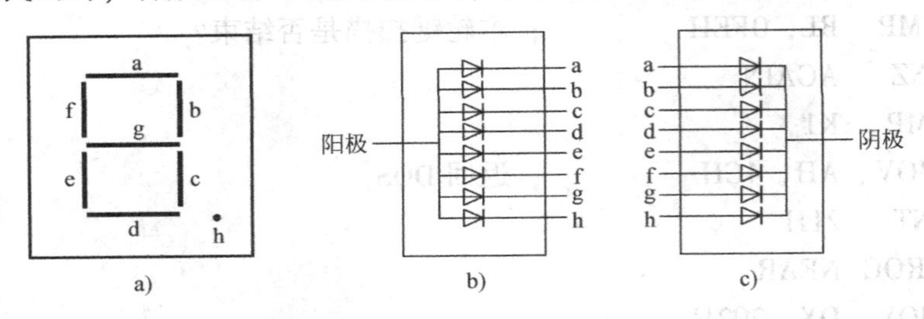

图 9-14　7 段 LED 数码管

表 9-3　7 段 LED 显示代码表

	共阴极接法									共阳极接法								
	D_7	D_6	D_5	D_4	D_3	D_2	D_1	D_0	七段代码	D_7	D_6	D_5	D_4	D_3	D_2	D_1	D_0	七段代码
	h	g	f	e	d	c	b	a		h	g	f	e	d	c	b	a	
0	0	0	1	1	1	1	1	1	3FH	1	1	0	0	0	0	0	0	C0H
1	0	0	0	0	0	1	1	0	06H	1	1	1	1	1	0	0	1	F9H
2	0	1	0	1	1	0	1	1	5BH	1	0	1	0	0	1	0	0	A4H
3	0	1	0	0	1	1	1	1	4FH	1	0	1	1	0	0	0	0	B0H
4	0	1	1	0	0	1	1	0	66H	1	0	0	1	1	0	0	1	99H
5	0	1	1	0	1	1	0	1	6DH	1	0	0	1	0	0	1	0	92H
6	0	1	1	1	1	1	0	1	7DH	1	0	0	0	0	0	1	0	82H
7	0	0	0	0	0	1	1	1	07H	1	1	1	1	1	0	0	0	F8H
8	0	1	1	1	1	1	1	1	7FH	1	0	0	0	0	0	0	0	80H
9	0	1	1	0	1	1	1	1	6FH	1	0	0	1	0	0	0	0	90H
a	0	1	1	1	0	1	1	1	77H	1	0	0	0	1	0	0	0	88H
b	0	1	1	1	1	1	0	0	7CH	1	0	0	0	0	0	1	1	83H
c	0	0	1	1	1	0	0	1	39H	1	1	0	0	0	1	1	0	C6H
d	0	1	0	1	1	1	1	0	5EH	1	0	1	0	0	0	0	1	A1H
E	0	1	1	1	1	0	0	1	79H	1	0	0	0	0	1	1	0	86H
F	0	1	1	1	0	0	0	1	71H	1	0	0	0	1	1	1	0	8EH
P	0	1	1	1	0	0	1	1	73H	1	0	0	0	1	1	0	0	8CH

静态显示：数码管显示某个字符时，相应的发光二极管恒定导通或截止。此显示方式每个数码管都需要一个 8 位输出端口控制，当系统中数码管较多时，所需 I/O 口较多。

动态显示：一位一位轮流点亮各位数码管，对每一位数码管，每隔一段时间点亮一次。

```
DATA    SEGMENT
OUTDATA   DB   4   DUP (?)
LEDDATA   DB   3FH, 06H, 5BH, 4FH, 66H, 6DH, 7DH, 07H, 7FH, 6FH
COUNT      DB   100
DATA    ENDS
CODE    SEGMENT
```

```
        ASSUME  CS: CODE, DS: DATA
START:  MOV   AX, DATA
        MOV   DS, AX
        MOV   AL, 80H
        MOV   DX, 403H
        OUT   DX, AL              ; 8255A 初始化
        MOV   BX, 0               ; 显示值初始化
NEXT:   LEA   SI, OUTDATA
        MOV   AX, BX              ; 显示值转换为十进制数并保存
        MOV   DX, 0
        MOV   CX, 1000
        DIV   CX
        MOV   [SI], AL
        INC   SI
        MOV   AX, DX
        MOV   CL, 100
        DIV   CL
        MOV   [SI], AL
        INC   SI
        MOV   AL, AH
        MOV   AH, 0
        MOV   CL, 10
        DIV   CL
        MOV   [SI], AL
        INC   SI
        MOV   [SI], AH
AGAIN:  MOV   CH, 08H             ; 初始化位选码
        LEA   SI, OUTDATA
DISP:   MOV   AL, [SI]            ; 取显示值
        MOV   AH, 0
        LEA   DI, LEDDATA
        ADD   DI, AX
        MOV   AL, [DI]            ; 转换为段码
        MOV   DX, 400H
        OUT   DX, AL              ; 输出段码
        MOV   DX, 402H
        MOV   AL, CH
        OUT   DX, AL              ; 输出位选码
        CALL  DELAY               ; 延时
```

```
         INC    SI
         ROR    CH, 1            ; 指向下一个数码管
         CMP    CH, 80H
         JNZ    DISP             ; 本轮显示是否结束?
         DEC    COUNT            ; 重复显示 100 次
         JNZ    AGAIN
         MOV    COUNT, 100
         INC    BX               ; 显示数值加 1
         CMP    BX, 10000
         JZ     EXIT
         JMP    NEXT
EXIT:    MOV    AH, 4CH          ; 返回 DOS
         INT    21H
DELAY  PROC  NEAR                ; 延时 2 ms 子程序
         …
DELAY  ENDP
CODE   ENDS
END    START
```

9.2 可编程定时器/计数器 8253

9.2.1 概念

1. 定时与计数

在微机系统或智能化仪器仪表的工作过程中，经常需要使系统处于定时工作状态，或者需要对外部过程进行计数。定时或计数的工作实质均体现为对脉冲信号的计数，如果计数的对象是标准的内部时钟信号，由于其周期恒定，故计数值就恒定地对应于一定的时间，这一过程称为定时；如果计数的对象是与外部过程相对应的脉冲信号（周期可以不相等），则此时称为计数。

2. 定时与计数的实现方法

（1）硬件法　专用电路实现定时与计数，其特点是需要花费一定硬件设备，而且当电路制成之后，定时值及计数范围不能随意改变。

（2）软件法　利用一段延时子程序来实现定时操作，其特点是无需太多的硬件设备，控制比较方便，但在定时期间，CPU 不能从事其它工作，降低了机器的利用率。

（3）软、硬件结合法　即设计一种专门的具有可编程特性的芯片来控制定时和计数的操作，这些芯片具有中断控制能力，定时、计数来到时能产生中断请求信号，因而定时期间不影响 CPU 的正常工作。

9.2.2　8253功能及结构

1. 一般性能

- 具有3个独立的16位计数器通道。
- 每个计数器通道均可按二进制或二—十进制计数。
- 每个计数器的计数速率可达2MHz。
- 每个计数器通道都可由程序选择6种不同的工作方式。
- 所有输入、输出电平都与TTL电平兼容。

8253的读/写操作对系统时钟、输入输出方式、中断方式和构成方式等均无特殊要求，因而它具有较好的通用性和使用灵活性，几乎适用于任何一种微处理器组成的系统。在应用系统中，常用作可编程的速率发生器、异步事件计数器、二进制速率乘法器、实时时钟、数字式单拍脉冲发生器和复合电机控制器等。

2. 内部结构

8253的内部结构如图9-15所示，它主要包括以下几个部分：

（1）数据总线缓冲器　是8253内部实现与CPU数据总线连接的8位双向三态缓冲器，用以传送CPU向8253的控制信息、数据信息以及CPU从8253读取的状态信息。它可直接挂在数据总线上，有3种功能：由CPU写入计数器初值；也可由CPU通过该缓冲器读出计数器的计数值；通过编程确定8253的工作方式，编程的控制字由该缓冲器送至控制字寄存器。

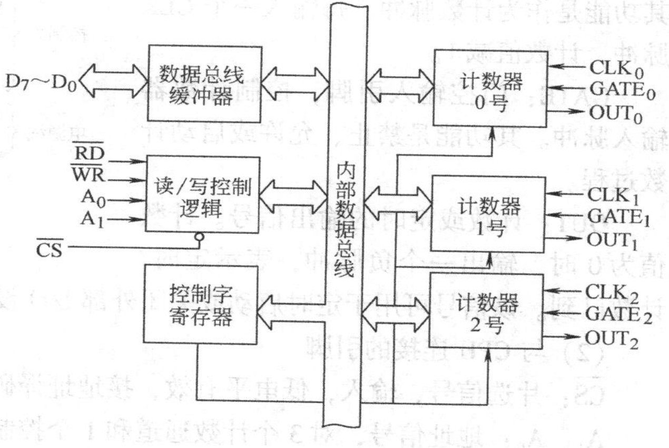

图9-15　8253内部结构框图

（2）读/写控制逻辑　控制8253的片选以及对内部相关寄存器的读/写操作，由片选（$\overline{CS}$）信号控制该芯片是否被选中。当选中时，根据CPU发来的读写命令及地址信号实现片选、内部通道选择以及对读/写操作的控制。

（3）控制字寄存器　在8253的初始化编程时，接收数据总线缓冲器的信息，若写入的是控制字，则控制计数器的工作方式；若写入的是数据，则装入计数器作为计数初值。该寄存器是8位的，它只能写入不能读出。

（4）计数器　有3个独立的，结构相同的计数器/定时器通道，如图9-16所示。每个通道包含一个16位的计数寄存器，用于存放计数初始值，每个计数器有一个时钟输入端CLK、门控输入端GATE和一个输出端OUT。

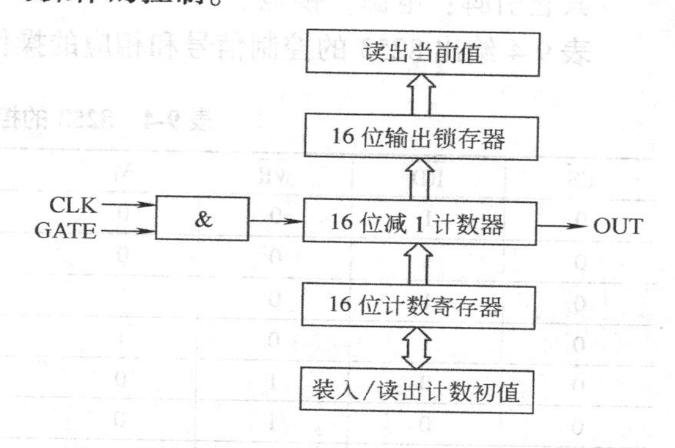

图9-16　8253的计数器/定时器通道结构

计数器从时钟输入端接收时钟脉冲或事件计数脉冲。计数方式可以是二进制，也可以是二—十进制。计数值在时钟脉冲的下降沿开始改变，门控端可送入控制或复位信号，当计数值减到零时，由输出端送出标志信号。每一个通道还包含一个16位的减1计数器；一个16位输出锁存器，锁存器在计数器工作的过程中跟随计数值的变化，在接收到CPU发来的读计数值命令时，用于锁存计数值供CPU读取，读取完毕后，输出锁存器又跟随减1计数器变化。另外，计数器的值为0的状态，还反映在状态锁存器中，可供读取。

3. 引脚

24引脚双列直插式，分为与外设连接部分和与CPU连接部分，如图9-17所示。

(1) 与外设连接部分

CLK：时钟输入引脚。输入脉冲若周期精确，8253一般工作在定时方式；输入脉冲若周期不定，8253一般工作在计数方式；输入时钟周期不得小于380ns，即输入时钟信号的频率不得高于2.6MHz。其功能是作为计数脉冲，每输入一个CLK脉冲，计数值减1。

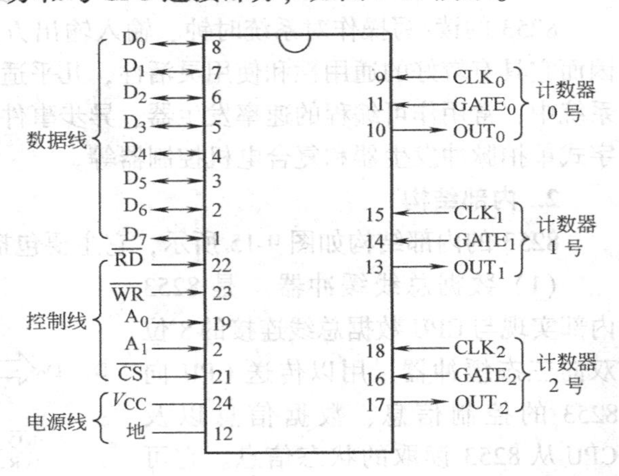

图9-17 8253引脚图

GATE：门控输入引脚，控制计数器输入脉冲。其功能是禁止、允许或启动计数过程。

OUT：计数或定时的输出信号。计数值为0时，输出一个负脉冲，表示定时/计数已到。该信号可用于定时启动或关闭外部I/O设备，也可作中断申请信号。

(2) 与CPU连接的引脚

$\overline{CS}$：片选信号，输入，低电平有效，接地址译码器的输出信号。

A_1、A_0：地址信号，对3个计数通道和1个控制寄存器进行寻址。

$\overline{RD}$：读信号，输入，低电平有效。

$\overline{WR}$：写信号，输入，低电平有效。

$D_7 \sim D_0$：双向三态数据线，传送CPU向8253写入的控制字和输入/输出的数据。

其它引脚：电源，接地。

表9-4给出8253的控制信号和相应的操作功能。

表9-4 8253的控制信号和操作功能

$\overline{CS}$	$\overline{RD}$	$\overline{WR}$	A_1	A_0	执行的操作
0	1	0	0	0	对计数器0设置初值
0	1	0	0	1	对计数器1设置初值
0	1	0	1	0	对计数器2设置初值
0	1	0	1	1	写控制字
0	0	1	0	0	读计数器0当前计数值
0	0	1	0	1	读计数器1当前计数值
0	0	1	1	0	读计数器2当前计数值

9.2.3　8253控制字

1. 控制字格式

8253控制字有以下4个主要功能：

- 选择计数器；
- 确定计数器数据的读写格式；
- 确定计数器的工作方式；
- 确定计数器计数的数制。

控制字格式如图9-18所示。

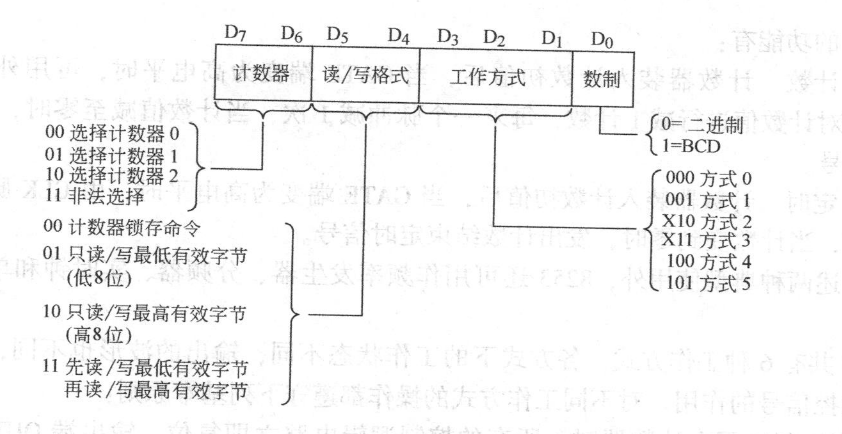

图9-18　8253控制字格式

D_0：数制选择控制位。D_0为1时，表明采用BCD码进行定时/计数；否则，采用二进制进行定时/计数。

$D_3 \sim D_1$：工作方式选择控制位。000，方式0；001，方式1；X10，方式2；X11，方式3；100，方式4；101，方式5。

D_5、D_4：读写格式控制位。00，锁存计数值；01，读/写低8位；10，读/写高8位；11，先读/写低8位，再读写高8位命令。

D_7、D_6：计数器选择控制位。00，计数器0；01，计数器1；10，计数器2；11，非法选择。

2. 初始化编程原则

要使用8253，必须首先进行初始化编程，初始化编程包括设置通道控制字和送通道计数初值两项内容，控制字写入8253的控制字寄存器，而初始值则写入相应通道的计数寄存器中。

初始化编程包括如下步骤：

1）先写入通道控制字；

2）设初始值时必须符合控制字中规定的格式，即只写低8位，或只写高8位，还是高、低字节都写（分两次写，先低位后高位）；

3）读取8253计数通道中的当前值。

8253可用控制命令来读取相应通道的计数值，由于计数值是16位的，而读取瞬时值要分两次读取，所以在读取计数值之前，必须用锁存命令将相应通道的计数值锁存在锁存器中，然后分两次读入，先读低字节，后读高字节。否则，读数时减1计数器的值处于动态变化过程中，当前计数值会随之变化，就会得到一个不确定结果。当控制字中 $D_5D_4=00$ 时，控制字的作用是将相应通道的计数值锁存，被锁存的计数值在读取操作完成之后自动解锁。当前计数输出寄存器的内容又随减1计数器而变化，在锁存和读出计数值的过程中，减1计数器始终正常减1计数，因此保证了计数器在运行中读取数据而不影响计数的进行。

9.2.4　8253工作方式和工作时序

8253的功能有：

(1) 计数　计数器装入计数初值后，当GATE端变为高电平时，可用外部事件作为CLK脉冲对计数值进行减1计数，每来一个脉冲减1次，当计数值减至零时，由OUT端输出一个信号。

(2) 定时　计数器装入计数初值后，当GATE端变为高电平时，由CLK脉冲触发开始自动计数，当计数变到零时，发出计数结束定时信号。

除上述两种典型使用外，8253还可用作频率发生器、分频器、实时钟和单脉冲发生器等。

8253共有6种工作方式，各方式下的工作状态不同，输出的波形也不同，其中比较灵活的是门控信号的作用。对不同工作方式的操作都遵守下列基本原则：

1）当控制字写入计数器时，所有的控制逻辑电路立即复位，输出端OUT进入初始状态。初始状态对不同的模式来说不一定相同。

2）计数初始值写入计数器之后，要经过一个时钟周期，计数执行部件才可以开始进行计数操作，因为第一个时钟的下降沿会将计数寄存器的内容送减1计数器。

3）一般情况下在每个时钟脉冲CLK的上升沿，采样门控信号GATE。不同的工作方式下，门控信号的触发方式有具体规定，即电平触发或边沿触发，在有的模式中，两种触发方式都允许。门控信号为电平触发方式的为方式0、方式4；门控信号为上升沿触发方式的为方式1、方式5；门控信号可用两种触发方式的为方式2、方式3。

4）在时钟脉冲的下降沿，计数器作减1计数，0是计数器所能容纳的最小初始值。

1. 方式0——计数结束产生中断

写入方式0控制字后，计数器输出变成低电平，计数初值写入后，在下一个CLK的下降沿将计数初值寄存器的内容装入减1计数器，然后开始计数。在整个计数过程中，输出OUT一直保持低电平，当计数到0时OUT变成高电平，可作为中断请求信号，并且一直保持到重新装入新的控制字或计数初值或者复位时为止。图9-19为方式0的工作波形图。

从波形图中可以看出，工作方式0有以下特点：

1）计数器只计一遍，当计数到0时，不重新开始计数，输出保持为高，直到输入一新的计数值，OUT才变低，开始新的计数；

2）计数值是在赋初始值命令后经过一个输入脉冲才装入计数器的，下一个脉冲开始计数，因此，如果设置计数器初值为 N，则输出OUT在 $N+1$ 个脉冲后才能变高；

3）在计数过程中，可由GATE信号控制暂停。当GATE=0时，暂停计数；当GATE=1时，继续计数；

4）在计数过程中可以改变计数值，且这种改变是立即有效的，分成两种情况：若是8位计数，则在写入新值后的下一个脉冲按新值计数；若是16位计数，则在写入第一个字节后，停止计数，写入第二个字节后的下一个脉冲按新值计数。

2. 方式1——可编程序的硬件触发单拍脉冲

输出单个负脉冲信号，脉冲宽度可以通过编程设定。方式1的波形如图9-20所示，CPU向8253写入控制字后OUT变为高电平，并保持该状态；写入计数值后并不立即计数，只有当外界GATE信号启动后（一个正脉冲）的下一个脉冲才开始计数，将计数初值装入减1计数器，同时OUT变为低电平；计数值减到0后，OUT才变高电平，此时再来一个GATE正脉冲，计数器又开始重新计数，输出OUT再次变低，……，因此输出为一单拍负脉冲，宽度为计数初值。

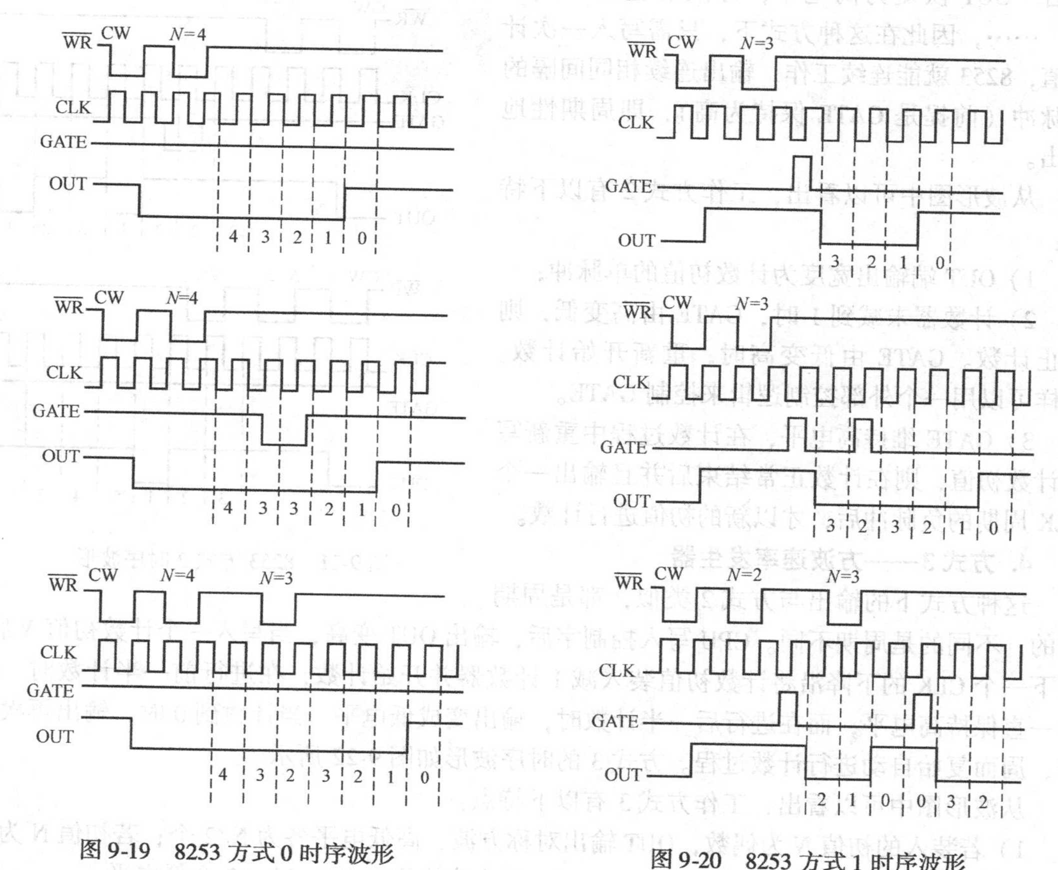

图9-19　8253方式0时序波形

图9-20　8253方式1时序波形

输出信号OUT受门控信号GATE的控制，分以下3种情况：

1）计数到0后，再来GATE脉冲，则重新开始计数，OUT变低；

2）在计数过程中来GATE脉冲，则从下一CLK脉冲开始重新计数，OUT保持为低；

3）改变计数值后，只有当GATE脉冲启动后，才按新值计数，否则原计数过程不受影响，仍继续进行，即新值的改变是从下一个 GATE 脉冲开始的。

计数值是多次有效的，每来一个 GATE 脉冲，就自动装入计数值开始从头计数，因此在初始化时，计数值写入一次即可。

3. 方式 2——频率发生器

方式 2 的时序波形如图 9-21 所示，可产生连续负脉冲，脉冲宽度为一个时钟周期，两个负脉冲间的时钟个数等于计数器装入的初始值。在这种方式下，CPU 输出控制字后，输出 OUT 端变高电平，并保持。写入计数初值后并不立即计数，只有当外界 GATE 信号启动后（一个正脉冲）的下一个脉冲才开始计数，减 1 计数器的值为 1 时，输出 OUT 变低电平，经过一个 CLK 以后，OUT 恢复为高电平，计数器重新开始计数，……，因此在这种方式下，只需写入一次计数值，8253 就能连续工作，输出连续相同间隔的负脉冲（前提是 GATE 保持为高），即周期性地输出。

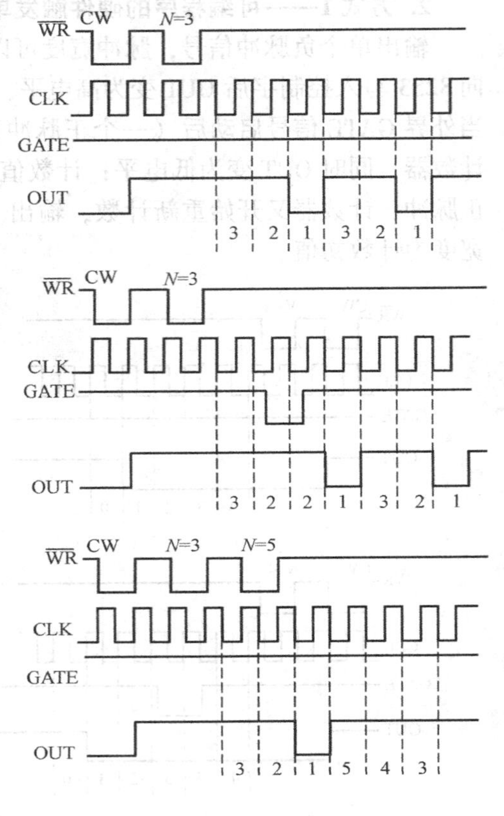

图 9-21　8253 方式 2 时序波形

从波形图中可以看出，工作方式 2 有以下特点：

1）OUT 端输出宽度为计数初值的单脉冲；

2）计数器未减到 1 时，GATE 由高变低，则停止计数。GATE 由低变高时，重新开始计数。这样可以用一个外部控制逻辑来控制 GATE。

3）GATE 维持高电平，在计数过程中重新写入计数初值，则在计数正常结束后并且输出一个 CLK 周期的负脉冲后，才以新的初值进行计数。

4. 方式 3——方波速率发生器

这种方式下的输出与方式 2 类似，都是周期性的，不同的是周期不同。CPU 写入控制字后，输出 OUT 变高，当写入一个计数初值 N 后，在下一个 CLK 的下降沿将计数初值装入减 1 计数器并开始计数，在进行前一半计数时，输出一直保持高电平，而在进行后一半计数时，输出变成低电平。当计数到 0 时，输出再次变高，周而复始自动进行计数过程。方式 3 的时序波形如图 9-22 所示。

从波形图中可以看出，工作方式 3 有以下特点：

1）若装入的初值 N 为偶数，OUT 输出对称方波，高低电平各为 N/2 个；若初值 N 为奇数，则 OUT 输出不对称方波，输出（$N+1$）/2 个高电平，（N－1）/2 个低电平。

2）GATE 信号能使计数过程重新开始。当 GATE＝0 时，停止计数，当 GATE 变高后，计数器重新装入初值开始计数。若 OUT 为低电平时，GATE＝0，减 1 计数器停止，OUT 立即变为高电平。当再次 GATE＝1 时，在下一个 CLK 脉冲，重新开始计数。

3）在计数过程期间，将一个新的初值装入计数器，将不影响当前输出周期。若在写入新值后，又受到门控信号 GATE 触发，则会结束当前输出周期，在下一个 CLK 脉冲到来后，计数器按新的计数初值重新开始计数。

5. 方式4——软件触发的选通信号发生器

可产生单个负脉冲信号，脉冲宽度为一个时钟周期，时序波形如图9-23所示。用控制字设置该方式后，输出OUT即变为高电平，当GATE=1时，在计数器装入初值后，在下一个CLK脉冲将计数初值装入减1计数器并开始计数；当计数结束时，便在输出端OUT送出一个宽度等于一个时钟周期的负脉冲。

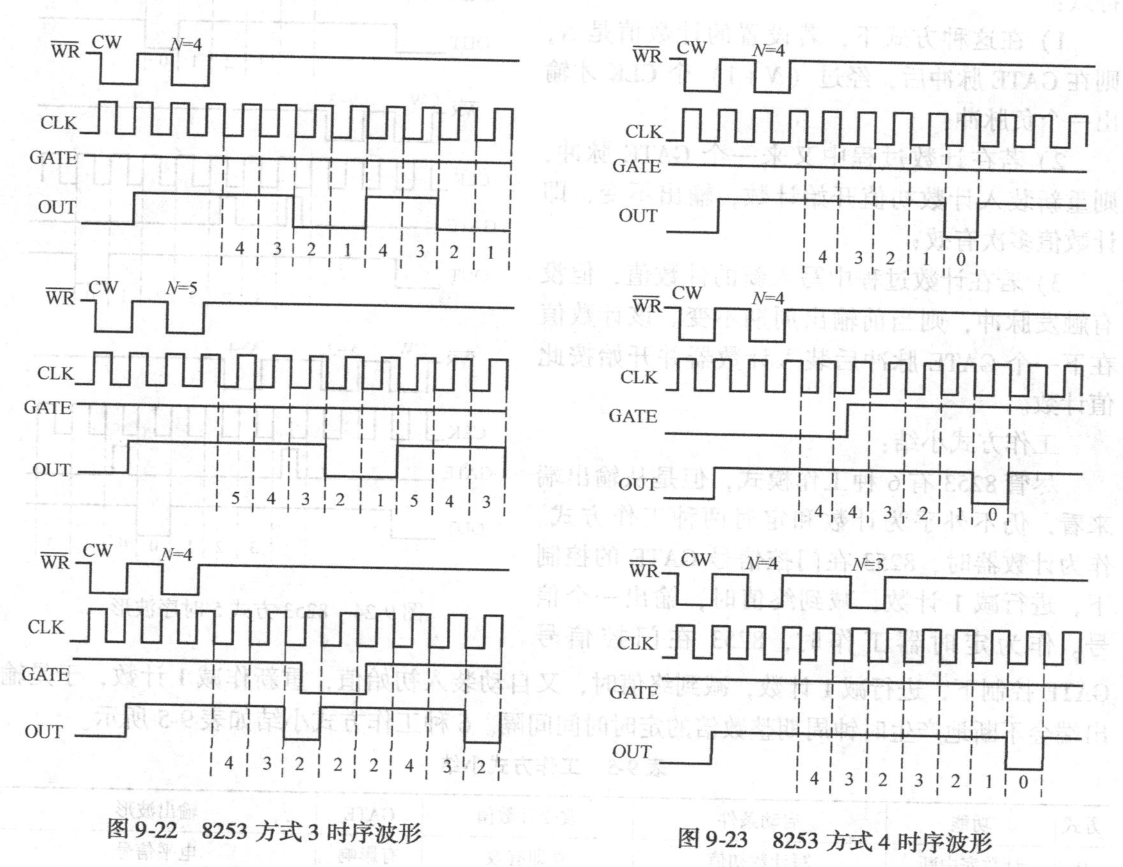

图9-22　8253方式3时序波形　　图9-23　8253方式4时序波形

从波形图中可以看出，工作方式4有以下特点：

1）当计数值为N时，则间隔$N+1$个CLK脉冲输出一个负脉冲（计数一次有效，与方式0有相似之处）；

2）GATE=0时，禁止计数，GATE=1时，恢复继续计数；

3）若在一次计数期间，装入一个新的计数值，则该值是立即有效的（若为16位计数值，则装入第一个字节时停止计数，装入第二个字节后开始按新值计数）。结束当前计数，送出负脉冲后，马上以这个新的计数值开始计数。

6. 方式5——硬件触发的选通信号发生器

采用该方式工作，写入控制字后，输出OUT为高电平且一直保持，写入计数值后并不立即开始计数，只有在GATE的上升沿后的下一个CLK，才将计数初值装入减1计数器并开始计数；计数到0时，输出一个宽度等于时钟周期的负脉冲，然后输出恢复为高。

在此种方式下，GATE 是高电平或低电平都不再影响计数器工作。但计数操作可用 GATE 信号的上升沿重新触发，当正在计数期间计数器一旦重新触发，便又从原来的初值开始重新计数，计数期间，输出一直保持高电平，该方式下工作波形如图 9-24 所示。

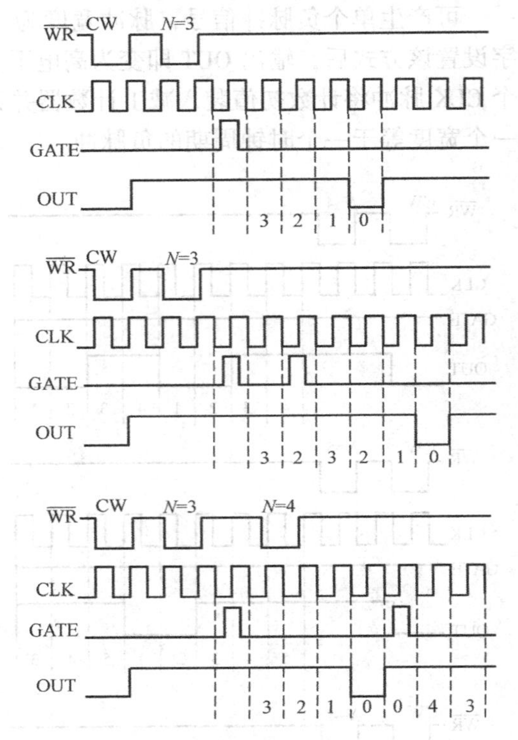

图 9-24　8253 方式 5 时序波形

从波形图中可以看出，工作方式 5 有以下特点：

1）在这种方式下，若设置的计数值是 N，则在 GATE 脉冲后，经过（$N+1$）个 CLK 才输出一个负脉冲；

2）若在计数过程中又来一个 GATE 脉冲，则重新装入计数初值开始计数，输出不变，即计数值多次有效；

3）若在计数过程中写入新的计数值，但没有触发脉冲，则当前输出周期不变。该计数值在下一个 GATE 脉冲后装入计数器并开始按此值计数。

工作方式小结：

尽管 8253 有 6 种工作模式，但是从输出端来看，仍不外乎为计数和定时两种工作方式。作为计数器时，8253 在门控信号 GATE 的控制下，进行减 1 计数，减到终值时，输出一个信号。作为定时器工作时，8253 在门控信号 GATE 控制下，进行减 1 计数，减到终值时，又自动装入初始值，重新作减 1 计数，于是输出端会不断地产生时钟周期整数倍的定时时间间隔。6 种工作方式小结如表 9-5 所示。

表 9-5　工作方式小结

方式	功能	启动条件	改变计数值	GATE	输出波形
0	计数完中断	写计数初值	立即有效	有影响	电平信号
1	硬触发单拍脉冲	写计数初值同时外部触发	外部触发有效	有影响	宽度为 N 个 CLK 周期的负脉冲
2	频率发生器	写计数初值	计数到 1 后有效	有影响	宽度为一个 CLK 周期的连续负脉冲
3	方波速率发生器	写计数初值	1. 外触发后有效 2. 计数到 0 后有效	有影响	连续方波
4	软件触发选通	写计数初值	立即有效	有影响	宽度为一个 CLK 周期的负脉冲
5	硬件触发选通	写计数初值同时外部触发	外部触发后有效	有影响	宽度为一个 CLK 周期的负脉冲

9.2.5　8253 应用

【例 9-4】　设 8253 的端口地址为：04H ~ 07H，要使计数器 1 工作在方式 0，仅用 8 位二进制计数，计数值为 128，进行初始化编程。

控制字为：01010000B = 50H

```
初始化程序：MOV   AL，50H
            OUT   07H，AL
            MOV   AL，80H
            OUT   04H，AL
```

【例9-5】　设8253的端口地址为：F8H～FBH，若用计数器0工作在方式1，按二—十进制计数，计数值为5080H，进行初始化编程。

控制字为：00110011B＝33H

初始化程序：

```
MOV   AL，33H
OUT   0FBH，AL
MOV   AL，80H
OUT   0F8H，AL
MOV   AL，50H
OUT   0F8H，AL
```

【例9-6】　如要读计数器1的16位计数器，地址F8H～FBH。编程如下：

```
MOV   AL，40H;
OUT   0FBH，AL          ；锁存计数值
IN    AL，0F9H
MOV   CL，AL            ；低8位
IN    AL，0F9H;
MOV   CH，AL            ；高8位
```

【例9-7】　利用8253的计数器0和计数器1，设计并产生频率为1Hz的方波。设计数器0的输入时钟频率为2MHz，8253的端口地址为40H，41H，42H，43H。

计数器0的输入时钟周期：0.5μs，其最大定时时间为：0.5μs×65536 ＝ 32.768ms，要产生频率为1Hz（周期＝1s）的方波，利用一个计数器无法实现。可以利用多个计数器级联的方法，将计数器0的输出OUT_0作计数器1的输入时钟信号。

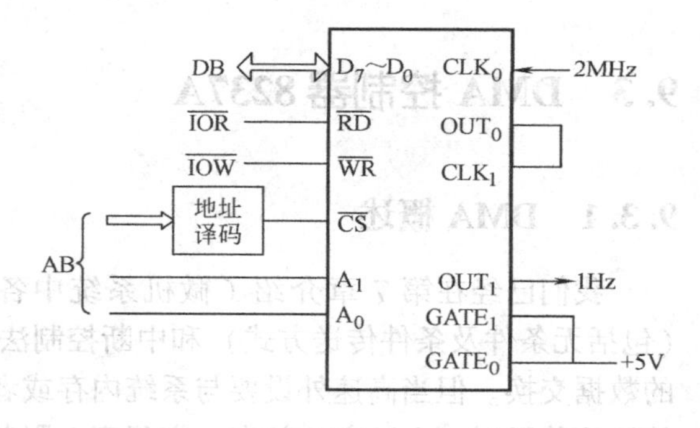

图9-25　8253应用

设计数器0工作在方式2（频率发生器），输出脉冲周期＝10 ms，则计数器0的计数值为20000（16位二进制）。周期为4 ms的脉冲作计数器1的输入时钟，要求输出端OUT_1输出方波并且周期为1s，则计数器1工作在方式3（方波发生器），计数值为100（8位二进制）。硬件连接如图9-25所示。

初始化程序：

```
MOV   AL，34H          ；计数器0控制字
OUT   43H，AL
MOV   AX，20000        ；计数器0时间常数
```

```
OUT   40H, AL
MOV   AL, AH
OUT   40H, AL
MOV   AL, 56H          ; 计数器1控制字
OUT   43H, AL
MOV   AL, 100          ; 计数器1时间常数
OUT   41H, AL
```

【例9-8】 8253在8086系统中的典型连接如图9-26所示。

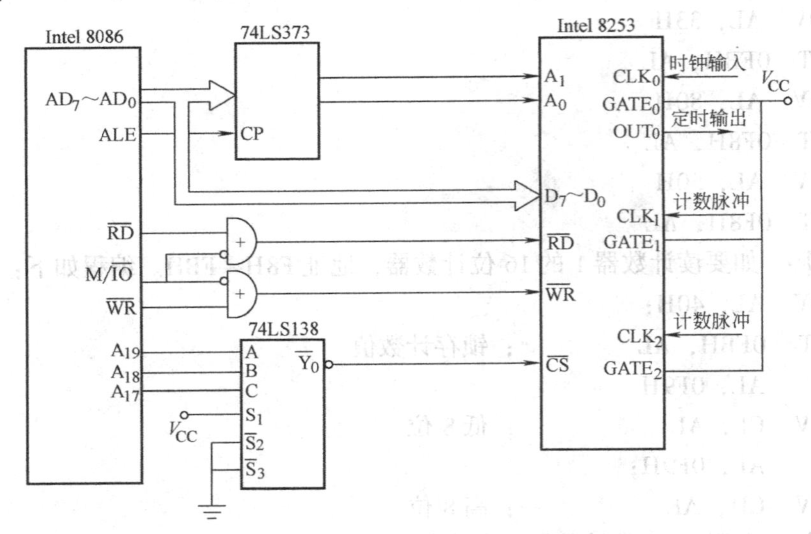

图9-26　8253应用

9.3　DMA控制器8237A

9.3.1　DMA概述

我们已经在第7章介绍了微机系统中各种常用的数据输入输出方法，有程序控制法(包括无条件及条件传送方式)和中断控制法，这些方法适用于CPU与慢速及中速外设之间的数据交换。但当高速外设要与系统内存或者要在系统内存的不同区域之间，进行大量数据的快速传送时，上述方法就在一定程度上限制了数据传送的速率。以Intel 8086微处理器为例，微处理器从内存（或外设）读数据到累加器，然后再写到外设端口（或内存）中，若包括修改内存地址、判断数据块是否传送完等步骤，Intel 8086微处理器传送一个字节大约需要几十微秒的时间，由此可大致估算出用程序控制及中断控制的方式来进行数据传送，其数据传送速率大约为每秒几十KB字节。

为了提高数据传送的速率，人们提出了直接存储器存取（DMA）的数据传送控制方式，即在一定时间段内，由DMA控制器取代CPU，获得总线控制权，来实现内存与外设或者内存的不同区域之间大量数据的快速传送。一次DMA传送需要执行一个DMA周期（相当于一

个总线读或写周期)。为实现该方式，需要一个专用接口来控制和协调外设与内存间的数据传输，这个专用接口器件称为 DMA 控制器（DMAC）。DMAC 在系统中的连接如图 9-27 所示。

DMA 数据传送的工作过程大致如下：

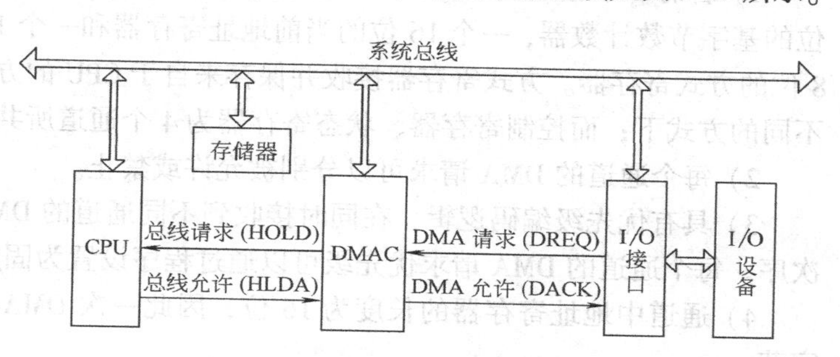

图 9-27 DMA 传送的基本原理

1）外设向 DMAC 发出 DMA 传送请求信号（DREQ）。

2）DMAC 通过连接到 CPU 的 HOLD 信号向 CPU 提出 DMA 请求。

CPU 在完成当前总线操作后会立即对 DMA 请求做出响应。CPU 的响应包括两个方面：一方面，CPU 将控制总线、数据总线和地址总线浮空，即放弃对这些总线的控制权；另一方面，CPU 将有效的 HLDA 信号加到 DMAC 上，通知 DMAC，CPU 已放弃总线控制权。

3）DMAC 接到 HLDA 信号后接管系统总线的控制权，并向外设送出应答信号（DACK）。

4）DMAC 向存储器和进行 DMA 传送的外设发出读写命令，开始 DMA 传送。

5）数据传送完之后 DMAC 撤消对 CPU 的总线请求，并交回系统总线的管理和控制权。

9.3.1 DMA 控制器 8237A

1. 8237A 的结构框图，如图 9-28 所示。

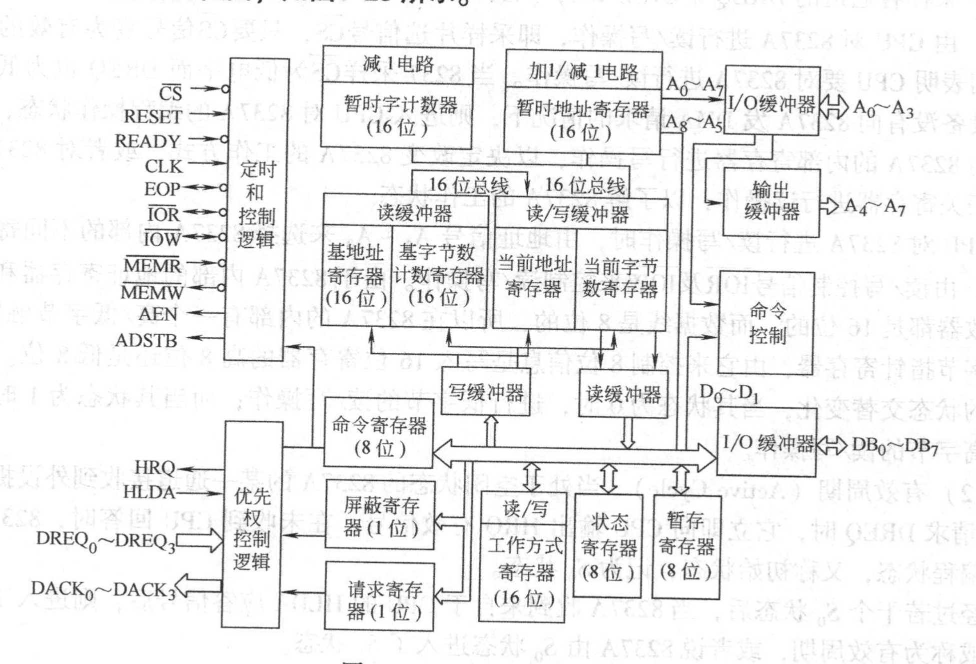

图 9-28 8237A 的结构框图

2. DMA 控制器的功能

1）含有4个相互独立的 DMA 通道，每个通道都有一个16位的基地址寄存器，一个16位的基字节数计数器，一个16位的当前地址寄存器和一个16位的当前字节数计数器及一个8位的方式寄存器。方式寄存器接收并保存来自于 CPU 的方式控制字，使本通道能够工作于不同的方式下；而控制寄存器、状态寄存器为4个通道所共用。

2）每个通道的 DMA 请求可以分别被允许或禁止。

3）具有优先级编码逻辑，在同时接收到不同通道的 DMA 请求时，能够确定相应的先后次序。每个通道的 DMA 请求优先级可以通过程序设置为固定的或者旋转的方式。

4）通道中地址寄存器的长度为16位，因此一次 DMA 传送的最大数据块的长度为64K字节。

5）8237A 有4种工作方式，分别为：单字节传送、数据块传送、请求传送和级联传送方式。

6）允许用$\overline{EOP}$输入信号来结束 DMA 传送或重新初始化。

7）8237A 可以级联以增加通道数。

8237A 的数据引线，地址引线都有三态缓冲器，因而可以连接也可以释放总线

3. 8237A 的工作周期

在设计 8237A 时，规定它具有两种主要的工作周期（或工作状态），即空闲周期和有效周期，每个周期都由若干时钟周期所组成。

（1）空闲周期（Lade Cycle） 当 8237A 的任一通道都无 DMA 请求时，其处于空闲周期或称为 S_1 状态，空闲周期由一系列的时钟周期组成，在空闲周期中的每一个时钟周期，8237A 只做两项工作：

- 采样各通道的 DREQ 请求输入线，只要无 DMA 请求，则始终停留在 S_1 状态；
- 由 CPU 对 8237A 进行读/写操作，即采样片选信号$\overline{CS}$，只要$\overline{CS}$信号变为有效的低电平，则表明 CPU 要对 8237A 进行读/写操作。当 8237 采样$\overline{CS}$为低电平而 DREQ 也为低，即外部设备没有向 8237A 发 DMA 请求的情况下，则进入 CPU 对 8237A 的编程操作状态，CPU 可以向 8237A 的内部寄存器进行写操作，以决定改变 8237A 的工作方式，或者对 8237A 内部的相关寄存器进行读操作，以了解 8237A 的工作状态。

CPU 对 8237A 进行读/写操作时，由地址信号 $A_3 \sim A_0$ 来选择 8237A 内部的不同寄存器（组），由读/写控制信号$\overline{IOR}$及$\overline{IOW}$来控制读/写操作。由于 8237A 内部的地址寄存器和字节数计数器都是16位的，而数据线是8位的，所以在 8237A 的内部有一个高/低字节触发器，称为字节指针寄存器，由它来控制8位信息是写入16位寄存器的高8位还是低8位。该触发器的状态交替变化，当其状态为0时，进行低字节的读/写操作；而当其状态为1时，则进行高字节的读/写操作。

（2）有效周期（Active Cycle） 当处于空闲状态的 8237A 的某一通道接收到外设提出的 DMA 请求 DREQ 时，它立即向 CPU 输出 HRQ 有效信号，在未收到 CPU 回答时，8237A 仍处于编程状态，又称初始状态，记为 S_0 状态。

经过若干个 S_0 状态后，当 8237A 收到来自于 CPU 的 HLDA 应答信号后，则进入工作周期，或称为有效周期，或者说 8237A 由 S_0 状态进入了 S_1 状态。

S_0 状态是 DMA 服务的第一个状态，在这个状态下，8237A 已接收了外设的请求，向

CPU 发出了 DMA 请求信号 HRQ，但尚未收到 CPU 对 DMA 请求的应答信号 HLDA；而 S_1 状态则是实际的 DMA 传送工作状态，当 8237A 接收到 CPU 发来的 HLDA 应答信号时，就可以由 S_0 状态转入 S_1 状态，开始 DMA 传送。DMA 的传送时序如图 9-29 所示。

在内存与外设之间进行 DMA 传送时，通常一个 S_1 周期由 4 个时钟周期组成，即 S_1、S_2、S_3、S_4，但当外设速度较慢时，可以插入 S_W 等待周期；而在内存的不同区域之间进行 DMA 传送时，由于需要依次完成从存储器读和向存储器写的操作，所以完成每一次传送需要 8 个时钟周期，即在前 4 个周期 S_{11}、S_{12}、S_{13}、S_{14} 完成从存储器源区域的读操作，后 4 个时钟周期 S_{21}、S_{22}、S_{23}、S_{24} 完成向存储器目标区域的写操作。

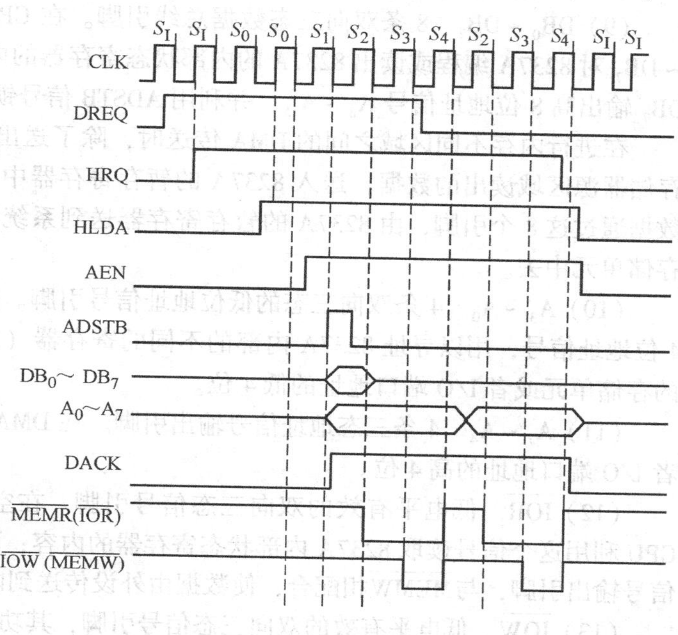

图 9-29　8237A 的 DMA 传送时序

4. 8237A 控制器的引脚

8237A 是具有 40 个引脚的双列直插式集成电路芯片，其引脚如图 9-30 所示。

（1）CLK　时钟信号输入引脚，对于标准的 8237A，其输入时钟频率为 3MHz，对于 8237-2，其输入时钟频率可达 5MHz。

（2）$\overline{CS}$：片选信号，输入引脚。

（3）RESET　复位信号，输入引脚，用来清除 8237A 中的命令、状态请求和临时寄存器，且使字节指针触发器复位并置位屏蔽触发器的所有位（即使所有通道工作在屏蔽状态），在复位之后，8237A 工作于空闲周期 S_I。

（4）READY　外设向 8237A 提供的高电平有效的“准备好”信号输入引脚，若 8237A 在 S_3 状态以后的时钟下降沿检测到 READY 为低电平，则说明外设还未准备好下一次 DMA 操作，需要插入 S_W 状态，直到 READY 引脚出现高电平为止。

引脚	名称	引脚	名称
1	$\overline{IOR}$	40	A_7
2	$\overline{IOW}$	39	A_6
3	$\overline{MEMR}$	38	A_5
4	$\overline{MEMW}$	37	A_4
5	N/C	36	$\overline{EOP}$
6	READY	35	A_3
7	HLDA	34	A_2
8	ADSTB	33	A_1
9	AEN	32	A_0
10	HRQ	31	V_{CC}
11	$\overline{CS}$	30	DB_0
12	CLK	29	DB_1
13	RESET	28	DB_2
14	$DACK_2$	27	DB_3
15	$DACK_3$	26	DB_4
16	$DREQ_3$	25	$DACK_0$
17	$DREQ_2$	24	$DACK_1$
18	$DREQ_1$	23	DB_5
19	$DREQ_0$	22	DB_6
20	GND	21	DB_7

图 9-30　8237A 的引脚

（5）$DREQ_0$ ~ $DREQ_3$　DMA 请求信号输入引脚，对应于 4 个独立的通道，DREQ 的有效电平可以通过编程来加以确定，优先级可以固定，也可以旋转。

（6）$DACK_0$ ~ $DACK_3$　对相应通道 DREQ 请求输入信号的应答信号输出引脚。

（7）HRQ　8237A 向 CPU 提出 DMA 请求的输出信号引脚，高电平有效。

(8) HLDA　CPU 对 HRQ 请求信号的应答信号输入引脚，高电平有效。

(9) $DB_0 \sim DB_7$　8 条双向三态数据总线引脚。在 CPU 控制系统总线时，可以通过 $DB_0 \sim DB_7$ 对 8237A 编程或读出 8237A 的内部状态寄存器的内容；在 DMA 操作期间，由 $DB_0 \sim DB_7$ 输出高 8 位地址信号 $A_8 \sim A_{15}$，并利用 ADSTB 信号锁存该地址信号。

在进行内存不同区域之间的 DMA 传送时，除了送出 $A_8 \sim A_{15}$ 地址信号外，还分时将从存储器源区域读出的数据，送入 8237A 的暂存寄存器中，等到存储器写周期时，再将这些数据通过这 8 个引脚，由 8237A 的暂存寄存器送到系统数据总线上，然后再写入到规定的存储单元中去。

(10) $A_3 \sim A_0$　4 条双向三态的低位地址信号引脚。在空闲周期时，接收来自于 CPU 的 4 位地址信号，用以寻址 8237A 内部的不同的寄存器（组）；在 DMA 传送时，输出要访问的存储单元或者 I/O 端口地址的低 4 位。

(11) $A_7 \sim A_4$　4 条三态地址信号输出引脚。在 DMA 传送时，输出要访问的存储单元或者 I/O 端口地址的高 4 位。

(12) $\overline{IOR}$　低电平有效的双向三态信号引脚。在空闲周期，它是输入控制信号引脚，CPU 利用这个信号读取 8237A 内部状态寄存器的内容；而在 DMA 传送时，它是读端口控制信号输出引脚，与$\overline{MEMW}$相配合，使数据由外设传送到内存。

(13) $\overline{IOW}$　低电平有效的双向三态信号引脚，其功能与$\overline{IOR}$相对应。

(14) $\overline{MEMR}$　低电平有效的双向三态信号引脚，用于 DMA 传送时，控制存储器的读操作。

(15) $\overline{MEMW}$　低电平有效的双向三态信号引脚，用于 DMA 传送时，控制存储器的写操作。

(16) AEN　高电平有效的输出信号引脚，由它把锁存在外部锁存器中的高 8 位地址送入系统的地址总线，同时禁止其它系统驱动器使用系统总线。

(17) ADSTB　高电平有效的输出信号引脚，此信号把 $DB_7 \sim DB_0$ 上输出的高 8 位地址信号锁存到外部锁存器中。

(18) $\overline{EOP}$　双向，当字节数计数器减为 0 时，在$\overline{EOP}$上输出一个有效的低电平脉冲，表明 DMA 传送已经结束；也可接收外部的$\overline{EOP}$信号，强行结束 8237A 的 DMA 操作或者重新进行 8237A 的初始化。当不使用$\overline{EOP}$端时，应将其通过数千欧的电阻接到高电平上，以免由它输入干扰信号。

(19) +5V、GND 及 N/C 引脚

9.3.2　8237A 的工作方式和传送类型

1. 8237A 的各个通道在进行 DMA 传送时，有 4 种工作方式。

(1) 单字节传送方式　每次 DMA 操作仅传送一个字节的数据，完成一个字节的数据传送后，8237A 将当前地址寄存器的内容加 1（或减 1），并将当前字节数寄存器的内容减 1，每传送完一个字节，DMAC 就将总线控制权交回 CPU。

(2) 数据块传送　在这种传送方式下，DMAC 一旦获得总线控制权，便开始连续传送数据。每传送一个字节，便自动修改当前地址及当前字节数寄存器的内容，直到将所有规定的字节全部传送完，或收到外部$\overline{EOP}$信号，DMAC 才结束传送，将总线控制权交给 CPU，一次

所传送数据块的最大长度可达64KB，数据块传送结束后可自动初始化。

显然，在这种方式下，CPU可能会很长时间不能获得总线的控制权。像PC机就不能用这种方式，因为在块传送时，8086不能占用总线，无法实现对DRAM的刷新操作。

（3）请求传送 只要DREQ有效，DMA传送就一直进行，直到连续传送到字节计数器为0或外部输入使$\overline{EOP}$变低或DREQ变为无效时为止。

（4）级联方式 利用这种方式可以把多个8237A连接在一起，以扩充系统的DMA通道数。下一级的HRQ接到上一级的某一通道的DREQ上，而上一级的响应信号DACK可接下一级的HLDA上，其连接如图9-31所示。

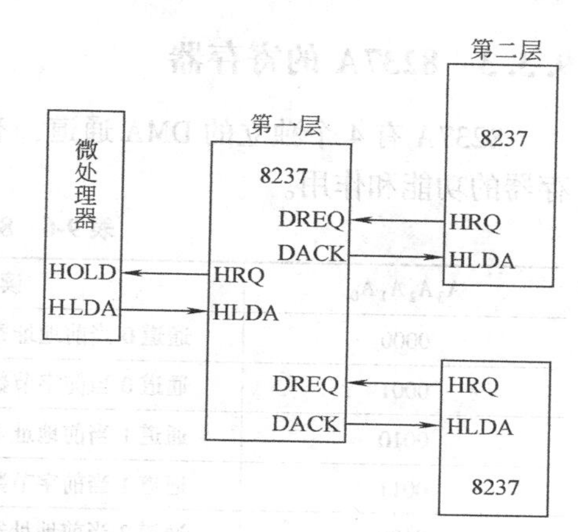

图9-31 8237A级联方式工作框图

在级联方式下，当第二级8237A的请求得到响应时，第一级8237A仅应输出HRQ信号而不能输出地址及控制信号。因为，第二级的8237A才是真正的主控制器，而第一级的8237A仅应起到传递DREQ请求信号及DACK应答信号的作用。

2. 8237A的DMA传输类型

（1）I/O接口到存储器的传送（写传送） 当进行由I/O接口到存储器的数据传送时，来自I/O接口的数据利用DMAC送出的$\overline{IOR}$控制信号，将数据输送到系统数据总线$D_0 \sim D_7$上，同时，DMAC送出存储器单元地址及$\overline{MEMW}$控制信号，并将存在于$D_0 \sim D_7$上的数据写入所选中的存储单元中。这样就完成了由I/O接口到存储器一个字节的传送。同时DMAC修改内部地址及字节数寄存器的内容。

（2）存储器到I/O接口（读传送） 与前一种情况类似，在进行这种传送时，DMAC送出存储器地址及$\overline{MEMR}$控制信号，将选中的存储单元的内容读出放在数据总线$D_0 \sim D_7$上，接着，DMAC送出$\overline{IOW}$控制信号，将数据写到规定的（预选中）端口中去，而后MDAC自动修改内部的地址及字节数寄存器的内容。

（3）存储器到存储器 8237A具有存储器到存储器的传送功能，利用8237A编程命令寄存器，可以选择通道0和通道1两个通道实现由存储器到存储器的传送。在进行传送时，采用数据块传送方式，由通道0送出内存源区域的地址和$\overline{MEMR}$控制信号，并将选中内存单元的数据读到8237A的暂存寄存器中，通道0修改地址及字节数寄存器的值；接着由通道1输出内存目标区域的地址及$\overline{MEMW}$控制信号，并将存放在暂存寄存器中的数据，通过系统数据总线，写入到内存的目标区域中去，然后通道1修改地址和字节数寄存器的内容，通道1的字节计数器减到零或外部输入$\overline{EOP}$时可结束一次DMA传输过程。

3. 8237A各个通道的优先级及传输速率

（1）优先级 8237A有两种优先级方案

1）固定优先级——规定各通道的优先级是固定的，即通道0的优先级最高，依次降低，通道3的优先级最低。

2）循环优先级——规定刚被服务通道的优先级最低，依次循环。这就可以保证4个通道的优先级是动态变化的，若3个通道已经被服务则剩下的通道一定是优先级最高的。

（2）传送速率 在一般情况下，8237A进行一次DMA传送需要4个时钟周期（不包括

插入的等待周期 S_W）。例如，PC 机的时钟周期约 210ns，则一次 DMA 传送需要 210ns ×4 + 210ns = 1050ns。多加一个 210 ns 是考虑到人为插入一个 S_W 的缘故。

另外，8237A 为了提高传送速率，可以在压缩定时状态下工作。在压缩定时状态下，每个 DMA 总线周期仅用 2 个时钟周期就可以实现，从而可以大幅度地提高数据的传送速率。

9.3.3 8237A 的寄存器

8237A 有 4 个独立的 DMA 通道，有许多内部寄存器，如表 9-6 所示，下面介绍各个寄存器的功能和作用。

表 9-6 8237A 的内部寄存器和地址

$A_3A_2A_1A_0$	读操作	写操作
0000	通道 0 当前地址寄存器	通道 0 地址寄存器
0001	通道 0 当前字节数寄存器	通道 0 字节数寄存器
0010	通道 1 当前地址寄存器	通道 1 地址寄存器
0011	通道 1 当前字节数寄存器	通道 1 字节数寄存器
0100	通道 2 当前地址寄存器	通道 2 地址寄存器
0101	通道 2 当前字节数寄存器	通道 2 字节数寄存器
0110	通道 3 当前地址寄存器	通道 3 地址寄存器
0111	通道 3 当前字节数寄存器	通道 3 字节数寄存器
1000	状态寄存器	命令寄存器
1001	—	请求寄存器
1010	—	单通道屏蔽字
1011	—	方式寄存器
1100	—	清先/后触发器命令
1101	暂存寄存器	复位命令
1110	—	清屏蔽寄存器命令
1111	—	综合屏蔽字

1. 基地址寄存器

用于存放 16 位地址，只可写入而不能读出。在编程时，它与当前地址寄存器被同时写入某一起始地址，可用作内存区域的首地址或末地址。在 8237A 进行 DMA 数据传送的工作过程中，其内容不发生变化，只是在自动预置时，其内容可被重新写到当前地址寄存器中去。

2. 基字节数寄存器

用于存放相应通道需要传送数据的字节数，只可写入而不能读出。在编程时它与当前字节数寄存器被同时写入要传送数据的字节数。在 8237A 进行 DMA 数据传送的工作过程中，其内容保持不变，只是在自动预置时，其内容可以被重新写到当前字节数寄存器中去。

3. 当前地址寄存器

存放 DMA 传送期间的地址值。每次传送后自动加 1 或减 1。CPU 可以对其进行读写操作。在选择自动预置时，每当字节计数值减为0或外部$\overline{EOP}$有效后，就会自动将基地址寄存器的内容写入当前地址寄存器中，恢复其初始值。

4. 当前字节数寄存器

存放当前的字节数。每传送一个字节，该寄存器的内容减1。当计数值减为0或接收到来自外部的$\overline{EOP}$信号时，会自动将基字节数寄存器的内容写入该寄存器，恢复其初始计数值，即为自动预置。

5. 方式寄存器

每个通道有一个8位的方式寄存器，但是它们共用同一个端口地址，用来存放方式字，依靠方式控制字本身的特征位来区分写入不同的通道，用来规定通道的工作方式，各位的作用如图9-32所示。

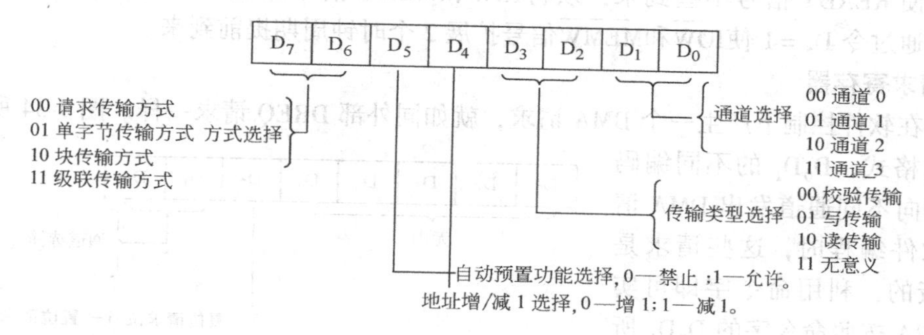

图9-32　8237A的方式寄存器

自动预置就是当某一通道按要求将数据传送完后，又能自动预置初始地址和传送的字节数，而后重复进行前面已进行过的过程。

校验传送就是实际并不进行数据传送，只产生地址并响应$\overline{EOP}$信号，不产生读写控制信号，用以校验8237A的功能是否正常。

6. 命令寄存器

8237A的命令寄存器存放编程的命令字，命令字各位的功能如图9-33所示。

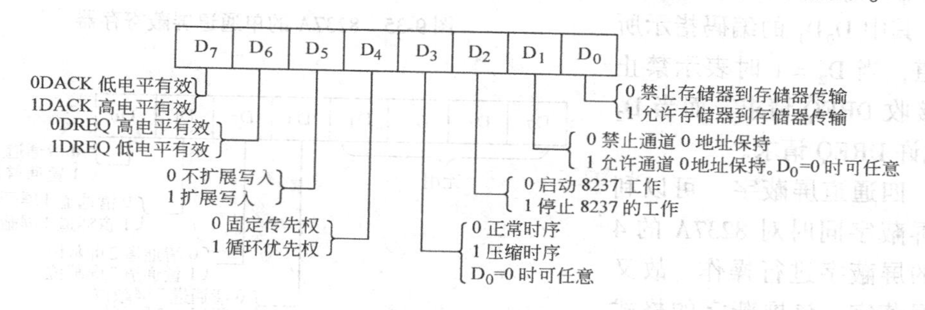

图9-33　8237A的命令寄存器

D_0位用以规定是否允许采用存储器到存储器的传送方式。若允许则利用通道0和通道1来实现。

D_1位用以规定通道0的地址是否保持不变。如前所述，在存储器到存储器的传送中，源地址由通道 0 提供，读出数据存到暂存寄存器，而后由通道 1 送出目标地址，将数据写入目标区域；若命令字中 $D_1=0$，则在整个数据块传送中（块长由通道 1 决定）保持内存源区域地址不变，因此，就会把同一个数据写入到整个目标存储器区域中。

D_2 位是允许或禁止 8237A 芯片工作的控制位。

D_3 位用于选择总线周期中写信号的时序。例如，PC 机中动态存储器的写操作是由写信号的上升沿启动的。若在 DMA 周期中写信号来得太早，可能会造成错误，所以 PC 机选择 $D_3=0$。

D_5 位用于选择是否扩展写信号。在 $D_3=0$（正常时序）时，如果外设速度较慢，有些外设是用 8237A 送出的 $\overline{IOW}$ 和 $\overline{MEMW}$ 信号的下降沿来产生的 READY 信号的。为提高传送速度，能够使 READY 信号早些到来，须将 $\overline{IOW}$ 和 $\overline{MEMW}$ 信号加宽，以使它们提前到来。因此，可以通过令 $D_5=1$ 使 $\overline{IOW}$ 和 $\overline{MEMW}$ 信号扩展 2 个时钟周期提前到来。

7. 请求寄存器

用于在软件控制下产生一个 DMA 请求，就如同外部 DREQ 请求一样。图 9-34 所示的为请求字的格式，D_0D_1 的不同编码用来表示向不同通道发出 DMA 请求。在软件编程时，这些请求是不可屏蔽的，利用命令字即可实现使 8237A 按照命令字的 D_0D_1 所选择的通道，完成 D_2 所规定的操作，这种软件请求只用于通道工作在数据块传送方式之下。

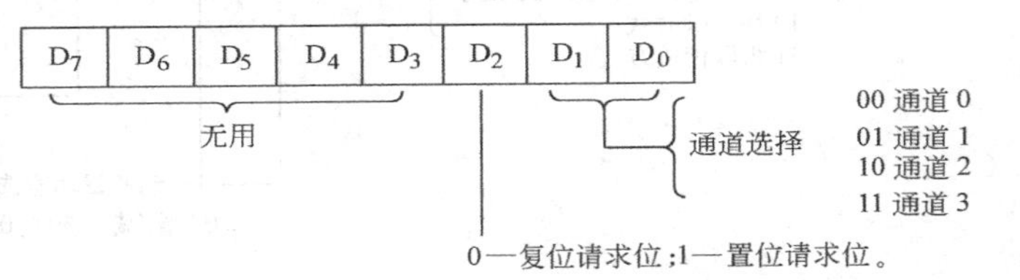

图 9-34　8237A 请求寄存器

8. 屏蔽寄存器

8237A 的屏蔽字有两种形式：

（1）单个通道屏蔽字　这种屏蔽字的格式如图 9-35 所示。利用这个屏蔽字，每次只能选择一个通道。其中 D_0D_1 的编码指示所选的通道，当 $D_2=1$ 时表示禁止该通道接收 DREQ 请求，而当 $D_2=0$ 时允许 DREQ 请求。

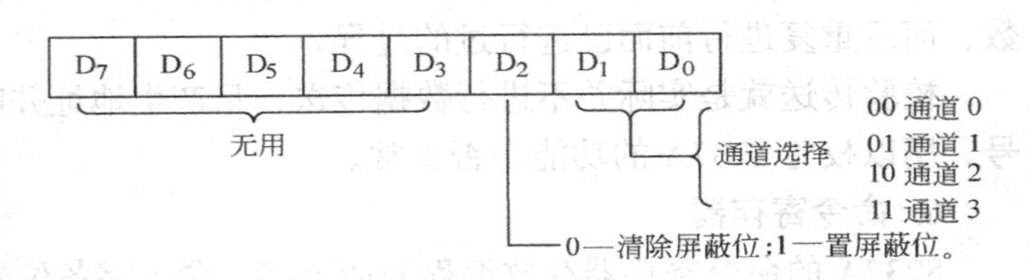

图 9-35　8237A 的单通道屏蔽寄存器

（2）四通道屏蔽字　可以利用这个屏蔽字同时对 8237A 的 4 个通道的屏蔽字进行操作，故又称为主屏蔽字。该屏蔽字的格式如图 9-36 所示。它与单通道屏蔽字所占用的 I/O 接口地址不同，以此加以区分。

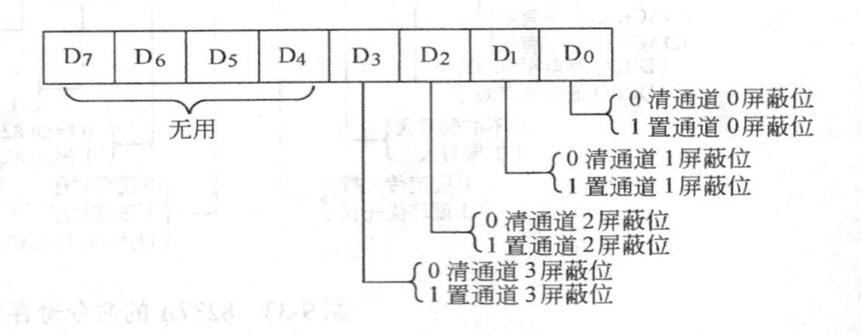

图 9-36　8237A 四通道屏蔽寄存器

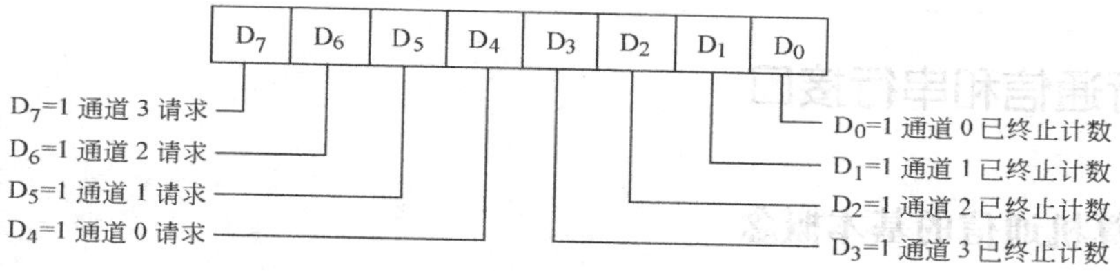

图 9-37 8237A 的状态寄存器

9. 状态寄存器

状态寄存器存放各通道的状态，CPU 读出其内容后即可得知 8237A 的工作状况。主要有：哪个通道计数已达到计数终点——其对应位为 1；哪个通道的 DMA 请求尚未处理——其对应位为 1。状态寄存器的格式如图 9-37 所示。

10. 暂存寄存器

用于在存储器到存储器传送过程中对数据进行暂时存放。

9.3.4 8237A 的编程及应用

1. 8237A 的初始化

在对 8237A 初始化之前，通常必须对 8237A 进行复位操作，利用系统总线上的 RESET 信号或用软件命令对 $A_3A_2A_1A_0$ 为 1101 的地址进行写操作，均可使 8237A 复位。复位后，8237A 内部的屏蔽寄存器被置位而其它所有寄存器被清 0，复位操作使 8237A 进入空闲状态，这时才可以对 8237A 进行初始化操作。

8237A 的初始化流程如图 9-38 所示。

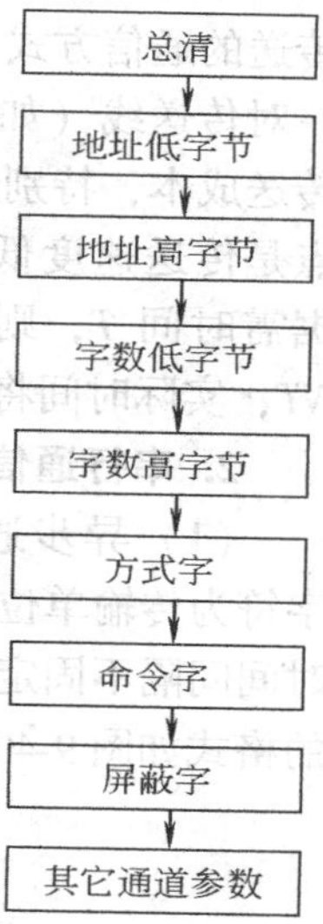

图 9-38 8237A 的初始化流程

2. 8237A 的初始化编程举例

【例 9-9】 PC 机系统程序中的变量 DMA 地址为 00H，设对 8237A 的 0 通道编程，使其工作于单一传送方式，地址加 1，自动预置，读出操作。

```
MOV   AL, 04H            ; 命令字禁止 8237A 操作
OUT   DMA+8, AL          ; 命令字送命令寄存器
OUT   DMA+0DH, AL        ; 发主清命令
MOV   AL, 0FFH           ; 传送字节数送 AL
OUT   DMA+1, AL          ; 写 0 通道字节数计数器和当前字节数计数器低 8 位
OUT   DMA+1, AL          ; 写 0 通道字节数计数器和当前字节数计数器高 8 位
MOV   AL, 58H            ; DMA 工作方式字，单一传送，地址加 1，自动预置，
                         ; 读出，0 通道
OUT   DMA+0BH, AL
MOV   AL, 0              ; 置命令寄存器
OUT   DMA+08H, AL        ; 命令字送命令寄存器
OUT   DMA+10             ; 写单通道屏蔽寄存器，允许通道 0 请求
```

9.4 串行通信和串行接口

9.4.1 计算机通信的基本概念

1. 并行与串行

两种基本传送方式与计算机的连接关系如图 9-39 所示。

并行通信：数据的各位同时进行传送（发送或接收）的通信方式。

其优点是传递速度快，适用于短距离通信。缺点是传送线根数 = 数据位数。不适用于位数多、距离又远的数据传送。

串行通信：将二进制代码逐位按序传送的通信方式。它的突出优点是只需一对传送线（如电话线），极大降低了传送成本，特别适用于远距离通信；缺点是传送速度低。若并行传送 N 位数据需时间 T，则串行传送时间至少为 NT，实际时间将大于 NT。

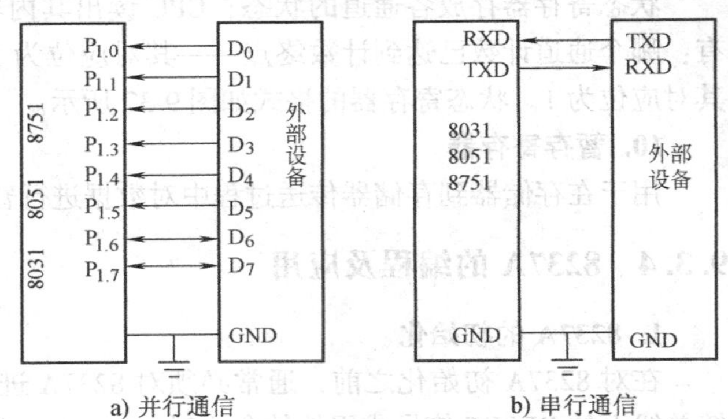

图 9-39 计算机通信的基本连接关系

2. 串行通信方式

（1）异步通信　异步通信以一个字符为传输单位，通信中两个字符间的时间间隔不固定，而在同一个字符中的两个相邻位代码间的时间间隔固定。异步通信数据帧的格式如图 9-40 所示。

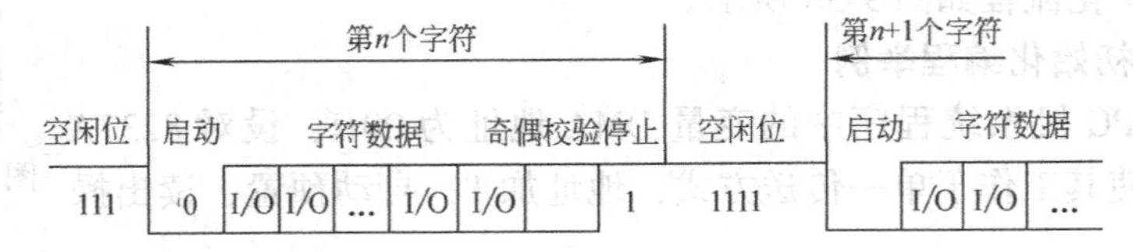

图 9-40 异步通信数据帧的格式

通信协议（通信规程）：是通信双方约定的一些规则。

传送一个字符的信息格式：数据是一帧一帧（包含一个字符代码或一字节数据）传送的，每一串行帧的数据格式由 1 个起始位、7 个或 8 个数据位、1 ~2 个停止位（含 1.5 个停止位）和 1 个校验位组成。每个异步串行帧中的每一位彼此严格同步，位周期相同。异步是指发送、接收双方的数据帧与帧之间不要求同步，也不必同步。异步通信依靠起始位、停止位保持通信同步。异步通信对硬件要求较低，实现较简单、灵活。但其工作速度较低，一般适用于 50 ~9600bit/s 的低速串行通信。

1）起始位：先发出一个逻辑“0”信号，表示传输字符的开始。

2）数据位：紧接在起始位之后。数据位的个数可以是 4 位、5 位、6 位、7 位或 8 位等，构成一个字符，通常采用 ASCII 码。从最低位开始传送，靠时钟定位。

3）奇偶校验位：数据位加上这一位后，使得“1”的个数应为偶数（偶校验）或奇数

（奇校验），以此来校验数据传送的正确性。

4）停止位：它是一个字符数据的结束标志。可以是1位、1.5位或2位的高电平。

5）空闲位：处于逻辑“1”状态，表示当前线路上没有数据传送。

（2）同步通信　数据格式（同步串帧）是由多个数据构成的，每帧有两个（或一个）同步字符作为起始位以触发同步时钟并开始发送或接收数据。空闲位需发送同步字符。同步是指发送、接收双方的数据帧与帧之间严格同步，而不只是位与位之间严格同步。同步通信数据帧的格式如图9-41所示。

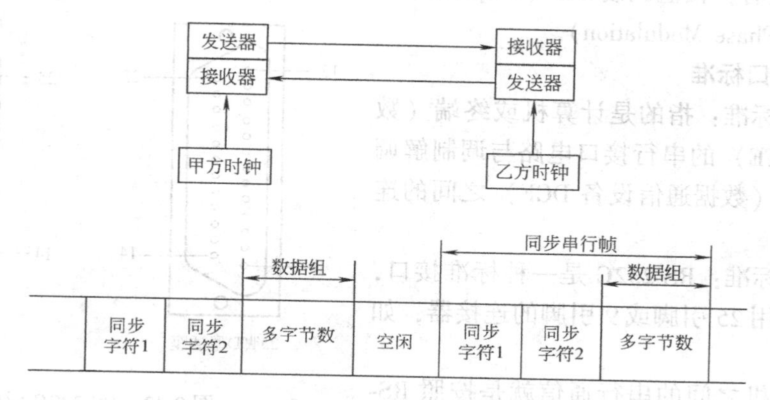

图9-41　同步通信数据帧的格式

同步通信依靠同步字符保持通信同步。其传输速度较快，可达80万bit/s，但要求有准确的时钟来实现收发双方的严格同步，对硬件要求较高，适用于传送成批数据。

（3）波特率（Baud Rate）　波特率是串行通信中的一个重要概念，是指单位时间里传送的数据位数，即：1波特率＝1bit/s，波特率的倒数即为每位所需的时间。由异步串行通信原理可知，互相通信的甲乙双方必须具有相同的波特率，否则无法成功地完成数据通信。

假设传送速率是100bit/s，而每个字符格式包含10个代码位（1个起始位、1个终止位、8个数据位），则此时传送的波特率为：10×100位/秒＝1000bit/s。

每一位代码的传送时间T_d为波特率的倒数：$T_d = 1/1000 = 1\text{ms}$。

波特率是衡量传输通道频宽的指标，它与传送数据的速率并不一致。上例中，因为除掉起始位和终止位，每一个数据实际只占有8位。所以数据的传送速率为：8×100＝800bit/s。

3. 串行通信的传送方向

图9-42给出了串行通信的3种操作模式。

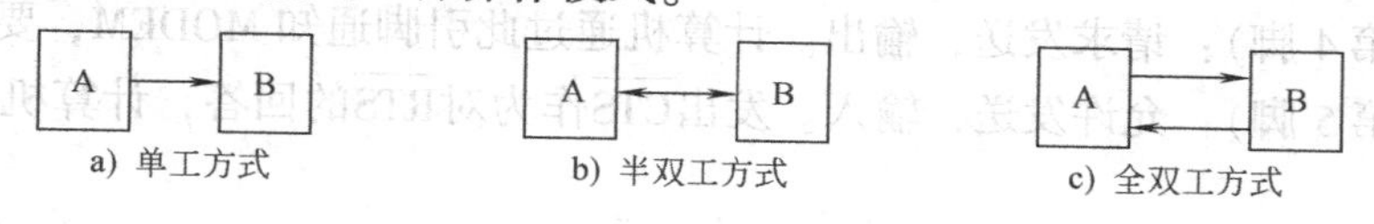

图9-42　串行通信操作模式

单工：双方通信时只允许数据按照一个固定的方向传送，如计算机→打印机。

半双工：通信双方都具有发送器和接收器，既可发送也可接收，但不能同时进行。

全双工：通信双方都具有发送器和接收器，并且信道划分为发送信道和接收信道，可实现同时发送和接收数据。全双工方式相当于把两个方向相反的单工方式组合在一起，因此它需要两条传输线。

在计算机串行通信中主要使用半双工和全双工方式。

串行通信适合于远距离数据传输，但所需的频带较宽，否则数据会严重畸变。解决数据畸变问题通常采用发送方将数据调制（即进行某种编码），接收方将数据解调的方法。常用调制/解调方法有：幅值调制 AM（Amplitude Modulation）、频率调制（Frequency Modulation）和相位调制（Phase Modulation）。

4. 串行接口标准

串行接口标准：指的是计算机或终端（数据终端设备 DTE）的串行接口电路与调制解调器 MODEM 等（数据通信设备 DCE）之间的连接标准。

RS-232C 标准：RS-232C 是一种标准接口，D 型插座，采用 25 引脚或 9 引脚的连接器，如图 9-43 所示。

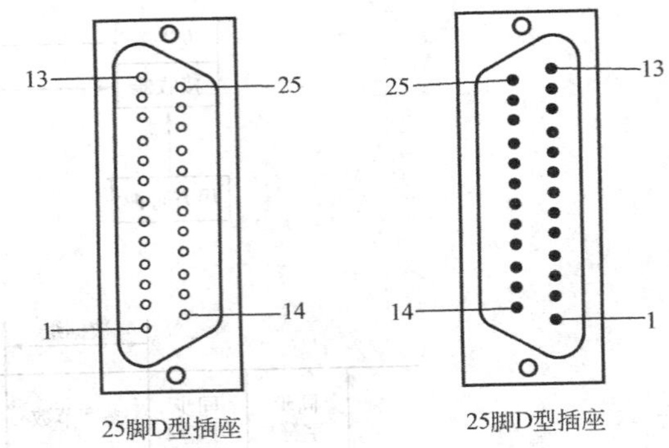

图 9-43 RS-232C 引脚

微型计算机之间的串行通信就是按照 RS-232C 标准设计的接口电路实现的。如果使用一根电话线进行通信，那么微机与 MODEM 之间的连线就是根据 RS-232C 标准连接的。其连接及通信原理如图 9-44 所示。

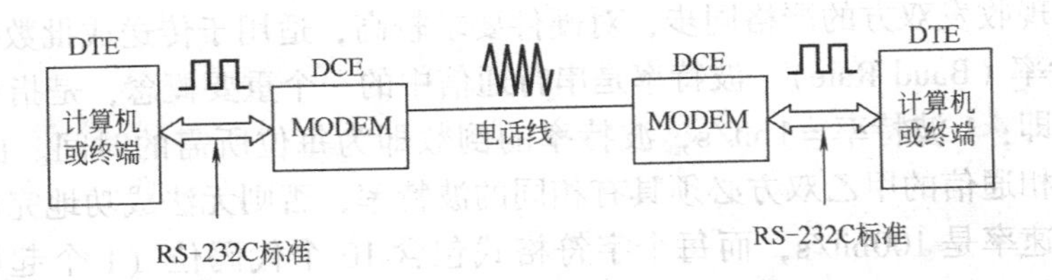

图 9-44 RS-232C 标准连接

（1）信号线 RS-232C 标准规定接口有 25 根连线，只有以下 9 个信号经常使用。

- T_XD（第 2 脚）：发送数据线，输出。发送数据到 MODEM。
- R_XD（第 3 脚）：接收数据线，输入。接收数据到计算机或终端。
- $\overline{RTS}$（第 4 脚）：请求发送，输出。计算机通过此引脚通知 MODEM，要求发送数据。
- $\overline{CTS}$（第 5 脚）：允许发送，输入。发出$\overline{CTS}$作为对$\overline{RTS}$的回答，计算机才可以发送数据。
- $\overline{DSR}$（第 6 脚）：数据装置就绪（即 MODEM 准备好），输入。表示调制解调器可以使用，该信号有时直接接到电源上，这样当设备连通时即有效。
- C1 $\overline{D}$（第 8 脚）：载波检测（接收线信号测定器），输入。表示 MODEM 已与电话线路连接好。
- RI（第 22 脚）：振铃指示，输入。MODEM 若接到交换台送来的振铃呼叫信号，就发出该信号来通知计算机或终端。

- $\overline{DTR}$（第20脚）：数据终端就绪，输出。计算机收到RI信号以后，就发出$\overline{DTR}$信号到MODEM作为回答，用来控制它的转换设备，建立通信链路。
- GND（第7脚）：地。

（2）逻辑电平　RS-232C标准采用EIA电平。规定："1"的逻辑电平在-3V～-15V之间，"0"的逻辑电平在+3V～+15V之间。由于EIA电平与TTL电平完全不同，必须进行相应的电平转换，所以采用MC1488完成TTL电平到EIA电平的转换，MC1489完成EIA电平到TTL电平的转换。

除了RS-232C标准以外，还有一些其它的通用串行接口标准，如：

RS-423A总线：在接收端采用了差分输入。差分输入对共模干扰信号有较高的抑制作用，这样就提高了通信的可靠性。

RS-422A总线：采用平衡输出的发送器，差分输入的接收器。

RS-485总线：RS-485适用于收发双方共用一对线进行通信，也适用于多个点之间共用一对线路进行总线方式联网，通信只能是半双工的。

9.4.2 可编程串行通信接口芯片8251A

1. 基本功能

1）两种工作方式：同步方式，异步方式；能自动完成帧格式。

2）同步方式下，每个字符可以用5位、6位、7位或8位来表示，并且内部能自动检测同步字符，从而实现同步。除此之外，8251A也允许同步方式下增加奇/偶校验位进行校验。

3）异步方式下，每个字符也可以用5位、6位、7位或8位来表示，时钟频率为传输波特率的1、16或64倍，用1位作为奇/偶校验。有1个启动位，并能根据编程为每个数据增加1个、1.5个或2个停止位。可以检查假启动位，自动检测和处理终止字符。

4）全双工的工作方式：其内部具有独立的发送器和接收器，并能提供一些基本控制信号，可以方便地与调制解调器连接。

5）提供出错检测：具有奇偶、溢出和帧错误3种校验电路。

2. 8251A的结构

（1）8251A的内部结构　如图9-45所示。

- 数据总线缓冲器：数据总线缓冲器是三态双向8位缓冲器，是CPU与8251A之间的数据接口。它包含3个8位的缓冲寄存器：两个寄存器分别用来存放CPU向8251A读取的数据或状态信息，一个寄存器用来存放CPU向8251A写入的数据或控制信息。
- 读/写控制电路：读/写控制电路用来配合数据总线缓冲器的工作，其功能如下：

1）接收写信号$\overline{WR}$，并将来自数据总线的数据和控制字写入8251A；

2）接收读信号$\overline{RD}$，并将数据或状态字从8251A送往数据总线；

3）接收控制/数据信号$C/\overline{D}$，高电平时为控制字或状态字；低电平时为数据。

4）接收时钟信号CLK，完成8251A的内部定时；

5）接收复位信号RESET，使8251A处于空闲状态。

- 调制解调控制电路：调制解调控制电路用来简化8251A和调制解调器之间的连接。

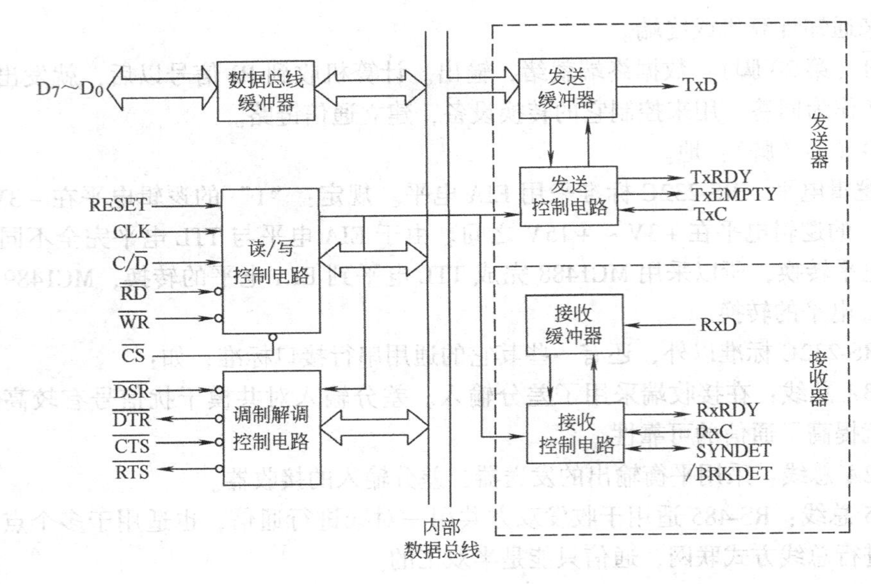

图 9-45　8251A 内部结构

● 发送器：发送器由发送缓冲器和发送控制电路两部分组成。

采用异步方式时，由发送控制电路在其首尾加上起始位和停止位，然后从起始位开始，经移位寄存器从数据输出线 T_XD 逐位串行输出。采用同步方式时，则在发送数据之前，发送器自动送出 1 个或 2 个同步字符，然后再逐位串行输出数据。

如果 CPU 与 8251A 之间采用中断方式交换信息，那么 T_XRDY 可作为向 CPU 发出的中断请求信号。当发送器中的 8 位数据串行发送完毕时，由发送控制电路向 CPU 发出 T_XE 有效信号，表示发送器中移位寄存器已空。

● 接收器：接收器由接收缓冲器和接收控制电路两部分组成。接收移位寄存器从 R_XD 引脚上接收串行数据转换成并行数据后存入接收缓冲器。

异步方式时：若在 R_XD 线上检测到低电平，则将检测到的低电平作为起始位，8251A 开始进行采样，完成字符装配，并进行奇偶校验和去掉停止位，变成了并行数据后，送到数据输入寄存器中，同时发出 R_XRDY 信号送到 CPU，表示已经收到一个可用的数据。

同步方式时：首先搜索同步字符。8251A 检测 R_XD 线，每当 R_XD 线上出现一个数据位时，接收下来并送入移位寄存器移位，并与同步字符寄存器的内容进行比较，如果两者不相等，则接收下一位数据，并且重复上述比较过程。当两个寄存器的内容相等时，8251A 的 SYNDET 升为高电平，表示同步字符已经找到，同步已经实现。

采用双同步方式，就要在测得输入移位寄存器的内容与第一个同步字符寄存器的内容相同后，再继续检测此后输入移位寄存器的内容是否与第二个同步字符寄存器的内容相同。如果相同，则认为同步已经实现。

实现同步之后，接收器和发送器间就开始进行数据的同步传输。这时，接收器利用时钟信号对 R_XD 线进行采样，并把收到的数据位送到移位寄存器中。在 R_XRDY 引脚上发出一个信号，表示收到了一个字符。

（2）8251A 的引脚信号　如图 9-46 所示。

8251A 与外部设备之间的连接信号：

● T_XD：发送器数据输出信号。当 CPU 送往 8251A 的并行数据被转变为串行数据后，通过 T_XD 送往外设。

● R_XD：接收器数据输入信号。用来接收外设送来的串行数据，数据进入 8251A 后被转变为并行数据。

● $\overline{DTR}$：数据终端准备好信号，低电平有效，通知外部设备，CPU 已准备就绪。

● $\overline{DSR}$：数据装置准备好信号，低电平有效，表示当前外设已经准备好。

● $\overline{RTS}$：请求发送信号，低电平有效，表示 CPU 已经准备好发送。

● $\overline{CTS}$：允许发送信号，低电平有效，是对$\overline{RTS}$的响应，由外设送往 8251A。

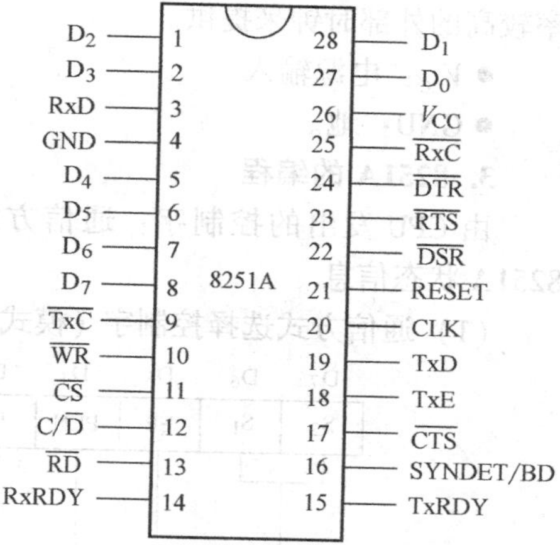

图 9-46 8251A 引脚

实际使用时，$\overline{DTR}$、$\overline{DSR}$、$\overline{RTS}$和$\overline{CTS}$这 4 个信号中通常只有$\overline{CTS}$必须为低电平，其它 3 个信号可以悬空。

8251A 和 CPU 之间的连接信号：

● $\overline{CS}$：片选信号，低电平有效，它由 CPU 的地址信号通过译码后得到。

● $D_0 \sim D_7$：8 位，三态，双向数据线，与系统的数据总线相连。传输 CPU 对 8251A 的编程命令字和 8251A 送往 CPU 的状态信息及数据。

● $\overline{RD}$：读信号，低电平有效时，CPU 正在从 8251A 读取数据或者状态信息。

● $\overline{WR}$：写信号，低电平有效时，CPU 正在往 8251A 写入数据或者控制信息。

● $C/\overline{D}$：控制/数据信号，用来区分当前读/写的是数据还是控制信息或状态信息。该信号也可看作是 8251A 数据口/控制口的选择信号。一般与地址总线的最低位 A_0 相连。

● T_XRDY：发送器准备好信号，高电平有效。它通知 CPU，8251A 已准备好发送一个字符。

● T_XE：发送器空信号，T_XE 为高电平时有效，用于表示此时 8251A 发送器中并行到串行转换器为空，说明一个发送动作已完成。

● R_XRDY：接收器准备好信号，高电平有效。用来表示当前 8251A 已经从外部设备或调制解调器接收到一个字符，等待 CPU 来取走。因此，在中断方式时，R_XRDY 可用来作为中断请求信号；在查询方式时，R_XRDY 可用来作为查询信号。

● SYNDET：同步检测信号，只用于同步方式。

● RESET：复位信号，高电平有效。通常与系统复位线连接。

时钟、电源和地：

● CLK：8251A 内部工作时钟，用来产生 8251A 的内部时序。同步方式下，CLK 应大于接收数据或发送数据的波特率的 30 倍；异步方式下，则要大于数据波特率的 4.5 倍。

● $\overline{T_XC}$：发送器时钟输入端，用来控制发送字符的速度。同步方式下，$\overline{T_XC}$的频率等于字符传输的波特率；异步方式下，$\overline{T_XC}$的频率可以为字符传输波特率的 1 倍、16 倍或者 64 倍。

● $\overline{RXC}$：接收器时钟输入端，用来控制接收字符的速度，方法和$\overline{TXC}$一样。

实际使用时，$\overline{RXC}$和$\overline{TXC}$往往连在一起，由同一个外部时钟来提供，CLK 则由另一个频率较高的外部时钟来提供。

● V_{CC}：电源输入。

● GND：地。

3. 8251A 的编程

由 CPU 发出的控制字：通信方式选择控制字和工作命令控制字：CPU 还可以读取 8251A 状态信息。

（1）通信方式选择控制字（模式字） 方式选择控制字的格式如图 9-47 所示。

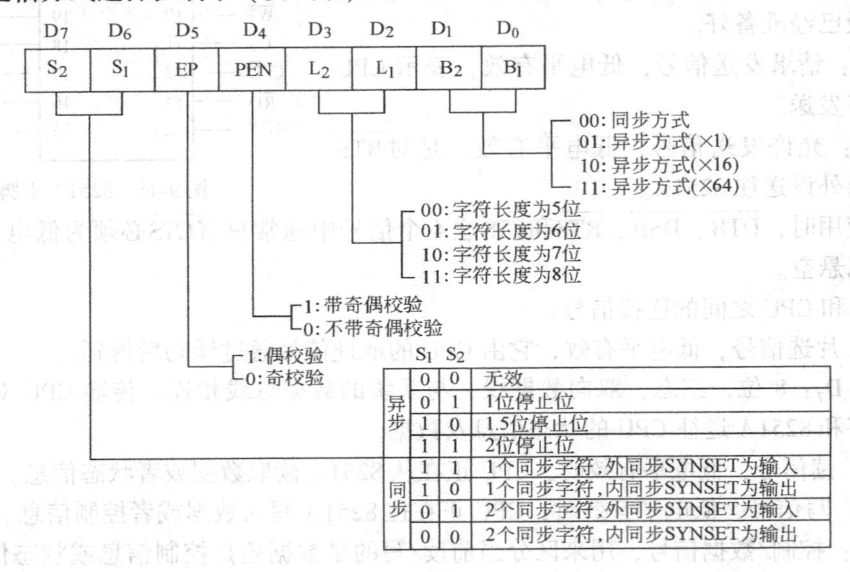

图 9-47 方式选择控制字的格式

（2）工作命令控制字（控制字） 工作命令控制字的格式如图 9-48 所示。

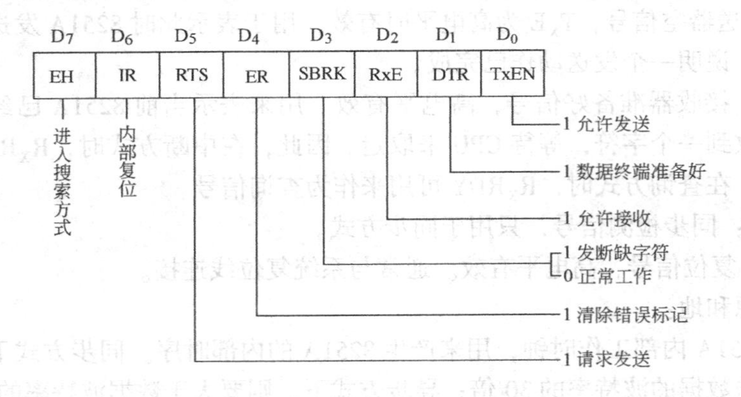

图 9-48 工作命令控制字的格式

（3）工作状态字 工作状态字的格式如图 9-49 所示。

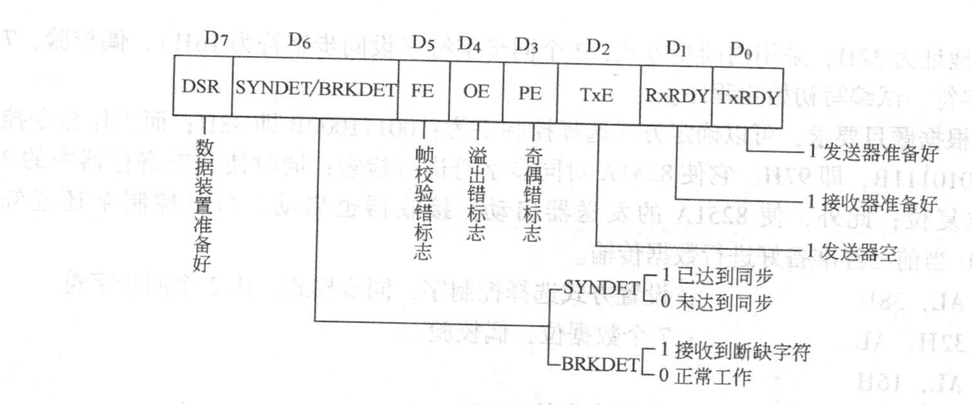

图 9-49 工作状态字的格式

4. 8251A 的初始化

1）芯片复位以后，第一次用输出指令写入奇地址端口的值作为通信方式选择控制字。

2）如果方式选择控制字中规定了 8251A 工作在同步方式，则 CPU 用输出指令向奇地址端口写入规定的 1 个或 2 个字节的同步字符。

3）由 CPU 用奇地址端口写入的值作为工作命令控制字送到控制寄存器，而用偶地址端口写入的值作为数据送到数据输出缓冲寄存器。

通信方式选择控制字、工作命令控制字及同步字均无特征标志位，且写入同一个命令口地址，所以在 8251A 的初始化编程时，必须按一定的顺序流程。初始化流程如图 9-50 所示。

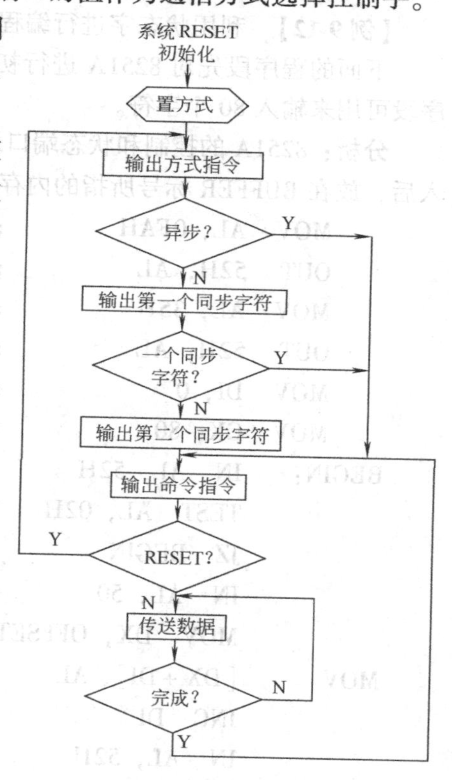

图 9-50 8251A 初始化流程

5. 8251A 的应用举例

【例 9-10】 异步方式下的初始化程序举例

设 8251A 工作在异步方式，波特率系数（因子）为 16，7 个数据位/字符，偶校验，2 个停止位，发送、接收允许，设端口地址为 00F2H 和 00F4H。试完成初始化编程。

分析：根据题目要求，可以确定方式选择控制字为：11111010B 即 FAH；而工作命令控制字为：00110111B 即 37H，则初始化程序如下：

```
MOV  AL, 0FAH        ; 送方式选择控制字
MOV  DX, 00F2H
OUT  DX, AL          ; 异步方式，7 位/字符，偶校验，2 个停止位
MOV  AL, 37H         ; 设置工作命令控制字，使发送、接收允许，清出错标
                       志，使RTS、DTR
OUT  DX, AL          ; 有效
```

【例 9-11】 同步模式下初始化程序举例

设端口地址为32H，采用内同步方式，2个同步字符（设同步字符为16H），偶校验，7位数据位/字符。试编写初始化程序。

分析：根据题目要求，可以确定方式选择控制字为：00111000B 即 38H；而工作命令控制字为：10010111B，即97H。它使8251A 对同步字符进行检索；同时使状态寄存器中的3个出错标志复位；此外，使8251A 的发送器启动，接收器也启动；命令控制字还通知8251A，CPU 当前已经准备好进行数据传输。

```
MOV   AL，38H           ；设置方式选择控制字，同步模式，用2个同步字符，
OUT   32H，AL           ；7个数据位，偶校验
MOV   AL，16H
OUT   32H，AL           ；送同步字符16H
OUT   32H，AL
MOV   AL，97H           ；设置工作命令控制字，使发送器和接收器启动
OUT   32H，AL
```

【例9-12】 利用状态字进行编程的举例

下面的程序段先对8251A 进行初始化，然后对状态字进行测试，以便输入字符。本程序段可用来输入80个字符。

分析：8251A 的控制和状态端口地址为52H，数据输入和输出端口地址为50H。字符输入后，放在BUFFER 标号所指的内存缓冲区中。

```
         MOV   AL，0FAH          ；设置方式选择控制字，异步方式，波特率因子为16，
         OUT   52H，AL           ；用7个数据位，2个停止位，偶校验
         MOV   AL，35H           ；设置工作命令控制字，使发送器和接收器启动，
         OUT   52H，AL           ；并清除出错指示位
         MOV   DI，0             ；变址寄存器初始化
         MOV   CX，80            ；计数器初始化，共收取80个字符
BEGIN：  IN   AL，52H           ；读取状态字，测试RxRDY位是否为1，如为0，
         TEST  AL，02H          ；表示未收到字符，故继续读取状态字并测试
         JZ  BEGIN
         IN   AL，50            ；读取字符
         MOV  DX，OFFSET  BUFFER
MOV      [DX+DI]，AL
         INC  DI                ；修改缓冲区指针
         IN   AL，52H           ；读取状态字
         TEST  AL，38H          ；测试有无帧校验错、奇/偶校验错和溢出错，如有，
                                 则转出错处理程序
         JZ  ERROR              ；
         LOOP  BEGIN            ；如没错，则再收下一个字符
         JMP  EXIT              ；如输入满足80个字符，则结束
ERROR：  CALL  ERR-OUT          ；调出错处理
EXIT：……
```

9.5 数/模、模/数转换

模拟量：工程实际中连续变化的物理量，如温度、压力、流量、位移和速度等。通过传感器可转化为电压、电流或频率等信号。

数字量：计算机中处理的数据，由一位一位的数字构成。

为了使计算机能够处理模拟量，就需要实现模拟量与数字量之间的转换。模/数（A/D）转换器（ADC）可实现模拟量→数字量的转换；数/模（D/A）转换器（DAC）可实现数字量→模拟量的转换。转换过程如图9-51所示。

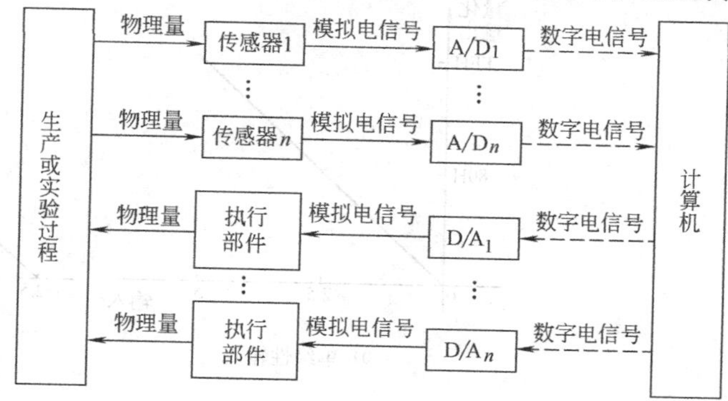

图9-51 模拟量与数字量的转换

9.5.1 模/数（A/D）转换器及其接口

1. 概念

（1）采样和量化 我们经常遇到的物理参数，如电流、电压、温度、压力和速度等都是模拟量。模拟量的大小是连续分布的，且经常也是时间上的连续函数。因此要将模拟量转换成数字信号需经采样⟶量化⟶编码3个基本过程（数字化过程）。

采样：按采样定理对模拟信号进行等时间间隔采样，将得到的一系列时域上的样值去代替 $u=f(t)$，即用 u_0、u_1、$\cdots u_n$ 代替 $u=f(t)$。这些样值在时间上是离散的值，但在幅度上仍然是连续的模拟量。

量化：在幅值上再用离散值来表示，即用一定的量化阶距为单位，把数值上连续的模拟量转变为数值离散量。方法是用一个量化因子Q去度量；U_0、U_1、…，便得到整量化的数字量。

$U_0=2.4Q\Rightarrow 2Q$ 010 $U_1=4.0Q\Rightarrow 4Q$ 100

$U_2=5.2Q\Rightarrow 5Q$ 101 $U_3=5.8Q\Rightarrow 5Q$ 101

编码：将整量化后的数字量进行编码，以便微机读入和识别；编码仅是对数字量的一种处理方法。

例如：Q=0.5V/格，设用三位二进制数编码，过程如图9-52所示。

$$U_0=2.4Q\xrightarrow{\text{整量化}}2Q\xrightarrow{\text{编码}}(010)U_0$$
$$=(0\times 2^2+1\times 2^1+0\times 2^0)\times 0.5V=1V$$

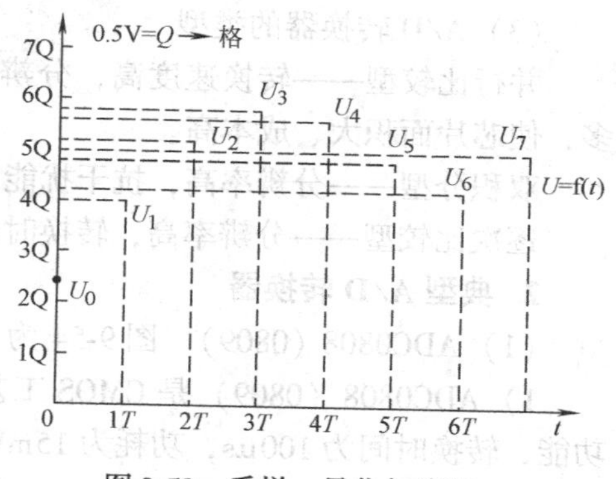

图9-52 采样、量化与编码

输入信号为单极性信号时：以二进制数进行量化编码，输入范围为0～+5V的8位ADC，输入输出关系如图 9-53a 所示。输入信号为双极性信号时，有 3 种编码方式：

1）偏移二进制码——最高位为符号位，1 为正，0 为负；其余位表示幅值。输入输出关系如图 9-53b 所示。

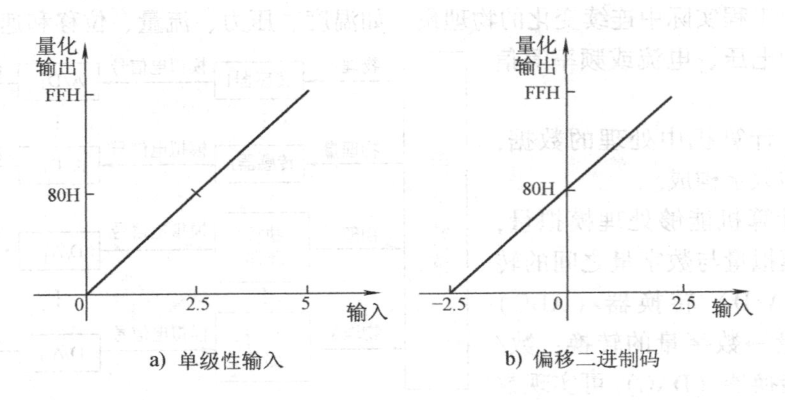

图 9-53　编码

2）原码——输入为正，符号位为 0，输入为负，符号位为 1，其余位表示幅值。

3）补码——符号位与偏移二进制码的符号位相反，其余位相同。

（2）A/D 转换器主要性能

量化误差（Quantizing Error）：量化误差是在 A/D 转换中由于整量化所产生的固有误差。

分辨率（Resolution）：单位数字量所对应的模拟量增量。

转换误差：实际输出数字量与理论输出数字量间的差别。

转换时间（Conversion Time）：转换时间指的是 A/D 完成一次转换所需要的时间。

绝对精度（Absolute Precision）：绝对精度指的是 A/D 转换器的输出端所产生的数字代码，分别对应于实际需要的模拟输入值与理论上要求的模拟输入值之差（由于量化，在一定范围内的所有模拟值都产生相同的数字输出，所以，这里模拟值都指的是该范围内的中间模拟值）。

相对精度（Relative Precision）：相对精度指的是满度值校准以后，任意数字输出所对应的实际模拟输入值（中间值）与理论值（中间值）之差。对于线性 A/D，相对精度就是非线性的。

（3）A/D 转换器的类型

并行比较型——转换速度高，分辨率一般在 8 位以内。8 位以上所需的电压比较器太多，使芯片面积大、成本高。

双积分型——分辨率高，抗干扰能力强，但转换速度低，一般为 1 ~1000ms。

逐次比较型——分辨率高，转换时间在 0. 1 ~ 100μs 之间。

2. 典型 A/D 转换器

（1）ADC0808（0809）　图 9-54 为 ADC0808（0809）的内部逻辑框图和引脚编号。

1）ADC0808（0809）是 CMOS 工艺的 8 位 A/D 转换器，逐次比较型，数据输出有三态功能，转换时间为 100μs，功耗为 15mW。

2）控制原理：模拟量输入→A/D 转换器→数据输出。

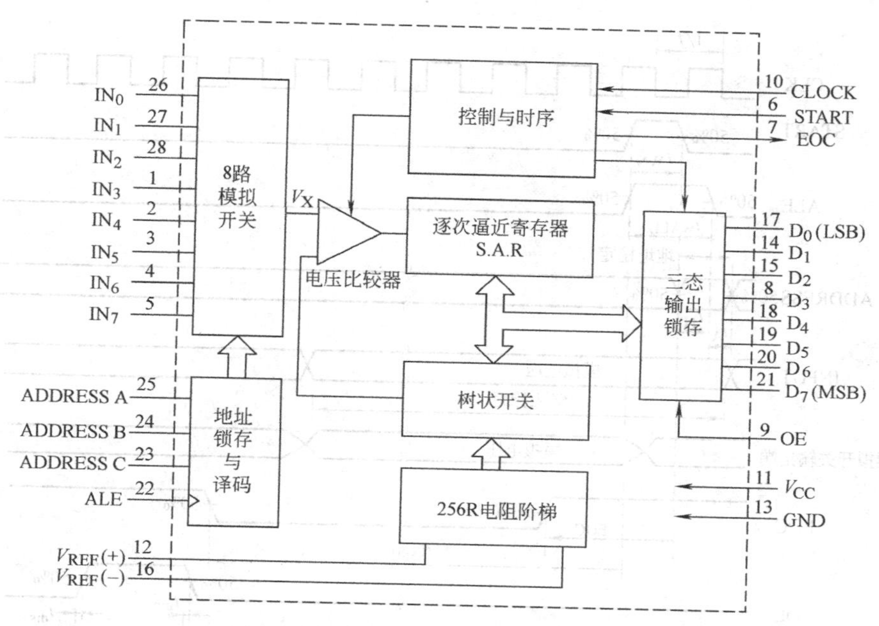

图 9-54　ADC0809/0808 内部逻辑和引脚

3）引脚介绍：

$IN_0 \sim IN_7$：8 路模拟量单极性电压的输入引脚。

V_{CC}：主电源输入端。

GND：模拟地和数字地共用的接地端。

REF(+)、REF(−)：基准电源输入端，使用中 REF(−)一般接地，REF(+)最大可接 +5.12V，要求不高时，REF(+)接 V_{CC} 的 +5V 电源。

ADD A、ADD B、ADD C：8 选 1 模拟开关的 3 位通道地址输入端。用来选择对应的输入通道，C、B、A 通常与系统数据总线的 D_2、D_1、D_0 连接。但也有与系统地址总线相连的，此种用法需小心处理端口地址的组织。C、B、A 与模拟开关输出 V_X 的关系如下表所示：

$C(D_2)$、$B(D_1)$、$A(D_0)$	模拟开关输出 V_X	$C(D_2)$、$B(D_1)$、$A(D_0)$	模拟开关输出 V_X
000	IN_0	100	IN_4
001	IN_1	101	IN_5
010	IN_2	110	IN_6
011	IN_3	111	IN_7

ALE：通道地址锁存允许选通控制端，输入上升沿有效；当它有效时，C、B、A 的通道地址值才能进入通道地址锁存器，ALE 下降为低电平（无效）时，锁存器锁存通道地址。

CLOCK：时钟输入引脚，时钟频率范围 10kHz ~ 1280kHz，典型值 640kHz，此时转换时间约为 100μs。

START：启动 A/D 转换控制引脚，负跳变时有效；即对该引脚输入正脉冲下降沿后，ADC 开始逐次比较；也可将 START 与 ALE 连接在一起使用，安排一个 CPU 写端口地址；正脉冲上升沿通道地址（码）被写入通道地址锁存器，下降沿启动 A/D 转换，参见时序图 9-55。

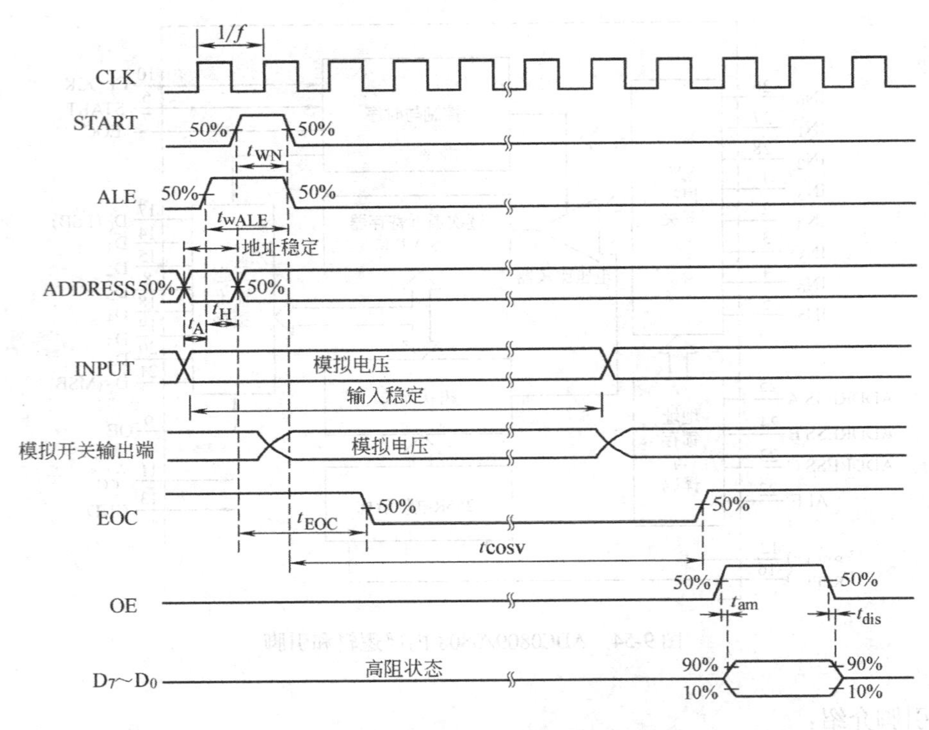

图 9-55　ADC0809 时序

EOC：ADC 转换结束信号引脚。未启动转换时，EOC 为高电平，启动转换后，在逐次逼近比较期间 EOC 为低电平，低电平持续时间为 A/D 转换时间，约 100μs（与时钟频率有关）。一旦转换完毕，EOC 端变为高电平，此信号可供 CPU 查询或向 CPU 发中断请求。

$D_7 \sim D_0$：8 位数字量输出端，它是三态输出数据锁存器的输出引脚，未被选通时，8 个引脚对片内均为高阻断开；因此可与系统数据总线 $D_7 \sim D_0$ 直接相连。

OE：数据输出允许控制端，输入正脉冲有效；它有效时，数据输出三态门被打开，转换好的数字量各位被送到 $D_7 \sim D_0$ 引脚上；它无效时，$D_7 \sim D_0$ 浮空（高阻隔离）；显然OE端必须设置一个 CPU 读数据的端口地址，未访问时，必须为低电平。

（2）AD574A　逐次比较式 12 位 A/D 转换器，转换时间为 15 ~ 35μs，内部提供基准电压，有可与 8 位或 16 位 CPU 总线直接连接的三态输出缓冲器。

（3）AD7472　通用 12 位高速、低功耗逐次比较式 A/D 转换器。

（4）几种 A/D 转换器比较　如下表所示：

芯　片	特　性					特　点
	缓冲能力	分辨率	精度	转换时间	主要的引脚	
ADC0804	有数据锁存能力	8 位	±1LSB	100μs	$\overline{CS}$片选信号 $\overline{WR}$写信号输入端，当$\overline{CS}$有效时，启动 AD 转换 INTR 转换完成后，该引脚变为低电平，向 CPU 提出中断申请	可直接与微处理器的数据总线相连

（续）

芯　　片	特　　性					特　　点
	缓冲能力	分辨率	精度	转换时间	主要的引脚	
ADC0808/0809	有数据锁存能力	8位	8位	100μs	ADD A,B,C 选择模拟通道的地址输入 START 启动转换信号 EOC 转换结束信号 OUTPUT ENABLE 允许数据输出	除有 A/D 外，还有一个 8 通道的模拟多路开关和联合寻址逻辑
AD574A	有多路方式的三态缓冲器	12位	±1 或 ±1/2LSB	25μs	CE 片允许信号 $\overline{CS}$片选信号 R/$\overline{C}$ 启动转换信号。当 CE = 1, $\overline{CS}$ = 0, R/$\overline{C}$ = 0 启动转换；R/$\overline{C}$ = 1 读出数据 A_0 和 12/$\overline{8}$ 控制转换长度和输出格式	价格低，应用广

3. 典型 A/D 转换器应用

模/数转换器芯片和微处理器的接口需要注意的问题。

- A/D 芯片的数字输出特性；
- A/D 芯片和 CPU 间的时序配合问题；
- A/D 分辨率超过微处理器数据总线位数时的接口；
- ADC 的控制和状态信号。

【例 9-13】　ADC0808/0809 与 8088 微处理器的连接。注：图 9-56 中 ADC0809 芯片的 8 个模拟量输入端每次仅接通一个，是通过多路模拟开关来切换控制的。

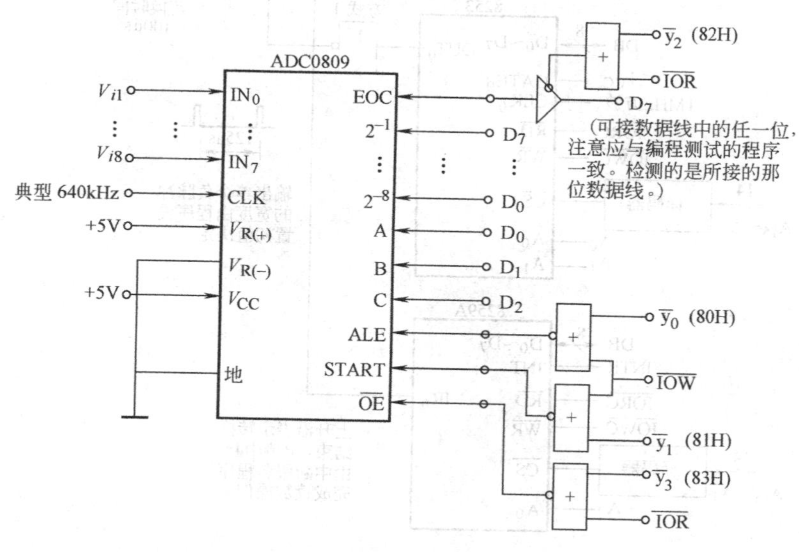

图 9-56　ADC0808/0809 与 8088CPU 接口图

各工作阶段可用一个流程图9-57来表示。

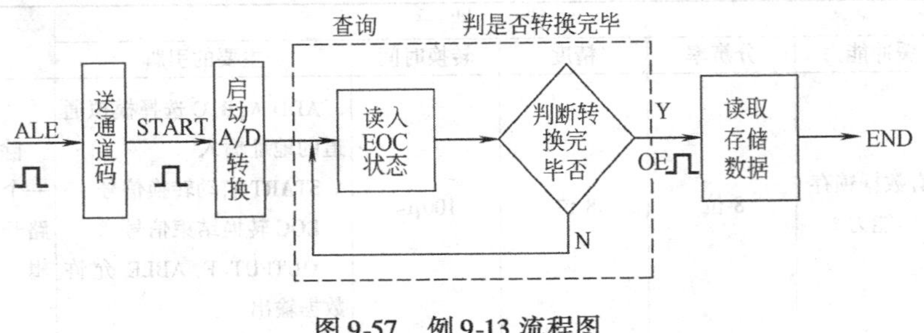

图9-57　例9-13流程图

【例9-14】　图9-58是由ADC0809、8255、8253和8259组成的数据采集系统。由硬件连接可知：8255PA口工作于方式0输入；PB口工作于方式0输出；8253通道0工作于方式1，OUT_0输出脉冲经非门后连接ADC0809的START和ALE，所以每个脉冲都启动一次A/D转换。EOC连接8259的IR_0，EOC正跳变引起中断。设：8255端口地址为70H～73H，8253端口地址为74H～77H，8259端口地址为78H～79H。8259中断输入引脚IR_0～IR_7的中断矢量为30H～37H。

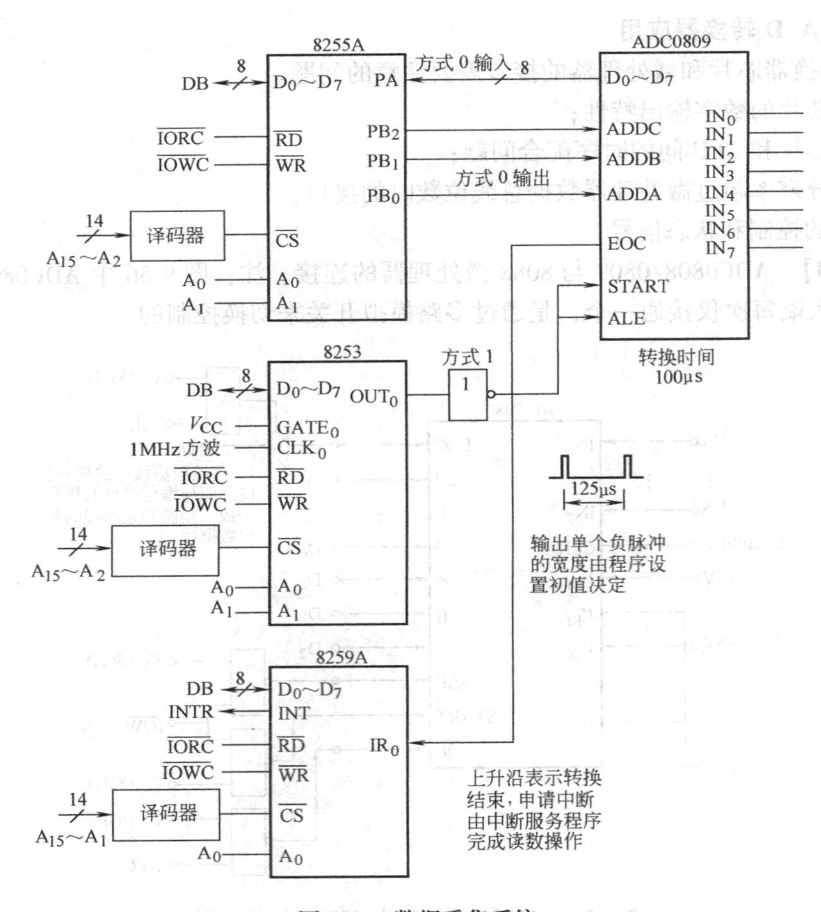

图9-58　数据采集系统

编程实现：用8kHz采样频率连续采样2000个数据，并将采样数据存入BUFFER开始的内存中。

```
DATA    SEGMENT
BUFFER   DB   2000 DUP (0)
COUNTER   EQU   $—BUFFER
DATA   ENDS
CODE   SEGMENT
        ASSUME   DS：DATA，CS：CODE
MAIN   PROC   FAR        ；主程序
       MOV   AL，03H   ；8259命令字ICW1，边沿触发
       OUT   78H，AL
       MOV   AL，30H   ；ICW2，中断矢量
       OUT   79H，AL
       MOV   AL，05H   ；ICW4
       OUT   79H，AL
       MOV   AL，7FH   ；中断屏蔽字
       OUT   79H，AL
       MOV   AL，32H   ；8253命令字，通道0方式1
       OUT   77H，AL
       MOV   AX，125   ；计数器初值
       OUT   74H，AL
       MOV   AL，AH
       OUT   74H，AL
       MOV   AL，50H   ；8255命令字
       OUT   73H，AL
       MOV   CX，2000
       PUSH  DS                          ；设置中断入口地址表
       MOV   DX，OFFSET   INTERRUPT
       MOV   AX，SEG   INTERRUPT
       MOV   DS，AX
       MOV   AX，2530H                   ；30H是IR0的中断矢量
       INT   21H
       POP   DS                          ；设置中断入口地址表结束
       LEA   BX，BUFFER
       MOV   CX，COUNTER
       STI
WAIT：CMP   CX，0
       JNZ   WAIT
       CLI
```

```
        RET
MAIN    ENDP
INTERRUPT   PROC   FAR；中断服务程序
INTS：PUSH   AX
        IN      AL，70H     ；读 8255 的 PA 口
        MOV    [BX]，AL
        INC     BX
        DEC    CX
        MOV    AL，20H
        OUT    78H，AL
        POP    AX
        IRET
INTERRUPT   ENDP
CODE   ENDS
```

1）数据缓冲区 BUFFER，指针寄存器 BX 指向缓冲区首地址；

2）8253 通道 0 工作在方式 1，计数初值为 1MHz/8kHz = 125；

3）每次 A/D 转换完成时，EOC 的上升沿引起中断，中断服务程序中读取 8255A 的 PA 口数据，并存入数据缓冲区，同时修改指针 BX 和计数器 CX；

4）主程序中检测 CX 是否为 0，若为 0 则说明执行了 2000 次中断。

9.5.2 数/模（D/A）转换器及其接口

1. D/A 转换的主要性能指标

（1）分辨率（Resolution） 单位数字量所对应的模拟量增量，即 D/A 转换器模拟输出电压能够被分离的等级数。

（2）精度（Accuracy） 分绝对精度（Absolute Accuracy）和相对精度（Relative Accuracy）两种。

绝对精度（绝对误差）指的是在数字输入端加有给定的代码时，在输出端实际测得的模拟输出值（电压或电流）与应有的理想输出值之差。它是由 D/A 的增益误差、零点误差、线性误差和噪声等综合因素引起的。

相对精度指的是满量程值校准以后，任一数字输入的模拟输出与它的理论值之差。

（3）建立时间（Setting Time） 这是 D/A 的一个重要性能参数，通常定义为：在数字输入端发生满量程码的变化以后，D/A 的模拟输出达到稳定时所需要的时间。

二进制数按权大小转换为相应的模拟分量，再进行叠加所得总和即转换结果。

2. 典型 D/A 转换器

（1）8 位 D/A 转换器 DAC0832 图 9-59 为 DAC0832 的内部逻辑框图和引脚编号。

DAC0832 是 8 位双缓冲型 D/A 转换器，采用 CMOS 工艺。内部阶梯电阻网络形成参考电流，输入的二进制数控制 8 个电流开关。CMOS 电流开关保证了转换器的精度，且功耗低。从输入数据到输出稳定电压所需的时间（建立时间）为 1μs。

DAC0832 采用 8 位并行输入，单极性，数据线与 TTL 兼容；二级数据锁存（第一级为输

入锁存）；20 脚双列直插式封装（DIP 封装）。

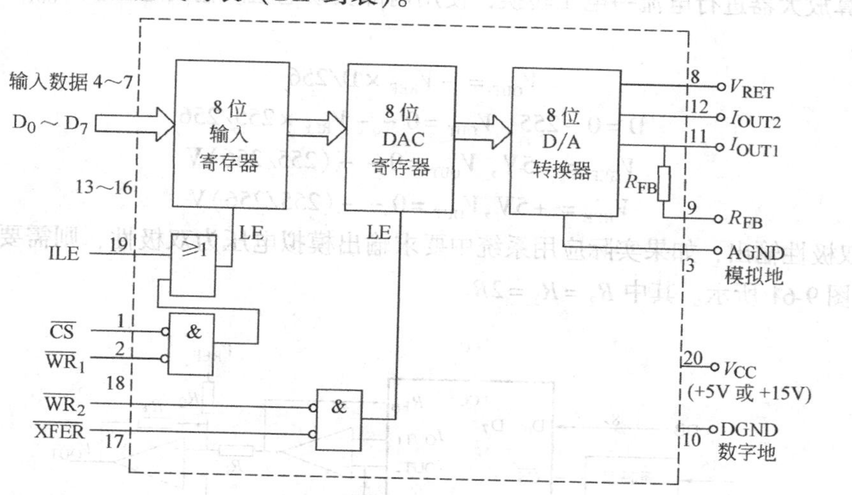

图 9-59　DAC0832 的结构

引脚说明：

$D_0 \sim D_7$：8 位数据输入端；

ILE：数据允许锁存信号，高电平有效；

$\overline{CS}$：输入寄存器选择信号，低电平有效，它和 ILE 信号一起来决定$\overline{WR_1}$是否起作用；

$\overline{WR_1}$：输入寄存器的写选通信号，$\overline{WR_1}$必须和CS、ILE 同时有效；

$\overline{WR_2}$：DAC 寄存器的写选通信号，$\overline{WR_2}$必须和$\overline{XFER}$同时有效；

$\overline{XFER}$：传送控制信号，用来控制$\overline{WR_2}$；

V_{REF}：基准电压源输入端，此端可以接正电压，也可接负电压，允许范围为 V_{REF} = $-10V \sim +10V$；

I_{OUT1}：D/A 转换器输出电流端之一。DAC 锁存的数据位为“1”的位电流均从此端流出；当 DAC 锁存器各位全为 1 时，输出电流最大，全为 0 时输出为 0；

I_{OUT2}：D/A 转换器输出电流端之二。与 I_{OUT1} 是互补关系；

R_{FB}：内备的反馈电阻引出端，另一端在片内与 I_{OUT1} 相接，芯片内部已提供一个反馈电阻，约 15kΩ；

V_{CC}：芯片供电电源引入端，范围 $+5V \sim +15V$，最佳工作状态为 +15V；

AGND：模拟信号地，即模拟电路接地端；

DGND：数字量地。

DAC0832 的输出电路：

1）单极性电压输出，如图 9-60 所示。

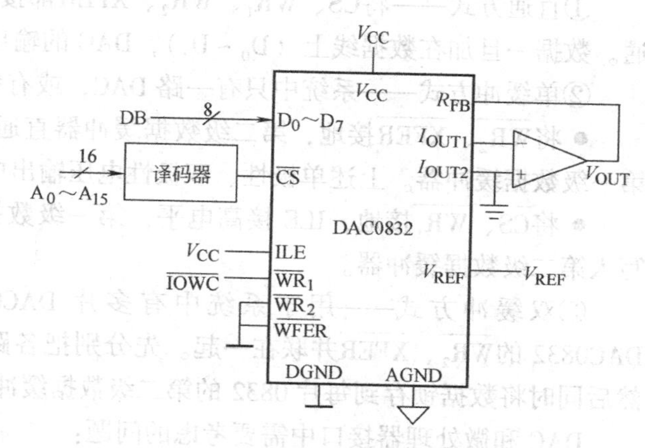

图 9-60　单极性电压输出电路

由运算放大器进行电流→电压转换，使用内部反馈电阻。输出电压值 V_{OUT} 和输入数字量 D 的关系：

$$V_{OUT} = -V_{REF} \times D/256$$

$$D=0\sim255,\ V_{OUT}=0\sim-V_{REF}\times255/256$$

$$V_{REF}=-5V,\ V_{OUT}=0\sim+(255/256)V$$

$$V_{REF}=+5V,\ V_{OUT}=0\sim-(255/256)V$$

2）双极性输出，如果实际应用系统中要求输出模拟电压为双极性，则需要用转换电路实现。如图 9-61 所示。其中 $R_2=R_3=2R_1$

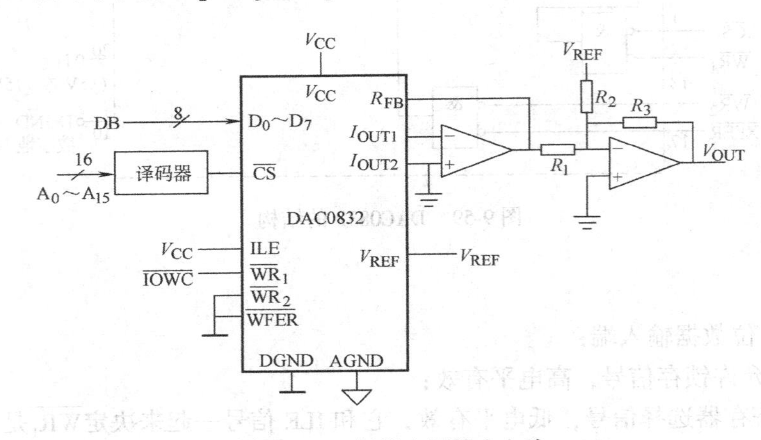

图 9-61　双极性电压输出电路

$$V_{OUT}=2\times V_{REF}\times D/256-V_{REF}=(2D/256-1)V_{REF}$$

$$D=0,\ V_{OUT}=-V_{REF};$$

$$D=128,\ V_{OUT}=0;$$

$$D=255,\ V_{OUT}=(2\times255/256-1)\times V_{REF}=(254/255)V_{REF}$$

即：输入数字为 0~255 时，输出电压在 $-V_{REF}\sim+V_{REF}$ 之间变化。

DAC0832 的工作方式：

①直通方式——将 $\overline{CS}$、$\overline{WR_1}$、$\overline{WR_2}$、$\overline{XFER}$ 都接地，把第一级和第二级数据缓冲器都直通。数据一旦加在数据线上（$D_0\sim D_7$），DAC 的输出端就立即有响应。

②单缓冲方式——系统中只有一路 DAC，或有多路 DAC 但不要求同步时可用本方式。

● 将 $\overline{WR_2}$、$\overline{XFER}$ 接地，第二级数据缓冲器直通。数据由 $\overline{CS}$、$\overline{WR_1}$ 和 ILE 联合控制写入第一级数据缓冲器。上述单极性、双极性电压输出中 DAC0832 与 CPU 即采用此方式。

● 将 $\overline{CS}$、$\overline{WR_1}$ 接地，ILE 接高电平，第一级数据缓冲器直通。数据由 $\overline{WR_2}$、$\overline{XFER}$ 控制写入第二级数据缓冲器。

③双缓冲方式——用于系统中有多片 DAC0832，并且需要同步的情况。将多片 DAC0832 的 $\overline{WR_2}$、$\overline{XFER}$ 并联在一起。先分别把各路数据写入各芯片的第一级数据缓冲器，然后同时将数据锁存到每片 0832 的第二级数据缓冲器。

DAC 和微处理器接口中需要考虑的问题：

①输入缓冲能力；

②输入码制；

③输入数据的宽度；

④DAC 是电流型还是电压型；

⑤DAC 是单极性输出还是双极性输出。

（2）几种 D/A 转换器的比较　具体如下表所示。

芯　片	参　数						特　点
	缓冲能力	分辨率	输入码制		电流型/电压型	输出极性	
			单极性	双极性			
DAC1408	无数据锁存	8 位	二进制	偏移二进制	电流型	单/双极性均可	价格便宜，性能低需外加电路
DAC0832	有二级锁存	8 位	二进制	偏移二进制	电流型	单/双极性均可	适用于多模拟量同时输出的场合
AD561	无锁存功能	10 位	二进制	偏移二进制	电流型	单/双极性均可	与 8 位 CPU 相连时必须外加两级锁存
AD7522	双重缓冲	10 位	二进制		电流型	单/双极性均可	具有双缓存，易于与 8/16 位微处理器相连。有串行输入，可与远距离微机相连使用

3. 应用举例

【例 9-15】 8 位 CPU 与 DAC0832 的连接，如图 9-62 所示。

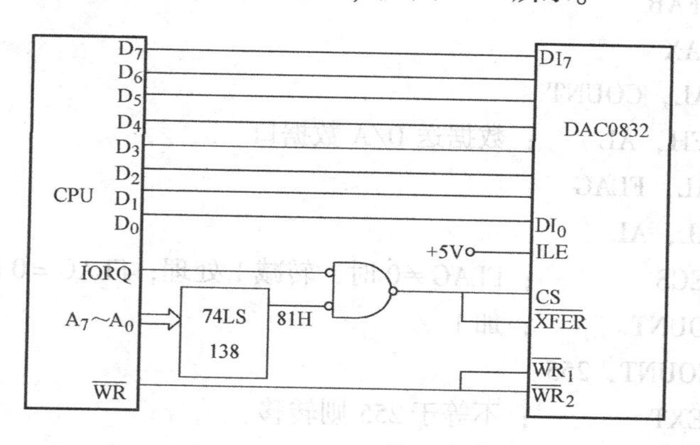

图 9-62　CPU 与 DAC0832 的接口

【例 9-16】 单极性电压输出电路连接如图 9-60 所示。设 DAC0832 的地址为 5EH，基准电压 $V_{REF} = -5V$。编程实现输出锯齿波。

```
        MOV   AL, 00H
AGAIN:  OUT   5EH, AL      ；数据→D/A 芯片的数据口
        CALL  DELAY        ；调用延时子程序
        INC   AL           ；AL+1，AL=255+1 时，返回 0
```

```
        JMP   AGAIN
DELAY:  MOV   CX, 10      ; 延时子程序
DELAY1: LOOP  DELAY1
        RET
```

实现输出的锯齿波如图 9-63 所示。

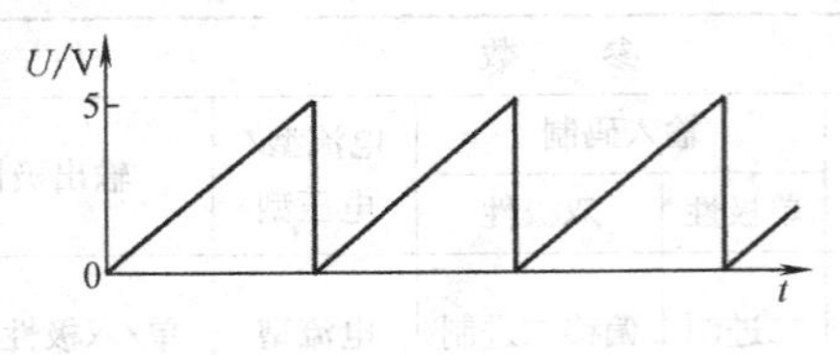

图 9-63 输出锯齿波

【例 9-17】 双极性电压输出电路连接如图 9-61 所示。设 DAC0832 的地址为 5FH，基准电压 $V_{REF}=+1V$。定时器 8253 和中断控制器 8259 配合，每 100μs 中断一次。编写中断服务子程序，实现输出三角波。

```
DATA   SEGMENT
COUNT   DB   0
FLAG   DB   0
DATA   ENDS
CODE   SEGMENT
       ……
INTS   PROC   FAR
       PUSH   AX
       MOV   AL, COUNT
       OUT   5FH, AL        ; 数据送 D/A 数据口
       MOV   AL, FLAG
       AND   AL, AL
       JNZ   DECS           ; FLAG≠0 时，转减 1 处理；FLAG =0 时，转加 1 处理
       INC   COUNT          ; 加 1
       CMP   COUNT, 255
       JNZ   NEXT           ; 不等于 255 则转移
       MOV   FLAG, 1        ; 置减 1 标志
       JMP   NEXT
DECS:                       ; FLAG≠0，减 1 处理
       DEC   COUNT          ; 减 1
       JNZ   NEXT           ; COUNT≠0，则转移
       MOV   FLAG, 0        ; COUNT =0，置加 1 标志
NEXT:  MOV   AL, 20H
       OUT   20H, AL        ; 设 8259 端口地址为 20H，21H
```

```
        POP  AX
        IRET
        INTS  ENDP
        CODE  ENDS
```

输出幅度为 −1 ~ +1V，周期为(255 +255) ×100μs。输出的三角波如图 9-64 所示。

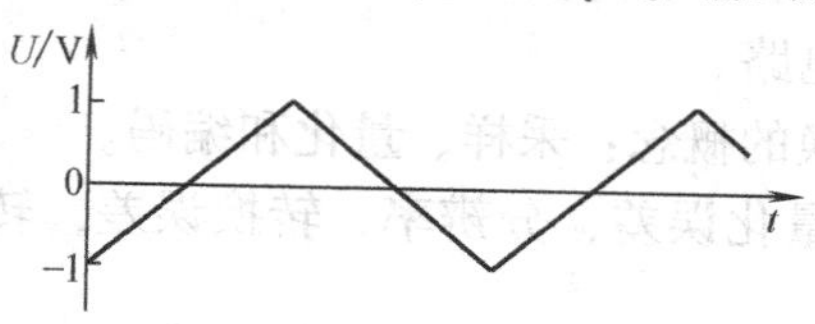

图 9-64 输出三角波

本章小结

可编程接口芯片的基本概念：当前使用的接口芯片大部分为多通道、多功能接口，这些通道和电路的工作状态可以通过指令进行设定，即在使用前进行初始化编程。

本章介绍的接口芯片的端口个数、端口性质、控制字/状态字如下：

		8255A	8251A	8253/8254	8237A	0832	0809
端口	数据口/个	3	1	3	—	2	8
	控制/状态口/个	1	1	1	—	—	—
	总数/个	4	2	4	16	2	8
控制字/个		2	2	1	5	—	—
状态字/个		1	1	—	1	—	—
工作方式/种		A 口:3 B 口:2	2	6	4	3	1

可编程接口芯片 8255A：3 个 8 位并行 I/O 口；可通过编程设置为基本输入输出、选通输入输出和双向选通输入输出 3 种工作方式。常用于扩展键盘、显示器或打印机的接口。

可编程接口芯片 8253：3 个独立的 16 位计数通道；每个计数器通道均可按二进制或二—十进制计数；每个计数器的计数速率可达 2MHz，每个计数器通道都可由程序选择 6 种不同的工作方式，可输出电平信号、不同宽度的方波和脉冲信号。

可编程接口芯片 8237A：每片含有 4 个相互独立的 DMA 通道；每个通道的 DMA 请求可以分别被允许/禁止；具有优先级编码逻辑，每个通道的 DMA 请求优先级可以通过程序设置为固定的或者是循环的方式；一次 DMA 传送的最大数据块的长度为 64K 字节；8237A 可设置 4 种工作方式，分别为：单字节传送、数据块传送、请求传送和级联传送方式；8237A 可以级联以增加通道数。

串行通信：将二进制代码逐位按序传送的通信方式。

异步通信以一个字符为传输单位，通信中两个字符间的时间间隔不固定，而在同一个字符中的两个相邻位代码间的时间间隔固定。

同步通信依靠同步字符保持通信同步。

波特率是单位时间里传送的数据位数，即：1 波特率 = 1bit/s，波特率的倒数即为传送每位所需的时间。

串行通信的传送方向：(a) 单工方式 (b) 半双工方式 (c) 全双工方式。

可编程接口芯片 8251A：有两种工作方式：同步方式和异步方式；能自动完成帧格式；其内部具有独立的发送器和接收器，并能提供一些基本控制信号；能进行出错检测：具有奇偶、溢出和帧错误 3 种校验电路。

模拟量与数字量之间转换的概念：采样、量化和编码。

A/D 转换的主要指标：量化误差，分辨率，转换误差，转换时间，绝对精度，相对精度。

转换类型：并行比较型，双积分型，逐次比较型。

可编程接口芯片 ADC0809：CMOS 工艺的 8 位 A/D 转换器，逐次比较型，包括一个 8 通道模拟开关，数据输出有三态功能，转换时间为 100μs，功耗为 15mW。

D/A 转换的主要指标：分辨率，精度（分绝对精度和相对精度），建立时间。

二进制数按权大小转换为相应的模拟分量，再进行叠加所得总和即为转换结果。

可编程接口芯片 DAC0832：8 位双缓冲型 D/A 转换器，CMOS 工艺。内部阶梯电阻网络形成参考电流，输入的二进制数控制 8 个电流开关。CMOS 电流开关保证了转换器的精度，并使其功耗较低。从输入数据到输出电压稳定所需的时间（建立时间）为 1μs。

DAC0832 采用 8 位并行输入，单极性，数据线与 TTL 兼容；二级数据锁存（第一级为输入锁存）；20 脚双列直插式封装（DIP 封装）。

习题与思考题

9-1　8255A 有哪几种工作方式？PA 口、PB 口和 PC 口可如何配置？

9-2　硬件如图 9-65 所示。试编程实现，循环检测 S_0、S_1，当按下 S_0 时数码管显示 0，当按下 S_1 时数码管显示 1，同时按下 S_0、S_1，则结束程序。8255A 端口地址为：60H ~ 63H。

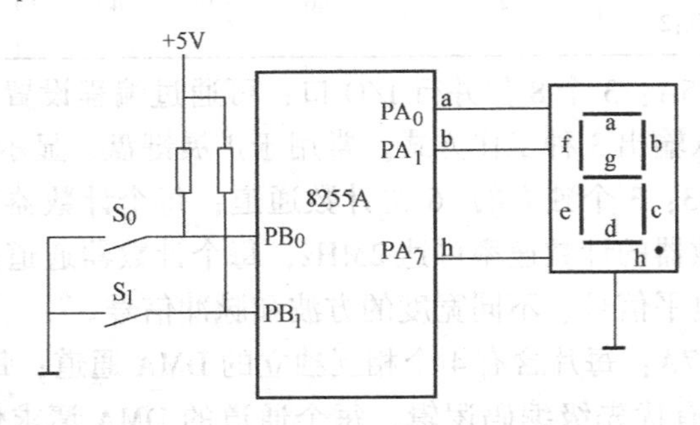

图 9-65　习题 9-2 图

9-3　设计一个以 8255A 为接口的十字路口交通信号灯控制电路连接图，并根据电路写出适当的初始化程序。

9-4　8253 有几个独立的计数器？可工作在几种方式下？简述这些工作方式的主要特点。

9-5　利用 8253 的计数器 0 和计数器 1，设计产生周期为 1Hz 的方波。设计数器 0 的输入时钟频率为 2MHz，8253 端口地址为 80H、81H、82H、83H。

9-6　已知时钟信号源频率为 50kHz，试用 8253 设计一个实时钟系统，画出硬件电路并编写相应程序。

9-7 8237A 内部有几个独立通道，每个通道的寻址和计数能力是多少？8237A 内部共有多少个寄存器？多少个端口？几种工作方式？端口地址由哪些信号决定？它的 3 种数据传送方式各有什么特点？

9-8 串行通信和并行通信有什么异同？它们各自的优缺点是什么？

9-9 8251A 内部有哪些寄存器？分别举例说明它们的作用和使用方法。8251A 内部有哪几个端口？它们的作用分别是什么？

9-10 若 8251A 的收、发时钟的频率为 38.4kHz，它的RTS和CTS引脚相连，试完成满足以下要求的初始化程序：(8251A 的地址为 02C0H 和 02C1H)。

(1) 半双工异步通信，每个字符的数据位数是 7，停止位为 1 位，偶校验，波特率为 600bit/s，发送允许。

(2) 半双工同步通信，每个字符的数据位数是 8，无校验，内同步方式，双同步字符，同步字。

9-11 利用 DAC0832 产生三角波信号输出，要求三角波的上下限为 0 ~ +3V。试画出硬件电路，并编写相应程序。

9-12 利用 8255A、ADC0809 设计一个数据采集系统，要求对 8 个在 0 ~ 5V 范围内的模拟信号进行采样，可使用查询方式或中断方式。试进行硬件电路设计，并编写 8255A 初始化程序，ADC0809 实现 A/D 转换的工作程序。

参 考 文 献

[1] 胡越明. 计算机组成原理[M]. 北京：经济科学出版社，2000.

[2] 赵佩华. 微型计算机原理与组成[M]. 西安：西安电子科技大学出版社，2000.

[3] 曹玉珍. 微机原理与应用[M]. 北京：机械工业出版社，2001.

[4] 蒋本珊. 电子计算机组成原理[M]. 北京：北京理工大学出版社，2004.

[5] 赵怡. 计算机硬件技术基础[M]. 重庆：重庆大学出版社，2004.

[6] 朱金钧，麻新旗. 微型计算机原理及应用技术[M]. 北京：机械工业出版社，2002.

[7] 马义德. 微型计算机原理与接口技术[M]. 北京：机械工业出版社，2005.

[8] 徐晨，等. 微机原理及应用[M]. 北京：高等教育出版社，2004.

[9] 艾德才，等. 微机原理与接口技术[M]. 北京：中国水利水电出版社，2004.

[10] 徐洁，等. 计算机组成原理与汇编语言程序设计[M]. 北京：电子工业出版社，2005.

[11] 喻宗泉. 80X86 微机原理与接口技术[M]. 西安：西安电子科技大学出版社，2005.

[12] 吴产乐，等. 微机系统与接口技术[M]. 武汉：华中科技大学出版社，2002.

[13] 戴梅萼，等. 微型计算机技术及应用——从 16 位到 32 位[M]. 北京：清华大学出版社，1997.